U0319665

普通高等教育“十四五”规划教材

选矿厂环境保护及安全工程

主　编　章晓林
副主编　刘殿文　徐　瑾

北　京
冶　金　工　业　出　版　社
2021

内 容 提 要

本书分为上下两篇。上篇为选矿厂环境保护，其内容主要包括绪论、选矿厂水污染及防治、选矿厂大气污染及防治、选矿厂固体废弃物处理与处置、选矿厂噪声污染及防治、矿业可持续发展与清洁生产、环境保护法律体系及管理；下篇为选矿厂安全工程，其内容主要包括选矿厂安全生产基础知识、选矿厂安全生产事故管理、选矿厂安全教育培训、选矿厂安全技术、选矿厂安全生产标准化、选矿厂安全评价、安全生产法律法规。

本书可作为高等院校地矿类专业教材，也可作为相关工程技术人员和科研人员参考书。

图书在版编目(CIP)数据

选矿厂环境保护及安全工程/章晓林主编．—北京：冶金工业出版社，2021.7

普通高等教育“十四五”规划教材

ISBN 978-7-5024-8846-8

Ⅰ.①选…　Ⅱ.①章…　Ⅲ.①选矿厂—工厂环境保护—高等学校—教材　②选矿厂—工厂安全—高等学校—教材　Ⅳ.①TD928.1

中国版本图书馆 CIP 数据核字（2021）第 116992 号

出 版 人　苏长永

地　　址　北京市东城区嵩祝院北巷 39 号　邮编　100009　电话　(010)64027926

网　　址　www.cnmip.com.cn　电子信箱　yjcbs@cnmip.com.cn

责任编辑　刘林烨　美术编辑　吕欣童　版式设计　郑小利

责任校对　梁江凤　责任印制　李玉山

ISBN 978-7-5024-8846-8

冶金工业出版社出版发行；各地新华书店经销；三河市双峰印刷装订有限公司印刷

2021 年 7 月第 1 版，2021 年 7 月第 1 次印刷

787mm×1092mm　1/16；23 印张；552 千字；353 页

50.00 元

冶金工业出版社　投稿电话　(010)64027932　投稿信箱　tougao@cnmip.com.cn

冶金工业出版社营销中心　电话　(010)64044283　传真　(010)64027893

冶金工业出版社天猫旗舰店　yjgycbs.tmall.com

（本书如有印装质量问题，本社营销中心负责退换）

前　　言

本书是按照教育部高等教育人才培养目标对知识结构、能力结构和素质的要求，结合高等院校地矿类专业教学计划和选矿厂环境保护及安全工程课程教学大纲的要求编写而成的。为了实现高等院校应用型人才的培养目标，本书在编写过程中注重教材的针对性，以培养复合型矿业工程人才为出发点，在书中编入了新设备、新技术的介绍，并侧重实践环节，重视对学生实际应用能力的培养，力求为他们将来从事选矿工作打下坚实的基础。

本书是编者在总结了多年来选矿厂的环境保护及安全工程实践，并吸收近年来矿山环境保护及安全方面科研成果的基础上编写的。在编写过程中，充分结合选矿厂环境保护及安全工程技术的一般概念、原理和方法，全面阐述了选矿厂环境工程及安全工程中存在的主要问题及其解决的途径和措施。

本书由昆明理工大学选矿教研室负责组织编写，参加编写工作的有章晓林（编写第 1 章~第 3 章和第 8 章~第 10 章）、刘殿文（编写第 4 章）、徐瑾（编写第 5 章和第 6 章）、方建军（编写第 7 章）、申培伦（编写第 11 章）、常田仓（编写第 12 章）、张悦（编写第 13 章）、丰奇成（编写第 14 章）。全书由章晓林负责统稿、刘殿文审校。

本书得到了昆明理工大学国土资源工程学院领导的大力支持。在文稿的校对过程中，研究生常田仓、张悦、苏超、李江丽、赵文娟付出了辛劳，在此表示感谢。同时，在编写过程中，还参阅了有关文献资料，这里向文献作者表示衷心的感谢！

由于编者水平所限，书中不妥之处，希望同行专家和读者批评指正！

编　者

2021 年 1 月

目　　录

上篇　选矿厂环境保护

下篇　选矿厂安全工程

上篇

选矿厂环境保护

1 绪　　论

1.1 环境与环境污染

随着社会生产力的发展、生产方式的变革以及科学技术的提高，人类环境在长期的发展过程中出现了越来越多的问题，乃至对人类的生存与发展构成了威胁。环境污染就是呈现出来的环境问题之一，它是指自然环境中混入了对人类或其他生物有害的物质，其数量或程度达到或超出环境自身的承载能力，从而改变环境正常状态的现象。环境污染具体包括水污染、大气污染、噪声污染、放射性污染、重金属污染等。

1.1.1 人类环境

人类环境包括自然环境和社会环境。自然环境是社会环境的基础，而社会环境又是自然环境的发展。

自然环境是环绕人们周围的各种自然因素的总和，比如大气、水、植物、动物、土壤、岩石矿物、太阳辐射等，这些是人类赖以生存的物质基础。人类是自然的产物，而人类的活动又影响着自然环境。按自然科学属性可将自然环境分为物理环境、化学环境和生物环境；按环境要素可将自然环境分为大气环境、水环境、地质环境、土壤环境及生物环境。

社会环境是人类在长期生存与发展的社会劳动中形成的，是人与人之间各种社会关系的总和，其包括经济关系、道德观念、文化风俗、意识形态、法律关系等。与自然环境的概念一样，社会环境也是把环境看成是以人为中心的客体这一大前提下派生出来的一个概念，它是在自然环境的基础上，由人类通过长期有意识的社会劳动加工和改造了的自然物质、创造的物质生产体系、积累的物质文化等所构成的总和。社会环境是人类精神文明和物质文明的一种标志，并随着人类社会发展不断地丰富和演变。社会环境还可以进一步分为文化环境和心理环境。

人类生存环境结构单元是由自然环境和社会环境共同组成。人类的环境在时间上是随着人类社会的发展而发展，在空间上是随着人类活动领域的扩张而扩张。目前，人类主要还是居住于地球表层，但其活动范围已远远超出了地球表层之外。这不仅已深入到地壳的深处，而且已离开地球开始进入了星际空间。因此，人类的生存环境可由近及远，由小到大地分为聚落环境、地理环境、地质环境和宇宙环境（星际环境）。

1.1.1.1　聚落环境

聚落是人类聚居的场所和活动的中心，聚落环境也就是人类聚居场所的环境。聚落环境是与人类的工作和生活关系最密切、最直接的环境。人们一生大部分时间都是在这里度过的，因此历来都引起人们的关注和重视。

聚落环境是人类有计划、有目的地利用和改造自然环境而创造出来的生存环境。自有人类以来，人们的居住环境经历了由散居到聚居、由乡村到城市、由单功能到多功能的发展过程。根据聚落环境的性质、功能和规模可分为居室环境、院落环境、村落环境和城市环境等。

1.1.1.2　地理环境

地理环境是指一定社会所处的地理位置以及与此相联系的各种自然条件的总和，其包括气候、土地、河流、湖泊、山脉、矿藏以及动植物资源等。地理环境是能量的交错带，位于地球表层，即岩石圈、水圈、土壤圈、大气圈和生物圈相互作用的交错带上，其厚度为10~30km。自然环境是由岩石、地貌、土壤、水、气候、生物等自然要素构成的自然综合体。人文地理环境是由人类活动所创造的人工环境，是人类的社会和生产活动地域的组合，它包括人口、民族、聚落、政治、社团、经济、交通、军事和社会行为等多种形式。

1.1.1.3　地质环境

地质环境主要是指地球表面下的坚硬壳层（即岩石圈）。地质环境是在宇宙因素的影响下发生和发展起来的，地理环境、地质环境与星际环境之间经常不断地进行着物质和能量的交换。岩石在太阳能的作用下风化，会使固结的物质释放出来，参与到地理环境中去，参与到地质循环以至星际物质的循环中去。

如果说地理环境为人类提供了生活资料和可再生资源，那么地质环境则为人类提供了大量的生产资料。地质环境是生物的栖息场所和活动空间，为生物提供水分、空气和营养元素，同时也向人类提供矿产和能源。矿产资源是人类生产资料和生活资料的基本来源，对矿产资源的开发利用是人类社会发展的前提和动力。人类除了每年从地层中开采矿石提取金属和非金属物质之外，还从煤、石油、天然气、水力、风力、地热以及放射性物质中获得能源。矿产资源是经过漫长的地质年代逐渐形成的，属于不可再生资源，经人类开发利用后，很难再生恢复，因此如何合理地开发利用矿产资源应引起人们的高度重视。

1.1.1.4　宇宙环境

宇宙环境又称星际环境，是指地球大气圈以外的宇宙空间环境，由广漠的空间、各种天体、弥漫物质以及各类飞行器组成。宇宙环境是人类活动进入地球邻近的天体和大气层以外的空间过程中提出的概念，是人类生存环境的最外层部分。自古以来，人类一直在利用各种方法观测宇宙，但人类进入宇宙空间进行探测和活动只是近二、三十年的事。自1957年人造地球卫星发射成功以来，人类才开始离开地球进入宇宙空间进行探测活动。

人类通过长期的观测和研究，已经认识到宇宙环境的变化对人类的生活和生存都有很大的影响。太阳辐射能为地球上人类的生存提供主要能量，太阳辐射能量的变化和对地球引力的变化会影响地球的地理环境，与地球的降水量、潮汐现象、风暴和海啸等自然灾害有明显的相关性。当前一些国家正在积极从事宇宙环境的探测和预报等工作，以探索宇宙环境的各种自然现象发生发展的规律，以及与人类活动之间的关系，同时也为进一步开展星际航行、空间利用以及资源开发等提供科学依据。

1.1.2 环境问题及类别

环境问题是指因自然变化或人类活动而引起的环境破坏和环境质量变化，以及由此给人类的生存和发展带来的不利影响。环境问题的表现形式多样，危害各不相同。

1.1.2.1 原生环境问题

原生环境问题又称第一类环境问题，是指自然演变和自然灾害引起，没有人为因素或少有人为因素引起的环境问题，比如火山爆发、地震、台风、海啸、洪水、旱灾等发生时所造成的环境问题就属于原生环境问题。

1.1.2.2 次生环境问题

次生环境问题又称第二类环境问题，是指由于人为因素所造成的环境问题。次生环境问题又分成自然环境的衰退，即生态破坏和环境污染两种类型。生态破坏主要是人类开发、利用资源不当引起的。例如，人类为了解决粮食问题，大量开垦土地，造成自然植被的减少，引起水土流失、土地荒漠化等都属于次生环境问题。环境污染是由于人类在生产和生活中排出的废弃物和余能进入环境，积累到一定程度，从而产生了对人类的不利影响。环境污染从被污染物方面考虑有水体污染、大气污染、土壤污染等；从污染物方面考虑有生物污染、放射性污染、噪声污染和微波干扰等。这就是说，环境污染包括什么被污染和被什么污染两大类。

人类生存的环境是由大气环境、海洋环境、陆地环境、空间环境共同组成的。若从这一角度来看，环境污染的分类如图 1-1 所示。

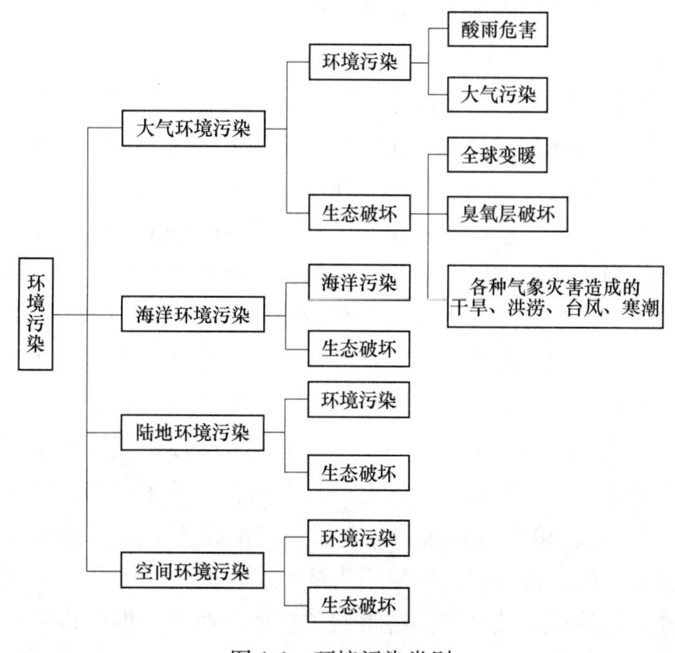

图 1-1 环境污染类别

1.1.3　环境问题的产生及发展

环境问题自人类出现以来就一直存在，它经历了漫长的过程，从人类发展历史来看，环境问题大体可以分为四个阶段。

1.1.3.1　人类社会早期的环境问题

早期人类与环境的关系主要表现为人类对环境的适应。当时人类的生存方式主要为穴居，以野生动植物为食，使用的工具主要是石器。人类的劳动主要靠原始采集和捕猎活动，生产力极为有限，对环境的干预和影响极弱，主要是靠自然的恩赐。这一阶段还不存在今天所说的环境问题，但这一时期也开始了一些环境问题的萌芽。比如在人类聚居区周围过量滥捕滥采野生动植物，由于用火不慎使大片草地、森林发生火灾，局部地方生物资源遭到严重破坏，人们不得不迁地生存。但总的来看，在原始人类时期，人口的数量、生产力水平、社会发展都极为有限，人类对环境的影响尚未超出自然环境的调节能力。

1.1.3.2　农牧社会时期的环境问题

从人类出现到产业革命，人类经历了从以狩猎为生的游牧生活到以耕种和养殖为生的定居生活。随着种植、养殖和渔业的发展，人类社会开始了第一次劳动大分工。人类从完全依赖大自然的恩赐转变到自觉利用土地、生物、陆地水体和海洋等自然资源。人类的生活资料有了较以前稳定得多的来源，人类的种群开始迅速扩大。人类社会需要更多的资源来扩大物质生产规模，因此开始出现垦荒、兴修水利工程等改造活动，从而引起水土流失、土壤盐渍化或沼泽化等问题。但此时人类还未意识到这样做的长远后果，一些地区因此发生了严重的环境问题（主要表现为生态退化）。比如中国的黄河流域，曾经森林广布，土地肥沃，是文明的发源地，而西汉和东汉时期的两次大规模开垦，虽然促进了当时的农业发展，但由于森林骤减，水源得不到涵养，造成水旱灾害频繁，水土流失严重，沟壑纵横，土地日益贫瘠，给后代造成了不可弥补的损失。

1.1.3.3　工业化时期的环境问题

工业化时期是指自18世纪60年代蒸汽机的发明开始至20世纪60年代。由于科学技术的迅速发展，机器劳动逐步替代人工劳动，工业部门越来越多，生产力水平急剧提高，人类对于自然环境的开发能力达到了空前的程度。这一时期人类对自然资源进行了掠夺式的开发利用，大规模的垦殖、采矿以及森林采伐使得局部地区的自然环境受到严重破坏。同时，人类将环境作为天然垃圾场，毫无顾忌地向自然界排放废弃物，造成了严重的城市和工业区的环境污染。化学工业（尤其是有机合成化学工业）生产了大量的化学品，人工制取化学品的种类与日俱增，而其中不少是有毒、有害及难以降解的化学品。这些化学品进入环境，在环境中扩散、迁移、累积和转化，对人类健康造成了严重的威胁。这一时期的环境污染已十分严重，各种污染物或通过食物链进入人体，或在特定气候条件下集聚变化，最终危害人类健康，以致威胁人类的生存与发展，近几十年来，成千上万的人被环境污染夺去了生命。20世纪30年代以来，发生了震惊世界的十大公害事件（见表1-1）。此时，环境污染达到了高峰，成为发达国家重大的社会问题之一。虽然当时的发达国家普遍采取了有效的措施进行治理，使环境问题得到了极大的改观，但仍没有完全恢复到以前良好的环境状态。同时，随着科技的进步，新的环境污染问题又不断涌现。

表 1-1 震惊世界的十大公害事件

国家	事件名称	发生时间	地点	发生原因	严重后果
比利时	马斯河谷烟雾事件	1930 年 12 月 1~5 日	马斯河谷工业区	炼油厂、金属厂、玻璃厂排放 SO_2、SO_3 烟雾等有害气体	一周内 60 多人死亡，其中心脏病、肺病患者死亡率较高，许多牲畜死亡
美国	光化学烟雾事件	1943 年、1995 年和 1970 年	洛杉矶西海岸	汽车燃烧后产生的碳氢化合物等在紫外线照射下形成的光化学烟雾	刺激眼部、咽喉等器官引起眼部疾病及咽喉炎，严重可致人死亡
美国	多诺拉烟雾事件	1948 年 10 月	宾夕法尼亚州多诺拉镇	炼铁厂、炼锌厂和硫酸厂排放 SO_2 及金属微粒	全城 14000 人患者达 6000 人，17 人死亡，患者眼盲、喉咙疼、头疼胸闷、呕吐、腹泻
英国	烟雾事件	1952 年	伦敦	大气中煤烟 SO_2、粉尘浓度高，久久不散	飞机停飞，呼吸道疾病急增，5 天之内 4000 人死亡，两个月内 12000 余人死亡
日本	水俣病事件	1953~1956 年	熊本县水俣镇	氮肥公司排放的废水中含汞，经生物转化形成甲基汞	精神失常、耳聋眼瞎、全身麻木，严重时死亡
日本	骨痛病事件	1955~1972 年	富山县	铅锌矿废水中重金属镉	骨骼严重畸形、剧痛、身长缩短、骨骼易脆易折
日本	米糠油事件	1968 年	九州爱知县	工业多氯联苯泄漏混入米糠油	眼皮发肿、手掌出汗、全身起红疙瘩、肝功能下降
印度	博帕尔事件	1984 年 12 月 3 日	博帕尔市	美国联合碳化公司在印度博帕尔市的农药厂甲基异氰酸酯爆炸外泄	孕妇流产或产下死婴，死亡近 2 万人，受害 20 多万人，数千头牲畜被毒死
乌克兰	核泄漏事件	1986 年 4 月 26 日	乌克兰基辅市郊区的切尔诺贝利核电站	4 号反应堆爆炸起火，大量放射性物质泄漏	31 人死亡，237 人受到严重放射性伤害，距核电站 7 公里内的树木全部死亡
瑞士	莱茵河事件	1986 年 11 月 1 日	瑞士巴塞尔市多兹化工厂	硫化物、磷化物与含水银的化工产品流入莱茵河	60 多万条鱼被毒死，井水不能饮用，自来水厂关闭，啤酒厂停产

1.1.3.4 当前世界的环境问题

当前世界的环境问题越来越严重。世界沙漠面积正在不断扩大，每年约有 700 万公顷肥沃农田被沙漠吞没，森林遭到严重破坏，热带雨林正以极快的速度减少，水土严重流失，野生动物的生存环境遭到破坏，它们赖以生存的地盘越来越少，致使许多野生动物绝种；此外由淡水资源污染、酸化及地下水枯竭引起的世界性的淡水短缺等问题也十分突出。全球性的环境问题虽然是各国各地环境问题的延续和发展，但它并不是各国或各地区环境问题的简单加和，已呈现出一些共同的特点。

A 全球化

过去的环境问题虽然发生在世界各地，但其影响范围、危害对象或产生的后果主要集中在污染源附近或特定的生态环境中，其影响空间有限。而全球性的环境问题，其影响范围大，这是因为一些环境污染具有跨国、跨地区的流动性，比如一些国际河流，上游国家造成的污染，可能危及下游国家；一些国家大气污染造成的酸雨，可能会降到邻国等；当代出现的一些新的环境问题（如气候变暖、臭氧层空洞等），其影响范围是全球性的。

B　综合化

早期的环境问题主要考虑环境污染对人类健康的影响，而全球性的环境问题已远远超过这一范畴，涉及人类生存环境和空间的各个方面。比如森林锐减、草场退化、沙漠扩大、大气污染、物种减少、水资源危机、城市化问题等，已深入到人类生产、生活的各个方面。因此，解决当代全球环境问题不能只简单地考虑自身的问题，而是要将某一区域、流域、国家乃至全球作为一个整体，综合考虑自然发展规律、贫困问题的解决与经济的可持续发展、资源的合理开发与循环利用、人文环境和生活条件的改善与社会和谐等问题。

C　社会化

以往关心环境问题的人主要是科技工作者、环保专家和环境问题发生地的受害者，而当代环境问题已影响到社会的各个方面、各个阶层，影响到每个人的生存与发展。因此，当代环境问题已不是少数人、少数部门关心的问题，而已成为全球、全社会共同关心的问题。

D　高科技化

随着科技的快速发展，高新技术所带来的环境问题越来越多，比如核泄漏引发的环境问题、噪声引发的环境问题、超音速飞机引发的臭氧层破坏、航天飞行引发太空污染等。这些环境问题技术含量高、影响范围广、控制难、后果严重，已引起世界各国的普遍关注。

E　累积化

虽然人类已进入工业化、信息化时代，但历史上不同阶段所产生的环境问题，在当今地球上依然存在并影响久远，同时，现代社会又产生了一系列新的环境问题。这是因为很多环境问题的影响周期较长，因而形成的各种环境问题在地球上呈现出日积月累、集中暴发的复杂局面。

F　政治化

随着环境问题的日益严重和全社会对环境保护认识的提高，各个国家也越来越重视环境保护。因此，当代的环境问题已不再是单纯的技术问题，而是成为国际政治、各国国内政治的重要问题。其主要表现在：环境问题已成为国际合作和国际交流的重要内容；世界上已出现了一些以环境保护为宗旨的组织（如绿色和平组织等），这些组织在国际政治舞台上已占居一席之地，成为一股新的政治势力。

由于人类社会的发展与进步，人们所面临的环境问题在一定程度上是不可避免的，这绝不仅仅是由于人类认识的局限性。从根本上说，人类改造环境，从中获取资源，并排放废弃物；同时，环境也反作用于人类。这种改造与反作用相互协调，使得人类社会在与环境协调发展中不断进步，但在改造环境的过程中，也会有消极的结果，遭到环境的“报复”，造成人为的环境问题，这种环境问题是会长期存在的。可以预知，随着生产力的发展，人类大规模深入地改造环境，必将会引起更复杂的环境问题。

1.1.4 环境问题的危害

环境污染最直接、最容易被人所感受的后果是人类环境质量的下降，进而影响人类的生活质量、身体健康和生产活动。目前，全球范围内的环境污染对人体健康的危害已受到人们越来越多的关注。环境污染会给生态系统造成直接的破坏和影响，比如水体污染、大气污染、噪声污染、放射性污染等。

据世界卫生组织的专家估计，在发展中国家约有 80%的疾病和 1/3 的死因与水直接相关。水既是维持生命和健康的必要条件，又是许多疾病的传播媒介。因此，保护水资源和注意饮水卫生是预防疾病的重要措施。人体在新陈代谢的过程中，随着饮水和食物把水中的各种元素通过消化道吸收进入人体的各个器官。据调查，饮用受污染水的人，肝癌和胃癌的发病率要比饮用清洁水的人高出 61.5%左右。当含有汞、镉等元素的污水排入河流和湖泊时，水生植物就把汞、镉等元素吸收并富集起来，鱼吃了水生植物后，又会在其体内进一步富集，人吃了“中毒”的鱼类后，汞、镉等元素会在人体内富集，使人患病。水污染对人体健康的影响，主要表现在以下三个方面。

第一，引起急性和慢性中毒。水受到化学有毒物质污染后，通过饮水或食物链便可能造成中毒，比如甲基汞中毒、镉中毒、砷中毒、铬中毒、氰化物中毒、农药中毒、多氯联苯中毒等。这些急性和慢性中毒是水污染对人体健康危害的主要方式。

第二，致癌。某些有致癌作用的化学物质，如砷、铬、镍、苯胺、苯并芘和其他的多环芳烃、卤代烃污染水体后，可以在悬浮物、底泥和水生生物体内蓄积。长期饮用含有这类物质的水或食用体内蓄积有这类物质的生物就可能诱发癌症。

第三，传播疾病。人畜粪便等生物性污染物污染水体后，可能引起细菌性肠道传染病，比如伤寒、副伤寒、痢疾、肠炎、霍乱等。肠道内常见的病毒，如脊髓灰质炎病毒、传染性肝炎病毒等，皆可通过水污染引起相应的传染病。此外，某些寄生虫病，比如阿米巴痢疾、血吸虫病等，也可以通过水体传播。

大气污染通常是指由于人类活动或自然过程引起某些物质进入大气中，呈现出足够的浓度，因此危害了人类的舒适、健康或环境的现象。大气污染的产生原因有自然因素（如森林火灾、火山爆发等）和人为因素（如工业废气、生活燃煤、汽车尾气、焚烧垃圾、核爆炸等）两种，以后者为主，其主要是由工业生产和交通运输所造成的。

凡是能使空气质量变坏的物质统称为大气污染物。目前已知的大气污染物约有 100 多种，按其存在状态可分为两大类：一类是气溶胶状态污染物；另一类是气体状态污染物。气溶胶状态污染物主要有粉尘、烟液滴、雾、降尘、飘尘、悬浮物等。气体状态污染物主要有以二氧化硫为主的硫氧化合物，以二氧化氮为主的氮氧化合物，以二氧化碳为主的碳氧化合物以及碳、氢结合的碳氢化合物。大气污染对人体健康危害非常大，主要表现在以下三个方面。

第一，会引起急性中毒。如果大气中飘尘和二氧化硫浓度突然升高，人们就会感觉胸闷、咳嗽和咽部疼痛，以致出现呼吸困难和发烧等症状。

第二，会诱发疾患或引起慢性中毒。大量研究资料认为，一些慢性呼吸系统的疾病或病情加重的原因都与大气污染密切相关，较低浓度的污染物会刺激呼吸道引起支气管收缩，使呼吸道阻力增加并减弱呼吸功能，从而导致呼吸道抵抗力减弱，诱发各种呼吸道疾病。

第三，对人的身体有致癌作用。大气中的致癌物目前已发现200多种。据统计，每年由于吸入大气中的致癌物而死于肺癌的人数高达百万以上。

正常情况下，30~40dB(A) 噪声级是比较安静的环境；超过50dB(A) 就会影响睡眠和休息。由于休息不足，疲劳不能消除，正常生理功能就会受到一定的影响。70dB(A) 以上会造成心烦意乱，精神不集中，影响工作效率，甚至发生事故；长期工作或生活在90dB(A) 以上的噪声环境，会严重影响听力，甚至导致其他疾病的发生。若接触较强噪声，会出现耳鸣、听力下降，如果时间不长，只要离开噪声环境，很快就能恢复正常。如果接触强噪声的时间较长，听力下降比较明显，离开噪声环境后，需要几小时、甚至十几到二十几小时的时间才能恢复正常。这种暂时性的听力下降属于生理范围，但可能发展成噪声性耳聋。如果继续接触强噪声，听觉疲劳不能得到恢复，听力持续下降，就会造成噪声性听力损失，成为病理性改变。这种症状在早期表现为高频段听力下降。此时，患者主观上并无异常感觉，语言听力也无影响，病情若进一步发展，听力将曲线下降，会出现语言、听力异常等情况。

大气和环境中的放射性物质，可经过呼吸道、消化道、皮肤、直接照射、遗传等途径进入人体，一部分放射性核元素进入生物体循环，并经食物链进入人体。微量的放射性物质辐射不会影响人体健康，只有辐射达到一定剂量才会出现有害作用。这种危害可分为外照射、内照射两类，所发出的放射线会破坏机体的分子结构，甚至会影响到组织器官，给人体造成损伤。放射能还可引起基因突变和染色体畸变。若人体全身在短时间内暴露于大剂量的射线环境中，将导致急性损伤，剂量更大时可能会波及胃肠道，出现腹泻、呕吐等症状；极高剂量时，可损伤中枢神经系统，甚至死亡。长时间、低剂量暴露会引起慢性损伤、白血病或各种疾病。

1.1.5　我国的环境问题

环境问题是当今国际社会普遍存在的问题，由于我国人口众多，人均资源数量较少，这一问题尤为突出。与所有的工业化国家一样，我国的环境污染问题同样与工业化相伴。20世纪50年代之前，我国的工业刚刚起步，基础相对薄弱，环境污染问题尚不明显。50年代之后，随着工业化进程的加快，重工业的飞速发展，环境污染问题逐渐凸显。此时的环境污染仅局限于城市，危害较小。到了20世纪80年代改革开放以后，我国的环境污染和生态破坏明显加剧，尤其是乡镇企业的异军突起，使得环境污染逐渐向农村蔓延，生态破坏的范围不断扩大，呈现出了与发达国家发展之初一样的“先污染，后治理”的问题。时至今日，环境问题已成为像人口问题一样制约我国经济和社会发展的难题。

我国的环境保护工作虽然取得了一定的进展，但形势依然严峻。大气污染程度正逐渐加剧，水环境污染也日益突出，污染物排放指标时常超标。加之全球性的环境问题也正威胁着我国经济的发展和环境的改善。据我国环保专家估计，每年由于环境污染和生态破坏所造成的经济损失超过2000亿元。经济发展背后是沉重的环境代价，针对中国当前严峻的环境状况，中国未来如出现危机，不在于经济增速的变慢，也不在于日益扩大的贫富差距，而是环境污染危及整个经济实体和社会无法承受的巨大破坏。因此，对环境问题，我们应有高度的环保意识。

解决我国环境问题的根本途径是调节人类社会活动与资源环境之间的关系。但要真正实现两者的和谐，必须在环境变化的基础上，预测人类社会经济活动引起的环境影响，掌握自然生态规律和经济规律。要以资源、环境和消费制约生产，运用自然和经济规律改造和保护环境。反思人类的消费观和发展观，一味追求高消费的发展是不可能持续发展的，应当全面规划、合理安排社会生产力，并在生产实践过程中，使发展生产与保护环境的关系协调起来，提高人类对环境价值的认识。从主观认识方面来说，为了解决环境问题，还必须反思人类的环境观念，增强人们的环保意识。

1.2 生态系统与生态平衡

1.2.1 生态系统

1866 年德国生物学家恩斯特·海克尔初次把生态学定义为“研究动物与其有机及无机环境之间相互关系的科学”，特别是动物与其他生物之间的有益和有害关系，从此揭开了生态学发展的序幕。生态学已经创立了自己独立研究的理论主体，即从生物个体与环境直接影响的小环境到生态系统不同层级的有机体与环境关系的理论。系统论、控制论、信息论概念和方法的引入，促进了生态学理论的发展，60 年代形成了系统生态学。如今，由于与人类生存与发展的紧密联系而产生了多个生态学的研究热点，比如生物多样性的研究、全球气候变化的研究、受损生态系统的恢复与重建研究、可持续发展研究等。

生态系统是指在自然界一定的空间范围内，生物与环境构成的统一整体。在这个统一整体中，生物与环境之间相互影响、相互制约，并在一定时期内处于相对稳定的动态平衡状态。生态系统与其他系统不同，它既包含了生物系统，又包含了环境系统。一般而言，生态系统是指一定范围内的生物与环境的总和。广义地讲，生态系统由人类系统、生物系统和环境系统三要素组成；狭义地讲，生态系统由生物系统和环境系统二要素组成。生物系统由动物系统、植物系统和微生物系统组成，环境系统由光、热、水、气等构成。

生态系统的范围可大可小，最大的为自然生态系统，最小的可以延展至实验室的人工生态系统。一座城市、一座矿山、一片森林也可以看成一个完整的生态系统。

一个完整的生态系统通常由非生物成分、生产者、消费者和还原者四部分组成，其中非生物成分、生产者和还原者是生态系统不可缺少的部分，而消费者则为非必要部分。

1.2.1.1 非生物组分

非生物组分又称非生物环境，包括参与物质循环的无机元素和化合物（如 C、N、CO_2、O_2、Ca 等）、联系生物和非生物成分的有机物质（如蛋白质、糖类、脂类和腐殖质等）和气候，以及其他物理条件（如温度、光照、大气、水、土壤、气候和各种矿物质等）。非生物组分为各种生物提供必要的营养元素，是生物赖以生存的物质和能量的源泉，并共同组成大气、水和土壤环境，为各种生物提供必要的生存环境。

1.2.1.2 生产者

生产者又称初级生产者，主要是指绿色植物和一些化能合成细菌。这些生物能利用自然界的无机物合成有机物，并在环境中通过太阳辐射能或化学能转化成生物化学能贮藏在生物有机体中。因此，人们把生产者的这种同化过程称为初级生产。生产者生产的有机物及贮存的化学能，一方面提供给生产者自身的生长发育，另一方面用来维持其他生物全部生命活动的需要。初级生产水平的高低，直接影响到整个生态系统的生存与发展。

1.2.1.3　消费者

消费者属于异养生物，主要包括各种动物。消费者以其他生物或有机质为食，其中以植物为食的为食草动物，以食草动物为食的为食肉动物。消费者在生态系统中起着物质和能量传递以及物质再生产的作用。

1.2.1.4　分解者

分解者又称还原者，是指生态系统中细菌、真菌和放线菌等具有分解能力的生物。分解者能把动植物残体中复杂的有机物分解成简单的无机物，释放到环境中，供生产者再一次利用。分解者是异养生物，其作用是把动植物残体内固定的复杂有机物分解为生产者能重新利用的简单化合物，并释放出能量，其作用与生产者相反。

1.2.2　生态平衡

生态平衡是指在相对长的时间内生态系统中的各种生物和环境之间、生物各个种群之间，通过能量流动、物质循环和信息传递，使它们相互之间达到高度适应、协调和统一的状态。也就是说，在各生态系统中，生产者、消费者、分解者和非生物环境之间，在一定时间内保持能量与物质输入、输出动态的相对稳定状态。

生态系统是动平衡，是生态系统内部长期适应的结果，即生态系统的结构和功能处于相对稳定的状态，生态系统具有以下特征：

（1）物质和能量的输入和输出基本相等，保持动态平衡。

（2）生态系统内各部分的种类和数量基本保持不变。

（3）生态系统内生产者、消费者、分解者组成完整的营养结构。

（4）生态系统具有典型的食物链与符合规律的营养级。

（5）生态系统中生物体个数、生物量和生产力基本维持恒定的自我调节状态。

生态系统自我调节能力的强弱通过多种因素共同作用体现。一般情况下，成分多样、能量流动和物质循环途径复杂的生态系统自我调节能力强，结构与成分单一的生态系统自我调节能力相对较弱。生态系统保持动平衡的原因在于系统内部的自动调节能力，比如在“草→鼠→蛇→猫头鹰”食物链中，如果蛇的数量大量减少，相应地猫头鹰的数量便会减少，而鼠的数量会有所增加；一段时间后，随着猫头鹰数量的减少，鼠的数量会急剧增多，这又会使蛇的数量逐渐增多，从而使得整个生态系统处于一个动平衡状态。

值得注意的是，生态系统的自动调节能力是有一定限度的。当人为的或自然因素的干扰超过了这种限度时，生态系统就会遭到破坏。比如草原上过度放牧，由于牲畜太多，就会严重破坏草场植被，造成土地沙化。

1.3　环境保护

保护环境可以促进经济长期稳定增长，实现可持续发展。环境问题解决得好坏直接关系到中国的国家安全、国际形象、广大民众的根本利益以及全面小康社会的实现。生态环境关乎子孙后代和民族未来，因此要坚持节约资源和保护环境的基本国策，着力推进绿色发展、循环发展、低碳发展；要加快调整经济结构和布局，抓紧完善标准、制度和法规体系，采取切实的防治污染措施，促进生产方式和生活方式的转变，下决心解决好关系群众切身利益的大气、水、土壤等突出环境污染问题，改善环境质量，维护人民健康。

1.3.1 环境保护的内容

环境保护涉及的范围广、综合性强，其包括自然科学和社会科学等诸多领域，还有其独特的研究对象。根据《中华人民共和国环境保护法》（以下简称《环境保护法》）的规定，环境保护的内容包括保护自然环境、防治污染和其他公害两个方面。环境保护主要包括以下三个方面的内容。

第一，保护自然环境包括对珍稀物种及其生活环境、特殊的自然发展史遗迹、地质现象、地貌景观等提供有效的保护。另外，城乡规划，控制水土流失和沙漠化、植树造林、控制人口的增长和分布、合理配置生产力等，也都属于环境保护的内容。

第二，防治污染包括防止工业生产排放的“三废”（废水、废气、废渣）、粉尘、放射性物质以及产生的噪声、振动、恶臭和电磁微波辐射，交通运输活动产生的有害气体、液体、噪声，海上船舶运输排出的污染物，工农业生产和人民生活使用的有毒有害化学品，城镇生活排放的烟尘、污水和垃圾等造成的污染。

第三，防治破坏包括防止由大型水利工程、铁路、公路干线、大型港口码头、机场和大型工业项目等工程建设对环境造成的污染和破坏，农垦和围湖造田活动、海上油田、海岸带和沼泽地的开发、森林和矿产资源的开发对环境的破坏和影响，新工业区、新城镇的设置和建设等对环境的破坏、污染和影响。

1.3.2 环境保护的措施

我国在实现社会主义现代化建设的同时，应加强环境保护工作。总而言之，应以《环境保护法》为标准，认真贯彻执行“全面规划、合理布局、综合利用、化害为利、依靠群众、大家动手、保护环境、造福人民”方针，采取综合措施，积极防治。

1.3.2.1 将环境保护纳入国民经济和管理体系

其内容主要包括：

(1) 要求在制定国民经济计划时把环境保护与自然资源作为必要内容，实行统筹安排，全面规划，合理布局。

(2) 在进行基础建设时，贯彻环境保护设施与主体工程“同时设计、同时施工、同时投产”的“三同时”原则。

(3) 对企业的管理，不仅要求提高生产效率，还必须确保在生产的同时尽量减少和控制污染。

1.3.2.2 以环境规划为中心，实行综合防治

解决企业可能造成环境污染问题最有效的途径是建立环境影响评价制度，对环境进行全面规划，实行综合防治措施。这是因为影响环境质量的因素是多方面的，而环境污染控制是一项综合性很强的技术措施，随着经济的发展，单一考虑厂矿企业的污染治理已不能

满足目前复杂的环境问题。环境影响评价制度是指把环境影响评价工作以法律、法规或行政规章的形式确定下来必须遵守的制度。比如环境影响预评价制度，即在厂矿企业建设前，首先对拟建工业区的自然环境和社会环境作综合调查，进行环境影响试验，明白该地区对环境的要求及环境的自净、稀释能力和规律，从而确定保护、协调和改善环境的各种综合措施，论证该区域能否建厂和布局。

1.3.2.3　控制环境污染的技术措施

在工艺流程的设计和选择上，优先考虑无污染或少污染的工艺，这是防治污染和促进生产发展的有效途径。近几年来，从经济效益和环保效应的理念出发，出现了众多的无毒、无废生产工艺。对于选矿厂而言，应着重开展以下几个研究工作：

（1）研发新型无毒选矿药剂，从源头上杜绝污染源。

（2）研发高效选矿药剂，降低药剂用量，减少药剂对环境的污染。

（3）加强有价金属的综合回收，提高金属的综合利用率，最大限度地减少金属的损失。

从世界各国发展趋势来看，工业化国家无一例外的均采用以油气燃料为主的能源路线。工业化国家的能源结构中油气比例高于世界水平，逐步减少固体燃料的比例，是世界各国提高能源效率、降低能源成本、提供优质能源服务的必然选择。在改善燃料和能源结构方面，众多国家除选用天然的低硫煤和低硫油外，还扩展使用天然气，发展热电站，研究重油和煤中硫的脱出，大力寻找新的清洁能源，改革设备和工艺，降低能源消耗，减少环境污染。

在固体废弃物的利用和处理方面，建立综合性的工业试验基地，使各企业之间能充分综合利用原料和废弃物，减少环境污染的总排放量。这样既能消除固体废弃物的排放对环境造成的污染，又能节约资源，促进经济发展。例如，尾矿干排是近几年出现的一种尾矿处理方法，也是未来尾矿处理的主要方向之一，通过尾矿脱水可以获得近90%的回水，这部分回水经过处理能够再次应用到选矿生产作业中，一方面节约了水资源，同时又减少了污水的排放量，因此，无论是用水成本还是污水处理成本都大大降低。

1.3.2.4　应用经济手段管理环境

如何协调环境与发展的矛盾是实现我国可持续发展战略的关键。多年的历史教训告诉人们，采用指令控制手段，对于保护和改善环境是非常必要的。但指令控制手段的实施、强制执行和达标成本往往远远高于人们所预期的水平，而且有些政策还可能会妨碍经济的发展。如何能够在不制约经济增长和经济发展的条件下，实现环境保护的政策手段已成为决策者们所追求的目标。常用的环境保护政策手段包括：

（1）排污收费制度。排污收费制度是世界各国普遍采用的一项制度，由于主体利用环境资源作为排污、纳污和净化污染的场所，这种排污活动会引起环境污染性损害。排污收费就是对主体的排污活动征收的费用，它体现了排污者应负的责任，激励实体企业不断创新、消除污染。实践证明排污收费对环境保护起到了很好的促进作用。

（2）环境税收制度。环境税收制度是大多数国家在环境管理中采用的方法，它是国家对一切开发、利用环境资源的单位和个人，根据其开发、利用环境资源的程度进行的征税，其目标在于通过对环境和资源用途的定价来改善环境和实现资源的有效配置，从而达到可持续利用环境和自然资源的目的。环境税包括自然资源税和环境容量资源税两种。

（3）排污权交易制度。排污权交易制度又称许可证交易制度，它是把环境容量转化为商品，通过出卖环境的纳污能力，并将其纳入价格机制的一种环境经济手段。排污权交易的内容主要包括两部分：一是由政府或相关管理机构作为社会的代表及环境资源的所有者，确定区域的环境质量目标，并据此进行环境容量评估，推算出污染物的最大允许排放量，并将此最大允许排放量分为若干规定的指标（即排污权），政府以竞价拍卖、定价出售或无偿分配等方式将排污权发放给排污者；二是规定排污权可以转让，可以进行买卖交易。

（4）押金制度。押金制度是一种简单易行的经济手段，它是对具有潜在污染的产品在销售时额外增加的一项费用。如果通过回收这些产品或把它们的残余物通过处理后达到了避免环境污染的目的，就把押金退还给购买者。押金制在发达国家的应用最为普遍，在我国虽然押金制度不被作为环境保护领域中的制度来对待，但作为一项废弃物综合利用手段已有很长的历史，并取得了良好的效果。

随着经济手段在一些国家环境保护中取得的巨大成功，世界各国的研究者和决策者已越来越将注意力转移到设计和实施经济手段以实现环境保护与经济发展的协调，并实现可持续发展的目标上来。

1.3.3 环境保护的意义

自然环境是人类生存的基本条件，是发展生产、繁荣经济的物质源泉。如果没有地球这个广阔的自然环境，人类是不可能生存和繁衍的。随着人口的迅速增长和生产力的发展，科学技术的突飞猛进，工业及生活排放的废弃物不断增多，大气、水体、土壤污染日益严重，自然生态平衡受到了猛烈的冲击和破坏，许多资源面临耗竭的危险，水土流失、土地沙化也日趋严重，粮食生产和人体健康受到严重威胁。解决全国突出的环境问题，促进经济、社会与环境协调发展和实施可持续发展战略，是当今社会面临的艰巨任务。

政府是国家法律的直接载体，是环境法中最重要的主体，也是对环境影响最大的生态人。对于政府的环境责任，有人认为，政府有三种环境责任，即政治责任、行政责任和法律责任。虽然事实上，行政责任与政治责任之间存在紧密的联系，行政责任在一定程度上隶属于政治责任，可以要求公务员和领导履行并坚守政治觉悟，但很难仅靠通过政治觉悟的要求来督促其职责的履行。有的研究者认为，政府环境责任就是地方政府政治责任、环境道德责任和环境法律责任的综合。有的研究者认为，国家或政府基于其独特的公共权力必然要对公共环境负有公共责任，企业和公民则负有公共环境的一般责任与义务。有的研究者认为，政府环境责任是以公共环境利益为指向。政府环境责任的确立是行政伦理道德、政治合法性与权力合法性的客观要求。

环境问题的治理需要大家负责，各尽其责。要把环境污染和生态破坏解决于经济建设的过程之中，要进一步贯彻“以防为主，防治结合”的方针，首先要着眼于“防”。基础建设和自然资源的开发项目，要在项目的可行性研究中做好环境影响的评价工作；工业污染的防治，要同企业的技术改造结合起来；农业环境的保护，要同合理开发和利用农业资源、发展多种经营相结合。

思 考 题

1-1 如何理解人类环境？

1-2 目前人类的生存环境状况如何？

1-3 环境问题的类别和特点分别是什么？

1-4 简述环境问题的发展历程。

1-5 环境保护的内容主要包括哪些？

1-6 环境保护的意义是什么？

2　选矿厂水污染及防治

水是生命之源，是生命存在与经济发展的必要条件，也是构成人体组织的重要部分。水在人体内的含量高达70%，人体60%的水在细胞内，40%在流体内（血、消化液、唾液、胆液、泪水、汗液、肠液、胃液）。地球表面的71%覆盖着水，其中海水占97.3%，可用淡水仅有2.7%。在近3%的淡水资源中，77.2%存在雪山冰川中，22.4%在土壤和地下水中，只有0.4%为地表水。中国600多个城市有300多个城市缺水，用水量严重不足。

随着环境的日益恶化和人们环保意识的提高，工业废水的治理和利用已成为社会关注的焦点。我国选矿厂每年外排的废水多达2亿吨，排放量约占我国工业废水的10%以上。选矿厂作为工业废水排放较多的行业之一，是废水治理和利用的关键。

2.1　概　　述

2.1.1　水资源

水资源作为地球自然资源的一种，是指地球所属范围内的、可作为资源的水。《英国大百科全书》中，水资源被定义为“地球表面地层中和围绕地球大气中的水”，因此，它是一种非常广义的水资源概念，包括地球所有圈层中一切形态的水，而在《中国大百科全书》中，水资源被定义为“地球表层可供人类利用的水，包括水量（水质）、水域和水能资源，一般指每年可更新的水量资源。”

联合国教科文组织和世界气象组织1988年将水资源定义为“可以利用或有可能被利用，具有足够数量和可用质量，并可适合某地水需求而长期供应的水源。”这一定义强调了水资源的“质”与“量”的双重属性，不仅考虑了水的数量，同时强调了水资源的质量，有“量”无“质”或有“质”无“量”，均不能称之为水资源。

我国是一个水资源短缺、水灾害频发的国家。中国水资源总量居世界第6位，而人均占有量居世界第109位，并且呈现日益增加的趋势。多年来，水资源质量不断下降，水环境持续恶化，这是由于污染所导致的缺水和事故不断发生，造成了不良的社会影响和较大的经济损失。据中国工程院《21世纪我国可持续发展水资源战略研究报告》显示，目前我国一般年份全国总缺水量为300亿~400亿立方米，农田受害面积为1亿~3亿亩，因缺水而造成部分工矿企业限产甚至停产。我国江河湖泊普遍遭受严重污染，全国75%的湖泊出现了不同程度的富营养化，90%的城市出现了水污染事故。水体污染降低了水体的使用功能，加剧了水资源短缺，对我国可持续发展战略的实施带来了负面影响。

2.1.2　水体污染

我国水体污染的污染源主要为工业污染、农业污染以及生活污染三大类。工业污染主要是指工业生产过程中向环境排放的有毒、有害的废水和废液，其中含有随水流失的工业生产用料、中间产物、副产品等污染物，比如造纸废水、制革废水、农药废水、冶金废水、炼油废水等；农业污染主要指农业种植、畜禽养殖、农产品加工等过程中向环境排放的有毒、有害废水和废液，其中含有大量的病原体、悬浮物、化肥、农药、不溶解固体物以及盐分等；生活污染主要指居民日常生活中向环境所排放的有害废水，其中含有大量的病原体、悬浮物、有机污染物、无机污染物等。这三类污染源易造成大面积水污染，破坏生态系统的平衡。

工业废水作为水域的重要污染源，具有数量大、污染面广、污染成分复杂、污染毒性大等特点。工业废水中包含一些重金属离子未处理或处理力度不够的废水，排放至江河后会造成水质的改变，引起鱼虾的大量死亡。未死亡的鱼虾经捕捞之后由人体摄入，会造成生物学上的“富集”现象，即经过生态链的传播，重金属无法消除，使得含量在食物链的末端逐渐累积，从而危害人类健康。

农业污染源主要来源于人和牲畜粪便、农药和化肥。在农药污染中，主要是有机质、病原微生物农药和化肥。目前中国还没有开展农业面上的监测，但是根据相关资料显示，在220万公顷草原上和1亿公顷耕地中，每年农药的使用量是110.49万吨。而中国是世界上水土流失最严重的国家之一，中国每年表土流失量大约是50亿吨，致使大量农药和化肥随表土流入江、河、湖、库，随之流失的氮、磷、钾营养元素，使2/3的湖泊受到不同程度富营养化污染的危害，造成藻类以及其他生物异常繁殖，引起水体透明度和溶解氧的变化，从而使水质日益恶化。

生活污染主要来自城市生活中使用的各种洗涤剂和污水、垃圾、粪便等，多为无毒的无机盐类，生活污水中含氮、磷、硫多，致病细菌多。据调查，1998年中国生活污水排放量184亿吨。中国每年约有1/3的工业废水和90%以上的生活污水未经处理就排入水域，在中国监测的一千两百多条河流中，850多条受到污染，90%以上的城市水域遭到了污染，使得许多河段鱼虾绝迹，符合国家一级和二级水质标准的河流仅占32%。污染正由浅层向深层发展，地下水和近海域海水也正在受到污染，能够饮用和使用的水资源正在不知不觉地减少。

2.1.3　水体污染处理技术

为了改善日益严峻的水体污染防治工作形势，我国做出了一系列行之有效的举措，出台了一系列相关规章制度，加大了水体污染防治工作执法监督力度，给水体污染防治工作的开展创造了良好的制度与外部环境基础，比如《环境保护法》《水污染防治法》等一系列相关法律法规。与此同时，水体污染防治的标准体系也逐渐完善，重点流域防治规划以及配套政策也相继出台，基本满足了现阶段水环境保护工作对水体污染防治的要求。

水体污染处理技术即是采用各种手段把废水中的污染物质分离出来，或使其转化为无害的物质，从而使废水得以净化。根据污染物质在处理过程中的变化特征，可以将废水处理分为：

（1）分离处理。分离处理是通过各种力的作用使污染物从废水中分离，在分离过程中一般不改变污染物的化学特性，故属于物理处理法。污染物在废水中的存在状态可分为离子分散态、分子分散态、胶体分散态和悬浮物分散态四种。由于不同分散态的粒子大小及所受的作用力不同，其所采用的分离方法也各不相同。离子分离方法包括离子交换法、离子吸附法、离子浮选法、电解沉积法、电渗析法等。分子分离法包括吹脱法、汽提法、萃取法、蒸馏法、吸附法、浮选法、结晶法、蒸发法、冷却法、反渗透法等。胶体分离方法包括化学絮凝法、生物絮凝法、机械絮凝法、电泳法和胶粒浮选法等。悬浮物分离方法包括重力分离法、离心分离法、阻力截留法、粒状介质截留法、磁力分离法等。阻力或粒状介质截留法又统称过滤法，按过滤滤料的形式又分为格栅法、筛网法、微孔材料过滤法、粒状介质过滤法和超滤法。

（2）转化处理。转化处理是通过化学的或生物化学的作用改变污染物的化学本性，使其转化为无害的物质或可分离的物质，然后再进行分离处理的过程。转化处理可分成化学转化、生物化学转化和消毒转化三类。化学转化方法包括 pH 值调节法（含中和法、酸化处理法、碱化处理法）、氧化还原法、电化学法、化学沉淀法、水质稳定法、自然衰变法等。生物化学转化法属生物化学处理法范畴，包括好氧处理法、厌氧处理法及土地处理系统等，其中好氧处理法又分活性污泥法、生物膜法、生物接触氧化法及氧化塘法。消毒转化法包括药剂消毒法和能源消毒法两类。

（3）稀释处理。稀释处理既不能把污染物分离，也不能改变污染物的化学性质，而是通过高浓度废水和低浓度废水或天然水体的混合来降低污染物的浓度，使其达到允许排放的浓度范围，以减轻对水体的污染。稀释处理可以分为水体（江河湖海）稀释法和废水稀释法两类。废水稀释法又有水质均和法（不同浓度的同种废水自身混合稀释）和水质稀释法（不同种类废水混合稀释）之分。经过各种治理方法处理后的废水有的仍含有一定浓度的有害物质，因此还有必要对废水进行最终处置。目前国外采用的最终处理法主要有焚烧法、注入深井法、排入海洋法等。

以上各种废水处理方法在处理过程中都会产生污泥，污泥中仍可能含有部分污染物，因此也需进行妥善处理。污泥的处理主要包括稳定处理、去水处理和最终处置。污泥的稳定处理是防止有机污泥腐败的措施，包括化学稳定法（投加石灰或氯等化学物质杀灭微生物，暂时使污泥不腐败）和生物稳定法（通过微生物的作用将有机物分解成无机物或稳定的有机物）。去水处理是为了降低污泥的含水率，使污泥便于贮存、运输和最终处置。最终处置包括填埋、投海、焚烧和综合利用等。

2.1.4 废水处理系统

废水中所含污染物的种类繁多，废水处理的方法也各不相同，有些废水的处理不能采用单一的方法进行，而要结合废水的性质、数量、需要达到的排放标准，选用几种处理方法同时处理，才能达到预定的处理要求。根据废水的处理程度，废水处理系统可分为一级处理、二级处理和三级处理（深度处理、高级处理）等不同处理阶段。

一级处理主要解决悬浮固体、胶体、悬浮油类等污染物的分离问题，多采用物理法。一级处理的程度较低，一般达不到规定的排放要求，尚需进行二级处理，可以说一级处理是二级处理的预处理阶段。

二级处理主要解决可分解或氧化的呈胶状或溶解状有机污染物的去除问题，多采用较为经济的生物化学处理法，它往往是废水处理的主体部分。经过二级处理之后，一般均可达到排放标准，但可能会残存有微生物以及不能降解的有机物和氮、磷等无机盐类，它们的数量不多，对水体的危害不大。

三级处理是近20年来逐渐发展起来的深度处理方法，主要用以处理难分解的有机物和溶液中的无机物，处理后的水质能达到工业用水和生活用水的标准。三级处理方法多属于物理化学法，处理效果好，但处理费用相对较高。随着对环境保护工作的重视和“三废”排放标准的提高，三级处理在废水处理中所占的比重也正在逐渐增加。

2.2 选矿废水及特点

2.2.1 选矿废水

我国矿产资源在国民经济发展过程中起着十分重要的作用。然而，随着我国工业化进程的逐步完善、新工艺、新技术的革新和环境保护工作的高度重视，矿产资源开采、选冶过程排放的废水所带来的水资源污染已成为目前重要的环境问题。如何有效解决选矿废水排放导致的环境污染问题是目前矿山企业给排水所面临的严峻挑战。

我国选矿废水排放量十分巨大，占我国工业废水排放量的1/10左右。加之矿山废水，尤其是选矿废水中含有大量的酸（碱）、重金属离子和残留的浮选药剂，多项指标远远超过了国家工业污染物的排放标准。若选矿废水不加处理直接外排至自然水体，不仅危害自然环境，而且还会破坏水体生态平衡，甚至会给矿区周边的生态环境带来不可修复的伤害。许多矿业公司为了节约处理成本、节约水资源，都在尝试进行选矿废水的循环利用以达到减少新水补加的目的，有的甚至还在使用低质量水（简单处理过的回水或工业废水），这无疑会对选矿厂的选别指标产生一定影响。因此，合理循环回用选矿废水，有效降低污水排放、节约新水、控制矿山生产成本，是众多选矿厂生产过程中需要认真思考、亟待解决的技术难题。

2.2.2 选矿废水来源

一般而言，选矿废水并非单指选矿工艺中排出的废水，还包括地面冲洗水、冷却水等，泛指生产过程中所有外排水的总称。选矿废水可以依据其排放源分为两类：浓缩精矿及中矿的浓缩脱水设备溢流水，其水量一般少于选厂总水流量的5%；浮选、重选等选矿过程水（包括某些冲洗水），其总量占总废水量的95%以上。其主要来源为：

（1）碎矿冲洗水。碎矿车间因扬尘较多，碎矿过程中湿法除尘的冲洗水，碎矿及筛分车间、皮带走廊和矿石转运站的地面冲洗水，这类废水主要为粉末状的悬浮物，一般经沉淀后即可排放，沉淀物可再进入选别系统回收其中的有用矿物。

（2）设备冷却水。破碎、磨矿设备油冷却器的冷却水和真空泵排水，这类废水只是水温较高，可以作为车间冲洗水回收利用，也可以直接回用于选矿流程。

（3）洗矿废水。在选矿作业中，针对含泥量较高的矿石在选别过程中一般都需要进行洗矿，而洗矿废水中往往含有大量悬浮物，通常对此种废水的处理方式是“先沉淀后回收”。沉淀以后的上层清液可以回用于选矿流程，沉淀物经分析化验后，根据成分含量返回选矿流程中合适的作业点，经选别后进入尾矿循环系统。有时洗矿废水呈酸性并含有重金属离子，则需作进一步处理，其废水性质与矿山酸性废水相似，因而处理方法也相同。

(4) 配药车间废水。对于使用选矿药剂进行选别的配药车间，冲洗地面和设备上残留的选矿药剂所产生的选矿废水，往往溶有选矿药剂，若直接进入生产流程，通常会影响药剂的浓度，对选矿指标不利。因此，需要根据药剂的种类分别回收利用，或中和其中的有害成分达到排放标准之后再进行排放。

(5) 选矿废水。选矿废水包括选矿厂排出的尾矿水、精矿浓密溢流水、精矿脱水车间的过滤水、主厂房冲洗地面和设备的废水，某些选矿厂可能还存在中矿浓密溢流水和选矿过程脱药排水等。这些废水其有害成分基本相同，沉淀物可根据有用成分的品位情况作为中矿、次精矿，或者返回流程作业点再选，从而增加选矿厂的经济收益。

2.2.3 选矿废水特点

矿山废水是指在矿山范围内，从采掘生产地点、选矿厂、尾矿库、排土场以及生活区等地点排出的废水。由于矿山废水排放量大，持续性强，且其中含有大量的重金属离子、酸和碱、固体悬浮物，加之选矿过程各种有机和无机药剂的应用，选矿废水中含有大量的有毒有害物质，个别矿山的废水中甚至还含有放射性物质等。因此，选矿废水在外排过程中对环境的污染特别严重，其污染特点主要表现为：

(1) 排放量大，污染范围广，持续时间长。一般情况下，选矿厂不间断连续生产，因而选矿废水的排放量大，污染范围广且持续时间较长。根据选矿工艺的不同，各种选矿方法所需要的矿浆浓度也不一致，如浮选法处理 1t 原矿石，废水排放量一般在 3.5~4.5t；浮选—磁选联合法处理 1t 原矿石，废水排放量为 6~9t；若采用浮选—重选联合法处理 1t 原矿石，其废水排放量可高达 27~30t。美国某铜钼选矿厂，仅采用单一的浮选法日处理原矿石 0.85Mt，若不考虑回水利用，每天尾矿废水的排放量为 3.4×10^5t 左右。据不完全统计，若不考虑回水的利用，每生产 1t 矿石，废水排放量约为 $1m^3$。在我国一些矿山关停后，仍会有大量的矿山废水持续污染矿区环境。

(2) 悬浮物含量高。为了使矿物单体解离，原矿通常都需要细磨，因而选矿过程不可避免地会产生大量的微细颗粒，虽然经过了一段时间的静置，但微细颗粒仍然很难下沉而呈悬浮状态。另一方面，矿物的溶解、矿物与选矿药剂的作用会生成难沉降的胶体沉淀物。这些微细矿粒和胶体沉淀物的存在使得浮选废水呈现固体悬浮物浓度高的特点。

(3) 有毒有害物质种类多，浓度变化大。选矿废水中有害物质的化学成分比较复杂，含量变化较大。这是在选矿过程中使用了大量的表面活性剂及品种繁多的化学药剂造成的。在各种选矿药剂中，有些选矿药剂属剧毒物质（如氰化物），有的化学药剂虽然毒性不大，但当用量较大时也会造成环境污染。比如大量使用的无毒捕收剂、起泡剂等表面活性药剂，会使废水中的生化需氧量（BOD）、化学需氧量（COD）迅速增高，从而导致废水发臭。使用石灰等强碱性调整剂，会使矿山废水的 pH 值超过排放标准。

(4) 重金属离子含量高。选矿废水中残留的重金属离子是选矿废水形成危害的主要因素之一，也是最难治理的成分，在有色金属选矿厂表现得尤其突出。绝大多数选矿废水都不同程度含有铜、铅、锌、镉、锗、铬、砷等重金属离子。由于重金属离子具有不可降解性，将长期潜伏在水体中，重金属离子成为选矿废水治理的难点。

(5) 色度高、浊度大。选矿废水的色度与浊度一般都是由悬浮物引起，悬浮物种类不同其颜色一般也不尽相同。

选矿废水中污染物的有害成分主要是可溶性的选矿药剂、重金属离子等，大部分选矿药剂属有机物，在水资源供需矛盾日益突出的今天，加强选矿废水治理的技术升级，实现选矿废水最大限度地回用是选矿过程中必须解决的关键问题。

2.3　选矿废水中的主要污染物及危害

废水中的污染物较多。污染物的存在，不仅使水失去了暂时的使用价值，而且在其排放过程中，又会造成环境污染。根据废水中污染物的危害程度可将选矿废水分为有毒污染物、固体污染物、有机污染物、营养污染物、生物污染物、感官污染物和酸碱污染物等。

2.3.1　有毒污染物

随着矿业的发展，废水、废气和废渣大量排放到自然水环境中；加之农业生产上农药的使用，都会对水体造成严重污染，它们可以通过食物链富集，直接或间接的危害人类健康。目前，工业上使用的有毒化学物质种类繁多，已成为人们重点关注的污染物。有毒化学物可分为无机化学毒物、有机化学毒物和放射性物质。

2.3.1.1　无机化学毒物

无机化学毒物主要指重金属离子、氰化物、氟化物等；重金属毒物主要指铅、镉、汞、铬、铜、镍、锌等。此外，砷、硒性质接近于金属，铍的毒性很大，通常也列入重金属毒物。

A　铅

铅进入人体后，除部分通过粪便、汗液排泄外，其余在数小时后溶入血液中，阻碍血液的合成，导致人体贫血，出现头痛、眩晕、乏力、困倦、便秘和肢体酸痛等；部分口中有金属味，动脉硬化、消化道溃疡和眼底出血等症状也与铅污染有关。儿童铅中毒则出现发育迟缓、食欲不振、行走不便和便秘、失眠。若是小学生，还伴有多动、听觉障碍、注意力不集中、智力低下等现象。这是因为铅进入人体后通过血液侵入大脑神经组织，使营养物质和氧气供应不足，造成脑组织损伤所致，严重者可能导致终身残疾。特别是儿童处于生长发育阶段，对铅比成年人更敏感，进入体内的铅对神经系统有很强的亲和力，故对铅的吸收量比成年人高好几倍，受害尤为严重。铅进入孕妇体内则会通过胎盘屏障，影响胎儿发育，造成畸形等。

B　镉

进入人体的镉，在体内形成镉硫蛋白，通过血液到达全身，并有选择性地蓄积于肾脏、肝脏中。肾脏可蓄积吸收量的1/3，是镉中毒的靶器官。此外，在脾、胰、甲状腺、睾丸和毛发中也有一定的蓄积。镉的排泄途径主要通过粪便，也有少量会随尿液排出。在正常人的血液中，镉含量很低，接触镉后会升高，但停止接触后可迅速恢复正常。镉与含羟基、氨基、巯基的蛋白质分子结合，能使许多酶系统受到抑制，从而影响肝、肾等器官的正常功能。镉还会损伤肾小管，使人出现糖尿、蛋白尿和氨基酸尿等症状，并使尿钙和尿酸的排出量增加，肾功能不全又会影响维生素 D_3 的活性，使骨骼的生长代谢受阻碍，从而造成骨骼疏松、萎缩和变形等。慢性镉中毒主要影响肾脏，最典型的例子是日本著名的公害病——骨痛病，此外，慢性镉中毒还可引起贫血。急性镉中毒，大多是在生产环境中一次吸入或摄入大量镉化物引起的，大剂量的镉是一种强的局部刺激剂。含镉气体通过呼吸道会引起呼吸道刺激症状，比如出现肺炎、肺水肿、呼吸困难等；若镉从消化道进入人体，则会出现呕吐、胃肠痉挛、腹疼、腹泻等症状，甚至可因肝肾综合征而死亡。

C 汞

汞蒸汽较易透过肺泡壁细胞膜，与血液中的脂质结合，很快分布到身体各组织。汞在红细胞和其他组织中会被氧化成 Hg^{2+}，并与蛋白质结合而累积，很难再被释放。金属汞在胃肠道几乎不被吸收，约占摄食量的万分之一，汞盐在消化道的吸收量约 10%。汞主要随尿液和粪便排出，唾液、乳汁、汗液亦有少量排泄。

汞离子易与巯基结合，使与巯基有关的细胞色素氧化酶、琥珀酸脱氢酶等失去活性。汞还与氨基、羧基、磷酰基结合而影响功能基团的活性。由于这些酶和功能基团的活性受到影响，从而阻碍了细胞生物活性和正常代谢，最终导致细胞变性和坏死。汞还可引起免疫功能紊乱，产生自身抗体，发生肾病综合征或肾炎。

D 铬

铬的毒性与铬的价态有关。三价铬对人体无害，至今未发现工业上中毒的报道，而六价铬是确证的有害元素，它可以通过消化道、呼吸道、皮肤和黏膜进入人体，在体内主要积聚在肝、肾和内分泌腺中。六价铬有强氧化作用，所以慢性铬中毒往往以局部损害开始逐渐发展到严重程度。经呼吸道侵入人体的铬主要积存于肺部，同时侵害上呼吸道，引起鼻炎、咽喉炎和支气管炎。长期摄入会引起扁平上皮癌、腺癌、肺癌等疾病；吸入高含量的六价铬化合物会引起流鼻涕、打喷嚏、瘙痒、鼻出血、溃疡和鼻中隔穿孔等症状；短期大剂量的接触，在接触部位会产生溃疡、鼻黏膜刺激和鼻中隔穿孔；摄入超大剂量的铬会导致肾脏和肝脏的损伤以及恶心、胃肠道不适、胃溃疡、肌肉痉挛等症状，严重时会使循环系统衰竭，失去知觉，甚至死亡。长期接触六价铬的父母还可能对其后代的智力发育带来不良影响。

E 铜

铜是人体必需的微量元素，同时也是重金属元素，尽管铜是重要的微量元素，但摄入不当，也易引起中毒。一般而言，重金属都有一定的毒性，但毒性的强弱与重金属进入体内的方式及剂量有关。口服时，铜的毒性以铜的吸收为前提，金属铜不易溶解，毒性比铜盐小，铜盐中尤以水溶性盐，如醋酸铜和硫酸铜的毒性最大。人体铜中毒的最早报告见于 1789 年，一名 17 岁的女性因食用含铜化合物食品过多而中毒，症状为腹痛、皮疹、腹泻、呕吐，呕吐物为绿色，不久便死亡。据报道，当铜的摄入量超过人体需要量的 100~150 倍时，可引起坏死性肝炎和溶血性贫血。

F 镍

镍是人体不可缺少的微量元素，也是常见的过敏金属，20%左右的人群对镍离子过敏，过敏人群中女性多于男性。在与人体接触时，镍离子可以通过毛孔和皮脂腺渗透到皮肤中，从而引起皮肤过敏发炎，其临床表现为瘙痒、丘疹性或丘疹水泡性皮炎和湿疹，伴有苔藓化。一旦出现致敏症状，过敏症状能无限期持续。镍盐毒性较低，但胶体镍或氯化镍、硫化镍和羰基镍毒性较大，可引起中枢性循环和呼吸紊乱。若误食镍盐，会出现呕吐、腹泻等症状，引发急性肠胃炎和齿龈炎。吸烟易引起肺癌，其原因之一就是因为香烟中含有较高的镍元素，对肺和呼吸道有刺激和损害作用，更重要的是镍与烟雾中的一氧化碳结合成羰基镍所致。镍也可能是白血病的致病因素之一，白血病人血清中镍含量是健康人的2~5倍，且患病程度与血清中镍的含量明显相关。故测定血清中镍含量可以作为诊断白血病的辅助指标，并可借此估计病情，预测变化趋势。

G 锌

金属锌本身无毒，但在焙烧硫化锌矿石、熔锌、冶炼其他含有锌杂质金属的过程中，以及在铸铜过程中产生的大量氧化锌等金属烟尘，对人有直接的危害。锌摄入过多可导致中毒，经口摄入过多锌可引起急性锌中毒，会伴有呕吐、腹泻等症状；工厂锌雾吸入过多会有低热及感冒症状；慢性锌中毒伴有贫血等症状；动物实验表明锌也可使肝、肾功能及免疫力受损。有些儿童玩具的涂料含锌，若经常把玩具放入口中，可能会因误食过多锌而中毒。

重金属对人体的危害往往具有多样性、复杂性并难以逆转，因此选矿废水中的各种重金属离子对农作物、动物及人类的危害都是巨大的。重金属离子的毒（危）害具有如下特点：

（1）不能被微生物降解，只能在各种形态间相互转化、分散；

（2）重金属离子的毒性以离子态存在时最严重。

金属离子在水中容易被带负电荷的胶体吸附，吸附金属离子的胶体可随水流迁移，但大多数会迅速沉降。因此，重金属一般都富集在排污口下游一定范围内的底泥中，能被生物富集于体内，既危害生物，又通过食物链危害人体，比如淡水鱼能将汞富集1000倍、镉300倍、铬200倍等；重金属离子进入人体后，能够与生理高分子物质如蛋白质等发生作用而使这些生理高分子物质失去活性，也可能在人体的某些器官积累，造成慢性中毒。被重金属污染的选矿废水随灌溉进入农田时，除流失一部分外，另一部分会被植物吸收，剩余的大部分在泥土中聚积，当达到一定数量时，农作物就会出现病害。研究表明，土壤中铜含量达20mg/kg时，小麦会枯死；达200mg/kg时，水稻会枯死。此外，重金属污染了的水还会使土壤盐碱化。

H 氰化物

氰化物属剧毒性物质。HCN口服致死量约为50mg，氰化钠约100mg，氰化钾约120mg。由此可见，氰化物对人体的危害及威胁巨大。氰化物对鱼类及其他水生物的危害同样也非常大，水中氰化物含量（折合成氰根离子CN^-）浓度为0.04~0.1mg/L时，就能使鱼类死亡。对浮游生物和甲壳类生物CN^-最大容许浓度为0.01mg/L。当然，氰化物在水中对鱼类的毒性作用还与水的pH值、溶氧量及其他金属离子相关。

简单的氰化物经口、呼吸道或皮肤进入人体，极易被人体吸收。氰化物进入胃内，在胃酸的作用下，立即水解为氢氰酸而被吸收，从而进入血液，致使细胞色素氧化酶的Fe^{3+}与血液中的氰根离子结合，生成氰化高铁细胞色素氧化酶，使Fe^{3+}丧失传递电子的能力，造成呼吸链中断，细胞窒息死亡。由于呼吸中枢对组织缺氧特别敏感，急性氰化物中毒的病人，其症状主要为呼吸困难，继而可出现痉挛，呼吸衰竭往往是致死的主要原因。

在非致死剂量范围内，误摄入氰化物可能不会引起中毒，这是因为体内的β-巯基丙酮酸在断裂酶的作用下释放出的硫能被体内代谢产生的亚硫酸根所接受，生成硫代硫酸盐，硫代硫酸盐与氰根离子在硫氰生成酶的作用下生成硫氰化物，从尿液中排出。不过，这种体内解毒能力是有限的，如果摄入的氰化物超过了解毒的负荷，达到中毒的浓度，便会引起中毒，甚至死亡。

铁氰化物和亚铁氰化物毒性虽然很低，但也能造成危害。如果将这种含氰络合物大量排出，尤其汇入地表水，通过外界作用便可分解并释放出相当数量的游离氰，因而也可能造成鱼类或人畜的死亡。

少量氰化物经消化道进入人体，会引起慢性危害，动物实验测得的阈下浓度为0.005mg/kg。由流行病学调查可知，有的居民由于长期饮用受氰污染（含氰0.14mg/L）的地下水，会出现头痛、头晕、心悸等症状，这可能是由于神经系统发生细胞变异所致。此外，甲状腺肿大的出现也可能与体内长期蓄积的硫氰化物有关，因为硫氰化物能妨碍甲状腺素的合成，从而影响甲状腺的功能，导致甲状腺肥大。

氰化物虽是剧毒物质，但在水体中极易降解。氰化物能与水中二氧化碳作用生成氰化氢而挥发，此过程能除去氰化物总量的90%，其反应式为：

$$CN^- + CO_2 + H_2O \longrightarrow HCN\uparrow + HCO_3^- \qquad (2\text{-}1)$$

此外，水中的游离氧也能氧化氰化物，最终生成NH_4^+和CO_3^{2-}离子，此过程占净化总量的10%，过程如下：

$$2CN^- + O_2 \longrightarrow 2CNO^- \qquad (2\text{-}2)$$

$$CNO^- + 2H_2O \longrightarrow NH_4^+ + CO_3^{2-} \qquad (2\text{-}3)$$

I 氟化物

氟在人体中具有双重作用。人体中的氟主要由饮水摄入。天然水体中氟含量较低，地表水含氟0.2~0.5mg/L，地下水中含氟1.0~1.3mg/L，地下深层水中的氟含量甚至高达19mg/L。不同地区地下水含氟量差别很大，有些地区含氟量很高，称为高氟区。长期饮用高氟水（含氟量大于1.0mg/L），就会引起氟中毒。在我国，地方性氟中毒分布较广，天津、山西、内蒙古、甘肃、新疆、广西、云南、贵州等均有发生。选矿上常处理的萤石矿废水氟化物含量较高，由于这种废水通常都是硬水，其中的氟会形成钙盐或镁盐沉淀下来，故不会表现出很大的毒性，但软水中氟的毒性却很大。氟中毒主要表现为氟斑牙（也称斑釉齿）和氟骨病，患氟斑牙后，牙齿无光泽，严重时呈黄褐色，牙质变差，容易损伤；氟骨病是一种骨质硬化症，严重时脊椎畸形、驼背。

误食大量氟化物会出现急性氟中毒，主要表现为出血性胃肠炎、急性肾炎及肝脏、心肌损伤。与此同时，氟又是人体必需的微量元素，分布在全身，主要在骨骼中，少量在牙齿中。如果水中氟含量低于0.3mg/L，龋齿的发病率比氟含量为1mg/L的水要高出35%。因此，高氟水地区或无氟水地区的水厂均应根据水质状况进行调控。我国新《卫生标准》明确规定氟的限值为1.0mg/L，但不同国家或地区制定自来水中氟化物含量的安全标准差别较大。

2.3.1.2 有机化学毒物

选矿废水有机化学毒物主要指常用的选矿药剂，包括黄药类、黑药类、酚类、醛类、苯类及起泡剂等物质。其致毒性比无机化合物复杂，不仅根据其组成元素的种类，而且根据元素的结合状态及异构现象也会表现出不同的毒性。

A 黄药

黄药，即黄原酸盐（烃基二硫代碳酸盐，通式为ROCSSMe），为淡黄色粉状物，有刺激性气味，易溶于水，在水中不稳定，尤其在酸性条件下易分解，其分解物 CS_2 是硫的污染物。被黄药污染水体的鱼虾有难闻的黄药味，因此，我国地面水中丁基黄原酸盐的最高允许浓度为 0.005mg/L，而前俄罗斯水体中极限丁基黄原酸钠的浓度为 0.001mg/L。黄药具有很强的离子电势，对水生物普遍有毒害作用。在外界环境作用下，黄药的半衰期约为 4 天，传统的降解方法不能彻底分解，因此，若将未经处理或处理不彻底的黄药废水直接排放，将会严重影响附近水域的生态平衡。人畜饮用被黄药污染的水后，将损伤神经系统和肝脏器官，对造血系统也会产生不良影响。

B　黑药

以苯胺黑药［二苯胺基二硫代磷酸，化学式为 $(C_6H_5NH)_2P(S)SH$］为例，所含杂质包括甲酸、磷酸、硫甲酚和硫化氢等，呈黑褐色，油状液体，微溶于水，有硫化氢臭味。其是一种良好的有色金属硫化矿浮选捕收剂，也是选矿废水中酚、磷等污染物的主要来源。由于苯胺黑药含磷和苯胺基，属于典型的难降解有机污染物。废水中残留的苯胺黑药直接排放到水体中，在氧气、细菌、光照的作用下，可能会生成苯胺自由基及含磷化合物，通过苯胺自由基的聚合作用可形成新的带有苯环的毒性结构单元（POPs），同时可能造成水体的磷超标和富营养化，产生二次污染。如何有效降解浮选废水中的苯胺黑药已成为目前急需解决的问题。

C　松醇油

松醇油俗称二号油，黄棕色油状透明液体，不溶于水，具有松香味。它是以松节油为原料生产的萜烯醇类有机化合物，作为有色金属的优良起泡剂，已在国内外广泛使用。松醇油是一种起泡剂，易使水面起泡，当水面油膜厚度超过 0.1mm 时，就会阻碍水面的复氧过程，导致水体缺氧，阻碍水分蒸发和大气水体间的物质和热交换，改变水面的反射率和水体的透射率，危害水生生物的生长和繁衍。当锅炉用水被油类污染时，可能会造成爆炸事故。含油废水流入地表土壤也会浸入孔隙，形成油膜，产生堵塞，破坏土壤结构，不利于植物的生长，甚至使农作物枯死。萜烯醇类物质难以自然降解，对环境会造成长期的累积性污染，威胁水生生物和人类的健康。

D　酚类物质

环境中被酚污染的水，被人体吸收后，通过体内解毒功能，可使其大部分丧失毒性，并随尿液排出体外。若进入人体内的量超过正常人体解毒功能时，超出部分可以蓄积在体内各脏器组织内，使人慢性中毒，并出现不同程度的头昏、头痛、皮症、皮肤痒、精神不安、贫血及各种神经系统症状和食欲不振，吞咽困难，呕吐和腹泻等慢性消化道症状，重者可能会发生心血管虚脱，甚至死亡。

E　苯类物质

苯类物质主要包括甲苯、乙苯、二甲苯及苯乙烯等。苯类物质主要以蒸汽形式进入人体，其液体可以经皮肤吸收和摄入。长期低浓度摄入会伤害听力，引起头痛、头昏、乏力、苍白、视力减退及平衡功能失调等问题，皮肤接触会导致红肿、干燥、起水疱，使人体致癌，能发展为白血病，还可能会影响生殖系统，比如出现月经不调等。苯对人体的造血功能有抑制作用，会使红细胞、白细胞和血小板减少。

2.3.1.3　放射性物质

天然水都含有一定量的放射性物质，但放射性一般都很微弱，约为 $10^{-8} \sim 10^{-7}$ μCi/L

（Ci：居里，为放射性物质的放射性活度，其值约为 $3.7\times10^{-4}\sim3.7\times10^{-3}$Bq/L）。在含铀选冶厂的尾砂池中，铀的浓度可达 $3.7\times10^{10}\sim7.77\times10^{13}$Bq/L，远超国家安全标准。此外，我国南方的一些有色金属矿山的废水中也含有放射性物质，因此，放射性污染应引起足够重视。放射性物质一旦进入人体，会放出 α、β 或 γ 射线，形成内照射并伤害组织，可在人体内积聚，造成长期危害，从而引起贫血、恶性肿瘤及各种放射性疾病。用放射性物质污染了的水灌溉农作物或饮用含放射性物质水的牲畜也会受到放射性物质的危害，最终通过食物链进入人体。

按放射性物质含量的多少可将含放射性物质的废水、废弃物分为低水平、中水平和高水平三个污染级别。低水平放射性是指不加处理或略加处理即可排至环境而不致引起危害；中水平放射性指的是必须经过适当处理、分离或稀释后才可排入环境；高水平放射性是指放射性甚强，难于处理，不允许排入环境，需专门储存或处理。

2.3.2　固体污染物

固体物质在水中以三种状态存在，其分别为溶解态（其粒子直径小于 1nm，即 10^{-9}m）、胶体态（粒径 1~100nm，即 $10^{-9}\sim10^{-7}$m）和悬浮态（粒径大于 100nm）。

在水处理中通常把小于 1000nm 的颗粒都划入胶体范围。胶体杂质多数是黏土无机胶体和高分子有机胶体。黏土性无机胶体是造成水质混浊的主要原因，高分子有机胶体是分子量很大的物质，一般是水中的植物残骸经过腐烂分解的产物，比如腐殖酸、腐殖质等。在水质分析中，习惯把固体物质分为溶解物和悬浮物两部分。凡能透过滤膜（孔眼 450nm）的物质称为溶解物；凡被截留于滤膜上的物质称为悬浮物。通常把相对密度大于 1 的悬浮物称为沉降性悬浮物，把相对密度小于 1 的悬浮物称为漂浮性悬浮物。

由于悬浮物具有质量小、比表面积大的特点，常常漂浮或者悬浮在水中，从而导致水中的溶氧量降低，阻塞鱼鳃，影响藻类的光合作用，对水生动植物有极大的危害；如果悬浮物浓度过高，会使河道发生淤积；使用含有高浓度悬浮物的水灌溉农作物会使土壤板结。

2.3.3　有机污染物

有机污染物是指以碳水化合物、蛋白质、氨基酸以及脂肪等形式存在的天然有机物及其他可生物降解的人工合成有机物。有机污染物可分为天然有机污染物和人工合成有机污染物两大类。

绝大多数的有机物具有“生物可降解性”。在生物降解过程中需要消耗水体中的溶解氧，可能会造成腐败、发臭。当降解过程消耗氧的量大于水体补充氧的量时，水体中溶解氧的含量就会降低，从而危害水生生物的生存。由此可见，有机物的主要危害是消耗溶解氧，当水体中的溶解氧消耗殆尽后，就会出现厌氧微生物对有机物进行厌氧分解，此过程就有可能产生有毒、有害的物质，如硫化氢、硫醇和氨等，使水体发臭。

有机物的种类繁多，要测定每一种有机物的含量，几乎是不可能的事情。通常用综合性的指标来表示有机物的含量水平。工业上一般用生物化学需氧量（BOD）和化学需氧量（COD）两个指标来表示有机物的含量。由于这两个指标的直接测定很不方便，加之需要测定的时间较长，重现性较差，因此，常用总有机碳（TOC）或总需氧量（TOD）来表示有机物的含量。

2.3.3.1　生化需氧量（BOD）

生化需氧量又称生化耗氧量（Biochemical Oxygen Demand），是水体中的好氧微生物在一定温度条件下将水中有机物分解成无机质，在这一特定时间内的氧化过程所需要的溶解氧量（单位为 mg/L）。生化需氧量是表示水中有机物等需氧污染物含量的一个综合指标，其值越高，说明水中有机污染物越多，污染也就越严重。

污水中各种有机物完全氧化分解的时间非常长。为了缩短检测时间，一般生化需氧量以被检验的水样在20℃条件下，五天内的耗氧量为代表（称其为五日生化需氧量，简称 BOD_5），对生活污水来说，它约等于完全氧化分解耗氧量的 70%。相应地还有 BOD_{10} 和 BOD_{20}。

由于采用 BOD 值测定时间仍然较长，加之水体中一旦有毒性物质混入后，会影响生物化学氧化分解过程的速度，使生化需氧量（BOD）的测定不准确，因此常采用化学需氧量（COD）来测定水体中有机物的含量。

2.3.3.2　化学需氧量（COD）

化学需氧量（Chemical Oxygen Demand）是以化学方法测量水样中需要被氧化的还原性物质的量。在一定条件下，以氧化 1L 水样中还原性物质所消耗的氧化剂量为指标，折算成每升水样全部被氧化后，需要氧的毫克数（单位为 mg/L）。化学需氧量反映水中受还原性物质污染的程度，该指标也作为有机物相对含量的综合指标之一。

有机物基本上都属于还原性物质，能被化学氧化剂氧化。在此过程中，有机物越多，消耗的氧化剂也越多，因此可以用消耗氧化剂的量（折算成氧的耗量）来间接地表示有机物的含量水平。比如用重铬酸钾时，测得的量叫化学需氧量，用 COD 表示；用高锰酸钾时，测得的量叫高锰酸钾耗氧量，简称耗氧量，用 OC 表示。利用 COD、OC 指标的优点在于可以在短时间内测定污染物的含量水平。

2.3.3.3　总有机碳（TOC）

总有机碳（Total Organic Carbon）是以碳的含量表示水中有机物的总量（单位为 mg/L）。碳是一切有机物的共同成分，组成有机物的主要元素，水中总有机碳（TOC）值越高，说明水中有机物含量越高。因此，总有机碳（TOC）可以作为评价水质有机物污染的指标。当然，由于排除了其他元素，比如含 N、S 或 P 等有机物在燃烧氧化过程中同样也参与了氧化反应，但总有机碳（TOC）以碳（C）计结果中并不能反映出这部分有机物的含量。

2.3.3.4　总需氧量（TOD）

总需氧量（Total Oxygen Demand）是指水中能被氧化的物质，主要是有机物在燃烧中变成稳定的氧化物时所需要的氧量（单位为 mg/L）。用此指标可以检测出 BOD 和 COD 不能检测出的有机物。

2.3.4　营养污染物

营养性污染物是指可引起水体富营养化的物质，主要是指氮、磷等元素，其他还包括钾、硫等。此外，可生化降解的有机物、维生素类物质、热污染等也会触发或促进富营养化过程。

植物营养物是宝贵的物质，但过多的营养物质进入天然水体，将会使水质恶化，影响渔业的发展和危害人类健康。一般而言，水中氮和磷的浓度分别超过0.2mg/L和0.02mg/L，会促使藻类等绿色植物大量繁殖，在流动缓慢的水域聚集形成大片赤潮；而藻类的死亡和腐化又会引起水中溶解氧的大量减少，使水质恶化，鱼类等水生生物死亡；严重时，由于某些植物及其残骸的淤塞，会导致湖泊逐渐消亡，从而造成水体的营养性污染（又称富营养化）。

水中营养物质的来源，主要来自化肥，如磷肥厂等。施入农田的化肥只有一部分被农作物所吸收，其余绝大部分随地表径流携带至地下水和江、河、湖中。其次，营养物来自人、畜、禽的粪便及含磷洗涤剂。此外，食品厂、印染厂、洗毛厂、制革厂、炸药厂等排出的废水中都含有大量氮、磷等营养元素。

2.3.5 生物污染物

生物污染物是指废水中的致病微生物及其他有害生物体。生物污染物主要来自城市生活废水、医院废水、垃圾及矿山地面径流等。

病原微生物的水污染危害历史最久，至今仍是危害人类健康和生命的重要水污染类型。洁净的天然水一般含细菌很少，病原微生物就更少。受病原微生物污染后的水体，微生物激增，其中许多是致病菌、病虫卵和病毒，它们往往与其他细菌和大肠杆菌共存，所以通常规定用细菌总数和大肠杆菌指数为病原微生物污染的间接指标。在人和动物的粪便中有400多种细菌，已鉴定出的病毒有100多种。未经消毒的污水中含有大量细菌和病毒，它们有可能进入含水层，污染地下水。而污染的严重程度与细菌和病毒存活时间、地下水流速、地层结构、pH值等多种因素有关。

2.3.6 感官污染物

感官污染物是指废水中能引起异色、浑浊、泡沫、恶臭等现象的物质，它是从视觉上引起的一些与正常水体不一致的现象。主要表现形式有：

（1）色泽变化。天然水是无色透明的，受污染后可使水色发生变化，从而影响感官。比如印染废水污染往往使水色变红，炼油废水污染可使水体呈现黑褐色等。

（2）浊度变化。水体中含有泥沙、有机质以及无机物质的悬浮物和胶体，易产生混浊现象，降低水体的透明度，从而影响感官甚至影响水生生物的生存。

（3）泡状物。许多污染物排入水中会产生泡沫，如起泡剂等。漂浮于水面的泡沫，不仅影响感观，还可在其孔隙中繁衍细菌，造成水体污染。

（4）臭味。水体发臭是一种常见的污染现象。水体发臭多属有机质腐败引起，属综合性恶臭，恶臭的危害会使人憋气、恶心，水产品无法食用等。

2.3.7 酸碱污染物

酸碱污染物是指废水中有酸性污染物和碱性污染物。其具有较强的腐蚀性，可以腐蚀管道和构筑物。酸碱污染物排入水体会改变水体的pH值，干扰水体自净，影响水生生物的生长和渔业生产；排入农田会改变土壤的性质，使土地酸化或碱化，危害农作物。酸主要来源于选矿厂废水、工业污水及酸雨等；碱主要来自碱法造纸、化学纤维制造及制碱、制革等工业废水。

2.4 选矿废水的排放标准

2.4.1 我国工业污水排放标准

为了反映水体被污染的程度，常用水质指标来衡量水质的好坏。水质是水和水中杂质共同表现出的综合特征，衡量水质好坏的标准和尺度称为水质指标。针对水体中存在的具体杂质或污染物，提出了相应的最低数量或浓度的限制和要求（即水质质量标准）。这些水质指标和水质标准是根据保障人体健康、保护鱼类和水生资源、满足工农业用水要求而提出的。水质指标主要分为以下三类。

第一类为物理性指标，比如温度、色度、气味、臭味、浑浊度、总固体含量、悬浮固体含量、溶解固体含量、可沉淀固体含量等。

第二类为化学性指标，比如 pH 值、溶解氧（DO）、化学需氧量（COD）、生化需氧量（BOD）、氨氮、各种阴阳离子、含盐量、氰化物、多环芳烃等。

第三类为生物学指标，比如细菌总数、大肠杆菌群数以及各种病原细菌、病毒等。

环境标准是为维护环境质量、控制污染而制定的各种技术指标和准则的总称，它是伴随环境立法而发展起来的，是环境保护法律体系的重要组成部分。根据《中华人民共和国环境保护标准管理办法》的规定，我国环境标准分为两级三类，两级即国家级和省、自治区、直辖市级，三类即环境质量标准、污染物排放标准、环境保护基础和方法标准。本节针对选矿厂重点讨论废水排放标准。

废水排放标准是根据环境质量标准，并考虑技术经济的可行性和环境特点，对排入环境的废水浓度所做的限量规定。我国废水排放标准分综合标准和部门、行业标准两种。综合排放标准主要依据《污水综合排放标准》（GB 978—1988）的规定，该标准适用于排放污水和废水的一切企业。工业废水中的有害物质按最高容许排放浓度分为第一类污染物和第二类污染物两类，第一类污染物是指在环境或动物体内累积，对人体健康产生长远不良影响的污染物。含有这类有害污染物质的废水，不分行业和污水排放方式，也不分受纳水体的功能类别，一律在车间或车间处理设施排出口取样，尾矿库出水口不能作为排除取样口。第二类污染物是指其长远影响小于第一类的污染物，在排污单位排出口取样。第一类污染物的最高容许排放浓度必须符合表 2-1 的规定，第二类污染物的最高允许排放浓度必须符合表 2-2 的规定。

表 2-1 第一类污染物最高允许排放浓度

序号	污染物名称	最高允许排放浓度/$mg \cdot L^{-1}$	序号	污染物名称	最高允许排放浓度/$mg \cdot L^{-1}$
1	总汞	0.05	8	总镍	1.0
2	烷基汞	不得检出	9	苯并（a）芘	0.00003
3	总镉	0.1	10	总铍	0.005
4	总铬	1.5	11	总银	0.5
5	六价铬	0.5	12	总 α 放射性	1Bq/L
6	总砷	0.5	13	总 β 放射性	10Bq/L
7	总铅	1.0	—	—	—

表 2-2　第二类污染物最高允许排放浓度

序号	污染物	适用范围	一级标准 /mg·L^{-1}	二级标准 /mg·L^{-1}	三级标准 /mg·L^{-1}
1	pH 值	一切排污单位	6~9	6~9	6~9
2	色度（稀释倍数）	燃料工业	50	180	—
		其他排污单位	50	80	—
3	悬浮物（SS）	采矿、选矿、选煤工业	100	300	—
		脉金选矿	100	500	—
		边远地区砂金选矿	100	800	—
		城镇二级污水处理厂	20	30	—
		其他排污单位	70	200	400
4	五日生化需氧量（BOD_5）	甘蔗制糖、苎麻脱胶、湿法纤维板工业	30	100	600
		甜菜制糖、酒精、味精、皮革、化纤浆粕工业	30	150	600
		城镇二级污水处理厂	20	30	—
		其他排污单位	30	60	300
5	化学需氧量（COD）	甜菜制糖、焦化、合成脂肪酸、湿法纤维板、染料、洗毛、有机磷农药工业	100	200	1000
		味精、酒精、医药原料、生物制药、苎麻脱胶、皮革、化纤浆粕工业	100	300	1000
		石油化工工业（包括石油炼制）	100	150	500
		城镇二级污水处理厂	60	120	—
		其他排污单位	10	150	500
6	石油类	一切排污单位	20	10	30
7	动植物油	一切排污单位	0.5	20	100
8	挥发酚	一切排污单位	0.5	0.5	2.0
9	总氰化合物	电影洗片（铁氰化合物）	0.5	5.0	5.0
		其他排污单位	1.0	0.5	1.0
10	硫化物	一切排污单位	1.0	1.0	2.0
11	氨氮	医药原料、染料、石油化工工业	15	50	—
		其他排污单位	15	25	—
12	氟化物	黄磷工业	10	20	20
		低氟地区（水体含氟量小于 0.5mg/L）	10	20	30
		其他排污单位	10	10	20
13	磷酸盐（以 P 计）	一切排污单位	0.5	1.0	—
14	甲醛	一切排污单位	1.0	1.0	5.0
15	苯胺类	一切排污单位	1.0	1.0	5.0
16	硝基苯类	一切排污单位	2.0	2.0	5.0
17	阴离子表面活性剂（LAS）	合成洗涤剂工业	5.0	15	20
		其他排污单位	5.0	10	20

续表 2-2

序号	污染物	适用范围	一级标准 /mg·L^{-1}	二级标准 /mg·L^{-1}	三级标准 /mg·L^{-1}
18	总铜	一切排污单位	0.5	1.0	2.0
19	总锌	一切排污单位	2.0	5.0	5.0
20	总锰	合成脂肪酸工业	2.0	5.0	5.0
		其他排污单位	2.0	2.0	5.0
21	彩色显影剂	电影洗片	2.0	3.0	5.0
22	显影剂及氧化物总量	电影洗片	3.0	6.0	6.0
23	元素磷	一切排污单位	0.1	0.3	0.3
24	有机磷农药（以 P 计）	一切排污单位	不得检出	0.5	0.5
25	粪大肠菌群数	医院、兽医院及医疗机构含病原体污水	500 个/升	1000 个/升	5000 个/升
		传染病、结核病医院污水	100 个/升	500 个/升	1000 个/升
26	总余氯（采用氯化消毒的医院污水）	医院、兽医院及医疗机构含病原体污水	<0.5	>3（接触时间≥1h）	>2（接触时间≥1h）
		传染病、结核病医院污水	<0.5	>6.5（接触时间≥1.5h）	>5（接触时间≥1.5h）

2.4.2 选矿厂废水排放标准

选矿厂生产排水成分与原矿矿石的组成、品位及选别方法有关。生产排水可能超过国家工业“三废”的排放标准，主要包括 pH 值、固体悬浮物、氰化物、氟化物、硫化物及重金属离子等。现有或新建选矿厂其水污染排放限值不尽相同。现有选矿厂执行表 2-3 的污染物排放限制，新建选矿厂执行表 2-4 的污染物排放限制。

表 2-3 现有选矿厂水污染浓度排放限值及单位产品基准排水量

序号	污染物名称	选矿废水/mg·L^{-1}		间接排放 /mg·L^{-1}	污染物排放监控位置
		浮选废水	重选和磁选废水		
1	pH 值	6~9	6~9	6~9	企业废水总排放口
2	悬浮物	150	100	300	
3	化学需氧量	100	—	200	
4	氨氮	20	—	30	
5	总氮	25	15	40	
6	总磷	1.0	1.0	2.0	
7	石油类	10	10	20	
8	总锌	5.0	5.0	5.0	
9	总铜	1.0	1.0	2.0	
10	总锰	3	3	4.0	

续表 2-3

序号	污染物名称	选矿废水/mg·L^{-1}		间接排放/mg·L^{-1}	污染物排放监控位置
		浮选废水	重选和磁选废水		
11	总硒	0.2	0.2	0.4	企业废水总排放口
12	总铁	—	—	10	
13	硫化物	1.0	1.0	1.0	
14	氟化物	10	10	20	
15	总汞	0.05			车间或生产设施废水排放口
16	总镉	0.1			
17	总铬	1.5			
18	六价铬	0.5			
19	总砷	0.5			
20	总铅	1.0			
21	总镍	1.0			
22	总铍	0.005			
23	总银	0.5			
单位产品基准排水量(m^3/t矿石)	选矿 浮选	3.0			排水量计量位置与污染物排放监控位置相同
	选矿 重选和磁选	4.0			

表 2-4 新建选矿厂水污染浓度排放限值及单位产品基准排水量

序号	污染物名称	选矿废水/mg·L^{-1}		间接排放/mg·L^{-1}	污染物排放监控位置
		浮选废水	重选和磁选废水		
1	pH 值	6~9	6~9	6~9	企业废水总排放口
2	悬浮物	100	70	300	
3	化学需氧量	70	—	200	
4	氨氮	15	—	30	
5	总氮	25	15	40	
6	总磷	0.5	0.5	2.0	
7	石油类	10	5.0	20	
8	总锌	2.0	2.0	5.0	
9	总铜	0.5	0.5	2.0	
10	总锰	2.0	2.0	4.0	
11	总硒	0.1	0.1	0.4	
12	总铁	—	—	10	
13	硫化物	0.5	0.5	1.0	
14	氟化物	10	10	20	

续表 2-4

<table>
<tr><th rowspan="2">序号</th><th rowspan="2" colspan="3">污染物名称</th><th colspan="2">选矿废水/mg·L^{-1}</th><th rowspan="2">间接排放
/mg·L^{-1}</th><th rowspan="2">污染物排放
监控位置</th></tr>
<tr><th>浮选废水</th><th>重选和磁选废水</th></tr>
<tr><td>15</td><td colspan="3">总汞</td><td colspan="3">0.05</td><td rowspan="9">车间或生产
设施废水
排放口</td></tr>
<tr><td>16</td><td colspan="3">总镉</td><td colspan="3">0.1</td></tr>
<tr><td>17</td><td colspan="3">总铬</td><td colspan="3">1.5</td></tr>
<tr><td>18</td><td colspan="3">六价铬</td><td colspan="3">0.5</td></tr>
<tr><td>19</td><td colspan="3">总砷</td><td colspan="3">0.5</td></tr>
<tr><td>20</td><td colspan="3">总铅</td><td colspan="3">1.0</td></tr>
<tr><td>21</td><td colspan="3">总镍</td><td colspan="3">1.0</td></tr>
<tr><td>22</td><td colspan="3">总铍</td><td colspan="3">0.005</td></tr>
<tr><td>23</td><td colspan="3">总银</td><td colspan="3">0.5</td></tr>
<tr><td rowspan="2" colspan="2">单位产品基准排水量（m^3/t 矿石）</td><td rowspan="2">选矿</td><td>浮选</td><td colspan="3">2.0</td><td rowspan="2">排水量计量位置与污染物排放监控位置相同</td></tr>
<tr><td>重选和磁选</td><td colspan="3">3.0</td></tr>
</table>

根据环境保护工作的要求，在资源开发环境承载能力开始减弱、生态环境脆弱、环境容量较小的情况下，容易发生严重环境污染问题而需要采取特别保护措施的地区，因此应严格控制企业的污染物排放行为。其水污染物特别排放限值应执行表 2-5 的规定。

表 2-5　水污染物特别排放限值

<table>
<tr><th rowspan="2">序号</th><th rowspan="2">污染物名称</th><th colspan="2">选矿废水/mg·L^{-1}</th><th rowspan="2">间接排放
/mg·L^{-1}</th><th rowspan="2">污染物排放
监控位置</th></tr>
<tr><th>浮选废水</th><th>重选和磁选废水</th></tr>
<tr><td>1</td><td>pH 值</td><td>6~9</td><td>6~9</td><td>6~9</td><td rowspan="14">企业废水
总排放口</td></tr>
<tr><td>2</td><td>悬浮物</td><td>60</td><td>50</td><td>100</td></tr>
<tr><td>3</td><td>化学需氧量</td><td>50</td><td>—</td><td>70</td></tr>
<tr><td>4</td><td>氨氮</td><td>8</td><td>—</td><td>15</td></tr>
<tr><td>5</td><td>总氮</td><td>20</td><td>15</td><td>25</td></tr>
<tr><td>6</td><td>总磷</td><td>0.3</td><td>0.3</td><td>0.5</td></tr>
<tr><td>7</td><td>石油类</td><td>5.0</td><td>3.0</td><td>10</td></tr>
<tr><td>8</td><td>总锌</td><td>1.0</td><td>1.0</td><td>2.0</td></tr>
<tr><td>9</td><td>总铜</td><td>0.3</td><td>0.3</td><td>0.5</td></tr>
<tr><td>10</td><td>总锰</td><td>1.0</td><td>1.0</td><td>2.0</td></tr>
<tr><td>11</td><td>总硒</td><td>0.05</td><td>0.05</td><td>0.1</td></tr>
<tr><td>12</td><td>总铁</td><td>—</td><td>—</td><td>5.0</td></tr>
<tr><td>13</td><td>硫化物</td><td>0.3</td><td>0.3</td><td>0.5</td></tr>
<tr><td>14</td><td>氟化物</td><td>8.0</td><td>8.0</td><td>10</td></tr>
<tr><td>15</td><td>总汞</td><td colspan="3">0.01</td><td rowspan="3">车间或生产
设施废水
排放口</td></tr>
<tr><td>16</td><td>总镉</td><td colspan="3">0.05</td></tr>
<tr><td>17</td><td>总铬</td><td colspan="3">0.5</td></tr>
</table>

续表 2-5

序号	污染物名称	选矿废水/mg·L^{-1}		间接排放/mg·L^{-1}	污染物排放监控位置
		浮选废水	重选和磁选废水		
18	六价铬	0.1			车间或生产设施废水排放口
19	总砷	0.2			
20	总铅	0.5			
21	总镍	0.5			
22	总铍	0.003			
23	总银	0.2			
单位产品基准排水量（m^3/t矿石）	选矿	2.0			排水量计量位置与污染物排放监控位置相同

2.5 废水处理的基本原则与方法

2.5.1 废水处理的基本原则与方法

我国工业行业种类繁多，每个行业产生的废水各不相同，甚至同一行业中不同工艺产生的废水也有所不同，大多具有严重的危害性，对社会环境和人们的生活影响极大。若不进行处理就排放到大自然中，必然会对生态环境造成不同程度的污染。因此，针对工业生产中的废水必须采取有效的方法进行处理。随着废水处理技术的不断提高，废水处理的发展趋势是将废水和污染物作为有价资源回收利用。

2.5.1.1 废水处理的基本原则

废水处理，实际就是解决由于废水所引起的各种问题。总结起来，无外乎以下三个方面：

（1）废水中的污染物引起了对环境的污染和危害。

（2）废水带走了许多有价物质，如有价（稀贵或稀有）金属。

（3）造成水资源的浪费。

为此，要解决废水问题，必须综合考虑：

（1）改革生产工艺。优先选用无毒生产工艺替代或改革落后生产工艺，尽可能在生产过程中杜绝有毒有害废水的产生，如以无毒原料或产品取代有毒原料或产品。

（2）在使用有毒原料以及产生有毒的中间产物和产品的生产过程中，采用合理的工艺流程和设备，实行严格的操作和监督，消除跑、冒、滴、漏现象，尽量减少废水的外排。

（3）有毒废水应与其他废水分流，以便单独处理或回收其中的有害物质，比如含有重金属、放射性物质、高浓度酚、氰等废水应与其他废水分流，便于单独处理和回收。

（4）用量大而污染程度较轻的废水，如冷却废水，可适当处理后循环使用，不宜排入下水道，以免增加城市下水道和污水处理的负荷。

（5）成分和性质类似于城市污水的有机废水，比如造纸废水、制糖废水、食品加工废水等，可以排入城市污水处理系统。同时，应建大型的污水处理厂，包括因地制宜修建的生物氧化塘、污水库、土地处理系统等简单可行的处理设施。与小型污水处理厂相比，大型污水处理厂既能显著降低基建成本和运行费用，又因水量和水质稳定，易于保持良好的运行状况和处理效果。

（6）一些可以生物降解的有毒废水，比如含酚、含氰废水，经厂内初步处理后，可按允许排放的标准排入城市下水道，再由污水处理厂进一步生物氧化降解。

（7）含有难以生物降解的有毒污染废水，不应排入城市下水道和污水处理厂，而应进行单独处理。

2.5.1.2 废水处理的基本方法

废水的处理十分复杂，处理方法的选择，必须根据废水的水质和数量，接纳水体或水的用途来考虑。同时还要考虑废水处理过程中产生的污泥、残渣的处理利用和可能产生的二次污染等问题，以及絮凝剂的回收利用等。按废水的作用原理可将废水处理方法分为：

（1）物理方法。物理方法是通过物理作用分离、回收废水中不溶解的、呈悬浮状态污染物（包括油膜和油珠）的废水处理方法，包括稀释法、调节法、重力分离法、离心分离法、截留法、热处理法和磁力分离法。属于重力分离法的处理单元包括沉淀、上浮（气浮）等，相应使用的处理设备是沉砂池、沉淀池、隔油池、气浮池及其附属装置。离心分离法本身就是一种处理单元，使用的处理装置有离心分离机和旋流分离器等。截留法有栅筛截留和过滤截留两种处理单元，前者使用的处理设备是格栅、筛网，后者使用的是砂滤池和微孔过滤机等。以热交换原理为基础的处理法也属于物理处理法，其处理单元有蒸发、结晶等。

（2）化学处理法。化学处理法指通过化学反应来分离、去除废水中呈溶解、胶体状态的污染物或将其转化为无害物质的废水处理方法。在化学处理法中，以与药剂产生化学反应为基础的处理单元包括混凝、中和以及氧化还原等；而以传质作用为基础的处理单元则包括萃取、汽提、吹脱、吸附、离子交换以及电渗析和反渗透等。电渗析和反渗透处理单元又合称为膜分离技术。运用传质作用处理的单元既具有化学作用，又具有与之相关的物理作用，所以也可从化学处理法中分出来，成为另一类处理方法（称为物理化学法）。

（3）物理化学法。物理化学法是指运用物理和化学的综合作用使废水得以净化的方法，它是利用物理作用和化学反应综合过程处理污水的系统或单项的物理操作和化学单元过程的污水处理方法，比如浮选、结晶、吸附、萃取、电解、电渗析、离子交换、反渗透等。为去除悬浮的和溶解的污染物而采用的化学混凝—沉淀和活性炭吸附的两级处理，是一种比较典型的物理化学处理系统。物理化学法具有出水水质好，水质相对稳定，对废水水量、水温和浓度变化适应性强，可去除有害重金属离子等优点，但处理系统的设备费和日常运转费相对较高。

（4）生物处理法。生物处理法是通过微生物的代谢作用，使废水中呈溶液、胶体以及微细悬浮状态的有机污染物转化为稳定、无害物质的废水处理方法。根据微生物作用的不同，生物处理法又可分为需氧生物处理和厌氧生物处理两种类型。

在需氧生物处理过程中，污水中的有机物在微生物酶的催化作用下被氧化降解，降解过程分三个阶段：第一阶段，大的有机物分子降解为单糖、氨基酸或甘油和脂肪酸；第二阶段，第一阶段的产物部分被氧化成二氧化碳、水、乙酰基辅酶 A、酮戊二酸或草醋酸；

第三阶段，乙酰基辅酶 A、酮戊二酸或草醋酸被氧化成二氧化碳和水。有机物在氧化降解的各个阶段，都释放出一定的能量。

在有机物降解的同时，还会发生微生物原生质的合成反应，即第一阶段形成的单糖、氨基酸或甘油和脂肪酸可以合成碳水化合物、蛋白质和脂肪，再进一步合成细胞原生质。合成能量来自有机物的氧化过程。

厌氧生物处理是指在无氧条件下通过厌氧微生物（包括兼性微生物）的作用，将废水中的各种复杂有机物分解转化成甲烷和二氧化碳的过程，也可称为厌氧消化。厌氧生物处理与需氧生物处理的根本区别在于不以分子态氧作为受氢体，而以化合态氧、碳、硫、氮等为受氢体。厌氧生物处理是一个复杂的生物化学过程，依靠三大主要细菌（即水解产酸细菌、产氢产乙酸细菌和产甲烷细菌）的联合作用完成，因而也可将厌氧消化过程划分为以下三个连续的阶段。

第一阶段为水解酸化阶段。复杂的大分子、不溶性有机物先在细胞外酶的作用下水解为小分子、溶解性有机物，然后渗入细胞体内，分解产生挥发性有机酸、醇类、醛类。这个阶段主要产生较高级脂肪酸。由于简单碳水化合物的分解产酸作用要比含氮有机物的分解产氨作用迅速，因此，蛋白质的分解是在碳水化合物分解后产生的。

第二阶段为产氢产乙酸阶段。在产氢产氨细菌的作用下，第一阶段产生的各种有机酸被分解转化成乙酸和氢气，在降解有机酸时还可能会产生 CO_2。

第三阶段为产甲烷阶段。产甲烷细菌将乙酸、乙酸盐、CO_2 和 H_2 等转化为甲烷。此过程由两组生理上不同的产甲烷菌完成，一组把氢和二氧化碳转化成甲烷，另一组从乙酸或乙酸盐中脱羧产生甲烷，前者约占总量的 1/3，后者约占总量的 2/3。

虽然厌氧消化过程可以分为上述三个阶段，但在废水处理过程中，三个阶段是同时进行的，并保持某种程度的平衡。这一动态平衡一旦被 pH 值、温度、有机负荷等外加因素破坏，会使产甲烷阶段受到抑制，其结果会导致低级脂肪酸的积累和厌氧进程的异常变化，严重时甚至会使整个厌氧消化过程受到破坏。进行厌氧消化的微生物主要包括中温消化菌和高温消化菌。前者的适应温度范围为 17～43℃，最佳温度为 32～35℃；后者则在 50～55℃具有最佳反应速度。

部分有机物的气化过程为：

（1）乙酸。其反应过程为：

$$CH_3COOH \longrightarrow CO_2 + CH_4 \tag{2-4}$$

（2）丙酸。其反应过程为：

$$4CH_3CH_2COOH + 2H_2O \longrightarrow 5CO_2 + 7CH_4 \tag{2-5}$$

（3）甲醇。其反应过程为：

$$4CH_3OH \longrightarrow CO_2 + 3CH_4 + 2H_2O \tag{2-6}$$

（4）乙醇。其反应过程为：

$$2CH_3CH_2OH + CO_2 \longrightarrow 2CH_3COOH + CH_4 \tag{2-7}$$

2.5.2 选矿废水处理方法

选矿废水富含大量酸/碱溶液、固体悬浮物、重金属及浮选药剂残留物等组分，已成为选矿环境、水体及土壤污染的主要因素。由于我国选矿厂规模参差不齐，废水处理方法各不尽相同，根据选矿废水处理的原理，一般可归纳为物理处理、化学处理和生物化学处理三类。

2.5.2.1 废水的物理处理方法

A 重力沉淀法

在重力作用下，悬浮液中密度大于水的悬浮固体下沉，从而与水分离的水处理方法称为重力沉淀法。重力沉淀法去除的对象主要是悬浮液中粒径在10μm以上的可沉淀固体，即在2h左右的自然沉降时间内能从水中分离除去的固体悬浮颗粒。按照处理目的的不同，重力沉降法可分为以获得澄清水为目的的沉淀和以获得高浓度固体颗粒为目的的浓缩，当悬浮物为絮凝产物时习惯称为澄清。重力沉淀法既可以作为唯一的处理工序，用于只含悬浮固体的废水处理，也可以用作处理系统中的某一工序，与其他处理单元配合使用。

根据水中悬浮固体浓度的高低、固体颗粒絮凝性能（如彼此黏结、团聚的能力）的强弱，沉降可分为自由沉降、絮凝沉降、成层沉降和压缩沉降四种类型。

自由沉降也称离散沉降，是指非絮凝性或弱絮凝性的固体颗粒在稀悬浮液中的沉降。由于矿浆体系浓度较低，颗粒之间不易发生聚集，颗粒在沉降过程中始终呈离散状态，颗粒之间互不干扰，各自独立完成沉降；在沉降过程中，颗粒的形状、尺寸、质量均不发生改变，如固体颗粒在沉砂池中的初期沉降就属于此种类型。

在实际水体中，由于影响颗粒沉淀的因素很多，因此为了简化讨论，通常假定颗粒外形为球形，不可压缩，也无凝聚性，沉淀过程中其大小、形状和重量等均不变，水处于静止状态，颗粒沉淀仅受重力和水的阻力作用。

颗粒在沉淀过程中，受到重力 F_g、浮力 F_b 和流体阻力 F_d 的作用。在开始沉降时，颗粒在重力作用下产生加速运动，但同时水的阻力也逐渐增大。经过很短的时间后，作用于水中颗粒的重力、浮力和阻力达到平衡。颗粒开始匀速下沉，此时，颗粒的沉速公式为：

$$u^2 = \frac{4g(\rho - \rho_0)d_p}{3C_D\rho} \tag{2-8}$$

式中 u——颗粒与流体之间的相对运行速度，m/s；

d_p——颗粒直径，m；

ρ——颗粒密度，kg/m^3；

ρ_0——水的密度，kg/m^3；

C_D——阻力系数；

g——重力加速度，m/s^2。

其中 C_D 由实验确定，与雷诺数 Re 有关。

当 $Re<1$ 时，为层流区，此时

$$u = \frac{(\rho - \rho_0)gd_p^2}{18\mu} \tag{2-9}$$

当 $1<Re<10^3$ 时，为过渡区，此时

$$u = \left[\frac{4(\rho - \rho_0)^2g^2}{225\mu\rho_0}\right]^{\frac{1}{3}}d \tag{2-10}$$

当 $10^3<Re<10^5$ 时，为紊流区，此时

$$u^2 = \frac{3.0276(\rho - \rho_0)dg}{\rho_0} \tag{2-11}$$

式中 μ——水的黏度，Pa·s。

絮凝沉降是一种絮凝性固体颗粒在稀悬浮液中的沉降。颗粒在沉降过程中，颗粒与颗粒之间相互凝聚，其尺寸、质量均会随深度的增加而增大，沉降速度也随深度而增加。颗粒在沉淀池后期的沉降及生化处理中污泥在二次沉淀池内的初期沉降就属于絮凝沉降。废水处理过程中的絮凝剂包括无机絮凝剂和高分子絮凝剂两大类，主要通过静电中和、界面吸附架桥等方式增大颗粒的团聚粒径，从而实现液固体系的快速分离。虽然无机絮凝剂价格低廉，但用作絮凝剂时其用量较大，絮凝效果也较差；而高分子絮凝剂一般具有长链结构，在链上含有较多吸附能力强的官能团，可分别吸附于不同颗粒表面，由此产生架桥效应，形成大颗粒絮团，絮凝效果显著。

成层沉降也称集团沉降、区域沉降或拥挤沉降，是一种固体颗粒（特别是强絮凝性颗粒）在较高浓度悬浮液中的沉降。由于悬浮固体浓度较高，颗粒彼此靠得很近，吸附力将促使所有颗粒聚集为一个整体，但各自均保持不变的相对位置共同下沉。此时，水与颗粒群体之间会形成一个清晰的泥水界面，其沉降过程就是这个界面随沉降下移的过程。生化处理过程中污泥在二次沉淀池内的后期沉降和在浓缩池内的初期沉降就属于这种类型。

压缩沉降是指悬浮体在高浓度矿浆中的沉降。在此体系中，颗粒之间相互接触，上下支撑，在颗粒自身的重力作用下，下层颗粒间隙中的水被挤出，颗粒相对位置不断靠近，颗粒群整体被压缩。生化污泥在二次沉淀池和浓缩池内的浓缩过程属于此种类型。

B 浮力上浮法

浮力上浮法是利用水的浮力，从废水中去除悬浮杂质的一种方法。浮力上浮法可以分离相对密度小于1的悬浮杂质，也可以借助于物理化学的处理，分离相对密度大于1的悬浮杂质。根据上浮介质的不同，可将浮力上浮法分为自然上浮法、气泡上浮法和药剂上浮法。

自然上浮法又称隔油法，主要用于分离废水中粒径大于100~150μm的分散油质，分离的主要设备是隔油池。油质在静水中的上浮速度可按斯托克斯公式计算，其计算公式为：

$$u = \frac{(\rho_1 - \rho)gd^2}{18\mu} \tag{2-12}$$

式中 u——油粒上浮速度，m/s；

g——重力加速度，m/s^2；

ρ，ρ_1——分别为油料和水的密度，kg/m^3（油料的密度一般为ρ=0.73~0.94g/cm^3）；

d——油粒直径，m。

由于废水中含有一定的悬浮固体，它们能吸附到油粒上，因而降低了油粒的上浮速度。因此，实际油粒的上浮速度的计算公式为：

$$u_0 = \frac{4 \times 10^4 + 0.8a^2}{4 \times 10^4 + a^2}u \tag{2-13}$$

式中 a——悬浮固体浓度，mg/L。

试验表明，油粒越大，密度越接近于水，会使上浮速度明显降低。只有当粒径小于10μm时，这种影响才可以忽略不计。自然上浮法除去水中油类杂质的除油效率高达95%~98%。

气泡上浮法又称为气泡升浮法，用以分离粒径很小的油粒（或乳化油）以及疏水性悬浮颗粒。对于乳浊状的油类污染物，因其粒径很小，虽然相对密度小于 1，但却很难自动上浮（或上浮速度很慢），因此，用自然上浮法就很难将其去除。对于这类污染物，可采用气泡上浮法，借助气泡的升浮作用使其迅速上浮。例如，微小油粒的上浮速度为 1μm/s，而气泡的上浮速度为 1mm/s，用气泡携带油粒，上浮速度可提高 1000 倍。

油粒能在气泡上附着，主要是由于其表面具有疏水性。附着过程是水、气、油粒三相界面表面张力共同作用的结果。在除油的过程中，必须防止乳化油的形成，这是因为乳化油粒表面会变成亲水性表面，妨碍向气泡的附着。乳化油粒变成亲水性表面的原因主要包括两个方面：其一，乳化油粒表面吸附了一层亲水性微粒（如黏土）；其二，乳化油表面吸附了一层两性分子，分子的亲水端朝外使油粒表面呈现出亲水性。因此，在乳化油粒表面就会形成一层牢固的水化膜，既可以使乳化油无法聚合，又使得它难以与气泡接触。

在含油废水的处理系统中，要防止脂肪酸类的表面活性物质和黏土类泥沙的混入，一旦混入了这些杂质，要尽量避免水流的剧烈搅拌和紊动，因为这样会打碎油粒（小油粒的吸附能力比大油粒强），同时会增加油粒与吸附微粒的接触机会，强化乳化现象。

脂肪酸类的两性分子形成的乳化油，可投加石灰进行改善。由于钠离子和钙离子的交换作用会形成不溶性钙皂，使乳化油表面亲水的羧基变成了疏水性难解离的 $(RCOO)_2Ca$。

吸附胶体微粒而形成的乳化油，可投加凝聚剂进行调节，凝聚剂可以使胶体微粒发生同体凝聚或异体凝聚。这两种凝聚过程都可以使胶粒表面电荷发生中和，使表面水化膜变薄或消失，油粒可由亲水性变成疏水性。

药剂上浮法主要用于分离相对密度大于 1 的亲水性固体微粒及重金属离子。对于相对密度大于 1 的亲水性固体微粒、分子以及重金属离子，用前述方法很难去除。若要分离，必须投加某些化学药剂，以改变物质的表面特性后，才能用气浮的方法加以去除，这就是所谓的药剂上浮法。药剂上浮法同选矿生产采用的浮选法原理基本相同。加入的药剂主要是捕收剂、起泡剂、抑制剂、活化剂，离子的脱出效果见表 2-6。

表 2-6　用沉淀浮选法脱除金属离子的效果

离子	废水中的含量/mg·L^{-1}	沉淀剂	沉淀剂用量/mg·L^{-1}	捕收剂种类	捕收剂用量/mg·L^{-1}	pH 值	处理水中含量/mg·L^{-1}	脱除率/%
Cd^{2+}	1	$Fe(OH)_3$	50	油酸钠	25	8~10	0.05	98
		Na_2S	200	辛基葵基醋酸铵	150~250	8.5	—	100
Hg^{2+}	1	$Fe(OH)_3$	50	油酸钠	25	8~9	0.103	98
		$Fe(OH)_3$	80	油酸钠	45	9.1	—	100
		Na_2S	全汞的两个当量	油酸钠	—	9.1	—	100
As^{2+}	1	$Fe(OH)_3$	60	油酸钠	30	5~9	—	100
Pb^{2+}	1	$Fe(OH)_3$	20	油酸钠	25	8.0	0.03	99.8
Cu^{2+}	1	$Fe(OH)_3$	50	油酸钠	25	6~10	—	100
Zn^{2+}	1	$Fe(OH)_3$	50	油酸钠	25	6~10	0.25	98

吸附浮选是指应用各类离子交换剂（或离子吸附剂）交换性地吸附废水中的离子，然后对交换剂或吸附剂进行浮选的一种方法。处理的对象一般是离子、分子、胶团、细菌、藻类、微细粒矿物等，通常的吸附载体是活性炭、硅藻土、分子筛、活性矾土、磺化煤、离子交换树脂、氢氧化铁等。由于吸附浮选是通过浮选载体而达到对象的富集与分离，因而载体的吸附特性、吸附容量、再生性能等是影响吸附浮选的重要因素。

C 过滤法

过滤法是废水净化处理最常用的方法。当混合溶液通过过滤器（如滤纸）时，沉淀就留在过滤器上，溶液则通过过滤器而进入接收的容器。传统意义上的过滤是指利用多孔性介质截留悬浮液中的固体粒子，进而使固、液分离。其实质是使废水通过具有微细孔道的过滤介质，在过滤介质的两侧由于压强不同，此压差即为过滤的推动力。废水在推动力作用下通过微细孔道，而微粒物质及胶状物质则被介质阻截而不能通过。随着过滤过程的进行，滤层的厚度逐渐增加，水流的阻力也随之增加，使水流量下降，这时需用反冲洗水，以清水洗涤过滤介质，从中去除被截留的固体物质。常用的过滤法包括阻力截流、重力沉降和接触凝聚。

废水由上而下流经滤料层时，直径较大的污染物首先被截流在表面层的滤料空隙间，使表层滤料的孔隙越来越小，在滤料表层逐渐形成污染物薄膜起主要的过滤作用，这种作用属于阻力截流。过滤作用的强度主要取决于污染物的粒径大小和表层滤料的最小粒径，同时也与过滤速度有关。污染物浓度越高，粒径越大，表层滤料粒径越小，则过滤速度越小，越易形成表面筛滤薄膜。

重力沉降是使悬浮在废水中的固体颗粒下沉而与流体分离的过程。它是依靠地球引力的作用，利用颗粒与流体之间的密度差异，使之发生相对运动而沉降分离的一种方法。只要沉降速度适中，废水中的固体悬浮物便可在滤料表面上沉淀下来。废水流经滤料层时，由于各处速度不完全相同，滤料的间隙中会形成许多回流区或滞流区，这些区域的污染物极易沉淀。重力沉降的效率与过滤速度和滤料粒度有关，过滤速度越小，水流越平稳，越易沉降；滤料粒度越小，沉降面积越大，也越利于沉降。

滤料表面对废水中的污染物还有吸附和凝聚作用。由于滤料具有极大的表面积，它和微小污染物之间有着明显的物理吸附作用。此外，由于滤料表面结构缺陷常荷电，可以吸附带异性电荷的微粒并形成带有某种电荷的薄膜，此薄膜又能使带相反电荷的胶体颗粒在滤料表面上凝聚，从而增加了胶体微粒的碰撞机会，起到了接触媒介的作用，促使其凝聚。

接触凝聚和重力沉降都发生在滤料的深层，因而也称为深层过滤；而阻力截留是发生在滤料表层，所以称为表层过滤。

D 磁力分离法

磁力分离主要是利用废水中杂质颗粒的磁性进行分离的一种方法。借助外磁场的作用，将废水中有磁性的悬浮固体分离出来，从而达到净化的目的，其原理与磁力选矿完全相同。

近几年磁力分离法已成为一门新兴的水处理技术。磁分离作为物理处理技术在水处理中获得了许多成功应用，显示出诸多优点。随着强磁场、高梯度磁分离技术的问世，磁分离技术的应用已经从分离强磁性大颗粒发展到去除弱磁性及反磁性的微细颗粒。比如从最初的矿物分选、煤脱硫发展到工业水处理；从磁性与非磁性元素的分离发展到抗磁性流体均相混合物组分间的分离。利用磁性接种技术可使弱磁性、非磁性的物质具有磁性，借助外力磁场的作用，将废水中的固体悬浮物分离出来，从而达到净化水的目的。例如，通过向废水投加铁粉和氢氧化铁胶体，再利用高梯度磁力分离处理，可以除去水中的重金属离子（见表 2-7），这是由于铁粉本身就是固体吸附剂，可以吸附水中的各种微小颗粒悬浮物。

表 2-7　磁力法去除重金属离子效果

重金属离子	Hg	Cd	Cu	Zn	Cr	Ni	Mn	Fe	Bi	Pb
进水含量/mg · L^{-1}	7.4	240	10	18	10	1000	12	600	240	475
出水含量/mg · L^{-1}	0.001	0.008	0.01	0.016	>0.01	0.2	0.007	0.06	0.1	0.01
去除率/%	99.9	99.99	99.9	99.9	99.9	99.98	99.99	99.99	99.94	99.99

通过向废水中投加磁性颗粒和絮凝剂，使杂质和磁性颗粒絮凝成团，可以除去废水中的放射性物质、有机体、病毒和藻类。试验表明，铁磁性物质对水中的病毒具有很强的吸附作用，向水中投加 250mg/L 的磁铁矿粉，搅拌 20min 后，用高梯度磁力分离可去除 95% 的病毒，如果同时加入氯化钙，废水中病毒数的去除率高达 99.8%；向水中投加 250mg/L 的磁铁矿粉和 45mg/L 的蒙脱石粉，可去除废水中 90%的磷酸盐。因此，磁力分离也是控制水富营养化的有效措施。

2.5.2.2　废水的化学处理方法

废水的化学处理方法是以化学反应为基础，将废水中的物质进行分离，去除废水中的有毒有害物质，使废水能够成为可再次利用的合格水质。废水的化学处理方法较多，包括中和处理法、混凝处理法、化学沉淀处理法、氧化处理法、萃取处理法等。有时为了有效地处理含有多种不同性质的污染物废水，将上述两种或两种以上的处理方法组合起来，如处理小流量和低浓度的含酚废水，就把化学混凝处理法（除悬浮物）和化学氧化处理法（除酚）组合起来。

A　废水中和处理法

废水中和处理法是使用化学中的中和反应进行废水净化处理的方法，含酸废水和含碱废水是两种重要的工业废液。一般而言，酸含量大于 3%（或碱含量大于 1%）的高浓度废水称为废酸液（或废碱液）。废酸液和废碱液处理后必须达到《污水综合排放标准》（GB 8978—1996）规定的排放要求（pH=6~9）。

一般将 pH 值小于 7 的废水称为酸性废水，把 pH 值大于 7 的废水称为碱性废水。由于大多数硫化矿山都会排出酸性废水，其危害主要表现在腐蚀设备、管道和构筑物、危害水生生物和农作物、污染水体等。因此，酸性废水更应值得重视。

废水的酸碱度不同，因而采用的处理方式也不尽相同。对于低浓度的酸性废水和碱性废水，由于废液中酸碱的回收价值不大，常采用中和法处理；对于高浓度的酸性废水和碱性废水，需要采取特殊的方法进行处理或回收。

采用中和法处理废水时，若酸和碱的当量完全相等，则称达到了等当点，中和后废水的 pH 值等于 7。由于中和时酸碱的性质不同，中和过程生成的盐在水中可能发生水解，从而使得处理后的水呈酸性、中性或碱性。因此，达到等当点后，溶液并不一定处于中性点，其关系式为：

$$强酸+强碱=中性盐+水，pH\approx 7 \tag{2-14}$$

$$强酸+弱碱=酸性盐+水，pH<7 \tag{2-15}$$

$$弱酸+强碱=碱性盐+水，pH>7 \tag{2-16}$$

a 中和法处理酸性废水

中和酸性废水常用的中和剂主要包括三类，其分别为：碱性矿物，如石灰石（$CaCO_3$）、大理石（$CaCO_3$）、白云石（$CaCO_3 \cdot MgCO_3$）、氧化钙镁（$CaO \cdot MgO$）、生石灰（CaO）等；碱性废渣，如电石渣［含 $Ca(OH)_2$］、软水站废渣（含 $CaCO_3$）、炉灰渣（含 CaO 和 MgO）、硼泥渣［含 $Ca(OH)_2$］等；碱性药剂，如 NaOH、KOH、Na_2CO_3、NH_4OH 等。

碱性矿物中，最常用的是石灰石、白云石和生石灰。由于碳酸难溶于水，通常以固体块状或悬浮物的形式使用。虽然使用碳酸钙经济，但要中和到 pH 值 5.5 以上较难。另外，如果水中含有大量的硫酸，在中和的过程中就会在碳酸钙的表面生成硫酸钙沉淀而使其表面钝化。若用块状的碳酸钙做滤料过滤中和酸性废水，过滤相当困难。

石灰在水中会生成消石灰［$Ca(OH)_2$］，可使水 pH 值达到 11 以上。因此，用石灰可以使大多数金属以氢氧化物的形式沉淀出来。但石灰也具有自身的劣势：首先，石灰很容易固化，从而使得添加困难；其次，若废水中含有大量的硫酸根离子，就会产生硫酸钙沉淀，从而增加污泥量。NaOH、KOH、Na_2CO_3、NH_4OH 等虽然不存在上述缺点，使用也方便，但它们都是重要的工业原料，价格较高，因此，只有在特殊的情况下才能使用。

酸性废水中和处理的方法主要有加药中和法、过滤中和法、利用碱性废水和废渣的中和法及利用自然条件的中和处理法。

加药中和法应用最为广泛，中和剂主要是石灰。中和剂在处理废水的过程中发挥了与酸的中和反应、与酸性盐类的反应及使金属离子沉淀析出三个方面的作用。加药中和处理的工艺过程主要包括废水的预处理、中和剂的制备、中和剂的加入、搅拌反应、中和产物的分离、泥渣的处理和利用。

废水的预处理包括悬浮杂质的澄清、水质和水量的均和，其目的在于节省加药量和稳定处理条件。均和处理通过水流自身的差流作用，使不同时间的废水相互混合，达到浓度一致的目的。酸性废水加药中和处理工艺流程如图 2-1 所示。

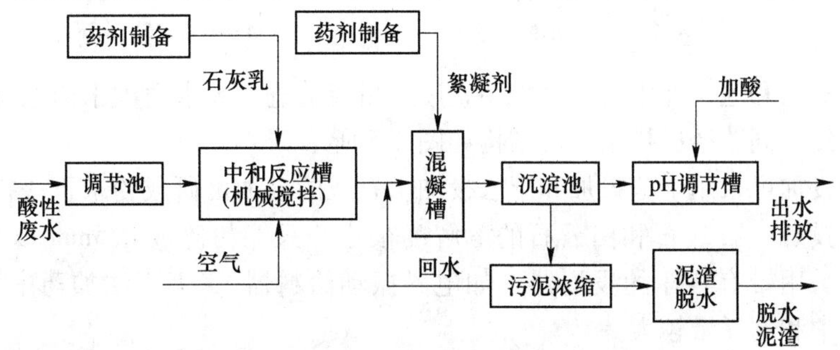

图 2-1 酸性废水加药中和处理流程

均和处理一般是在均和池内进行，常见的均和池包括圆形爆气式均和池、圆形环流式均和池、矩形分流式均和池和矩形折流式均和池。

圆形曝气式均和池是在池中底部设爆气管，鼓入压缩空气使废水在池内混匀，如图2-2所示。均和池构造简单，效果好，若废水中含有有害挥发性溶解物质时不宜采用。

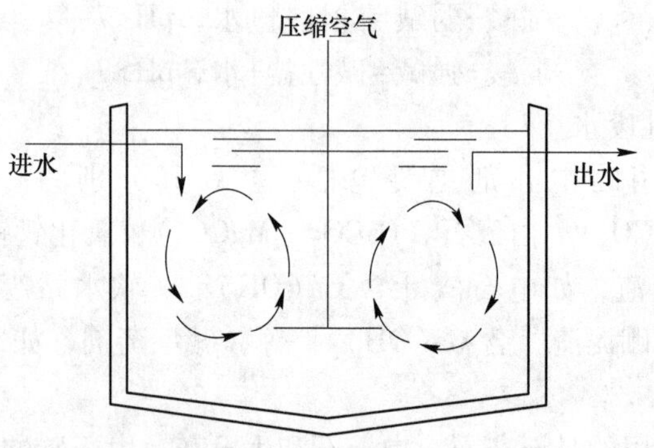

图 2-2 圆形曝气式均和池

圆形环流式均和池，沿半径方向设置布水槽和集水槽，使废水分别沿不同半径的环形廊道汇集于集水槽，从而实现均和的目的，其结构如图 2-3 所示。

矩形分流式均和池，池中沿对角线方向设集水槽。废水从两端布水槽流入各个水流廊道，最终汇于集水槽，使不同时间段流入的废水混合在一起，其结构如图 2-4 所示。

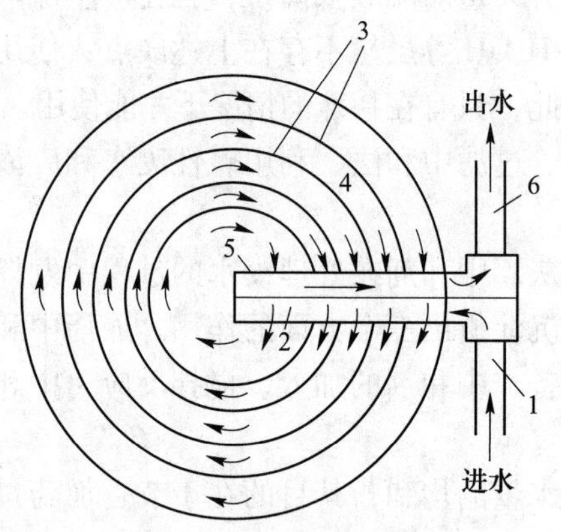

图 2-3 圆形环流式均和池

1—进水渠；2—布水槽；3—环形隔板；4—水流廊道；5—集水槽；6—出水渠

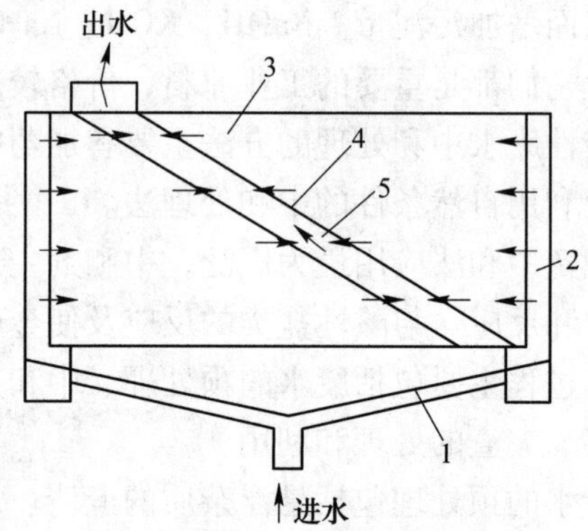

图 2-4 矩形分流式均和池

1—进水渠；2—布水槽；3—集水槽；4—隔板；5—水流廊道

矩形折流式均和池，池中设许多隔墙，废水折流前进。废水由配水槽上的溢流口分段流入池内，流经不同路径后排出，其结构如图 2-5 所示。

中和剂的投加可采用干法投加和湿法投加。石灰的投加可研成粉末干法投加，也可配成乳浊液湿式投加。石灰石和白云石的溶解度很小，只能粉碎成 0.5mm 以下干法投加。干法投加可以采用带有料斗的投配器（如电磁振动给料器），但干法加药中和反应缓慢，作用不充分，中和剂耗量较大。

过滤中和法是使酸性废水通过碱性滤料从而实现中和的一种方法，它要求滤料必须具

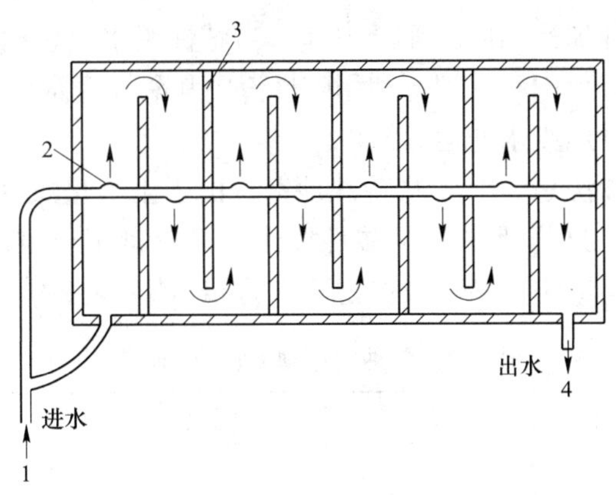

图 2-5 矩形折流式均和池

1—进水渠；2—配水槽；3—隔板；4—出水渠

备一定的机械强度和透水能力，一般只适用于中和酸性废水。

过滤中和法使用的滤料一般为石灰石、大理石和白云石。滤料的选择与中和产物的溶解度有密切的关系。若中和反应发生在颗粒表面，中和产物溶解度很小，就会在滤料颗粒表面形成不溶性硬壳，使滤料表面钝化，阻碍反应继续进行。几种常见中和产物的溶解度见表 2-8。

表 2-8 几种常见中和产物的溶解度

名称	各温度时的溶解度/g · L^{-1}			
	0℃	10℃	20℃	30℃
硝酸钠	730	800	880	960
硝酸钙（水和产物）	1021	1153	1293	1526
氯化钠	357	358	380	363
氯化钙	595	650	745	1020
碳酸钠（水合物）	70	125	215	388
碳酸钙	难溶	—	—	—
碳酸镁	难溶	—	—	—
硫酸钠（水合物）	50	90	194	408
硫酸钙（石膏）	1. 76	1. 93	2. 03	2. 16
硫酸镁	—	309	355	408

由表 2-8 可知，若中和产物为硝酸钙，其溶解度较大，因此可以选用石灰石、大理石或白云石为中和滤料。中和碳酸不宜选用含有钙镁的中和剂，而硫酸钙的溶解度较小，硫酸镁溶解度较大，因此中和硫酸可以选用白云石。由于白云石来源少、成本高，加之反应速度慢，工业应用一般选用石灰石或大理石，在废水处理时应注意硫酸的浓度，尽量使中和产物（$CaSO_4$）的生成量不要超过其溶解度。

由于采用碱性废水和废渣的中和法中和时会同时存在碱性废水、废渣和酸性废水，因此可以“以废治废”，最大限度地节约处理成本。

当两种废水中和时，由于水量和浓度难以保持稳定，应设置均和池或混合反应池。当碱性废水量不足时，应补加药剂使之完全中和。当碱性废水过量时，如果出水 pH 值超过了排放标准，则须加酸进行中和处理。利用碱性渣中和酸性废水时，可以将碱渣直接加入废水中进行中和，也可以用废水冲运废渣。

利用自然条件的中和法是针对一些特殊地区，由于土壤呈碱性，不利于农作物生长，可考虑用酸性废水灌溉，这样既中和了酸性废水，又改良了土壤。但这样的做法必须慎重，须考虑对土壤的长期影响。各种农作物适宜的 pH 值见表 2-9。

表 2-9　各种农作物适宜的 pH 值

农作物	最适 pH 值	pH 值	农作物	最适 pH 值	pH 值
马铃薯	5	4~8	高粱	5.7~7.8	耐酸
燕麦	5~6	4~8	大豆	5.5~7	5~8
黑麦	5~6	4~7	甘薯	5~6	4.2~8.4
亚麻	5~6	4~7	豌豆	6~7	5~8
水稻	4.5~5.7	4~7	小麦	6~7	5~8

b　中和法处理碱性废水

中和法处理碱性废水，即采用投加酸性物质处理碱性废水，让两者中和、过滤，使碱性废水净化的一种方法。虽然中和处理被认为是废水处理中要求最低的，但对澄清以及循环加工的企业来说又是必要的。长期以来，人们一直使用盐酸和硫酸之类的酸性与碱性废水进行中和处理，如我国白银有色金属公司用选矿排出的碱性废水（$pH \approx 11$）中和冶炼厂电解车间和硫酸车间的酸性废水，处理后，水的 pH 值可达 6~9，沉淀后可用于冶炼厂的设备冷却水。然而，用盐酸中和碱性废水会随之生成自然界所不能容许的大量氯化钠。同时，硫酸也会导致硫酸盐的生成，生成的硫酸盐会导致混凝土建筑物侵蚀，许多国家对硫酸盐在废水中的含量规定不超过 400mg/L。因此，尽管硫酸价格偏低，但硫酸通常不作为中和剂。

B　废水的混凝处理法

废水的混凝处理法是通过向废水中投加混凝剂，使其中的胶体物质发生凝聚和絮凝而分离出来的一种方法。

混凝是凝聚作用与絮凝作用的合称。凝聚作用因投加电解质，使胶粒电动电势降低或消除，胶体颗粒失去稳定性，脱稳胶粒相互聚结而产生；絮凝作用是指高分子物质吸附搭桥，胶体颗粒相互聚结而产生。废水处理中的混凝剂可归纳为两大类：第一类为无机盐类，比如铝盐（硫酸铝、硫酸铝钾、铝酸钾等）、铁盐（三氯化铁、硫酸亚铁、硫酸铁等）和碳酸镁等；第二类为高分子物质，比如聚合氯化铝、聚丙烯酰胺等。处理时，向废水中加入混凝剂，消除或降低水中胶体颗粒间的相互排斥力，使水中胶体颗粒易于相互碰撞和凝聚而形成较大颗粒或絮凝体，进而从水中分离出来。影响混凝效果的因素有水温、pH 值、浊度、硬度及混凝剂的投放量等。

C　废水的化学沉淀处理法

废水的化学沉淀处理法是通过向废水中投加可溶性化学药剂，使之与其中呈离子状态的无机污染物起化学反应，生成不溶或难溶于水的化合物沉淀析出，从而使废水得以净化的方法。投入废水中的化学药剂称为沉淀剂，常用的沉淀剂有石灰、硫化物和钡盐等，其原理是通过化学反应使废水中呈溶解状态的重金属转变为不溶于水的重金属化合物，通过过滤和分离使沉淀物从水溶液中去除，包括中和沉淀法、硫化沉淀法和铁氧体共沉淀法。由于受沉淀剂和环境条件的影响，沉淀法排水浓度通常达不到排放要求，需作进一步处理。同时，产生的沉淀物必须妥善安置，否则会造成比较严重的二次污染。

根据沉淀剂的不同，化学沉淀处理法可分为氢氧化物沉淀法、硫化物沉淀法和钡盐沉淀法三类。

a　氢氧化物沉淀法

氢氧化物沉淀法又称中和沉淀法，是从废水中除去重金属有效而经济的方法。除了碱金属 Na^+、K^+、Li^+等的氢氧化物易溶、碱土金属 Ca^{2+}、Mg^{2+}、Ba^{2+}的氢氧化物溶解度比较小之外，其他大部分金属的氢氧化物都是难溶的。加之氢氧化物沉淀剂来源广泛，价格便宜，又不易造成二次污染，因此，氢氧化物沉淀法是一种具有广泛实用价值的废水处理方法。

氢氧化物沉淀法常用的沉淀剂有石灰、碳酸钠、碳酸氢钠、碳酸钙等。这些沉淀剂水解都生成 Na 或 Ca 的氢氧化物，其化学反应式为：

$$CaO + 2H_2O = Ca(OH)_2 + H_2O \tag{2-17}$$

$$Na_2CO_3 + 2H_2O = 2NaOH + H_2O + CO_2\uparrow \tag{2-18}$$

$$CaCO_3 + 2H_2O = Ca(OH)_2 + H_2O + CO_2\uparrow \tag{2-19}$$

NaOH 或 $Ca(OH)_2$ 与水中的金属离子反应，生成相应的金属氢氧化物沉淀。其化学反应式为：

$$3Ca(OH)_2 + 2Cr^{3+} = 2Cr(OH)_3\downarrow + 3Ca^{2+} \tag{2-20}$$

$$2NaOH + Zn^{2+} = Zn(OH)_2\downarrow + 2Na^+ \tag{2-21}$$

有的以金属氧化物形式存在，比如汞。其化学反应式为：

$$Ca(OH)_2 + Hg^{2+} = HgO\downarrow + H_2O + Ca^{2+} \tag{2-22}$$

金属氢氧化物沉淀是否能生成，主要决定于废水的 pH 值。金属离子初始浓度不同，开始产生沉淀的 pH 值也不相同，初始浓度越大，开始产生沉淀的 pH 值就越低；初始浓度越小，开始产生沉淀的 pH 值就越高。

许多金属氢氧化物显两性，既溶于酸，又溶于碱。因此，它们的溶解度与 pH 值呈现复杂的关系。比如 Cr^{3+}，pH 值越高，很容易生成 $HCrO_2$；pH 值越低，溶液中的铬主要以 $Cr(OH)_3$ 的形式存在；若 pH 值过高，溶液中的铬主要以 CrO^{2-} 的形式存在；若 pH 值过低，溶液中的铬主要以 Cr^{3+}的形式存在。

工业废水处理中各种金属氢氧化物沉淀析出适宜的 pH 值见表 2-10。

表 2-10　各种金属氢氧化物沉淀析出的适宜 pH 值

金属离子	Fe^{3+}	Al^{3+}	Cr^{3+}	Cu^{2+}	Zn^{2+}	Ni^{2+}
最佳 pH 值	9~12	5.5~8	8~9	>8	9~10	>9.5
加碱溶解的 pH 值	—	>8.5	>9	—	>10.5	—
金属离子	Pb^{2+}	Cd^{2+}	Fe^{2+}	Mn^{2+}	Sn^{2+}	—
最佳 pH 值	9~9.5	>10.5	5~12	10~14	5~8	—
加碱溶解的 pH 值	>9.5	—	>12.5	—	—	—

b 硫化物沉淀法

硫化物沉淀法能更有效地处理含金属废水，特别是经氢氧化物沉淀法处理仍不能达到排放标准的含汞、含镉废水。大多数硫化物溶解度很小，所以硫化物沉淀法是化学沉淀法的一种重要方法。过去多采用硫化钠、硫氢化钠及硫化钾作为沉淀剂，但它们都是重要的化工原料，目前一般采用硫化氢气体做沉淀剂。硫化氢在水中的溶解度很小，只有0.1mol/L，在水溶液中电离成H^+和S^{2-}。使用硫化氢时一定要注意溶液的pH值，如果废水呈酸性，则因氢离子的同离子效应，H_2S气体的溶解降低，只能提供较低浓度的S^{2-}；反之，在碱性条件下，H_2S气体溶解度会增加，则能提供较高浓度的S^{2-}。

各种硫化物沉淀分离适宜的pH值见表2-11。

表2-11 各种硫化物沉淀分离的适宜pH值

pH值	硫化沉淀析出的金属
1	Cu、Ag、Hg、Pb、Bi、Cd、As、Au、Pt、Sb、Se、Mo
2~3	Zn、Ti
5~6	Co、Ni
>7	Mn、Fe

硫化物沉淀法是一种高效的除汞方法，在废水处理中得到了广泛应用，但也有其局限性。硫化沉淀除汞主要去除对象是无机汞，对于有机汞必须先用氧化剂（如氧）将其氧化为无机汞后，再用硫化物沉淀法进行处理。

HgS即使在酸性条件下也能沉淀析出，但如果废水中有过量的S^{2-}，不仅会增加溶液的COD值，还会生成较易溶解的络合阴离子HgS_2^{2-}，从而降低除汞率。若要提高除汞率，可向废水中补加$FeSO_4$，使过量的S^{2-}生成硫化铁沉淀。其化学反应式为：

$$FeSO_4 + S^{2-} = FeS \downarrow + SO_4^{2-}$$

此外，Fe^{2+}与OH^-结合成的$Fe(OH)_2$和$Fe(OH)_3$还能对HgS微粒起到共沉淀和凝聚沉淀的作用。因为FeS沉淀的离子积要比HgS大得多，所以不会影响HgS的优先沉淀。硫化物沉淀法除汞工艺流程如图2-6所示。

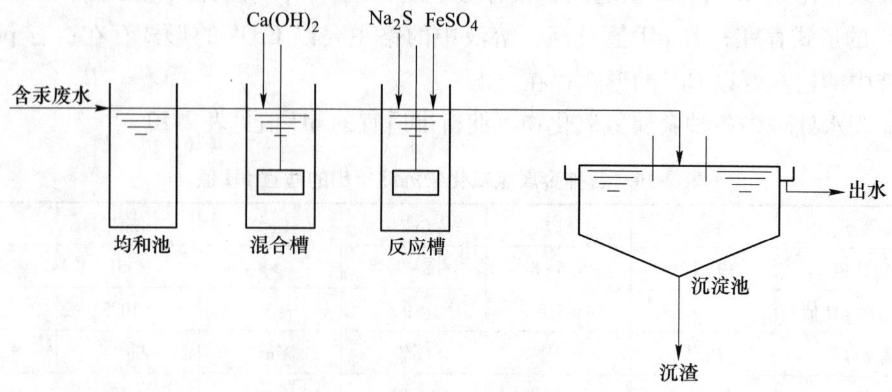

图2-6 硫化物沉淀法除汞工艺流程

c 钡盐沉淀法

钡盐沉淀法常用于电镀含铬废水的处理。用于含铬废水处理常用的钡盐有 $BaCO_3$、$BaCl_2$ 和 BaS。在废水处理中，钡盐沉淀仅限于处理 Cr^{6+}，其反应机理为：

$$BaCO_3 + H_2CrO_4 = BaCrO_4\downarrow + CO_2\uparrow + H_2O \tag{2-23}$$

$$2BaCO_3 + K_2Cr_2O_7 = 2BaCrO_4\downarrow + K_2CO_3 + CO_2\uparrow \tag{2-24}$$

$BaCO_3$ 难溶于水，离子积浓度较小，因而反应很慢，一般需要数天才能完成。为了确保除铬效果，通常需要添加铬离子 10~15 倍的药剂量。当反应完成后，可用石膏去除残留的钡离子，其化学反应式为：

$$BaCO_3 + CaSO_4 = BaSO_4\downarrow + CaCO_3\downarrow \tag{2-25}$$

采用 $BaCl_2$ 作为沉淀剂时，其化学反应为：

$$BaCl_2 \cdot 2H_2O + H_2CrO_4 = BaCrO_4\downarrow + 2HCl + 2H_2O \tag{2-26}$$

由于 $BaCl_2$ 溶解度较大，因而反应速度快，一般搅拌 5~10min 即可完全反应。

用钡盐处理含铬废水时，要准确控制 pH 值。采用碳酸钡时，pH=3.5~5.0；采用氯化钡时，pH=6.5~7.5。钡盐法主要用于电镀废水的处理，其优势在于出水清澈透明，可以回用，但会产生二次污染的 Ba^{2+}，沉渣中的 Cr^{6+} 毒性仍然很大。

化学沉淀法是一种传统的水处理方法，广泛用于水质处理中的软化过程，也常用于工业废水处理，去除重金属和氰化物。

D 废水氧化还原处理法

废水氧化还原处理法是把溶解于废水中的有毒有害物质，经过氧化还原反应转化为无毒无害物质的方法。在氧化还原反应中，若有毒有害物质具有还原性，需要外加氧化剂，比如空气、臭氧、氯气、漂白粉、次氯酸钠等。若有毒有害物质具有氧化性，需要外加还原剂，比如硫酸亚铁、氯化亚铁、锌粉等。氧化还原处理法主要用于处理含氰化物、硫化物、酚、Cr^{6+}、Hg^{2+}、Fe^{3+}、Mn^{2+} 的废水，BOD、COD 等超标的有机物以及除色、除臭、除味等。

废水的氧化还原处理包括废水的氧化处理和还原处理，一般采用药剂法和电解法。常用的氧化剂包括 O_2、O_3 和氯系氧化剂（如 Cl_2、氯的含氧酸及其钠盐），常用的还原剂包括 SO_2、H_2SO_3、$NaHSO_3$ 和 $FeSO_4$ 等。

臭氧在水中的溶解度比氧气大，氧化性强于氧气，因此废水处理一般采用臭氧而少用氧气。氧气和臭氧的溶解度见表 2-12。臭氧氧化法是利用臭氧的强氧化能力，使污水（或废水）中的污染物氧化分解为低毒或无毒的化合物，从而使水质得以净化。该方法不仅可降低水中的 BOD 和 COD，而且还可以起到脱色、除臭、除味、杀菌、杀藻等功能。因此，该方法越来越受到人们的重视。

表 2-12 氧气和臭氧的溶解度

温度/℃	0	10	20	30	40	50	60
氧气的溶解度/$g \cdot L^{-1}$	0.0695	0.054	0.043	0.036	0.031	0.029	0.027
臭氧的溶解度/$g \cdot L^{-1}$	1.09	0.78	0.57	0.40	0.27	0.17	0.14

在氯氧化法处理含氰废水的过程中，若废水 pH 值小于 8.5，则会释放剧毒氰化氢。

因此，采用氯氧化法处理含氰废水的工艺条件极为苛刻，要求废水 pH 值大于 11。当氰离子浓度高于 100mg/L 时，最好控制 pH 值为 12~13，在此条件下，反应可在 10~15min 内完成，实际生产通常在 20~30min 之间完成。虽然该方法处理后生成的氰酸盐毒性较低（仅为氰的千分之一），但产生的氰酸盐离子易水解生成氨气。因此，必须将氰酸盐离子进一步氧化成氮气和二氧化碳，消除氰酸盐对环境的污染。氯氧化法处理含氰废水工艺流程如图 2-7 所示。

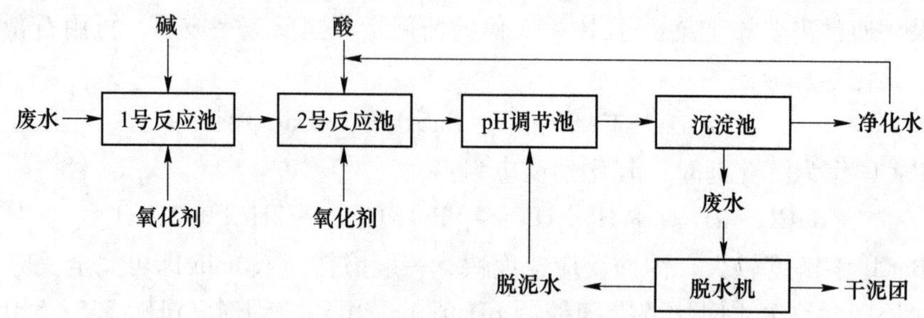

图 2-7　氯氧化法处理含氰废水工艺流程

药剂还原法主要用于处理废水中的 Cr^{6+}、Hg^{2+} 等重金属离子。

生产中常用 $FeSO_4$ 处理含铬废水，亚铁离子起还原作用，在酸性条件下（pH=2~3），废水中 Cr^{6+} 主要以重铬酸根离子形式存在，Cr^{6+} 被还原成 Cr^{3+}，亚铁离子被氧化成三价铁离子，再用中和沉淀法将 Cr^{3+} 沉淀。沉淀的污染物是铬氢氧化物和铁氢氧化物的混合物，需要妥善处置以防二次污染。废水中的铬酸根（CrO_4^{2-}）和重铬酸根（$Cr_2O_7^{2-}$）存在的平衡为：

$$2CrO_4^{2-} + 2H^+ = Cr_2O_7^{2-} + H_2O \tag{2-27}$$

$$Cr_2O_7^{2-} + 2OH^- = 2CrO_4^{2-} + H_2O \tag{2-28}$$

因此，在酸性条件下，Cr^{6+} 主要以 $Cr_2O_7^{2-}$ 存在；在碱性条件下，Cr^{6+} 主要以 CrO_4^{2-} 的形式存在。

Cr^{6+} 的还原性，基本都在酸性条件下进行，其化学反应式为：

$$H_2Cr_2O_7 + 6FeSO_4 + 6H_2SO_4 = Cr_2(SO_4)_3 + 3Fe_2(SO_4)_3 + 7H_2O \tag{2-29}$$

硫酸亚铁是强酸弱碱盐，在水中呈酸性反应，当其添加量较多时，也可以不加 H_2SO_4，产物 $Cr_2(SO_4)_3$ 须加石灰使其变成 $Cr(OH)_3$ 加以分离，因此，通常将上述方法称为硫酸亚铁—石灰法。

还原法除汞的实质是采用还原剂将 Hg^{2+} 还原成 Hg 后再进行分离的一种方法。除汞还原剂一般采用 Fe^{2+}、Cu、Fe、Zn、Mn、Al、Mg，其中 Fe 粉应用较多，其化学反应式为：

$$Fe + Hg^{2+} = Fe^{2+} + Hg\downarrow \tag{2-30}$$

置换速率与接触面积、金属的纯度、温度及 pH 值等因素有关。一般将金属屑碎至 2~4mm，反应温度控制在 20~80℃，pH 值以 6~9 为宜。若 pH <6，铁的溶解量会激增；若 pH <5，溶液中会有 H_2 析出，吸附于铁屑表面，阻碍反应的继续进行。若采用锌屑，pH 值应控制在 9~11；若采用铜屑，pH 值为 1~10 均可。还原析出的汞，用石灰中和分离即可。金属还原法除汞工艺流程如图 2-8 所示。

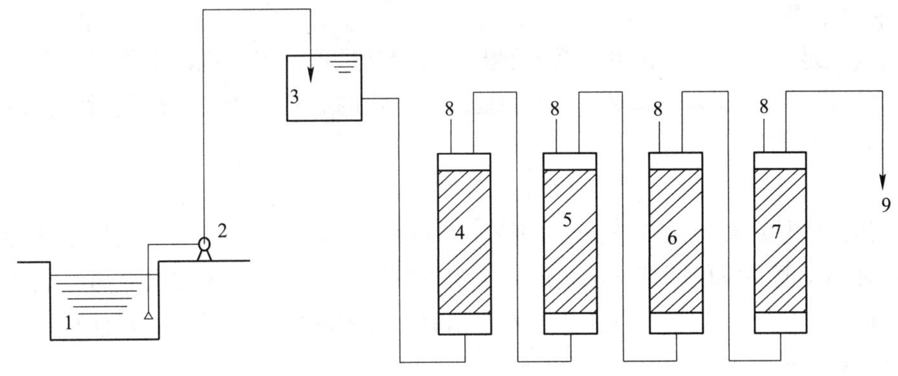

图 2-8　金属还原法除汞工艺流程

1—沉淀池；2—提升水泵；3—高位水池；4—紫铜屑柱 1；5—紫铜屑柱 2；
6—铅黄铜屑柱；7—铝屑滤柱；8—放气管；9—外排水

E　废水萃取处理法

废水萃取处理法是利用萃取剂，通过萃取作用使废水净化的方法。其方法利用一种溶剂对不同物质具有不同溶解度这一性质，可将溶于废水中的某些污染物完全或部分分离出来；也可向废水中投加不溶于水或难溶于水的溶剂（萃取剂），使溶解于废水中的某些污染物（被萃取物）经萃取剂和废水液相界面转入萃取剂中以净化废水。废水萃取处理法一般用于处理浓度较高的含酚、苯、苯胺、醋酸等工业废水。

按被处理物的物态可将萃取分为固—液萃取和液—液萃取两类，工业废水的萃取处理属于液—液萃取。被萃取物从废水转入萃取剂的过程是传质过程，传质的推动力是废水中溶质的实际浓度与平衡浓度之差，达到平衡时，被萃取物在萃取剂和废水中的浓度关系可表示为：

$$K = \frac{C_1}{C_2} \tag{2-31}$$

式中　K——分配系数；

C_1——平衡时被萃取物在萃取剂中的浓度；

C_2——平衡时被萃取物在废水中的浓度。

K 是一个变量，废水—萃取剂体系不同，K 值不同，废水中被萃取物的浓度、废水的温度不同，K 值也不相同。式(2-31)只在稀溶液中，即在一定的温度条件下，溶质分子在两液相中既不离解也不缔合，而两液相又互不溶解的条件下才成立。在特定的废水—萃取剂体系中，尽量选择 K 值大的萃取剂。

2.5.2.3　废水的生物化学处理方法

用物理方法处理废水只能去除 35%左右的 BOD，用化学方法处理虽然可以有效地去除 BOD，但处理成本较高。而生物化学处理方法可有效降低废水处理成本，加之生物化学处理又具备不产生二次污染的优点，因此，生物化学处理法已成为废水处理的一种重要方法。

不同的细菌对氧的反应变化很大，一些细菌只能在有氧的环境中生长（称需氧细菌，或好氧细菌），利用此类微生物的作用来处理废水的方法称为好氧生物处理法。某些细菌只能在无氧的环境中生长（称厌氧细菌），相应的处理方法称为厌氧生物处理法。

A 好氧生物处理法

在氧气充足的条件下，利用好氧生物的生命活动过程，将有机污染物氧化分解成较稳定无机物的处理方法称为废水的好氧生物处理。废水的好氧生物处理法包括活性污泥法和生物膜法两大类。

a 活性污泥法

活性污泥法是由英国的克拉克（Clark）和盖奇（Gage）于 1913 年在曼彻斯特的劳伦斯废水处理站发明并应用。该方法是向废水中连续通入空气，一定时间后因好氧性微生物繁殖而形成的污泥状絮凝物，其上栖息着以菌胶团为主的微生物群，因此具有很强的吸附与氧化有机物的能力。

典型的活性污泥法是由曝气池、沉淀池、污泥回流系统和供氧系统组成，如图 2-9 所示。污水和回流的活性污泥一起进入曝气池形成混合液。从空气压缩机送来的压缩空气，通过铺设在曝气池底部的空气扩散装置，以细小气泡的形式进入污水中，其目的是增加污水中的溶氧量，同时还能使混合液处于剧烈搅动呈悬浮状态。溶解氧、活性污泥与污水互相混合、充分接触，使活性污泥反应得以正常进行。一般在采用活性污泥法处理废水之前都会设置初次沉淀池，位于主体反应之前，主要用于去除大颗粒、易沉降、不溶于水的杂质（称为一级处理）。

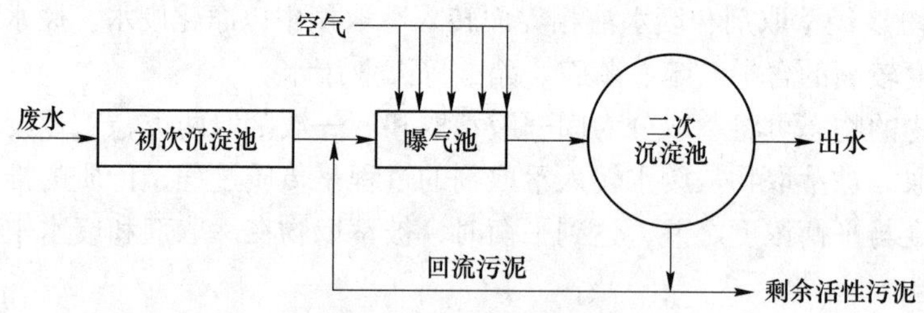

图 2-9 活性污泥处理系统

活性污泥法处理废水共分成生物吸附和生物氧化两个阶段。在生物吸附阶段，废水与活性污泥微生物充分接触，形成悬浮絮体混合液。这时废水中的污染物被比表面积大，表面含有多糖类黏性物质的微生物絮体吸附和黏连。大分子有机物被吸附后，在水解酶的作用下分解为小分子物质，然后这些小分子物质与溶解性有机物又在酶的作用下或在浓度差的推动下，选择性地渗入细胞体内，从而使废水中的有机物含量下降得以净化。此阶段的完成非常迅速，一般在 10~40min 即可完成，BOD 浓度下降可达 80%~90%。在生物氧化阶段有氧条件下，被活性污泥吸附和黏连的有机物被氧化分解，从而获取能量合成新的细胞，这一过程同时也是从废水中去除有机物的过程。此阶段生物氧化形成絮凝体，再通过重力沉淀从水中分离，使水质得以净化。

这两个阶段虽不能截然分开，但有主次之分。比如生物吸附阶段，随着有机物吸附量的增加，污泥的活性逐渐减弱，当吸附饱和后，污泥就失去吸附能力。此时经过生物氧化阶段吸附的有机物被氧化分解之后，污泥又呈现活性，恢复吸附能力。

b 生物膜法

生物膜法是与活性污泥法并存的一类好氧生物废水处理方法。该方法允许含营养物的污水和接种的微生物在过滤材料的表面上流动，在一段时间后，微生物附着在过滤材料的表面上增殖和生长，形成薄的生物膜。以一定的流速经过充氧的污水流过滤料时，生物膜中的微生物吸收分解水中的有机物，使污水得到净化，同时微生物也得到增殖，生物膜随之增厚。当生物膜增长到一定厚度时，向生物膜内部扩散的氧受到限制，其表面仍处于好氧状态，而内层则会呈缺氧甚至厌氧状态，最终导致生物膜的脱落。随后，填料表面还会继续生长新的生物膜，周而复始，使污水得到净化。

生物膜法主要用于除去废水中溶解性和胶体状的有机污染物，处理技术包括生物滤池（普通生物滤池、高负荷生物滤池、塔式生物滤池）、生物转盘、生物接触氧化设备和生物流化床等。

B 厌氧生物处理法

在相当长的一段时间内，厌氧生物处理法在理论、技术和应用上都远远落后于好氧生物处理的发展。20 世纪 60 年代以来，世界能源短缺问题日益突出，因此促使人们对厌氧生物处理进行重新认识，对处理工艺和反应器结构的设计以及甲烷回收进行了大量研究，使得厌氧处理技术的理论和实践都有了很大进步，并得到广泛应用。

废水厌氧生物处理工艺按微生物的凝聚形态可分为厌氧活性污泥法和厌氧生物膜法。厌氧活性污泥法包括普通消化池、厌氧接触消化池、升流式厌氧污泥床（UASB）、厌氧颗粒污泥膨胀床（EGSB）等；厌氧生物膜法包括厌氧生物滤池、厌氧流化床和厌氧生物转盘。

现以高分子有机物的厌氧降解过程为例了解废水厌氧生物处理过程。高分子有机物的厌氧降解可分为三个阶段。

a 水解酸化阶段

水解酸化阶段包括水解过程和酸化过程。水解即为复杂的、非溶解性的聚合物被转化为简单的、溶解性的单体或二聚体的过程。高分子有机物因分子量较大，不能透过细胞膜，因此不能被细菌直接利用。它们在第一阶段被细菌胞外酶分解为小分子，比如：纤维素被纤维素酶水解为纤维二糖与葡萄糖，淀粉被淀粉酶分解为麦芽糖和葡萄糖等。这些小分子的水解产物能够溶解于水并透过细胞膜为细菌所利用。

水解过程通常较缓慢，因此被认为是含高分子有机物或悬浮物废液厌氧降解的限速阶段。水解速度和程度受温度、有机物的组成、水解产物浓度等因素的影响。水解动力学方程为：

$$\rho = \frac{\rho_o}{1 + K_h T} \tag{2-32}$$

式中 ρ——可降解的非溶解性物质浓度，g/L；

ρ_o——非溶解性物质的初始浓度，g/L；

K_h——水解常数，d^{-1}；

T——停留时间，d。

酸化过程是指有机物既可作为电子受体，也可作为电子供体的生物降解过程。在此过程中，溶解性有机物被转化为挥发性脂肪酸为主的产物。

在这一阶段，小分子有机物在发酵细菌（即酸化菌）体内转化成更为简单的物质并分泌到细胞外。发酵细菌绝大多数是厌氧菌，但通常约有1%的兼性厌氧菌存在于厌氧环境中，这些兼性厌氧菌能起到保护像甲烷菌这样的厌氧菌免受氧的损害与抑制作用。此阶段的产物主要包括挥发性脂肪酸、醇类、乳酸、二氧化碳、氢气、氨、硫化氢等，产物的组成取决于厌氧菌降解的条件和参与酸化的微生物种群。

在厌氧降解过程中，必须考虑酸化细菌对酸的耐受力，酸化过程在 $pH \approx 4$ 时能顺利进行，但在产甲烷阶段，pH 值的下降会减少甲烷的生成和氢的消耗，最终会导致酸化产物组成的改变。

b　产乙酸阶段

在产氢、产乙酸菌的作用下，上一阶段的产物被进一步转化为乙酸、氢气、碳酸以及新的细胞物质。其反应过程为：

$$CH_3CHOHCOO^- + 2H_2O \longrightarrow CH_3COO^- + HCO_3^- + H^+ + 2H_2\uparrow \tag{2-33}$$

$$CH_3CH_2OH + H_2O \longrightarrow CH_3COO^- + H^+ + 2H_2O \tag{2-34}$$

$$CH_3CH_2CH_2COO^- + 2H_2O \longrightarrow 2CH_3COO^- + H^+ + 2H_2\uparrow \tag{2-35}$$

$$CH_3CH_2COO^- + 3H_2O \longrightarrow CH_3COO^- + HCO_3^- + H^+ + 3H_2\uparrow \tag{2-36}$$

$$4CH_3OH + 2CO_2 \longrightarrow 3CH_3COO^- + 2H_2O \tag{2-37}$$

c　产甲烷阶段

在甲烷菌的作用下，乙酸、氢气、碳酸、甲酸和甲醇被转化为甲烷、二氧化碳和新的细胞物质。

甲烷细菌将乙酸、乙酸盐、二氧化碳和氢气等转化为甲烷的过程由两种生理不同的产甲烷菌完成：一种是把氢和二氧化碳转化成甲烷；另一种从乙酸或乙酸盐中脱羧产生甲烷。前者约占总量的1/3，后者约占2/3。

甲烷的产生过程为：

$$CH_3COO^- + H_2O \longrightarrow CH_4\uparrow + HCO_3^- \tag{2-38}$$

$$HCO_3^- + H^+ + 4H_2 \longrightarrow CH_4\uparrow + 3H_2O \tag{2-39}$$

$$4CH_3OH \longrightarrow 3CH_4\uparrow + CO_2\uparrow + 2H_2O \tag{2-40}$$

$$4HCOO^- + 2H^+ \longrightarrow CH_4\uparrow + CO_2\uparrow + 2HCO_3^- \tag{2-41}$$

虽然厌氧降解过程可分为以上四个过程，但在厌氧反应阶段，四个阶段是同时进行的，并保持某种程度的动态平衡。

2.6　云南会泽铅锌矿选矿厂废水处理实践

2.6.1　选矿厂废水概况

会泽铅锌矿选矿厂处理的矿石为富氧、硫混合铅锌多金属硫化矿，矿石性质复杂，其中氧化矿原生矿泥含量高，硫化矿软而脆、易过磨、易产生次生矿泥。现场为了满足铅、锌、硫矿物的高效浮选分离及银、锗等有价组分的选择性富集，选矿厂采用的工艺流程复杂、药剂种类繁多，致使选矿废水中含有大量的重金属离子、浮选药剂、固体悬浮物等，且化学耗氧量较高，选矿废水水质分析结果见表2-13，废水量见表2-14。

表 2-13 云南省曲靖市会泽县铅锌矿选矿废水水质分析结果

项目	pH 值	总硬度	质量浓度/mg · L^{-1}				
			Pb	Zn	Cu	SS	COD_{Cr}
铅精矿浓缩过滤废水	9.9	430	6.0	1.5	0.045	80	250
锌精矿浓缩过滤废水	8.9	400	7.5	8.5	0.05	150	100
硫精矿浓缩过滤废水	13.5	1300	180	5.0	0.22	600	1800
尾矿制备膏体溢流废水	8.4	200	2.0	0.5	0.03	60	210

表 2-14 云南省曲靖市会泽县铅锌矿选矿废水水量

项目	铅精矿浓缩过滤废水	锌精矿浓缩过滤废水	硫精矿浓缩过滤废水	尾矿制备膏体溢流废水	合计
废水量/m^3 · h^{-1}	45.70	85.60	250.00	110.00	491.30

由表 2-13 和表 2-14 可以看出，会泽铅锌矿选矿废水排水量大，含有对环境有害的重金属离子、固体悬浮物、残余浮选药剂等，化学耗氧量及 pH 值较高，不处理直接排放将会对环境造成极大威胁，若直接回用将对选矿指标造成不良影响。

2.6.2 选矿厂废水处理方法及工艺

2.6.2.1 源头控制改善选矿废水

针对会泽铅锌矿选矿废水排出量大、污染物含量高等特点，选矿厂经过多年的探索及研究，可采取以下关键措施从源头控制，即：

(1) 厂区生活污水、地表雨水与生产用水分离，避免厂区生活污水、地表雨水进入生产工艺流程，从而降低选矿废水排出量。厂区生活污水进行归流，经生活污水处理系统 A/O 工艺（集水井—沉砂池—调节池—厌氧分解池—好氧分解池—二沉池（聚合氯化铝沉淀池)—中间箱—过滤塔—紫外线消毒—清水池）处理合格后泵送至高位水池，用于补充厂区绿化用水。厂区地表雨水进行分质截流，受污染的厂区地表初期雨水收集至事故池，再泵送进入浓密机回用，未受污染的厂区地表雨水经回收引流系统排出厂区。

(2) 选别工艺流程清洁高效，药剂用量低及捕收剂易降解，都可降低选矿废水的处理难度。会泽铅锌矿充分利用矿物的嵌布粒度及可浮性差异，研发了多种流程结构并存的选矿新工艺，使用了先进的选矿设备及自动化控制技术与之匹配，比如芬兰 Outokumpu 公司的荧光在线品位分析仪、德国 Smens 公司的在线流量检测仪及北京矿冶研究总院研制的 BF 自吸气机械搅拌式浮选机、BRFS-PLC 型浮选药剂自动化添加系统、矿浆 pH 在线检测仪等。这些工艺可避免选矿使用强压强拉的浮选药剂制度，且浮选药剂用量添加精确，节省了浮选药剂用量，降低了浮选药剂在选矿废水中的残留量。相关研究表明，烃基黄药的降解率随其化合物中碳链长度和烷基支链数的增加而减小，在各种硫化矿捕收剂中，乙基黄药、丁基黄药、乙硫氮等捕收剂相对易降解，尤其是在酸性条件下降解率更高，故会泽铅锌矿选矿废水中残留的大部分捕收剂易降解，从而降低了选矿废水处理回用的难度。

(3) 脱水工艺先进，有利于浓缩过滤废水的回用。原精矿产品的脱水采用了浓密机浓缩与陶瓷过滤机过滤的联合工艺，其中锌精矿产率高，部分锌精矿颗粒较细，导致芬兰

Outokumpu 公司生产的 ϕ14m、型号 HRT-14-798 的新型高效浓密机跑浑严重，不仅造成金属流失，影响选矿金属平衡，还造成溢流水的后续处理回用困难，尤其增加了选矿废水处理系统的底泥处理难度。因此，选矿厂在该浓密机内添加聚丙烯酰胺，强化锌精矿颗粒及固体悬浮物的沉降，溢流水再进入 ϕ30m 的传统浓密机进行二次浓缩，使得锌精矿浓密机溢流水跑浑现象得到了有效控制，其含固量、重金属离子含量在溢流水中显著降低。

2.6.2.2　过程削减利用选矿废水

实现选矿废水回收利用零外排的先决条件是选矿废水排出量小于选矿工艺总用水量，选矿生产过程中对选矿废水进行直接回用是降低选矿新水消耗及减少选矿废水排量的重要措施，也是提高选矿废水循环利用率的关键。为减少选矿废水排出量及降低后续选矿废水处理的回用负荷，会泽铅锌矿对选矿厂不同用水作业的水质要求及产生的废水特征进行研究，并基于生产实践，逐步对部分用水作业的选矿废水进行过程分质回用及循环利用，以削减选矿废水排出量。

选矿厂球磨机冷却排出的废水温度较高，但基本未受到其他污染，因此将其单独回收后泵送至选矿厂 500m^3 高位澄清池降温，再自流返回球磨机循环使用。基于大量的选矿废水与新水水质的选矿对比试验研究，锌精矿浓密机溢流水直接返回，用作硫化锌选别循环及氧化铅锌选别循环泡沫溜槽冲洗用水，代替原用的处理回水，从而大大减少了选矿废水的处理量。选矿厂使用的 7 台陶瓷真空过滤机滤板原使用的反冲洗水均为新水，根据过滤废水的特性，在过滤平台下新建三个串联水箱对过滤废水进行自然沉降处理，经自然沉降处理排出的溢流水再泵送至高位水箱，用作陶瓷真空过滤机滤板反冲洗水，大大节约了选矿厂的用水成本。

2.6.2.3　末端处理回用选矿废水

选矿废水的末端处理回用是消除选矿废水危害的最终方式，是提高选矿废水循环利用率的可靠保障，也是降低选矿废水循环利用对选矿生产指标影响的核心。会泽铅锌矿选矿厂排出的铅精矿、锌精矿及硫精矿浓缩过滤废水和尾矿制备膏体溢流废水，全部合并给入选矿废水处理系统，使得合并后的选矿废水水质变得复杂。虽然选矿厂采用废水分质回用及循环利用降低了选矿生产的外排水量，但其固体悬浮物含量、重金属离子含量、COD_{Cr} 等出现不同程度的累积升高，导致选矿废水处理回用难度增加。在此期间，原处理能力 400m^3/h 的选矿废水处理系统运行负荷压力大的问题虽有所缓解，但处理后的回水水质仍然不太理想。因此，选矿厂持续不断地对选矿废水处理循环利用的技术进行研究攻关，对选矿废水处理系统进行了改扩建升级，形成了具有 600m^3/h 处理能力的“pH 值调节—化学沉淀—混凝沉淀—活性炭吸附—臭氧氧化”的选矿废水处理系统，并增设了刮泥机、污泥泵等设备设施以完善选矿废水处理系统排泥。选矿废水处理工艺如图 2-10 所示。

会泽铅锌矿选矿废水处理工艺所具有的优势主要在于：

（1）化学沉淀法去除钙镁离子软化水质。该工艺设计了一体式高效浓密调节池，在对选矿废水均质及均量的过程中，同时添加碳酸钠去除钙、镁离子以软化水质。

（2）混凝沉淀法去除固体悬浮物、胶体颗粒、重金属离子等。经碳酸钠沉淀软化后的废水，添加硫酸调节 pH 值至 9~10，以营造混凝沉淀适宜的 pH 值、破坏胶体的稳定性、利用碱性 pH 值条件下部分重金属离子生成氢氧化物沉淀去除，再分别添加混凝剂、絮凝

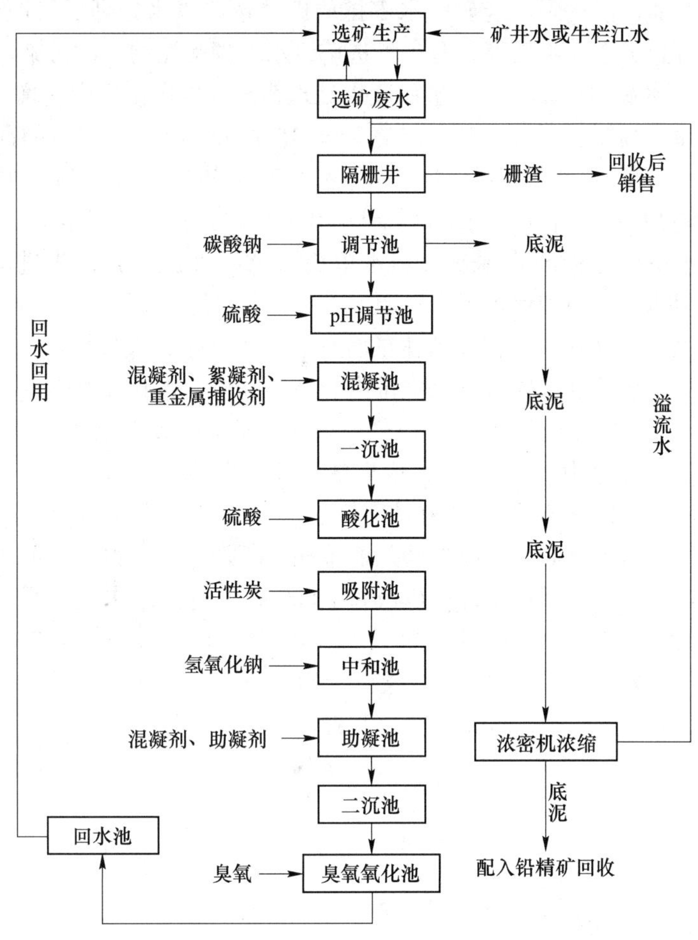

图 2-10　会泽铅锌矿选矿废水处理工艺原则流程图

剂及捕收剂，以去除固体悬浮物、胶体颗粒和重金属离子等。

（3）活性炭吸附法强化去除浮选药剂、重金属离子等。经混凝沉淀法处理后的废水，首先添加硫酸调节 pH 值至 2~3，以满足酸性条件下乙基黄药、丁基黄药、乙硫氮等分解速度加快的要求，接着添加粉末活性炭颗粒吸附浮选药剂、重金属离子等，最后添加氢氧化钠中和废水 pH 值至 6~8，并作为最终回水 pH 值。最后依次添加混凝剂、絮凝剂去除活性炭颗粒及残留的重金属离子等。

（4）臭氧氧化法破坏和去除残留浮选药剂。废水经活性炭吸附法处理后，再给入臭氧氧化池（臭氧从水池底部采用微孔分散鼓泡给入），利用其强氧化性氧化和降解废水中残留的难处理浮选药剂，同时降低废水的 COD_{Cr}。

2.6.3　选矿厂废水处理成效

改造完成后的 600m^3/h 选矿废水处理系统投入生产使用，在高原环境下实现了选矿废水中重金属离子、浮选药剂、固体悬浮物等稳定有效地去除及溶解氧含量的增加，满足了会泽铅锌矿复杂选矿废水处理回用的特殊要求。该系统投入生产使用后，选矿废水处理的单位成本虽有所增加，但达到了选矿废水零排放以及选矿废水处理后底泥资源化的目的，使水资源利用率得到了进一步提高，避免了选矿废水处理底泥的二次污染。其优点包括：

（1）提高了水资源利用率。在新选矿废水处理系统的生产使用中，增加过滤装置将臭氧制备作业的冷却水改造后循环利用，节约新水 $15m^3/h$。由于处理后的回水水质得以改善，逐步将选矿厂所属的 25 台砂泵轴封冷却水由新水替换为处理后的回水，节约新水 $52.35m^3/h$；处理后的回水可直接用作石灰乳消化、配制用水，节约新水约 $8.12m^3/h$。最终实现了选矿用水单耗 $3.98m^3/t$ 原矿（新水单耗 $0.38m^3/t$ 原矿）的先进水平，有效地提高了水资源的利用率，节约和保护了水资源。

（2）避免了底泥二次污染。选矿废水的合理利用零外排，大幅度降低了选矿废水对生态环境的不利影响。选矿废水处理系统中排出的富铅底泥，将其针对性地合并进入选矿工艺流程，除了每年多回收铅金属约 300t 以外，还避免了选矿废水处理底泥的二次污染。

（3）提高矿产资源利用率。改造完成后的 $600m^3/h$ 选矿废水处理系统投入运行后，各生产环节使用的选矿回水水质变得相对均衡稳定，而且在选矿回水长期循环使用过程中，松醇油、煤油、乙硫氮等部分浮选药剂的单耗有所降低，使得选矿回水水质与浮选药剂制度形成合理匹配关系，选矿指标得以改善。$600m^3/h$ 选矿废水处理系统投入运行前入选原矿含（质量分数）铅 7.54%、锌 20.77%，分别获得回收率铅 84.76%、锌 94.88%；废水处理系统运行后入选原矿含（质量分数）铅 6.95%、锌 19.49%，分别获得回收率铅 86.02%、锌 95.61%，选矿指标得到了明显改善。

思 考 题

2-1　水体污染处理技术包括哪几大类？

2-2　简述选矿废水的来源及特点。

2-3　简述选矿废水的种类及危害。

2-4　我国的水质标准包括哪几类？

2-5　简述选矿废水处理的基本原则。

3 选矿厂大气污染及防治

3.1 概 述

3.1.1 大气组成及结构

3.1.1.1 大气组成

大气是由多种气体混合而成，按其成分可以分为干燥清洁的空气、水汽和悬浮颗粒三部分。

A 干燥清洁的空气

大气中除水汽和各种杂质以外的所有混合气体统称为干燥清洁的空气，主要成分包括氮、氧、氩、二氧化碳，其含量（体积分数）占全部干燥清洁空气的 99.98%；氖、氦、氪、甲烷等稀有气体的含量（体积分数）低于 0.02%。大气的组成见表 3-1。

表 3-1 大气的组成

成分	体积混合比	成分	体积混合比
氮（N_2）	0.78083	氪（Kr）	1.1×10^{-6}
氧（O_2）	0.20947	氙（Xe）	0.1×10^{-6}
氩（Ar_2）	0.00934	氡（Rn）	0.5×10^{-6}
二氧化碳（CO_2）	0.00035	甲烷（CH_4）	1.7×10^{-6}
氖（Ne）	1.82×10^{-6}	一氧化二氮（N_2O）	0.3×10^{-6}
氦（He）	5.2×10^{-6}	臭氧（O_3）	$(10\sim50)\times10^{-9}$

B 水汽

水汽是低层大气的主要成分，仅占大气总容积的 0~4%，是大气中含量变化最大的气体。大气中的水汽主要来自地表海洋和江河湖泊等水体表面蒸发以及植物体的蒸腾，并通过大气垂直运动输送到大气层。

C 悬浮颗粒

悬浮颗粒是悬浮于大气中呈固态、液态的微粒，主要来源于有机物燃烧的烟尘、扬尘、火山灰尘、宇宙尘埃、植物花粉以及工业排放物等。大多数悬浮颗粒集中在大气低层，大颗粒迅速降回地表，微细颗粒则通过大气垂直运动可扩散到对流层甚至平流层，并能在大气中悬浮很长时间。悬浮颗粒对太阳辐射和地面辐射具有一定吸收和散射作用，影响着大气温度和湿度的变化。

3.1.1.2 大气结构

通常人们所说的大气结构是指大气的垂直结构。随着距地面的高度不同，大气层的物理和化学性质有很大的变化。按气温的垂直变化规律，可将大气层自下而上分为对流层、平流层、中间层（上界为85km左右）、热成层（上界为800km左右）和散逸层（没有明显的上界）；按照大气各组成成分的混合状况，可将大气分为均匀层和非均匀层；按照大气电离状态，可将大气分为电离层和非电离层。

A 对流层

对流层的大气不能直接吸收太阳辐射的能量，但能吸收地面反射的能量，因此对流层的温度会随高度的增加而降低，平均每上升100m气温下降0.65℃。此外，近地表的空气由于接受地面的热辐射后温度升高，与高空的冷空气形成垂直对流，从而使得空气具有强烈的对流运动。人类活动排入大气的污染物绝大多数都积聚在对流层，因此，对流层的状况对人类生活的影响最大，与人类关系最为密切。

B 平流层

平流层位于对流层之上，其上界伸展至约55km高度空间的大气层。平流层的温度随高度升高而增加。在30~35km以下，温度随高度的增加变化不大，气温趋于稳定，故该亚层又称为同温层。平流层的空气气流以水平运动为主。在高约15~35km处有厚约20km的臭氧层，其分布有季节性变动。臭氧层能吸收太阳的短波紫外线和宇宙射线，使地球上的生物免受这些射线的危害。

C 中间层

中间层位于平流层之上到55~85km的大气层。这一层大气中几乎没有臭氧，这就使来自太阳辐射的紫外线穿过了这一层大气而未被吸收，因此，在中间层，气温随高度的增加下降较快，到顶部气温已下降到-83℃以下。由于下层气温比上层气温高，便于空气的垂直对流运动，故又称之为高空对流层或上对流层。中间层顶部有水汽存在，可出现很薄且发光的“夜光云”，在夏季的夜晚，高纬度地区偶尔能见到这种银白色的夜光云。

D 热成层

从中间层顶层到800km的大气层称为热成层，也称为电离层。这一层空气稀薄，密度很小，其质量仅占整个大气层质量的0.5%。据探测，在270km的高空，大气密度只有地面大气密度的百亿分之一。暖层里的气温很高，在300km的高空气温高达1000℃以上。

E 散逸层

热成层以上的大气统称为散逸层（又称外层），是大气的最高层，高度最高可达到3000km。该层的气温随高度的增加而升高，高温使其上部大气质点快速运动，受地球引力场的约束很弱，一些高速运动着的空气分子可以挣脱地球的引力和其他分子的阻力散逸到宇宙空间中去。根据宇宙火箭探测资料表明，地球大气圈之外，还有一层极其稀薄的电离气体，其高度可伸延到22000km的高空（称为地冕）。

3.1.2 大气污染的形成及类型

地球上人类和其他生物体的生存，必须依赖大气。一个成年人每天呼吸2万多次，吸入空气15~20m^3，消耗氧气约0.75kg，干净的空气对于人类乃至厌氧菌之外的所有生物的重要性不言而喻，因此，洁净的空气至关重要。在人类生产活动及地壳运动过程中，总会产生一些危害环境的物质进入大气中。这些物质中的一部分并不会明显地改变大气的理化性质，对人类和社会并不会构成直接危害，而某些物质虽然在大气中含量低，由于其本身特有的性质，可能构成对人类及自然生态严重的威胁。人类的大范围活动（乱砍滥伐，燃烧化石燃料等），使得大气环境压力剧增。我国的各大城市的空气质量不容乐观，而根据2019年的数据统计表明，全球10大空气污染城市分别是太原、米兰、北京、乌鲁木齐、墨西哥城、兰州、重庆、济南、石家庄、德黑兰。其中太原、北京、乌鲁木齐、兰州、重庆、济南、石家庄都是中国的城市。这足以说明我们国家空气污染的严峻形势。

3.1.2.1 大气污染定义

按照国际标准化组织（ISO）给出的定义："大气污染通常是指由于人类活动和自然过程引起某些物质介入大气中，呈现出足够的浓度，达到了足够的时间，并因此而危害了人体的舒适、健康或危害了环境。"通常人们所说的大气污染是指大气中某些物质的含量达到有害的程度以至于破坏生态系统和人类正常生存与发展的程度，对人或物造成危害的现象。其本质是大气污染物通过一系列复杂的物理、化学和生物过程，造成对人体健康和人类生存环境的影响。

3.1.2.2 大气污染形成过程

大气具有一定的自净能力，也就是常说的大气环境容量。在自然净化能力所允许的范围内，污染物的排放不至于破坏自然界，超过环境的自净能力才会构成大气污染。大气污染物在空气中所占的比例非常小，几乎所有污染物都在ppm量级（$1ppm=1\times10^{-6}$）以下，因此，人们也把它们称为痕量物质。大气中的各种物质都处于动态平衡之中，由于人类活动产生的这些痕量物质破坏了大气自身的动态平衡，就会对人体和动植物产生危害。人们研究大气污染就是研究打破这种动态平衡的痕量物质生成、传输扩散、转化、沉降等过程及其对人体健康和生态系统的影响，因此，大气污染主要是人类活动造成的。

3.1.2.3 大气污染类型

根据污染物的化学性质及其存在状况，大气污染可分为还原型大气污染和氧化型大气污染。根据燃料性质和污染物的组成，可将大气污染分为：

（1）煤炭型大气污染。煤炭型大气污染是指由煤炭燃烧时放出的烟气、粉尘、SO_2等构成的污染物，以及由这些污染物发生化学反应而生成的硫酸、硫酸盐类气溶胶等污染物。造成这类污染的污染源主要是工业企业烟气排放物，其次是家庭炉灶等取暖设备的烟气排放。

（2）石油型大气污染。石油型大气污染物来自汽车尾气、石油冶炼及石油化工的废气排放。主要污染物包括NO、烯烃、链状烷烃、醇、羰基化合物等，以及它们在大气中形成的臭氧、大气自由基及生成的一系列中间产物与最终产物。

（3）混合型大气污染。混合型大气污染物来自以煤炭、石油为燃料的污染源排放，以及从企业排出的各种化学物质等，比如日本横滨、川崎等地区发生的污染事件就属于此种污染类型。

（4）特殊型大气污染。特殊型大气污染是指相关企业排放的特殊气体所造成的污染。这类污染常限于局部范围之内，比如生产磷肥企业排放的特殊气体引起的氟污染、铝碱工业周围形成的氯气污染等。

3.1.2.4 大气污染物

大气污染物是指由于人类活动或自然过程排入大气并对环境或人类产生有害影响的物

质。大气污染物按其存在状态可分为两大类：一种是气溶胶状态污染物；另一种是气体状态污染物。若按形成过程分类则可分为一次污染物和二次污染物：一次污染物是指直接从污染源排放的污染物质，一次污染物也称原发性污染物；二次污染物则是由一次污染物经过化学反应或光化学反应形成的与一次污染物的物理化学性质完全不同的新的污染物，也称继发性污染物，其毒性比一次污染物强。

A 气溶胶状态污染物

气溶胶状态污染物又称颗粒污染物，是指固体颗粒、液体颗粒或两者在大气介质中的悬浮体系。作为气溶胶的特征，气溶胶状态污染物应当是一种稳定的或准稳定的体系。根据气溶胶态污染物的来源和性质，可将其分为粉尘、烟、飞灰、黑烟、雾五种。

a 粉尘

粉尘是指悬浮于气体介质中的微细固体颗粒，受重力作用发生沉降，但在一段时间内能保持悬浮状态。粉尘通常是由于固体物质的破碎、磨矿、分级、输送等机械过程，或土壤、岩石的风化等自然过程形成的，其颗粒的粒度范围一般为 1~200μm。常见的粉尘有黏土粉尘、石英粉尘、煤粉、水泥粉尘和各种金属粉尘等。

b 烟

烟是指由冶金过程形成的固体颗粒气溶胶，是熔融物质挥发后生成的气态冷凝物，在生成过程中常伴有化学反应。烟颗粒的尺寸很小，一般为 0.01~1μm。烟的产生是一种普遍现象，比如有色金属冶炼过程中产生的氧化铅烟、氧化锌烟等。

c 飞灰

飞灰是指燃料燃烧所产生烟气灰分中的细微固体颗粒物。飞灰是煤粉进入 1300~1500℃的炉膛后，在悬浮燃烧条件下经受热面吸热后冷却而形成的。由于表面张力作用，飞灰大部分呈球状，表面光滑，微孔较小。一部分因在熔融状态下互相碰撞而粘连，成为表面粗糙、棱角较多的蜂窝状组合粒子。飞灰的化学组成与燃煤成分、煤粒粒度、锅炉型式、燃烧情况及收集方式等有关。飞灰的排放量与燃煤中的灰分有直接关系，据我国用煤情况，燃用 1t 煤约产生 250~300kg 粉煤灰。大量粉煤灰如果不加控制或处理，就会造成大气污染，其中某些化学物质会对生物和人体造成危害。

d 黑烟

黑烟是指由燃料燃烧产生的能见气溶胶，是燃料不完全燃烧的产物，除炭粒外，还有碳、氢、氧、硫等组成的化合物。在某些情况下，粉煤、烟、飞灰、黑烟等小固体粒子气溶胶的界限很难绝对分开。根据我国的习惯，一般可将冶金过程或化学过程形成的固体粒子气溶胶称为烟尘；将燃料燃烧过程产生的烟称为飞灰或黑烟；在其他情况或泛指小固体粒子的气溶胶时，通称为粉尘。

e 雾

在水汽充足、微风及大气稳定的情况下，相对湿度达到 100%时，空气中的水汽便会凝结成细微的水滴悬浮于空中，使地面水平的能见度下降。这种天气现象称为雾，它是气体中液滴悬浮体的总称。在工程中，雾一般泛指小液体粒子悬浮体，它可能是液体蒸气的凝结、液体的雾化及化学反应等过程形成的水雾、酸雾、碱雾和油雾等。

B 气体状态污染物

气体状态污染物是指在常温、常压条件下以分子状态存在的污染物。气体状态污染物包括气体和蒸汽。某些污染物在常温、常压下总是以气态的形式存在，比如 CO、SO_2、NO_2、NH_3、H_2S 等。蒸汽状态的污染物主要是指某些固态或液态污染物受热后，引起固体升华或液体挥发而形成的气态物质，比如汞蒸汽、苯、硫酸蒸汽等。蒸汽遇冷，仍能逐渐恢复原有的固体或液体状态。在大气污染控制中受到普遍重视的污染物有硫氧化物、氮氧化物、碳氧化物、有机化合物、卤素化合物以及硫酸烟雾、光化学烟雾等。气体状态污染物种类见表 3-2。

表 3-2 气体状态污染物种类

污染物	一次污染物	二次污染物	污染物	一次污染物	二次污染物
硫氧化物	SO_2、H_2S	SO_3、H_2SO_4	有机化合物	CH	醛、酮、过氧乙酰硝酸酯、O_3
氮氧化物	NO、NH_3	NO_2、HNO_3	卤素化合物	HF、HCl	—
碳氧化物	CO、CO_2	—	—	—	—

a 硫氧化物

硫氧化物对于大气的污染以二氧化硫（SO_2）和三氧化硫（SO_3）为主。SO_2 主要来自矿物燃料燃烧、含硫矿石冶炼和硫酸、磷肥生产等。全世界 SO_2 的人为排放量每年约 1.5 亿吨，矿物燃料燃烧产生的占 70%以上，自然产生的 SO_2 数量很少，主要是生物腐烂生成的硫化氢在大气中氧化而成。SO_3 常和 SO_2 一同排放，数量约为 SO_2 的 1%~5%。SO_3 很不稳定，能迅速与水结合成为硫酸。

b 氮氧化物

造成大气污染的氮氧化物主要是一氧化氮（NO）和二氧化氮（NO_2），也就是通常所说的氮氧化合物。天然排放的 NO_x 主要来自土壤和海洋中有机物的分解，属于自然界的氮循环过程。人为活动排放的 NO_x，它们大部分来自矿物燃料燃烧过程，也有生产或使用硝酸的工厂排放的尾气。往往由燃料燃烧直接生成，进入大气后可以被缓慢地氧化成 NO_2，当大气中有 O_3 存在时或在催化剂的作用下，其氧化速度会加快。

氮氧化物对环境的污染已经成为一个日益严重的全球性环境问题。氮氧化物作为大气的重要污染物之一，除了 NO、NO_2 之外，还有 N_2O、N_2O_2、N_2O_3、N_2O_4 和 N_2O_5 等。其中 NO 占典型燃煤烟气 NO_x 的 95%。

c 碳氧化物

大气中碳的氧化物主要有二氧化碳（CO_2）和一氧化碳（CO）。二氧化碳是空气的正常组成成分，一氧化碳是大气中普遍排放量极大的污染物。

CO 是无色、无味的有毒气体，散布最广，排放量最大，其全球排放量可能超过所有其他主要气体污染物的总排放量。矿物燃料燃烧、石油炼制、钢铁冶炼、固体废物焚烧都要排放大量的 CO。据估计，每年人为排放一氧化碳总量为 3 亿~4 亿吨，其中一半以上来自汽车尾气。CO 的人为来源主要是矿物燃料燃烧、石油炼制、钢铁冶炼、固体废物焚烧等。过去误认为 CO 主要来自于人类活动，最近研究表明，CO 的自然排放量比人为排放量大，主要来自森林火灾、海洋和陆地生物的腐烂等过程。

CO_2 是无色、无味的无毒气体，对人无害，通常不归为环境污染物。但由于大气中 CO_2 浓度不断上升，可能会引起地球气候的变化，因而倍受到人们的关注。据估计，每年排入大气中 CO_2 的总量为 100 亿~200 亿吨，几乎全部来自矿物燃料的燃烧。CO_2 的天然来源主要是指森林火灾和火山爆发，但数量很少。由于矿物燃料用量的增加，大气中 CO_2 浓度会不断上升。

d 有机化合物

有机化合物是指由碳元素、氢元素组成的含碳化合物，但不包括碳的氧化物和硫化物、碳酸、碳酸盐、氰化物、硫氰化物、氰酸盐、碳化物、碳硼烷、羰基金属等。

烃类化合物包括烷烃、烯烃和芳烃等复杂多样的含碳和氢的化合物，烃类化合物的自然源大部分是生物活动产生的。其中甲烷（CH_4）占的比重较高，有些植物产生挥发性的萜烯和异戊二烯，它们都是复杂的环烃。烃类化合物的排放主要来源是石油燃料的不充分燃烧过程和蒸发过程，其中汽车排放量也占有相当的比重，石油炼制、化工生产等也产生多种类型的烃类化合物。城市空气中烃类化合物虽然对健康无害，但能导致生成有害的光化学烟雾。

二噁英（Dioxin）是一种多氯取代的芳烃有机物，有“世纪之毒”之称。二噁英是指含有 2 个或 1 个氧键连接 2 个苯环的含氯有机化合物。由于 Cl 原子在 1~9 的取代位置不同，构成 75 种异构体多氯代二苯（PCDD）和 135 种异构体多氯二苯并呋喃（PCDF），通常总称为二噁英，其中有 17 种（2、3、7、8 位被 Cl 取代）被认为对人类和生物危害最为严重。

e 硫酸烟雾

硫酸烟雾是大气中的 SO_2 等硫氧化物在有水雾、含重金属的飘尘或氮氧化物存在时，经一系列化学或光化学反应而生成的硫酸或硫酸盐气溶胶。由它引起的刺激作用和生理反应等危害比 SO_2 大得多。

f 光化学烟雾

光化学烟雾是在阳光作用下大气中的氮氧化物、碳氢化合物和氧化剂之间发生的一系列光化学反应生成的蓝色烟雾（有的呈紫色或黄褐色）。其主要成分有臭氧、过氧乙酰硝酸酯、酮类和醛类等。光化学烟雾的刺激性和危害要比一次污染物强烈得多。

3.1.3 大气污染的控制

我国是大气污染比较严重的国家之一。国家出台了一系列的政策，对减少大气污染起到积极作用，同时，对已造成的污染采取有效措施进行治理。结合我国当前的实际情况，大气污染综合防治的任务主要包括：减少排入大气中的污染物总量，尽量减少排入大气中的污染物对人类和动植物的影响，以及改善已形成的大气污染三个方面。为此，我国大气污染的防治应着重从以下几个方面入手。

3.1.3.1 全面规划，合理布局

大气污染控制是一项复杂的、综合性很强的系统工程，影响因素很多，必须进行全面的环境规划，采取区域性综合防治措施，通过合理布局，把大气污染的危害降至最低。

区域环境规划是区域经济和社会发展规划的重要组成部分，它的主要任务包括两个方面：一是解决区域的经济发展与环境保护之间的矛盾；二是对已造成的环境污染问题，提出改善和控制污染的最优方案。大气污染主要发生在人口高度密集城市和大工业区，因此，做好城市和大工业区的环境规划设计工作，采取区域性综合防治措施，是控制大气污染的一个重要途径。

对于工业城市，通过合理的工业布局，可以把大气污染的危害降至最低。一个城市按其功能可分为商业区、居民区、文教区、工业区等。如何安排这些区域，特别是工业布局，将直接影响人们的生活和工作环境。比较好的做法是将无污染的企业设在城区，对空气有轻度污染的企业（如电子、纺织等），可布置在城市边缘或近郊区，而对于污染严重的大型企业（如冶金、化工、建材、火电站等），最好布置在城市远郊区，并应设置在该城市主导风向的下风处。

目前我国已明确规定，在兴建大中型企业时，要先做环境影响评价，提出环境质量评价报告书，论证厂址的合理性，采取的环境保护措施，以及建厂后对环境可能造成的影响等。

3.1.3.2 严格环境管理

从广义上讲环境管理是在环境容量的允许下，以环境科学理论为基础，运用技术、经济、法律、教育和行政手段，对人类社会的经济活动进行管理，协调社会经济发展与环境保护的关系，使人类拥有一个良好的生活和劳动环境，实现资源的更高价值，保障经济得到长期稳定的增长。

要建立严格的环境管理制度，首先是立法，其次是监督，最后是管理，三者构成完整的管理体制。环境法是环境管理的依据，它以法律、法令、条例、规定、标准等形式构成一个完整的体系。环境监测是环境管理的重要手段，没有一个完善的监测网和及时、准确的监测数据，要进行有效的环境管理和监督是不可能的。环境保护管理机构是实施环境管理的领导者和组织者，三者互为因果，缺一不可。

3.1.3.3 控制大气污染的技术措施

随着我国经济的快速发展，大气污染问题正成为最主要的制约因素。严重破坏生态平衡及社会群体的健康，会对人类生存的环境造成影响。如何高效地控制大气污染已成为当前人们关注的重点。

控制大气污染的技术措施主要包括：

（1）改革生产工艺，严格把关工艺操作，建立综合性的工业基地。优先采用无污染或少污染工艺，实施清洁生产，从根本上消除污染源或减少污染物的产生量。

（2）合理利用能源，改革能源结构，改进燃烧设备和燃烧方式，是节约能源和控制大气污染的重要途径。

（3）开展废弃物的综合利用与综合治理，使废气、废水、废渣资源化，以减少污染物的总排放量。

（4）安装废气净化装置，控制污染物排放量，使排放浓度达到大气环境标准，这也是实行环境规划等综合防治措施的前提。

（5）实行集中供热及燃气化。如前所述，我国的大气污染呈现出“煤烟型”污染的特点，大量分散的、低效率的燃煤是根本原因。采取集中供热及燃气化，不仅能提高热能利用率、节省燃料和人力，而且便于采取集中治理措施，改善大气环境。

3.1.3.4 制定有利于防治环境污染的经济政策

贯彻“谁污染、谁治理”的原则，进一步完善排污收费制度，行政、法律处罚制度，增强其有效性、权威性。目前的具体形式包括收取排污费、赔偿损失和罚款、追究行政责任或法律责任。对治理环境污染的企事业单位从经济上给予鼓励，如对治理项目按一定比例给予资金投入、低息贷款等。对“三废”综合利用的产品实行减免税收政策等。

3.1.3.5 推行绿化造林

植树造林是防治大气污染较为经济而有效的措施，因为植物具有过滤各种有害气体、净化大气、减弱噪声、调节气候的功能。森林植被不但可以保持水土、预防干旱，而且还能够预防洪涝等自然灾害。

绿色植被在阳光照射下能进行光合作用，吸收二氧化碳，释放出氧气，维持大气成分含量的基本平衡。通常 $10000m^2$ 的阔叶林，在生长季节一天大约能吸收 1000kg 的 CO_2，同时释放 730mL 的 O_2。

此外，大气中某些污染物浓度过高，可能会危害植被生长，而不少绿色植物具有吸收毒气的能力，比如泡桐、夹竹桃、紫藤等都能吸收 SO_2；丁香、女贞、向日葵等能够吸收 HF；槐树、悬铃木等能够吸收 Cl_2 和 HCl。科学试验证明，一亩丛林一个月可吸收有毒气体 SO_2 4kg，一年可吸收尘埃 20~60t。一亩松柏林两昼夜能分泌 2kg 杀菌素，可杀死肺结核、伤寒、白喉、痢疾等病菌。

3.2 选矿厂大气污染及特征

矿业是我国的支柱产业，我国 90%以上的能源、80%以上的工业原料、70%以上的农业生产资料都来自矿业。现代选矿厂的规模一般很大，有的中型选矿厂还设置有为产品服务的建材、化工、电力等辅助企业，在生活和生产活动过程中，每时每刻都在向矿区环境排放各种无机的或有机的气体、烟雾、矿物性及金属性粉尘。这些污染物进入大气，经过足够的时间，达到足够浓度时，会使矿区环境恶化，从而危害人类的生活和身体健康，破坏矿区的大气环境，影响生态平衡。选矿厂空气污染属地域性污染，即污染范围通常为选矿厂及其周边地区。

3.2.1 选矿厂大气污染源

选矿厂排入大气中的污染源主要包括：选矿厂对矿石的破碎加工、干筛、干选及矿石输送过程产生的粉尘；浮选车间浮选药剂的臭味；焙烧车间的二氧化硫、三氧化二砷、烟尘；混汞作业、氰化法处理金矿石及炼金产生的汞蒸汽、H_2、HCN、H_2S、CO 及 NO_2 等有害气体以及坑口废矿石和尾矿尘土的飞扬等。

3.2.1.1 矿物性粉尘污染

在矿石的破碎加工、干筛、干选及输送过程中产生的粉尘称为矿物性粉尘，它是选矿厂大气污染的主要来源之一。

A 破碎筛分厂房粉尘污染

破碎筛分作业是将大块矿石破碎后，经筛分把矿石分级成适当粒度的矿石颗粒，破碎筛分厂房的粉尘污染源主要是破碎、筛分和矿石转运作业。一座年处理原矿量 5.5×10^6t 的选矿厂，每小时散发的粉尘量达 0.5t，约占处理原矿量的 0.5%~1.0%，产生的矿物性粉尘会随空气的流动而扩散和飞扬。引起粉尘产生的理论依据在于：

（1）剪切作用扬尘。高处落入矿仓的细粉料，在空气的阻力作用下会引起剪切运动，使降落的粉料悬浮。若采用抓斗向受料斗或板式给料机给料，物料会散落在溜槽的整个横断面上，由于物料的推动作用会使空气压入漏斗或板式给矿机中，从而使得散落的粉尘再次扬尘。

（2）诱导空气扬尘。物料在空气中以一定速度运动，带动周围空气随其一起流动，这部分空气称为诱导空气。诱导空气会吸入一部分粉尘随空气一起流动，产生空气的诱导尘化。

（3）运动设备扬尘。比如筛分作业，由于筛分过程带动矿石在筛上高频振动，引发矿石中夹带的矿粉与空气混合形成粉尘。

（4）装入物料扬尘。当物料入仓时，会排挤出与装入物料同体积的空气，带动周围已散落的粉尘或飘尘，这些混合气体将由装料口逸出。此外，矿石在各作业的转运过程中，由于物料的下落也会造成扬尘。

B 胶带运输机粉尘污染

胶带运输系统是选矿厂物料运输的主要途径，采用输送带运输可大大节约运输成本，但这也是车间里最严重的产尘点。胶带运输机产尘原因主要包括：

（1）由于胶带运输本身具有一定的速度，加之转运点存在落差，矿石在下落过程中做抛物线运动，细小粉尘由于受空气阻力作用形成一次尘化气流，受风流作用悬浮于空中。

（2）矿石一般都含有一定量的水分，运输时会黏附在胶带运输机胶带上，在胶带的回行过程与托辊、空气不断摩擦作用下，水分不断损失，矿粉与胶带的黏合作用逐渐减小，致使微小颗粒在运输过程中脱离皮带，在风流作用下扩散形成浮尘。

（3）在矿石的运输过程中，黏附在粗颗粒矿石表面的微细粉尘，由于风流产生的相对运动速度较大，水分蒸发较快，受风流动力作用而扩散，成为飘尘。

（4）胶带运输系统产生的浮尘在一定时间后会落在设备或地面而成为落尘。胶带运输机再次开机运行，受扰动作用，也会再次造成设备上或输送带下方的积灰形成二次扬尘。

3.2.1.2 焙烧污染

近几年以来，我国烧结行业得到了快速发展。据不完全统计，目前全国有烧结机 400 多台，竖炉及链篦机-回转窑 100 多台，年产烧结矿约 4 亿多吨，已成为世界焙烧矿生产大国。烧结厂是钢铁工业中对环境污染比较严重的厂矿企业，在整个生产工艺过程中都会产生大量的粉尘、废气和废水，其中许多物质对环境、人类和生物均有害，比如颗粒物、SO_2、NO_x、CO_2、二噁英、氟化物、氯化物及重金属等。工业烟粉尘、SO_2 是烧结厂的主要污染物，其中，SO_2 占钢铁工业总排放量的 60%左右，工业粉尘占钢铁工业总排放量的 25%左右，烟尘占钢铁总排放量的 20%左右。对生态环境影响较大和人类健康威胁较大且绝对排放量较大的废气主要包括 NO_x、SO_2、P、AS、CO、HF、C_2HCl_3、$C_2H_3Cl_3$ 等有毒污染物和其他烟粉尘等。烧结一般会产生的污染物见表 3-3。

表 3-3 烧结生产过程产生的污染物

序号	生产工序	污染源	主要污染物
1	原料准备	原料场、原料装卸、堆取、输送、破碎、筛分、干燥、煤粉准备	颗粒物
2	配料混合	原燃料存储、配料、混合造球	颗粒物、SO_2、NO_x

续表 3-3

序号	生产工序	污染源	主要污染物
3	烧结（焙烧）	烧结（球团）生产设备	CO、CO_2、Hg、氯化物、氟化物、二噁英、重金属等
4	破碎冷却	破碎、鼓风	颗粒物
5	成品整粒	破碎、筛分	颗粒物

在烧结过程中还会释放出大量的热和蒸汽，使环境温度和湿度上升，进而影响到人们的正常工作和身体健康。此外，由于烧结污水中含有大量的固体悬浮物，若直接外排同样也会造成水体污染。

3.2.1.3　*有毒有害气体污染*

众所周知，羰基硫（COS）是大气对流层和平流层底层最丰富的含硫气体之一，最终转化为硫酸或硫酸盐气溶胶，大气中的硫酸和硫酸盐气溶胶可以改变大气的化学组成、引起区域的酸沉降加剧，影响大气辐射平衡，导致全球气候变化。有学者认为，大气中 32% 的 COS 来自 CS_2 的直接氧化，而大气中 58% 的 CS_2 来自人为活动。CS_2、COS 是人为大气硫源污染的主要成分，一些已知的 CS_2 释放源的工业化学污染已受到关注与治理。但 20 世纪 80 年代以来，平流层气溶胶中 COS 浓度仍以每年 2%～5% 的速度增长，这说明还有一些硫源污染未被人们认知。

矿业活动中，无论采矿、选矿还是冶炼过程中，都有大量的选矿药剂进入到矿山环境。含黄原酸结构的捕收剂及抑制剂为选矿药剂中的主要药剂，比如黄药、双黄药、黄原酸酯、乙硫氮、三硫代碳酸盐等以及含—CSSH(Me)等官能团的抑制剂，这些药剂分子中 CS_2 结构单元所占（质量分数）高达 44.2%～52.8%。值得注意的是，它们在生产、贮存、选矿及排放过程中极易降解而释放出 CS_2 等二次污染物，大多进入大气。

3.2.1.4　*废石及尾矿污染*

随着机械化程度的不断提高和完善，全球矿产资源总产量逐年增加，仅 2018 年全球矿产资源总产量高达 227 亿吨，其中能源、金属和非金属产量分别占 68%、7% 和 25%。中国、美国、俄罗斯是全球主要的矿业大国，2018 年统计数据显示，三国矿产资源总产量占全球 49%，总产值占全球 40%。由于中国富矿资源日趋枯竭，开采范围逐渐扩大，露天开采的剥采比越来越大，致使废石、尾矿排弃量不断增加。据统计，全世界每年采出的金属和非金属矿石、工业用的石材、煤、黏土、砂砾等共约 1000 亿吨，需排弃的废石和尾矿约 500 亿吨。我国作为一个矿业大国，每年选矿产生的尾矿约 30 亿吨，这些尾矿除了少数作为矿山充填或综合利用外，绝大部分都要储存于尾矿库。

废石和尾矿在堆存的过程中，由于受到尾矿坝以及干滩尾矿粒度等多种因素的影响，直接导致尾矿含水量相对较低。在风力的作用下，很容易产生扬尘，尤其在干旱、大风天气，尾矿库扬尘更严重，直接污染了尾矿库周围环境。其原因主要在于：

（1）尾矿粒度较细。由于选矿过程相关工艺的要求，所用的矿石必须经过破碎和磨矿，直接导致尾矿砂的粒度很细。尾矿粒径会直接影响到粉尘的扬尘速度和粉尘总量，调查发现，尾矿粒直径越小，尾矿扬尘时的摩阻速度越低，产生的粉尘量就会越大。

（2）尾矿库坝体一般都较高。随着尾矿库坝体的增加，坝顶的风力也会不断增大，这在很大程度上加大了尾矿库扬尘的概率。

（3）干滩长度也会直接导致尾矿库扬尘。在尾矿库的运行过程中，应当加强尾矿库干滩长度的控制，如果忽略了尾矿库干滩长度的控制，可能会产生严重的扬尘问题。

（4）大多数选矿厂尾矿的排放管理不到位，个别选矿厂为了降低生产成本，在多管放矿的管理上存在巨大漏洞，比如多管排放间距不合理、资金投入不到位或独管排放等，都会直接影响尾矿库扬尘的综合治理。

此外，根据矿石特点，在选矿过程中还会添加一定的选矿药剂，废石和尾矿的堆存可能会由于风化过程逸出某些有毒有害气体，经大气传播而污染周边环境。

3.2.2 选矿厂大气污染特征

大气污染是影响当今选矿厂环境的重要因素，同时也是选矿厂环境治理的重点内容。但由于大气污染治理工作并不完善，再加上大气污染治理中存在的困难比较多，导致治理效果不理想，当前选矿厂大气污染的特征包括：

（1）污染范围比较大。由于空气扩散广泛，加之选矿环境相对开放，大气污染对于整个矿区和周边居民的生活都造成了极其不利的影响。大气污染范围比较大，一定程度上增加了治理的难度；大气污染影响范围广不仅仅指污染物较多的问题，同时也受到气候和风向的影响。近期我国大多数城市的雾霾天气，对城市居民的生活和健康都造成了十分严重的影响，这是工业发展以及环境污染长期累积的结果。

（2）污染物种类较多。随着经济的快速发展，选矿厂大气污染物种类逐渐增加。该污染物不仅含有矿物性粉尘，同时还含有毒有害物质，比如氟化物、氯化物、氰化物以及选矿药剂。污染物种类的增加给环境监测和治理工作造成了巨大的影响，因此，对污染物的控制工作还需进一步加强。

（3）对局部地区气候产生影响。大气污染物质还会影响局部天气和气候，颗粒物会使大气能见度降低，减少到达地面的太阳光辐射量。氮氧化物、碳氢化合物和氟氯烃类等污染物使臭氧大量分解，引发的“臭氧空洞”问题。从选矿厂排放到大气中的颗粒物，大多都具有水汽凝结核的作用。这些微粒能吸附大气中的水汽使之凝成水滴，从而改变该地区原有降水等情况。

（4）污染治理困难。选矿厂大气污染的治理工作十分复杂，不仅需要相应的治理措施，还需要有相对完善的预防措施。当前我国大多数选矿厂存在大气污染的环境问题，随着科学发展观的实践以及经济发展方式的转变，建设环境友好型社会是当前环境工作的重点。但选矿厂大气污染这一环境问题由于污染源比较难于控制；加之治理措施不完善，治理力度不强，导致整体治理工作存在众多的困难。由于人们环保意识相对较差，在日常生产中缺少环保意识，一定程度上增加了选矿厂大气污染的治理难度。

3.3 选矿厂大气污染物及危害

选矿厂大气污染物的种类繁多，已经产生危害并受到人们关注的污染物有数十种。选矿厂大气中有害物质主要通过以下三种途径侵入人体造成危害：

（1）通过人的直接呼吸进入人体。

（2）通过接触或刺激皮肤进入人体，尤其是脂溶性的物质更易从完好的皮肤渗入人体。

（3）附着在食物或溶解于水，随饮食、饮水进入人体。

目前对环境质量有较大影响的大气污染物主要有粉尘、硫氧化物、氮氧化物、碳氧化物、碳氢化物和光化学烟雾等，本节介绍几种主要的选矿厂大气污染物的性质及其危害。

3.3.1 粉尘

粉尘是指悬浮在空气中的固体微粒。在大气中粉尘的存在是保持地球温度的主要原因之一，但大气中过多或过少的粉尘将对环境产生灾难性的影响。在生活和工作中，生产性粉尘是人类健康的天敌，是诱发多种疾病的主要原因。

根据微粒的大小可将大气中粉尘分为飘尘、降尘和总悬浮微粒三类。飘尘是指大气中粒径小于10μm的固体微粒，它能较长时间在大气中漂浮，有时也称为浮游粉尘（或可吸入颗粒物）；降尘是指大气中粒径大于10μm的固体微粒，在重力作用下，它可在较短的时间内沉降到地面；总悬浮微粒是指大气中粒径小于100μm的所有固体微粒，又称为总悬浮颗粒物。

选矿工艺中矿石装卸、运输、机械加工过程产生的粉尘，会造成对操作区和选矿厂厂区的大气污染。粉尘一般量大、污染面广、危害严重，是选矿厂大气污染的主要污染物。矿石加工过程飘至工作区的粉尘，其分散度高、含游离二氧化硅比例大，是致硅肺病的主要原因。某选煤厂粉尘的测定数据见表3-4。

表3-4 某选煤厂破碎筛分车间粉尘分散度特性

作业名称	粉尘重量分散度/%					
	>40μm	40~30μm	30~20μm	20~10μm	10~5μm	<5μm
粗碎	41.6	9.5	13.1	15.2	8.7	12.2
中碎	22.7	11.6	33.3	13.4	3.2	12.4
细碎	1.5	13.4	2.7	4.5	2.4	70.6

由于粉尘表面浓缩和富集有多种化学物质（比如铬、锰、镉、铅、汞、砷等），当人体吸入粉尘后，许多重金属的化合物可能对人体健康造成危害。沉积在肺部的污染物一旦被溶解，就会直接侵入血液，引起血液中毒，未被溶解的污染物，也可能被细胞所吸收，导致细胞结构的破坏。工业粉尘最大的危害是进入人体后极易引起各种肺病，以硅肺病最为普遍。此外，粉尘还能加速机械磨损，缩短生产设备寿命，因此，做好防尘、除尘，保护和改善环境刻不容缓。

此外，粉尘还会损坏建筑物，使有价值的古代建筑遭受腐蚀。降落在植物叶面的粉尘会阻碍光合作用，抑制其生长。

3.3.2 硫氧化物

硫氧化物主要指SO_2和SO_3。SO_2主要是燃料燃烧产生的大气污染物，易溶于水，呈酸性。我国是以燃煤和石油为主要能源的国家，加之煤炭热能利用率不高，除尘脱硫率较低。因此，燃煤使得我国的大气质量严重下降，排放到大气中的 SO_2 等气体与水蒸气结合，形成硫酸等物质，这种污染物分布广、影响大，可随季风飘荡，造成我国许多地区出现频降酸雨（pH 值小于 5.6 的酸性降水）的现象。大气中的 SO_2 为一次污染物，其余氧化物，如 SO_3、H_2SO_4、SO_4^{2-} 均为 SO_2 氧化转化形成的二次污染物。SO_2 主要来自矿物燃料的燃烧或炼制等，火山喷发是其主要天然来源，生物死亡后在生态环境中自然分解产生的 H_2S，也易被氧化成为 SO_2。大气中硫氧化物主要形成酸雨和硫酸烟雾污染，也可发生气相或液相转化。

3.3.2.1 二氧化硫的气相转化

底层大气中 SO_2 的吸光过程是变成激发态 SO_2 分子，而不是造成 SO_2 的直接离解。激发态的 SO_2 分子有两种：

（1）单重态。其转化过程为：

$$SO_2 + hv(290 \sim 340\text{nm}) \longrightarrow {}^1SO_2(\text{单重态}) \tag{3-1}$$

（2）三重态。其转化过程为：

$$SO_2 + hv(340 \sim 400\text{nm}) \longrightarrow {}^3SO_2(\text{三重态}) \tag{3-2}$$

能量较高的单重态 SO_2 分子可以通过放出磷光转变为三重态或基态，即：

$$^1SO_2 + M \longrightarrow {}^3SO_2 + M \tag{3-3}$$

$$^1SO_2 + M \longrightarrow SO_2 + M \tag{3-4}$$

在自然环境中，激发态的 SO_2 主要以三重态的形式存在，所以三重态的 SO_2 对于酸雨的贡献更大。

大气中 SO_2 直接氧化成 SO_3 的机理为：

$$^3SO_2 + O_2 \longrightarrow SO_4(^3SO_2\text{ 和 }O_2\text{ 的结合体，不稳定，分解很快}) \tag{3-5}$$

$$SO_4 \longrightarrow SO_3 + O\cdot \quad \text{或} \quad SO_4 + SO_2 \longrightarrow 2SO_3 \tag{3-6}$$

SO_2 被自由基，如氢氧自由基（羟基自由基）HO· 氧化，即：

$$HO\cdot + SO_2 \longrightarrow HOSO_2\cdot(\text{磺酸基}) \tag{3-7}$$

$$HOSO_2\cdot + O_2 \longrightarrow HO_2\cdot + SO_3 \tag{3-8}$$

$$SO_3 + H_2O \longrightarrow H_2SO_4 \tag{3-9}$$

反应过程中生成的 $HO_2\cdot$，可通过下列反应使 HO· 再生，使得反应（3-7）~反应（3-9）循环进行：

$$HO_2\cdot + NO \longrightarrow HO\cdot + NO_2 \tag{3-10}$$

由式（3-10）知，空气中的一氧化氮（NO）也会参与到二氧化硫氧化的过程中，并推动整个反应的循环进行。

3.3.2.2 二氧化硫的液相转化

大气中存在着少量的水和颗粒物质，SO_2 可溶于大气中的水，也可被大气中的颗粒物所吸附，并溶解在颗粒物表面所吸附的水中，即：

$$SO_2 + H_2O \longleftrightarrow SO_2\cdot H_2O \tag{3-11}$$

$$SO_2\cdot H_2O \longleftrightarrow H^+ + HSO_3^- \tag{3-12}$$

$$HSO_3^- \longleftrightarrow H^+ + SO_3^{2-} \tag{3-13}$$

溶于大气中的水的 O_3 也可将 SO_2 氧化，即：

$$O_3 + SO_2 \cdot H_2O \longrightarrow 2H^+ + SO_4^{2-} + O_2 \quad (3\text{-}14)$$

$$O_3 + HSO_3^- \longrightarrow HSO_4^- + O_2 \quad (3\text{-}15)$$

$$O_3 + SO_3^{2-} \longrightarrow SO_4^{2-} + O_2 \quad (3\text{-}16)$$

SO_2 进入呼吸道后，因其易溶于水，大部分滞留于上呼吸道。上呼吸道对 SO_2 的这种阻滞作用，在一定程度上可以减轻 SO_2 对肺部的侵袭，但进入血液的 SO_2 仍可随血液循环抵达肺部产生刺激作用，对全身产生不良反应，破坏酶的活力，影响碳水化合物及蛋白质的代谢，对肝脏也有一定损害，在人和动物体内均会使血液中的蛋白与球蛋白比例降低。

硫酸型烟雾也称伦敦烟雾，是还原型烟雾。其主要污染源为使用燃煤的各类工矿企业，初生污染物是 SO_2、SO_3 和粉尘，次生污染物是硫酸和硫酸盐气溶胶。最典型的硫酸型烟雾污染是 1952 年 12 月 5~8 日的伦敦烟雾。当时，地处泰晤士河河谷地带的伦敦城市上空处于高压中心，一连几日无风。大雾笼罩着伦敦城，又值城市冬季大量燃煤，排放的煤烟、粉尘积蓄不散，在无风状态下烟和湿气积聚在大气层中，致使城市上空连续四五天烟雾弥漫，能见度极低。在这种气候条件下，飞机被迫取消航班，汽车即便白天行驶也要打开车灯，行人走路都只能沿着人行道摸索前行。由于大气中的污染物不断积蓄，不能扩散，许多人都感到呼吸困难，眼睛刺痛，流泪不止。伦敦医院由于呼吸道疾病患者剧增而一时爆满，伦敦城内到处都可以听到咳嗽声。仅仅 4 天时间，死亡人数达 4000 多人。

伦敦烟雾事件主要的“凶手”有两个：一个是元凶，即工业燃煤和冬季取暖燃煤排放的烟雾；另一个是帮凶，就是当地出现的“逆温层”现象。伦敦工业燃料及居民冬季取暖使用煤炭，煤炭燃烧时，会生成水、二氧化碳、一氧化碳、二氧化硫、二氧化氮和烃类化合物等物质。这些物质排放到大气中后，会附着在飘尘上，凝聚在雾气中。当时持续几天“逆温”现象，加上不断排放的烟雾，使伦敦上空大气中烟尘浓度比平时高 10 倍，二氧化硫的浓度是以往的 6 倍，整个伦敦城犹如一个令人窒息的毒气室一样。

3.3.3 氮氧化物

氮氧化物除五氧化二氮（N_2O_5）为固体外，在常温常压下其余均为气态，其中造成大气污染的主要污染物是 NO、NO_2，N_2O_4 是 NO_2 的二聚体，两种物质常处于相互转化平衡的混合物状态。在空气中，一氧化氮可以转化为二氧化氮，但氧化速率很慢，当大气中有 O_3 存在时或在催化剂的作用下，其氧化速度显著加快。

氮氧化物主要来源于自然界和人类的活动。自然源主要来自生物圈中氨的氧化、生物质的燃烧、闪电的形成物和平流层的进入物。人为来源主要指燃料燃烧、工业生产和交通运输等过程排放的 NO_x。据统计，全世界由于自然界细菌作用生成的 NO_x，每年约为 5×10^8t。人类活动所产生的 NO_x 每年约 5×10^7t。由此可以看出，人类活动产生的氮氧化物仅为自然界的十分之一。

3.3.3.1 NO 的主要转化途径

NO 在大气中主要发生以下反应：

$$2NO + O_2 \longrightarrow 2NO_2 \quad (3\text{-}17)$$

$$NO + O_3 \longrightarrow NO_2 + O_2 \quad (3\text{-}18)$$

$$NO + HO_2 \longrightarrow NO_2 + OH\cdot（氢氧自由基） \quad (3\text{-}19)$$

$$NO + RO_2(\text{过氧烷基}) \longrightarrow RO(\text{烷氧基}) + NO_2 \tag{3-20}$$

$$NO + NO_2 + H_2O \longrightarrow 2HNO_2 \tag{3-21}$$

$$HNO_2 + hv \longrightarrow NO + OH\cdot(\text{氢氧自由基}) \tag{3-22}$$

3.3.3.2 NO_2 的主要转化途径

NO_2 在大气中主要发生以下反应：

$$NO_2 + hv(\text{光照}) \longrightarrow NO + O \tag{3-23}$$

$$NO_2 + OH + M \longrightarrow HNO_3 + M \tag{3-24}$$

$$NO_2 + RO_2(\text{过氧烷基}) + M \longrightarrow RO_2NO_2(PAN) \tag{3-25}$$

$$NO_2 + RO(\text{烷氧基}) + M \longrightarrow RONO_2 \tag{3-26}$$

$$NO_2 + O_3 \longrightarrow NO_3 + O_2 \tag{3-27}$$

$$NO_2 + NO_3 + M \longrightarrow N_2O_5 + M \tag{3-28}$$

$$N_2O_5 + H_2O \longrightarrow 2HNO_3 \tag{3-29}$$

$$NH_3 + HNO_3 \longrightarrow NH_4NO_3 \tag{3-30}$$

$$2NO_2 + NaCl \longrightarrow NaNO_3 + NOCl \tag{3-31}$$

由上述反应可以看出，NO_x的最终产物是硝酸和硝酸盐。大颗粒的硝酸盐可直接沉降到地表和海洋中，小颗粒的硝酸盐通过雨水的冲刷作用最终也汇集于地表和海洋中。

NO 能与血液中的血红蛋白结合，使血液输氧能力下降，造成缺氧；NO 具有致癌作用，会对细胞分裂和遗传信息产生不良影响；在大气中，NO 在 O_2 作用下会被缓慢氧化成 NO_2，NO_2 进入人体呼吸系统后，会导致肺部和支气管疾病。

二氧化氮能损害植物，引起农作物减产，又是形成光化学烟雾的主要因素之一。光化学烟雾是指排入大气的碳氢化合物（C_mH_n）和氮氧化物（NO_x）等一次污染物在阳光（紫外光）作用下发生光化学反应生成二次污染物，参与光化学反应过程的一次污染物和二次污染物的混合物（其中有气体污染物，也有气溶胶）所形成的浅蓝色烟雾。光化学烟雾可随气流漂移数百千米，使远离城市的农作物也受到损害。随着光化学反应的不断进行，反应生成物的不断蓄积，光化学烟雾的浓度会不断升高。

NO_x对环境的损害作用极大，它既是形成酸雨的主要物质之一，也是形成大气中光化学烟雾的重要物质，同时又是消耗 O_3 的一个重要因子。

3.3.4 碳氧化物

碳的氧化物主要指 CO_2 和 CO，它们主要来源于化石燃料的燃烧。

二氧化碳来源可分为人为源和自然源。自然界产生的二氧化碳不足以构成污染，人类大量砍伐森林和使用化石燃料造成了全球二氧化碳浓度的升高。地球吸收来自太阳的能量，然后以长波的形式向太空辐射能量。二氧化碳不会阻挡来自太阳的短波辐射，但会阻碍地球向外太空的长波辐射，从而导致地球能量无法正常散发至外太空，产生温室效应，使温度升高。而温度升高会带来一系列的生态环境问题，最明显的是冰川的融化、海平面上升。

CO 有剧毒，CO 和血液中血红蛋白的亲和力较强，是氧的 230～270 倍，它们结合后生成碳氧血红蛋白，严重阻碍血液输氧，继而引发缺氧，产生中毒。人体暴露在 600～700mg/m^3 的 CO 环境中，1h 后会出现头痛、耳鸣和呕吐症状；人体暴露在 1500mg/m^3 的

CO 环境中，1h 就有生命危险；长期吸入低浓度 CO 可发生头痛、头晕、记忆力减退、注意力不集中等现象。

3.3.5　碳氢化物

目前，在人们发现的 2000 余种可疑致癌物质中，碳氢化物中的芳烃类（PHA）就是最主要的一类，也是大多数工矿企业经常见到的一种化学试剂。氟氯烃是人工合成的制冷剂，人为活动排入大气的氟氯烃扩散到平流层进行光化学分解，生成化学性质活泼的氯离子，参与破坏臭氧层的活动。正是由于此种活泼的氯离子与大气中飘荡的芳香烃类气体相遇，氯离子取代苯环上的氢原子，生成了对环境影响极大的二噁英。

二噁英有明显的免疫毒性，可引起动物胸腺萎缩、细胞免疫与体液免疫功能降低等。二噁英还能引起皮肤损害，在暴露的实验动物和人群中可观察到皮肤的过渡角化、色素沉着以及氯痤疮等。二噁英可使染毒动物可出现肝脏肿大、实质细胞增生与肥大，严重时可发生变性和坏死等症状。大量的动物实验研究表明，低浓度的二噁英对动物就可能会表现出致死效应。人类暴露于含二噁英污染的环境中，可能引起男性生育能力丧失、不育症，女性青春期提前、胎儿及哺乳期婴儿疾患，免疫功能下降、智商降低、精神疾患。也有研究表明，二噁英会导致孩童自闭症，导致雄性动物雌性化。

3.4　选矿厂大气污染防治及设备

选矿厂排入大气中的污染物既包括固体污染物，又包括液态污染物和气态污染物。其污染物主要来自矿石的破碎粉尘、浮选药剂的臭味、焙烧车间的烟尘以及氰化、炼金作业产生的 HCN、H_2S 和 CO 等有害气体。

3.4.1　颗粒污染物

颗粒状污染物包括固体粒子和液体粒子两种，选矿厂周边大气中的颗粒污染物主要来自选矿生产过程。颗粒污染物的除尘方法较多，根据粉尘颗粒本身与空气的密度差异，属典型的非均相混合物，一般都采用物理方法进行分离，利用气体分子与固体（或液体）粒子在物理性质上的差异进行分离。比如利用较大粒子的密度比气体分子大很多的特点，采用重力、惯性力、离心力进行分离；利用粒子的尺寸较气体分子大得多的特点，采用过滤的方法加以分离；利用某些粒子易被水润湿、凝聚增大而被捕集的特点，采用湿式洗涤进行分离；利用荷电性的差异，采用静电除尘进行分离。

根据颗粒污染物除尘作用原理，可将除尘分为干法除尘、湿法除尘、过滤除尘和静电除尘四类。所谓除尘技术，即是从含尘气体中除去颗粒物，以减少其向大气排放的一种技术措施。

3.4.1.1　干法除尘

干法除尘是指采用机械力（重力、离心力等）使气体中所含尘粒沉降，比如重力除尘、惯性除尘、离心除尘等。常用的除尘设备有重力沉降室、惯性除尘器和旋风除尘器。

3.4.1.2　湿法除尘

湿法除尘是指用水或其他液体湿润尘粒，捕集粉尘和雾滴的除尘方法，比如气体洗涤、泡沫除尘等。常用的除尘设备有喷雾塔、填料塔、泡沫除尘器、文丘里洗涤器等。

3.4.1.3 过滤除尘

过滤除尘是指使含尘气体通过具有很多毛细孔的过滤介质将污染物颗粒截留下来的除尘方法，比如填充层过滤、布袋过滤等。常用的除尘设备有颗粒层过滤器和袋式过滤器。

3.4.1.4 静电除尘

静电除尘是指使含尘气体通过高压电场，在电场力的作用下使其得到净化的过程叫静电除尘。常用的设备有干式静电除尘器和湿式静电除尘器。

选择何种方式除尘，主要从气体中所含颗粒污染物粒子大小和数量以及操作费用等方面综合考虑。一般说来，粗大粒子（数十微米以上）多采用干法除尘中的重力或惯性除尘，细粒子（数微米）则选用离心除尘，更小的粒子则采用过滤或静电除尘。从降低费用和提高除尘效率两方面考虑，采用湿法除尘较好，但必须考虑水源是否充足以及除尘后的废水处理，以防止二次污染。

3.4.2 除尘效率

除尘效率是指含尘气体通过除尘设备时，在同一时间内被捕集的粉尘量与进入除尘设备粉尘量之比，一般用百分率表示。除尘效率是除尘器的重要技术指标。

在实验室以人工方式供给粉尘研究除尘设备性能时，一般通过称重，然后利用公式得到除尘效率。这样的方法称为质量法。质量法测出的结果比较准确。在现场测定除尘效率时，通常先同时测出含尘器前后的空气含尘浓度，再利用公式求得除尘效率，这种方法称为浓度法。含尘气体在管道内的浓度分布既不均匀，又不稳定，因此，在现场测定含尘浓度要用等速取样的方法。除尘效率的高低通常有以下两种表示方法。

3.4.2.1 总除尘效率 η

A 质量法

除尘效率的计算公式为：

$$\eta = \frac{G_0 - G_1}{G_0} \times 100\% \tag{3-32}$$

式中 G_0——进入除尘设备的粉尘量，g/s；

G_1——从除尘设备排风口排出的粉尘量，g/s。

B 浓度法

采用此算法要求除尘设备结构严密，无漏风，除尘设备入口风量与排气口风量相等。除尘效率的计算公式为：

$$\eta = \frac{C_0 - C_1}{C_0} \times 100\% \tag{3-33}$$

式中 C_0——除尘设备进口的空气含尘浓度，g/m^3；

C_1——除尘设备出口的空气含尘浓度，g/m^3。

C 多台除尘设备串联总效率

在除尘系统中，为了提高除尘效率，通常把两个或两个以上的除尘设备串联使用，如图 3-1 所示。两个除尘设备串联的总除尘效率为：

$$\eta_0 = \eta_1 + \eta_2(1 - \eta_1) = 1 - (1 - \eta_1)(1 - \eta_2) \tag{3-34}$$

式中　η_0——除尘设备的总除尘效率；

η_1——第一级除尘设备的除尘效率；

η_2——第二级除尘设备的除尘效率。

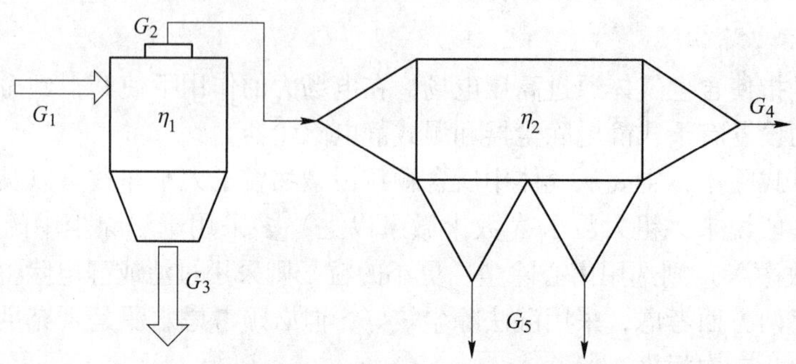

图 3-1　两级除尘设备示意图

值得注意的是，当两个型号相同的除尘设备串联使用时，它们处理粉尘的粒径不同，但 η_1、η_2 是相同的。因此，n 个相同的除尘设备串联时的总除尘效率为：

$$\eta_0 = 1 - (1 - \eta_1)(1 - \eta_2)\cdots(1 - \eta_n) \tag{3-35}$$

3.4.2.2　分级效率 η_d

总除尘效率的大小与处理粉尘的粒径有很大关系。因此，只给出除尘设备的总除尘效率对工程设计是没有意义的，必须同时说明试验粉尘的真密度和粒径分布或该除尘设备的应用场合，正确评价除尘设备的除尘效果，必须按粒径标定除尘器效率。

除尘设备的分级效率是指某一粒径（或粒径范围）下的除尘效率。即进入除尘设备某一粒径 d_p 或粒径范围 d_p 至 $d_p+\Delta d_p$ 的粉尘，经除尘设备后收集的质量流量 ΔG_m 与该粒径的粉尘随含尘气体进入装置时的质量流量 ΔG_n 之比，可用 η_d 来表示，即：

$$\eta_d = \frac{\Delta G_m}{\Delta G_n} \times 100\% \tag{3-36}$$

3.4.3　除尘方法与除尘设备

3.4.3.1　过滤除尘

过滤除尘是用多孔过滤介质来分离捕集气体中固体或液体粒子的处理方法。其除尘过程比较复杂，它是多种沉降过程联合作用的结果，包括惯性碰撞、扩散、重力沉降、筛滤和静电吸引等几个过程。过滤除尘多用于固体粉尘的回收，工业排放尾气或烟气中粉尘粒子的清除等。

根据除尘装置所采用的过滤方式，过滤除尘器主要有两类：一类是利用纤维编织物作为过滤介质的袋式除尘器；另一类是采用硅砂、砾石、矿渣、焦炭等颗粒物作为过滤介质的颗粒层除尘器。

A　袋式除尘器

袋式除尘器是让含尘气体通过用棉、毛或人造纤维等制成的过滤袋除去粉尘的分离装置，它是一种干式滤尘装置。滤料使用一段时间后，由于筛滤、碰撞、滞留、扩散、静电等效应，滤袋表面积聚了一层粉尘，这层粉尘称为初层。在此以后的运动过程中，初层成了滤料的主要过滤层，依靠初层的作用，网孔较大的滤料也能获得较高的过滤效率。随着粉尘在滤料表面的积聚，除尘器的效率和阻力都相应的增加，当滤料两侧的压力差很大时，会把有些已附着在滤料上的细小尘粒挤压过去，使除尘器效率下降。另外，除尘器的阻力过高会使除尘系统的风量显著下降。因此，除尘器的阻力达到一定数值后，要及时清灰。

袋式除尘器的结构如图 3-2 所示。除尘器的壳体内悬吊着一定数量开口朝下的布袋，下端的袋口固定在器壁板上，板与壳体组成了一个密封的袋室。壳体下部设有排灰装置，定期排出布袋内清除的粉尘。

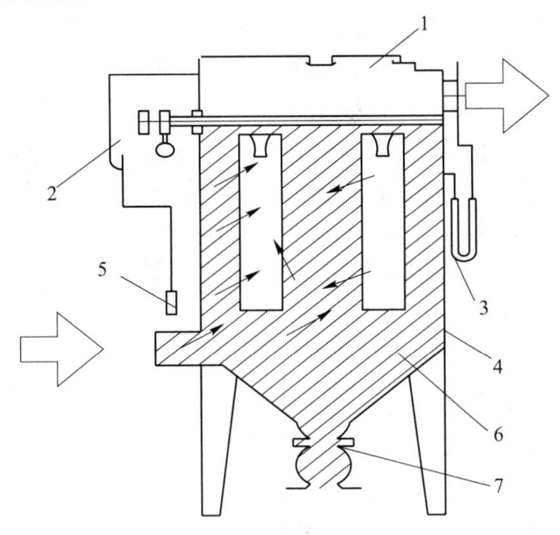

图 3-2 袋式除尘器

1—上箱体；2—喷吹清灰系统；3—U 形压力计；4—中箱体；5—控制仪；6—下箱体；7—排灰系统

含尘气体从下部进入悬挂布袋的内部，尘粒被过滤而捕集下来，干净的气体则穿过布袋从壳体上方的出口管排出。过滤刚刚开始时，滤布是“清洁”的，这时捕尘作用主要靠滤布的纤维，由于此时滤布的空隙率较大，除尘效率不高。过滤进行一段时间以后，滤布所捕集的粉尘量增加，一部分粉尘嵌入滤料内部，一部分覆盖在表面形成粉尘层，这时含尘气体过滤主要依靠粉尘层进行，使除尘效率大大提高。随着粉尘层的增厚，阻力损失也将增加。因此，当粉尘积厚到一定程度之后，则通过机械振动装置振动布袋将积灰清除，使其落入料斗而排出。滤布上只留下薄薄的一层尘粒，恢复原有的过滤性能。

袋式除尘器除尘效率高，对不同性质的粉尘捕集适应性强，处理风量灵活，结构简单，工作稳定，因此常作为选矿厂的首选除尘设备。但在生产过程中，若实际风量超过设计风量，可能会导致过滤阻力增大，或因机械磨损、操作不当引起滤袋破损，这些情况都会降低袋式除尘器的过滤效率和使用寿命。

生产实践中，袋式除尘器广泛用于选矿厂各尘源的控制。在原矿仓、粉矿仓处，可采用仓顶式袋式除尘器，结合满足集气要求的风机，可以达到很好的除尘效果。在破碎作业中采用袋式除尘器，同时结合半封闭收尘，合理配置气流输送管网系统，可使含尘气体排放达到国家标准。当破碎过程产生的尘粒具有回收价值时，可将袋式除尘器的清灰口与上一工序的给料仓连接，可达到减少粉尘排放的同时提高经济效益的目的。

B　颗粒层除尘器

颗粒层除尘器是以硅砂、砾石、矿渣、金属屑、陶粒、焦炭等颗粒物作为过滤介质，除去含尘气体中粉尘粒子的一种内滤式除尘装置。除尘效率受气温、气量、灰尘波动的影响较小。滤尘原理与袋式除尘器相似，主要靠筛滤、惯性碰撞、截留及扩散作用等，使粉尘附着于颗粒滤料及尘粒表面上，其缺点是不宜过滤黏性较大的粉尘。

我国使用的颗粒层除尘器有塔式旋风颗粒层除尘器和沸腾床颗粒层除尘器。对于前者，含尘气体经旋风除尘器预净化后引入带梳耙的颗粒层，使细粉尘被阻留在填料表面活性颗粒层空隙中。填料层厚度一般为100~150mm，滤料常用粒径2~4.5mm石英砂，过滤气速为30~40m/min，清灰时反吹空气以45~50m/min的气速按相反方向鼓进颗粒层，使颗粒层处于活动状态，同时旋转梳耙搅动颗粒层。反吹时间一般为15min，反吹周期为30~40min，总压力损失为1700~2000Pa，总除尘效率达95%以上。反吹清灰的含尘气流再返回旋风除尘器。这类除尘器常采用3~20个筒的多筒结构，排列成单行或双行。每个单筒可连续运行1~4h。沸腾颗粒层除尘器不设梳耙清灰，利用流态化理论和鼓泡床原理，其反吹清灰风速较大，一般为50~70m/min，使颗粒层均匀沸腾，从而实现清灰。美国近十年来致力于这方面研究，曾因大断面料层沸腾技术不易掌握改用百叶窗式和单筒式，但时至今日仍未见工业应用报道。

3.4.3.2　静电除尘

静电除尘是利用静电场使气体电离从而使尘粒带电吸附到电极上的收尘方法。按照目前国内常见的静电除尘设备可将静电除尘分为以下几类：按气流方向分为立式和卧式除尘；按沉淀极板型式分为板式和管式除尘；按沉淀极板上粉尘的清除方法分为干式和湿式除尘等。

电除尘器主要是由放电电极和集尘电极组成。当在两极间加上一个较高电压时，放电极附近会产生电场，当放电极电压升高到足够高后，放电电极附近的空气会被电离而产生大量的离子，粉尘进入电场后，粉尘颗粒因与离子碰撞而带电。这时，电场的作用就使得带电的粒子向集尘极板运动，进而通过静电力吸附在集尘极板上，如图3-3所示。

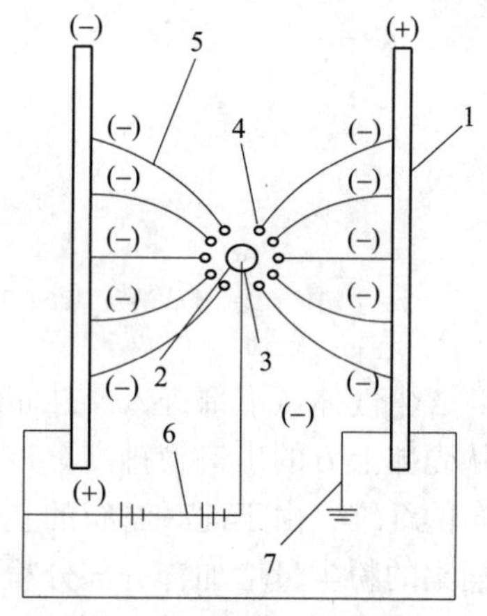

图3-3　电除尘器工作原理示意图
1—阳极板；2—电晕区；3—阴极线；4—荷电粉尘；5—荷电尘粒运行轨迹；6—高压直流电源；7—接地线

电除尘器的除尘效率受很多因素的影响，比如粉尘的比电阻、粉尘浓度和除尘器断面气流等。

粉尘的比电阻与它的温度、湿度、松散度有关。粉尘的比电阻越小，说明粉尘的导电性能好。相比除尘效果而言，粉尘适宜的比电阻值为$10^4 \sim 10^{11}\Omega \cdot cm$。比电阻$R_b \leqslant 10^4\Omega \cdot cm$的粉尘在电极上会很快放出电荷，失去极板的吸引力，容易产生二次飞扬。比电阻$R_b > 10^{11}\Omega \cdot cm$的粉尘在电极上会很久不放出电荷，在集尘极表面积聚一层带负电的粉尘，对随后尘粒的移动产生相斥作用，同时由于粉尘层电附着力大，集尘极表面不仅清灰困难，而且随着粉尘厚度的增加，会造成电荷积累，使粉尘层表面电位增加，致使粉尘层薄弱部位被击穿，引起从集尘极向电晕极的正电晕放电（人们称之为反电晕）。由于反电晕的影响，在集尘极附近空间会产生大量正离子，这样既中和了粉尘已荷有的电荷，同时又抵消了大量的电晕电流，使得粉尘不能充分荷电，甚至完全不能荷电，使除尘效率下降。

含尘浓度过高，粉尘不能充分荷电，而且已荷电的粉尘会形成空间电荷，对电晕放电产生屏蔽效果，从而抑制了电晕放电，使除尘效率下降。对一般平板电除尘器，其入口浓度以小于 20g/m^3 为宜。

此外，除尘器断面气流的气速过高，与集尘极上沉积粉尘之间的摩擦力较大，有可能使粉尘脱离集尘极重新返回气流，造成除尘效率降低。我国生产的除尘器，断面风速一般不超过 2m/s。

3.4.3.3 干法除尘

干法除尘是相对于湿法除尘而言提出的一种除尘方法。它是采用机械力（重力、离心力等）使气体中所含尘粒沉降，比如重力除尘、惯性除尘、离心除尘等。常用的设备有重力沉降室、惯性除尘器和旋风除尘器。

A 重力沉降室

重力沉降室包括单层沉降室和多层沉降室。重力沉降室是靠含尘气流中粉尘本身的重力作用自然沉降下来的一种除尘装置，其结构如图 3-4 所示。含尘气流通过横断面比管道大得多的沉降室时，流速大大降低，尘粒在重力作用下按其沉降速度缓慢降落，经过一定时间落到室底被分离出来。其原理与水处理中的沉淀池基本相同。

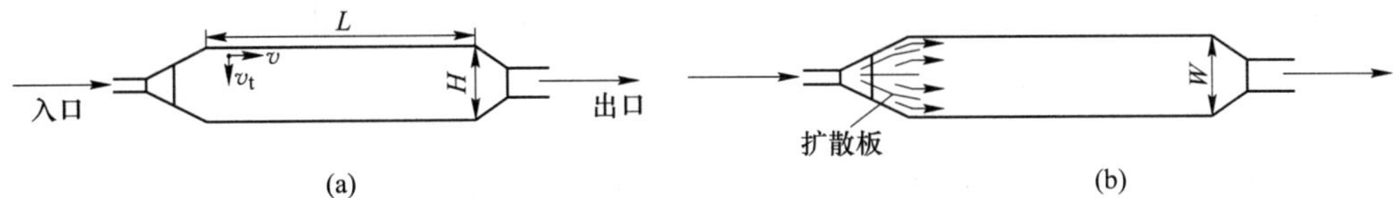

图 3-4 重力沉降室
（a）主视图；（b）俯视图

若水平气流通过沉降室的平均速度为 v(m/s)，气流呈层流状态，则气流通过沉降室的时间为：

$$t = \frac{L}{v} \ (\mathrm{s}) \tag{3-37}$$

沉降速度为 v_t(m/s)，粒径为 d_p 的尘粒从顶部落至底部的时间为：

$$t' = \frac{H}{v_t} \ (\mathrm{s}) \tag{3-38}$$

使粒径为 d_p 的尘粒全部沉降下来的条件为：

$$\frac{L}{v} \geqslant \frac{H}{v_t} \tag{3-39}$$

一般取 $v=0.2\sim0.5$m/s，以使气流处于层流状态。所以，根据式(3-39)便可确定沉降室的高（H）和长（L）。

沉降室的宽（W）由气体流量（V）来决定，即：

$$V = WHv \tag{3-40}$$

由式(3-39)和式(3-40)可知：

$$\frac{H}{v_t} \leqslant \frac{LHW}{V},\ \frac{1}{v_t} \leqslant \frac{LW}{V} \tag{3-41}$$

所以，从理论上讲，气体流量 V 只决定于沉降室的水平面积和尘粒的沉降速度。

t 秒钟内，粒径为 d_p 的尘粒，其沉降的高度若为 y，则当 $y \geqslant H$ 时，该粒径的尘粒可全部降落至室底，除尘效率 η 达到 100%。当 $y<H$ 时，可用 y/H 表示除尘效率，即：

$$\eta_x = \frac{y}{H} = \frac{v_t t}{\frac{Vt}{LW}} = \frac{v_t LW}{V} \tag{3-42}$$

从而可得沉降室所能捕集的最小尘粒的粒径为：

$$d_{min} = \sqrt{\frac{18\mu V}{\rho_p g W L}}\ (\mathrm{m}) \tag{3-43}$$

综上所述，为提高沉降室的捕集效率，可从降低气流速度、降低沉降室高度和增大沉降室长度等三方面着手。

但为了同时提高容积利用率，可以采用多层水平隔板沉降室（见图 3-5）和多块垂直挡板沉降室（见图 3-6）。

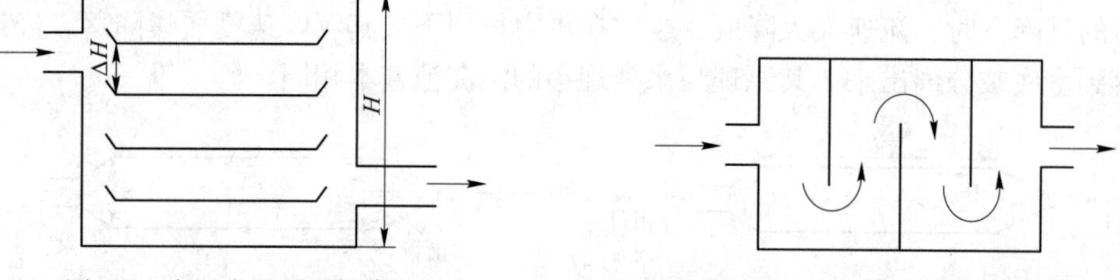

图 3-5　多层水平隔板沉降室　　图 3-6　多块垂直挡板沉降室

目前水泥行业多采用水平气流沉降室（见图 3-7），而垂直气流沉降室在冶金等行业中用的较多，如图 3-8 所示。

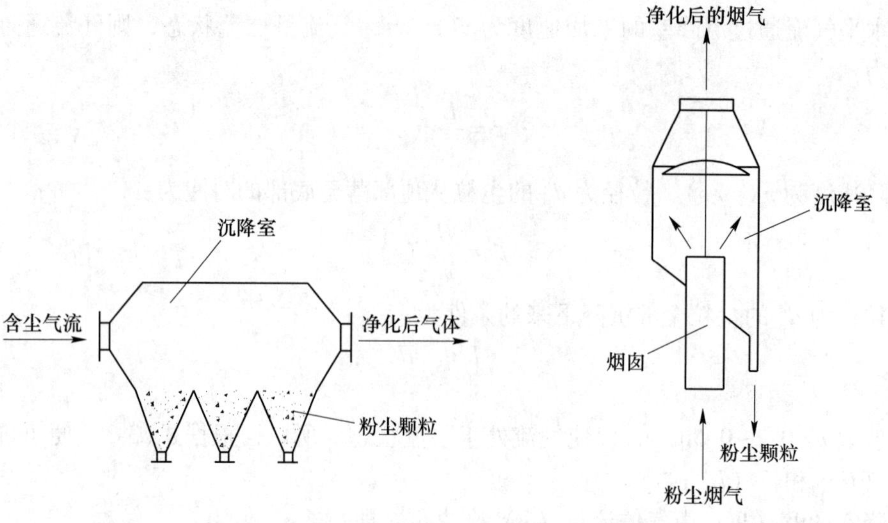

图 3-7　水平气流沉降室　　图 3-8　垂直气流沉降室

沉降室适宜于净化密度大、颗粒粗的粉尘，特别是磨损性很强的粉尘。可以捕集

50μm 以上的尘粒。沉降室具有结构简单、投资少、维护管理容易及压力损失小等优点。主要缺点是体积庞大，除尘效率较低。

B　惯性除尘器

惯性除尘器是利用运动中尘粒的惯性力大于气体惯性力的特性将尘粒从含尘气流中分离出来的设备。由于运动气流中尘粒与气体具有不同的惯性力，含尘气体急转弯或者与某种障碍物碰撞时，尘粒的运动轨迹发生改变，从而将尘粒分离出来。惯性除尘器用于净化密度和粒径较大（捕集 10μm 以上的粗尘粒）的金属或矿物性粉尘，具有较高的除尘效率。

惯性除尘器种类很多，根据除尘原理大致可分为惯性碰撞式和气流折板式两类。碰撞式除尘器是利用一级或几级挡板阻挡气流前进，使含尘气流与挡板相撞，借助其中粉尘粒子的惯性力使气流中尘粒分离出来，如图 3-9 所示。采用槽型挡板组成的气流折板式除尘器，含尘气流从两板之间的缝隙以较高的速度喷出流向下一排槽型板的凹部，然后气流沿圆弧状的边沿绕流到下一排，粉尘则通过碰撞（粉尘与槽型板之间或粉尘粒子之间的碰撞）减少势能，最终沿槽型板板面落入灰斗中。同时，槽型挡板可以有效地防止出现已经捕集的粉尘因气流冲刷而再次飞扬的现象，如图 3-10 所示。

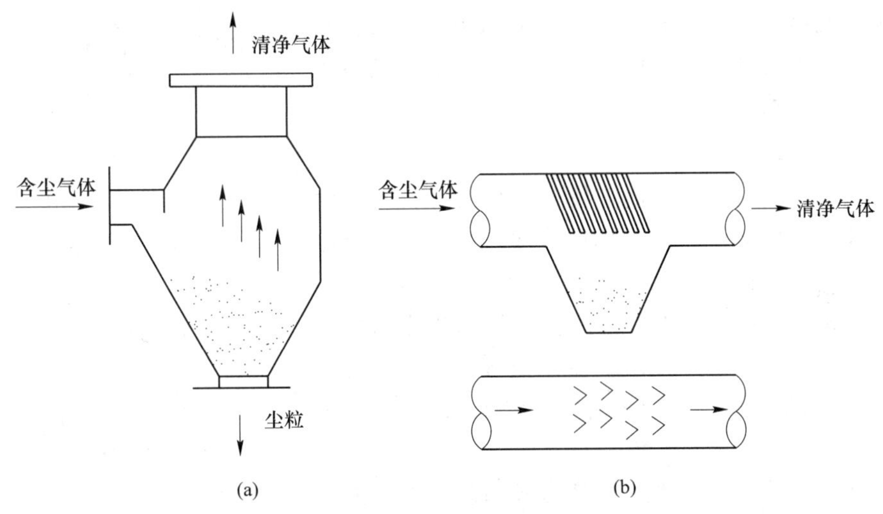

图 3-9　碰撞惯性除尘器
（a）单级型；（b）多级型

C　旋风除尘器

旋风除尘器是一种气固两相分离装置，它利用气流在旋转过程中作用在尘粒上的惯性离心力达到分离的目的。旋风除尘器主要由进气管、筒体、锥体和排气管组成，其结构和工作原理如图 3-11 所示。当含尘气流进入旋风除尘器筒体时，气流作沿外壁向下的螺旋形旋转运动。通常把这股向下旋转的气流称为外涡旋。含尘气流在筒体旋转运动的过程中产生的离心力使尘粒到达外壁，之后在气流与重力的共同作用下掉落，进入集尘斗。外涡旋到达锥体时，由于锥体母线汇集于一点而使气流向中心靠拢，当气流接触到锥体底部时将由下反转而上，继续做沿轴心向上的螺旋形流动，通常称此为内涡旋。最后，内涡旋气

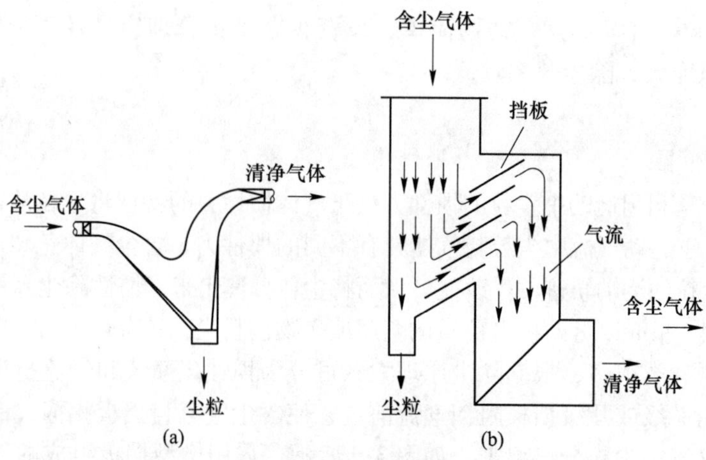

图 3-10　折板式惯性除尘器

（a）弯管型；（b）百叶窗型

流向上排出旋风除尘器，该过程会携带部分细小尘粒。

自 1885 年 Moiss 获得世界上第一台旋风除尘器设计专利以来，旋风除尘器已有 100 多年的历史。随着社会的发展与进步，旋风除尘器已应用于生产生活中的各个领域，比如多管除尘器、旁路式旋风除尘器等。

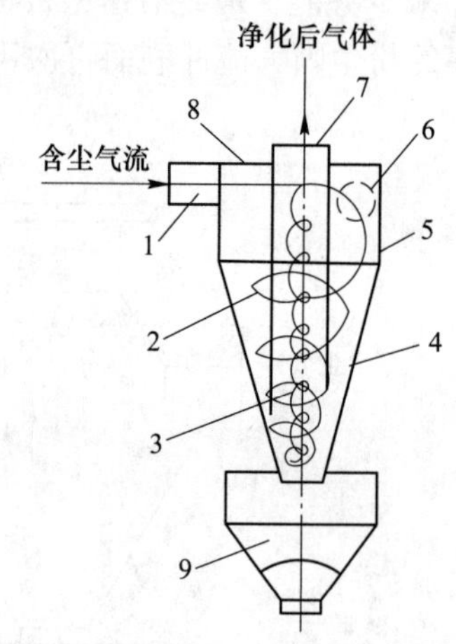

图 3-11　旋风除尘器

1—进口管；2—外涡旋；3 —内涡旋；4—锥体；5—筒体；6—上涡旋；7—出口管；8—上顶盖；9—集尘斗

3.4.3.4　湿法除尘

湿法除尘是利用水或其他液体与含尘气体互相接触实现分离捕集粉尘粒子，使气体得以净化的方法。湿法除尘是基于含尘气体与液体接触，借助于惯性碰撞、扩散、黏附等机理，将粉尘予以捕集。这种除尘方法的优点是除尘效率较高，适于处理高温、高湿、易燃、易爆的含尘气体，对雾滴也有很好的去除效果，因而应用相当广泛。

湿法除尘器的种类很多，很难将其明确分类，大致可分为低阻力除尘器和高阻力除尘器两大类。前者阻力是 25~150mm 水柱，它包括简单喷雾式洗涤器与湿式旋流除尘器，一般的耗水量是 0.4~0.8kg/m^3，当粉尘大于 10μm 时，其除尘效率超过 90%~95%。这类除尘器常用于燃烧炉、化肥厂、石灰窑以及铸铁厂等。高阻力除尘器（如文丘里除尘器）除尘效率可达 99.5% 以上，阻力损失在 250~875mm 水柱。这类除尘器被用在矿石破碎、炼钢炉与冲天炉的烟气净化，在这些除尘设备的含尘气流中，粉尘颗粒一般小于 0.25μm。

A　喷雾式洗涤器

喷雾式洗涤器一般是塔式洗涤器，顶部设有喷水器，其结构如图 3-12 所示。当含尘气体通过喷淋液体所形成的液滴空间时，因尘粒和液滴之间的惯性碰撞、截留及凝聚等作用，较大的粒子被液滴捕集，夹带了尘粒的液滴由于重力而沉于塔底。为保证洗涤器内气流分布的均匀，一般采用孔板型气流分布板。塔顶安装除雾设施，以除去微小液滴，其除尘效率取决于液滴大小、粉尘空气动力直径、液气比、液气相对运动速度和气体性质等，能有效地净化 50μm 以上颗粒，塔内断面气流速度一般为 0.6~1.5m/s。该设备结构简单，压力损失小，操作稳定，经常与高效洗涤器联合使用。

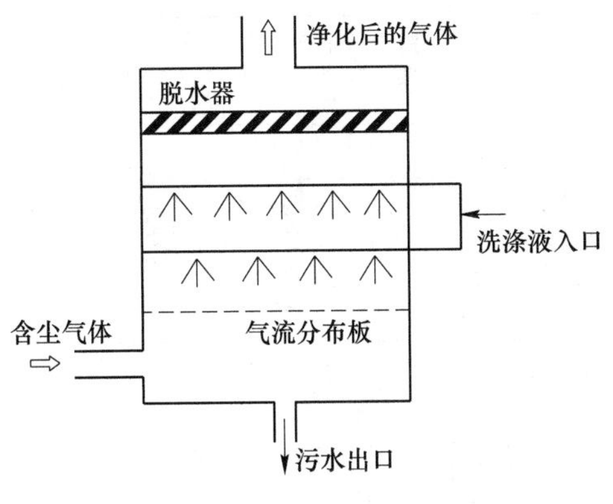

图 3-12 喷雾式洗涤器

B 湿式旋流除尘器

湿式旋流除尘器是一种卧式圆筒形除尘器，可与风筒直接连接使用，它由混合、旋流和分离三部分组成，如图 3-13 所示。混合部分装有两个迎向风流喷雾的喷雾器和安设在混合与旋流两部分之间的钢丝网；旋流部分由四片固定叶片组成；分离部分由两个带空心倒圆锥的隔板分隔成三段，其下部是一个可拆卸的储水槽。

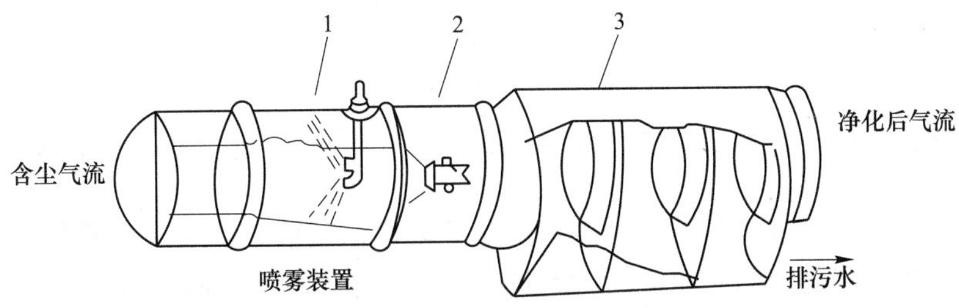

图 3-13 湿式旋流除尘器结构示意图

1—混合部分；2—旋流部分；3—分离部分

湿式旋流除尘器主要是借助于喷雾加湿和离心作用的一种除尘器。含尘气流首先通过除尘器的混合部分，使粉尘得到湿润。加湿后，含尘气流进入旋流部分，沿着具有一定曲率的叶片高速旋转，在离心力的作用下，旋转的含尘气流进入分离部分，湿润的粉尘和水雾被甩到筒壁，在分离部分筒体内壁上形成水膜，水膜对粘着加湿的粉尘有良好的捕集作用。被捕住的粉尘与水沿着筒体内壁流到下部储水槽，经排水管排出。不带水雾的清洁空气沿锥体挡板中心排出。

除尘器除尘效率的计算公式为：

$$\eta = \frac{n_2 - n_1}{n_2} \times 100\% \tag{3-44}$$

式中 n_2——除尘器前的粉尘浓度，mg/m^3；

n_1——除尘后的粉尘浓度，mg/m³。

湿式旋流除尘器的除尘效率见表 3-5。

表 3-5　湿式旋流除尘器的除尘效率

气体中含粉尘种类	粉尘粒子平均直径/μm	除尘效率/%
纤维素尘	6	96.5
合成物粉尘	4	98.0
洗衣粉尘	10	98.0
碳酸钙尘	11	99.0
环氧树脂尘	22	98.0

C　文丘里除尘器

文丘里除尘器是一种高效湿式除尘器，常用在高温烟气除尘上，文丘里除尘器的结构如图 3-14 所示。除尘过程可分为雾化、凝聚和脱水三个过程。前两个过程在文丘里管中进行，后一过程在脱水器内完成。

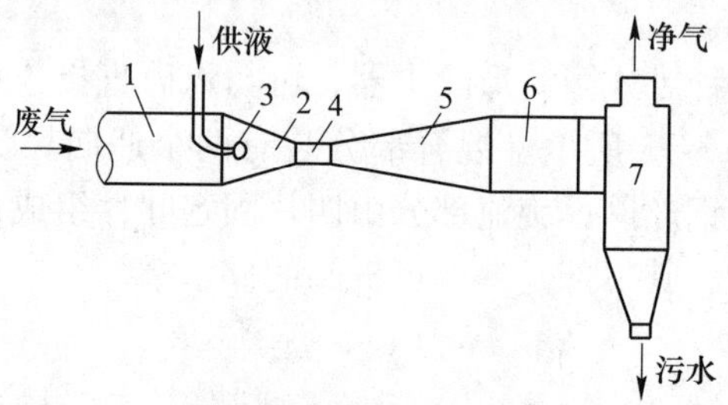

图 3-14　文丘里除尘器

1—进气管；2—收缩管；3—喷嘴；4—喉管；5—扩散管；6—风管；7—旋风除雾器

含尘气体由进气管进入收缩管后流速逐渐增大，在喉管气体流速达到最大值，在收缩管和喉管中气液两相之间的相对流速达到最大值。从喷嘴喷射出来的水滴，在高速气流冲击下雾化，能量由高速气流供给。在喉管处气体和水分充分接触，尘粒表面附着的气膜被冲破，使尘粒被水湿润，发生激烈的凝聚。在扩散管中，气流速度减小，压力回升，以尘粒为凝结核的凝聚作用形成粒径较大的含尘水滴，粒径较大的含尘水滴进入脱水器后，在重力、离心力等作用下，干净气体与水、尘分离，达到除尘洗涤气体的目的。

文丘里除尘器是一种高效湿式除尘器，具有结构简单、造价低廉、操作方便、净化效率高等优点，在捕集被污染气体中的细小粉尘以及吸收气态污染物方面具有独特的优势，因而在大气污染控制与化工领域中应用广泛。

3.4.4　选矿厂大气污染防治技术

矿业的快速发展，给我国环境保护工作带来了前所未有的机遇与挑战。尤其是随着矿产资源的“贫、细、杂”化，为了确保矿山产能，相应选矿厂的生产规模也逐年增加，从而造成了选矿环境的严重污染。为此，应时时做好选矿厂大气污染的防控工作，促进我国矿业和环保业的可持续发展。

3.4.4.1 粉尘的控制

选矿工艺中矿石装卸、运输、机械加工过程产生的粉尘，矿石焙烧过程产生的有害废气，尾矿系统及湿法防尘所产生的废水，高速运转设备产生的噪声，造成了对操作区和厂区环境的综合污染，其中粉尘是量大、面广、危害严重的主要污染物。尘源主要来源于粗碎设备上部的卸矿车、露天储矿仓、矿石的破碎与筛分过程、破碎后矿石的转运和输送以及精矿的装车等。

在处理散状或粒状矿石的车间，几乎所有的破碎、筛分、电振给料机和皮带设备都是粉尘的主要产生地。尘源密闭是一项重要的防尘措施，可使尘源附近的空气含尘浓度大幅度下降。为了减少选矿厂尘源对环境的影响，可重点考虑选矿厂尘源多而广的部位。如选矿厂运输矿石的胶带运输机、矿石转运下料口等。但在进行尘源密闭时应遵循不妨碍生产操作和设备检修的原则。胶带运输机和受料点密闭示意图分别如图 3-15 和图 3-16 所示。

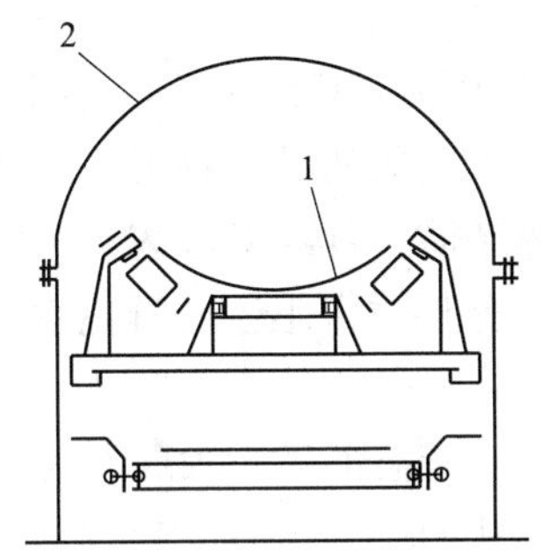

图 3-15 胶带运输机整体密闭示意图

1—胶带机；2—整体密封罩

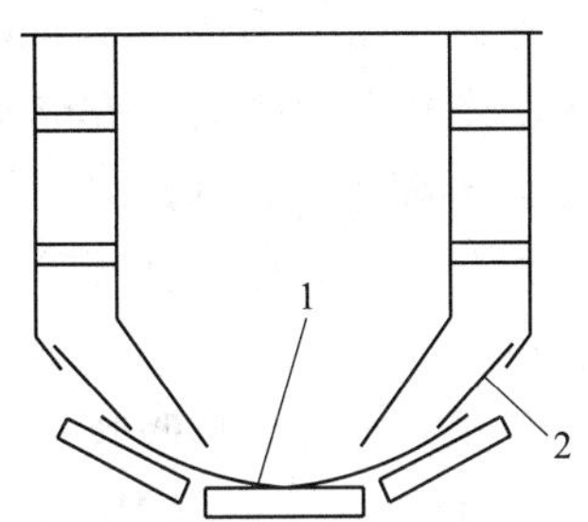

图 3-16 受料点密闭示意图

1—胶带；2—局部密封罩

由于选矿厂矿石的转运多而杂，胶带运输机转运点处的密闭更为重要。这是因为矿石沿溜槽下落时带入诱导气流，使受料点造成正压，若密闭不好，含尘气体将通过密闭罩缝隙向外逸散，从而污染环境。

3.4.4.2 有毒有害气体的防治与处理

选矿过程产生的有毒有害气体主要来源于矿物本身含有的杂质以及选矿工艺中所使用的各种选矿药剂。前者如有毒的汞蒸汽，它可能来自金矿中伴生汞氰化提金工艺冶炼工段；后者如各种含硫的选矿药剂在储存和使用过程中释放的 CS_2 等。

A 汞蒸汽

在用混汞法生产黄金的过程中，混汞、洗干、挤汞、涂汞、蒸汞、冶炼等作业的周围，由于汞本身的强挥发性，暴露于空气中的概率较大，所进行操作的场地四周都有可能不同程度地存在着汞蒸汽的污染。空气中汞蒸汽有高度的扩散性和较高的脂溶性，当人体吸入后可被肺泡完全吸收，并通过血液循环至全身，因此长期工作在汞蒸汽环境中易引起汞中毒。

矿石混汞和汞金蒸馏的作业场所很容易发生汞中毒事件。按照一般要求，生产厂房中空气含汞的极限浓度要求小于 $10\mu g/m^3$ 才能保障人身健康，实现安全生产。为此，生产厂房应加强通风，抽出的空气经净化后方能排放。

对采用汞板集气方式的作业场所，首先要保证集气效率高，使含汞蒸汽不外漏，并且当工人在进行汞板操作时，含汞蒸汽的气体不会经过工人的呼吸带。汞板集气方式通常包括汞板两侧出入和汞板一侧出入两种。汞板两侧出入是使清洁空气由上部两侧进入集气罩内，从集气罩中间下部进入排气管外排形成气流，集气罩内中下部设有涡流区，含汞蒸汽在集气罩内中下部滞留，从而确保操作工人呼吸带始终处于清洁空气中；汞板一侧出入是使清洁空气从上部和一侧进入集气罩内，从另一侧下部经排气管排出，设有涡流区，操作工人不会吸入含汞蒸汽的空气。两种集气方式都需加风机连续运行。

而对于汞蒸汽的处理，一般采用碘络合法、硫酸洗涤、充氯活性炭净化法、二氧化锰吸收法、高锰酸钾吸收法等。

碘络合法用于处理锌精矿焙烧含汞，它是将含汞的 SO_2 经吸收塔底部进入填充瓷环的吸收塔内，并由塔顶喷淋含碘盐的吸收液来吸收汞。用碘络合法处理含汞和 SO_2 的烟气，除汞率高达 99.5%，尾气含汞小于 0.05mg/m^3，烟气除汞后制得的硫酸含汞小于 1×10^{-5}mg/m^3。此法适于高浓度 SO_2 的烟气脱汞。

硫酸洗涤法除汞首先采用高温电除尘除去烟尘，然后在装有填料的洗涤塔中用 85%～93%的浓硫酸洗涤。由于洗涤的酸与汞蒸汽发生反应，生成的沉淀物沉降于槽中，沉淀物经水洗涤过滤后蒸馏。冷凝的金属汞经过滤除去固体杂质，其纯度可达 99.999%。

充氯活性炭净化法采用活性炭吸附含汞的空气，氯与汞作用生成氯化汞。此法的净化效率可达 99.9%。

由于天然软锰矿能强烈地吸收汞蒸汽，也能吸收全液态的细小汞珠，其反应式为：

$$MnO_2 + 2Hg = Hg_2MnO_2 \tag{3-45}$$

当有硫酸存在时，Hg_2MnO_2 可生成硫酸汞，其反应式为：

$$Hg_2MnO_2 + 4H_2SO_4 + MnO_2 = 2HgSO_4 + 2MnSO_4 + 4H_2O \tag{3-46}$$

软锰矿的吸收效率可达 95%～99%。另外，还可用水淋洗的方法使含汞空气得到净化。

高锰酸钾吸收法是将含汞蒸汽的空气加入斜孔板吸收塔内，采用高锰酸钾溶液进行循环吸收的一种除汞方法。吸收净化后可继续向吸收液中补加高锰酸钾，以维持高锰酸钾的溶液浓度，从而确保除汞效果。吸收后产生的氧化汞和汞锰络合物可用絮凝沉淀的方法使其沉降分离，其化学原理为：

$$2KMnO_4 + 3Hg + H_2O = 2KOH + 2MnO_2 + 3HgO \tag{3-47}$$

$$MnO_2 + 2Hg = Hg_2MnO_2 \tag{3-48}$$

此法设备简单，净化效率高，适用于汞蒸汽浓度较高的场合。

B 硫氧化物

排烟脱硫的方法按吸收剂或吸附剂的形态和处理过程可分为干法脱硫和湿法脱硫两大类。

干法脱硫是用固态吸附剂或固体吸收剂去除烟气中 SO_2 的方法。此法虽然出现较早，但进展缓慢，比如美国和日本只有少数几套干法排烟脱硫工业装置投产。中国湖北省松木坪电厂采用活性炭吸附电厂烟气中的 SO_2 已试验成功。干法排烟脱硫存在着效率低、固体吸收剂和副产物处理难、脱硫装置大、投资费用高等缺点。目前在工业上应用的干法排烟脱硫主要有石灰粉吹入法、活性炭法和活性氧化锰法等。

石灰粉吹入法是将石灰石（$CaCO_3$）粉末吹入燃烧室内，在 1050℃高温下，$CaCO_3$ 分解成石灰（CaO），并与燃烧气体中的 SO_2 反应生成 $CaSO_4$，$CaSO_4$ 和未反应的 CaO 等颗粒由集尘装置捕收，此法脱硫率约为40%~60%。

活性炭法是用多孔粒状、比表面积大的活性炭吸附烟气中的 SO_2。由于催化氧化吸附作用，SO_2 生成的硫酸附着于活性炭孔隙内。从活性炭孔隙脱出吸附产物的过程称为脱吸（或解吸）。用水脱吸法可回收浓度为10%~20%的稀硫酸；用高温惰性气体脱吸法可得浓度为10%~40%的 SO_2；用水蒸气脱吸法可得浓度为70%的 SO_2。

活性氧化锰法是用粉末状的活性氧化锰（$MnO_x \cdot nH_2O$）在吸收塔内吸收烟气中的 SO_2，在这一过程中，部分 $MnO_x \cdot nH_2O$ 生成硫酸锰（$MnSO_4$）。$MnSO_4$ 与氧化塔内的 NH_3（氨）和空气中的 O_2 作用，生成 $MnO_x \cdot nH_2O$，新生成的 $MnO_x \cdot nH_2O$ 可循环使用，此法回收的产物为硫酸铵［$(NH_4)_2SO_4$］。

湿法脱硫是用液态吸收剂吸收烟气中 SO_2 的方法。湿法排烟脱硫装置具有投资小、操作维护管理容易、反应速度快、脱硫效率高等优点，因此近年来湿法脱硫应用较广泛。根据湿法排烟脱硫使用的吸收剂种类或副产物可分为氨吸收法、石灰石或石灰乳吸收法、氧化镁（MgO）吸收法、钠（钾）吸收法和氧化吸收法等。

氨吸收法是用氨水吸收烟中的 SO_2，生成亚硫酸铵［$(NH_4)_2SO_3$］和亚硫酸氢铵（NH_4HSO_3）。此法最早用于冶炼烟气脱硫，因氨蒸汽分压较高，在脱硫过程中，氨损失较大。当吸收液在50℃、pH值大于6时，吸收液中的（NH_4）$_2SO_3$ 和 NH_4HSO_3 易生成微粒状白烟；当pH值小于6时，白烟消失，NH_3 的损失减小，但 SO_2 的吸收率降低。为提高吸收率，应不断补给氨水以控制吸收液的pH值在6左右。NH_3 法吸收生成的 $(NH_4)_2SO_3$ 和 NH_4HSO_3 经氧化可得（NH_4）$_2SO_4$，对吸收 SO_2 后的吸收液采用不同的处理方法，可回收不同副产物。

石灰石或石灰乳吸收法是以 $CaCO_3$ 粉末和 $Ca(OH)_2$ 为吸收剂脱去烟气中的 SO_2，副产物为 $CaSO_4 \cdot 2H_2O$。石灰乳吸收法对 SO_2 的吸收效率取决于吸收液的pH值和吸收时的液气比，如吸收液pH值接近于6，液气比大于4，脱硫率可达90%以上。石灰乳浓度通常为5%~15%，研究表明，石灰乳浓度增高，吸收速度反而降低。

氧化镁吸收法是用pH值为8~8.5，5%(质量分数)MgO乳浊液为吸收剂回收烟气中的 SO_2。$Mg(OH)_2$ 吸收液与烟气中 SO_2 反应生成物经脱水、干燥后，成为晶体状的亚硫酸镁和硫酸镁。可采用沥青焦煅烧回收MgO和高浓度 SO_2，MgO用水调制成乳浊液可循环使用，高浓度 SO_2 可制 H_2SO_4 和单体硫。

钠（钾）吸收法是以氢氧化钠（NaOH）、氢氧化钾（KOH）或碳酸钠（Na_2CO_3）、碳酸钾（K_2CO_3）等碱性溶液为吸收剂吸收烟气中的 SO_2，生成亚硫酸钠（Na_2SO_3）和亚硫酸氢钠（$NaHSO_3$），或亚硫酸钾和亚硫酸氢钾。在工业装置上多用NaOH或 Na_2CO_3 作为吸收液。吸收液吸收 SO_2 后有多种处理方法，主要有抛弃法、直接利用法和回收法。抛弃法是将含亚硫酸盐的吸收液经氧化直接排入环境；直接利用法是将含 Na_2SO_3 的吸收液输送造纸厂蒸煮纸浆；回收法又分为回收 Na_2SO_3 和 Na_2SO_4 法、回收浓 SO_2 法和回收 $CaSO_4$ 法。回收 Na_2SO_3 和 Na_2SO_4 法是用NaOH调整吸收液的pH值，并浓缩吸收液，从中析出 Na_2SO_3；也可用NaOH调整吸收液的pH值，经空气氧化，使 Na_2SO_3 氧化成

Na_2SO_4，再浓缩析出 Na_2SO_4。回收浓 SO_2 法是把含 $NaHSO_3$ 溶液的 pH 值控制在 5.8~6，加热分解回收高浓度 SO_2，生成的 Na_2SO_3 结晶加水再生循环使用。回收 $CaSO_4$ 法是在吸收液中加入 $CaCO_3$ 粉末或 $Ca(OH)_2$ 搅拌，进行复分解反应生成 Na_2SO_3 和 $CaSO_3$，经空气氧化回收 $CaSO_4$。

氧化吸收法是在液相中用氧化剂或以铁离子为催化剂，以空气为氧化剂，使 SO_2 氧化成 SO_3，再用 H_2SO_4 吸收 SO_3 的一种方法。比如用次氯酸钠（NaClO）氧化剂吸收 SO_2，则生成 H_2SO_4 和 NaCl，吸收液加入 $Ca(OH)_2$ 可回收 $CaSO_4$，回收后将吸收液电解，可再生 NaClO 循环使用。

此外，高烟囱排放也是利用自然净化的方法控制烟气中 SO_2 对环境污染的一种方法。高烟囱排放有利于煤烟中二氧化硫在大气中的扩散稀释，烟囱越高，平均风速越大，扩散稀释作用越强。但高烟囱排放并不能减少排出的污染物总量，只是因为大气湍流的扩散稀释作用，降低了 SO_2 等污染物的浓度。自然界的净化能力有一定限度，随着污染物总量增多，就会在某种气象条件下出现区域性的环境质量恶化，甚至会引起相邻地区和国家酸雨的出现。

C　氮氧化物

国内外治理氮氧化物废气的方法，一般可分为干法和湿法两大类。前者包括固体吸附法和催化还原法，后者包括液体吸收法和络合盐生成吸收法。

固体吸附法治理 NO_x 废气能彻底消除污染，同时又能将 NO_x 回收利用。常用的固体吸附剂有活性炭、硅胶和各种类型的分子筛，但它们具有操作烦琐、分子筛用量大、能量高等缺点。

活性炭对 NO_x 的吸附过程伴有化学反应发生。NO_x 被吸附到活性炭表面后，活性炭对 NO_x 有还原作用，其反应式为：

$$C + 2NO \longrightarrow N_2 + CO_2 \tag{3-49}$$

$$2C + 2NO_2 \longrightarrow 2CO_2 + N_2 \tag{3-50}$$

此法的缺点在于 NO_x 的吸附容量小，且解吸再生麻烦，处理不当又会造成二次污染，因此实际应用有困难。但有报道指出，现已经有人根据物理化学原理，采用“炭还原”法处理含 N 废气，取得了突破性进展。发生的反应与活性炭吸附法发生的反应相同，只是用的是焦炭而不是活性炭。

硅胶法是以硅胶作为吸附剂，先将 NO 氧化为 NO_2，再加以吸附。用加热法可使硅胶获得再生，吸附温度一般在30℃以下。但若气体含固体杂质，不宜采用此法，这是因为固体杂质会堵塞吸附剂空隙而使吸附剂失去作用。

常用的分子筛主要为丝光沸石，该物质对 N 有较强的吸附能力，在有氧条件下，能够将 NO 氧化为 NO_2 加以吸附。

催化还原法分为选择性催化还原法和非选择性催化还原法两类。

选择性催化还原法采用 NH_3 做还原剂，加入氨至烟气中，NO_x 在 300~400℃的催化剂层中分解为 N_2 和 H_2O。因没有副产物，且设备装置简单，所以该法适用于处理大量的烟气。以氨作为还原剂的脱氮反应可表示为：

$$4NO + 4NH_3 + O_2 \longrightarrow 4N_2 + 6H_2O \tag{3-51}$$

此法脱氮率约为80%。该方法可用于直接从锅炉引入烟气的情况，也可用于引入预先除去烟尘烟气的情况。

非选择性催化还原法是在一定温度和催化剂（一般为贵金属Pt、Pd等）作用下，废气中的NO_x被还原剂（H_2、CO、CH_4及其他低碳氢化合物等燃料气）还原为N_2，同时还原剂还与废气中O_2作用生成H_2O和CO_2。该法燃料耗量大，需贵金属作催化剂，还需设置热回收装置，投资大，国内未见使用，国外也逐渐被淘汰，多改用选择性催化还原法。

液体吸收NO_x的方法较多，应用也十分广泛。NO_x可以用水、碱溶液、稀硝酸、浓硫酸吸收。由于NO极难溶于水或碱溶液，湿法脱硝效率一般不是很高。为了提高NO的净化效果，可采用氧化、还原或络合吸收的办法脱氮。下面以NaOH溶液吸收法为例进行介绍。

NaOH溶液吸收法的反应过程为：

$$NO + NO_2 + 2NaOH \longrightarrow 2NaNO_2 + H_2O \tag{3-52}$$

该法主要用于处理硝酸生产尾气、硝化反应尾气以及使用硝酸处理金属产生的废气。这类废气中NO_x浓度一般在0.1%~0.5%，排放量小的情况。

固定燃烧装置排放烟道气中的氮氧化物，90%以上的是NO，若用溶液吸收，必须使NO氧化为NO_2，吸收效果才好。而用Fe-EDTA络合物吸收NO，则可直接与NO络合，在还原剂存在的条件下，NO被还原成$NH(SO_3H)_2$、N_2O或N_2，达到去除NO_x的目的。

3.5 大气污染控制标准

为减缓日趋严重的大气污染，除抓紧对大气污染源的控制，尽量减少以致消除某些大气污染物的排放之外，还应通过其他一系列手段做好对大气质量的管控工作，其包括：制定和执行环境保护方针政策；通过立法手段建立健全环境保护法规；加强环境保护管理等。制定大气环境标准是执行环境保护法规，实施大气环境管理的科学依据和手段。大气污染控制标准一般包括环境质量标准、空气污染物排放标准及技术设计标准等。空气质量标准主要是对空气环境中污染物含量的限制；空气污染物排放标准是对从污染源出口排入大气的污染物含量的限制；技术设计标准是对某些大气防护措施设计的具体规定。

3.5.1 质量标准

大气环境质量标准分为：

（1）一级标准。一级标准为保护自然生态和人类健康，在长期接触的情况下，不发生任何危害影响的空气质量要求。

（2）二级标准。二级标准为保护人类健康和城市、乡村的动、植物，在长期和短期接触的情况下，不发生伤害的控制质量要求。

（3）三级标准。三级标准为保护人类不发生急、慢性中毒和城市一般动、植物（敏感者除外）正常生长的空气质量要求。

2012 年，我国实施的《环境空气质量标准》（GB 095—2012）限定了 SO_2、TSP、PM_{10}、NO_2、CO、O_3、Pb、B[a]P、F 的浓度值，调整了环境空气功能区分类，将三类区并入二类区，具体见表 3-6。本标准规定了环境空气质量功能区划分、标准分级、污染物项目、取值时间及浓度限值，采样于分析方法及数据统计的有效性规定。该标准适用于全国范围内的环境空气质量评价。

表 3-6　各项污染物的浓度限值

<table>
<tr><th rowspan="2">污染物名称</th><th rowspan="2">取值时间</th><th colspan="3">浓度限值</th><th rowspan="2">浓度单位</th></tr>
<tr><th>一级标准</th><th>二级标准</th><th>三级标准</th></tr>
<tr><td rowspan="3">二氧化硫 SO_2</td><td>年平均</td><td>0.02</td><td>0.06</td><td>0.10</td><td rowspan="13">mg/m^3
（标准状态）</td></tr>
<tr><td>日平均</td><td>0.05</td><td>0.15</td><td>0.25</td></tr>
<tr><td>一小时平均</td><td>0.15</td><td>0.50</td><td>0.70</td></tr>
<tr><td rowspan="2">总悬浮颗粒物 TSP</td><td>年平均</td><td>0.08</td><td>0.20</td><td>0.30</td></tr>
<tr><td>日平均</td><td>0.12</td><td>0.30</td><td>0.50</td></tr>
<tr><td rowspan="2">可吸入颗粒物 PM_{10}</td><td>年平均</td><td>0.04</td><td>0.10</td><td>0.15</td></tr>
<tr><td>日平均</td><td>0.05</td><td>0.15</td><td>0.25</td></tr>
<tr><td rowspan="3">二氧化氮 NO_2</td><td>年平均</td><td>0.04</td><td>0.08</td><td>0.08</td></tr>
<tr><td>日平均</td><td>0.08</td><td>0.12</td><td>0.12</td></tr>
<tr><td>一小时平均</td><td>0.12</td><td>0.24</td><td>0.24</td></tr>
<tr><td rowspan="2">一氧化碳 CO</td><td>日平均</td><td>4.00</td><td>4.00</td><td>6.00</td></tr>
<tr><td>一小时平均</td><td>10.00</td><td>10.00</td><td>20.00</td></tr>
<tr><td>臭氧 O_3</td><td>一小时平均</td><td>0.16</td><td>0.20</td><td>—</td></tr>
<tr><td rowspan="2">铅 Pb</td><td>季平均</td><td colspan="3">1.50</td><td rowspan="5">μg/m^3
（标准状态）</td></tr>
<tr><td>年平均</td><td colspan="3">1.00</td></tr>
<tr><td>苯并［a］芘 B［a］P</td><td>日平均</td><td colspan="3">0.01</td></tr>
<tr><td rowspan="4">氟化物 F</td><td>日平均</td><td colspan="3">7①</td></tr>
<tr><td>一小时平均</td><td colspan="3">20①</td></tr>
<tr><td>月平均</td><td>1.8②</td><td colspan="2">3.0③</td><td rowspan="2">μg/(dm^2·d)</td></tr>
<tr><td>植物生长季平均</td><td>1.2②</td><td colspan="2">2.0③</td></tr>
</table>

①适用于城市地区；

②适用于牧业区和以牧业为主的半农半牧区、蚕桑区；

③适用于农业和林业区。

3.5.2　技术标准

我国于 2010 年对原《工业企业设计卫生标准》（TJ 36—79）进行了修订，并颁发《中华人民共和国国家职业卫生标准》之《工作场所有害因素职业接触限值化学有害因素》(GBZ 2.1—2010）和《工作场所有害因素职业接触限值物理因素》（GBZ 2.2—2010)，规定了“工作场所空气中化学物质容许浓度”和“工作场所空气中粉尘容许浓度”，其中一般作业环境可能接触的部分有毒物质的最高容许浓度见表3-7。

表3-7 一般作业环境可能接触的部分有毒物质的最高容许浓度

物质名称	最高容许浓度 /mg·m^{-2}	物质名称	最高容许浓度 /mg·m^{-2}	物质名称	最高容许浓度 /mg·m^{-2}
一氧化碳	30	二氧化硫	15	丁烯	100
乙醚	500	二氧化硒	0.1	丁二烯	100
二甲苯（皮）	100	二氯丙醇（皮）	5	丁醛	10
二甲基甲酰胺（皮）	10	二硫化碳（皮）	10	三氧化二砷与五氧化二砷	0.3
五氧化二磷	1.0	金属汞	0.01	钨与碳化钨	6
铬酸盐	0.05	异汞	0.1	滴滴涕	0.3
己内酰胺	10	松节油	300	溶剂汽油	350
六六六	0.1	环氧乙烷（皮）	5	氯乙烯（皮）	30
丙酮	400	环乙酮	50	氯	1
丙烯腈（皮）	2	环己醇	50	锰及其化合物	0.2
甲苯（皮）	100	苯（皮）	40	锆及其化合物	5
甲醛（皮）	3	苯胺	5	酚（皮）	5
光气	0.5	苯乙烯	40	硫化氢（皮）	10
四氯化碳（皮）	25	钒铁合金	1	氯化氯与盐酸	15
甲拌磷（皮）	0.01	氟化氢（皮）	1	氯苯（皮）	50
内吸磷（皮）	0.02	氨	30	含有10%（质量分数）以上游离SiO_2	2
对硫磷（皮）	0.05	臭氧	0.3	氧化铝	4
乐果	1	磷化氢	0.3	铝合金粉尘	4
敌百虫（皮）	1	糠醛	10	玻璃棉、矿渣棉粉尘	5
敌敌畏（皮）	0.3	甲醇	50	烟草、茶叶粉尘	3
吡啶（皮）	4	醋酸乙酯	300	氧化氮	5
铅尘	0.05	氧化铅	0.5	氧化镉	0.1

3.5.3 排放标准

我国《大气污染物综合排放标准》（GB 16297—1996），根据对人体的危害程度并考虑到我国的实际情况，规定了十三类空气有害物质的排放标准。部分项目限值标准见表3-8。《大气污染物综合排放标准》（GB 16297—1996）规定，1997年1月1日前设立的污染源（以下简称现有污染源）执行表3-8所列标准道；1997年1月1日起设立（包括新建、扩建、改建）的污染源（以下简称新污染源）执行表3-9所列标准值。按下列规定判断污染源的设立日期为：

（1）一般情况下应以建设项目环境影响报告书（表）批准日期作为其设立日期。

（2）未经环境保护行政主管部门审批设立的污染源，应按补做的环境影响报告书（表）批准日期作为其设立日期。

表 3-8　大气污染部分有害物质排放标准

序号	污染物	最高允许排放浓度/mg·m^{-3}	最高允许排放速率/kg·h^{-1}				无组织排放监控浓度限值	
			排气筒/m	一级	二级	三级	监控点	浓度/mg·m^{-3}
1	二氧化硫	1200（硫、二氧化硫、硫酸和其他含硫化合物生产）	15	1.6	3.0	4.1	*无组织排放源上风向设参照点，下风向设监控点	0.50（监控点与参照点浓度差值）
			20	2.6	5.1	7.7		
			30	8.8	17	26		
			40	15	30	45		
		700（硫、二氧化硫、硫酸和其他含硫化合物使用）	50	23	45	69		
			60	33	64	98		
			70	47	91	140		
			80	63	120	190		
			90	82	160	240		
			100	100	200	310		
2	氮氧化物	1700（硝酸、氮肥和火炸药生产）	15	0.47	0.91	1.4	无组织排放源上风向设参照点，下风向设监控点	0.15（监控点与参照点浓度差值）
			20	0.77	1.5	2.3		
			30	2.6	5.1	7.7		
		420（硝酸使用和其他）	40	4.6	8.9	14		
			50	7.0	14	21		
			60	9.9	19	29		
			70	14	27	41		
			80	19	37	56		
			90	24	47	72		
			100	31	61	92		
3	颗粒物	22（炭黑尘、染料尘）	15	禁排	0.60	0.87	周界外浓度最高点	肉眼不可见
			20		1.0	1.5		
			30		4.0	5.9		
			40		6.8	10		
		80**（玻璃棉尘、石英粉尘、矿渣棉尘）	15	禁排	2.2	3.1	无组织排放源上风向设参照点，下风向设监控点	2.0（监控点与参照点浓度差值）
			20		3.7	5.3		
			30		14	21		
			40		25	37		
		150（其他）	15	2.1	4.1	5.9	无组织排放源上风向设参照点，下风向设监控点	5.0（监控点与参照点浓度差值）
			20	3.5	6.9	10		

续表 3-8

序号	污染物	最高允许排放浓度/mg·m^{-3}	最高允许排放速率/kg·h^{-1}				无组织排放监控浓度限值	
			排气筒/m	一级	二级	三级	监控点	浓度/mg·m^{-1}
4	氟化氢	150	15	禁排	0.30	0.46	周界外浓度最高点	0.25
			20		0.51	0.77		
			30		1.7	2.6		
			40		3.0	4.5		
			50		4.5	6.9		
			60		6.4	9.8		
			70		9.1	14		
			80		12	19		
5	硫酸雾	1000（火炸药厂）	15	禁排	1.8	2.8	周界外浓度最高点	1.5
			20		3.1	4.6		
		70（其他）	30		10	16		
			40		18	27		
			50		27	41		
			60		39	59		
			70		55	83		
			80		74	110		
6	氟化物	100（普钙工业）	15	禁排	0.12	0.18	无组织排放源上风向设参照点，下风向设监控点	20μg/m^3（监控点与参照点浓度差值）
			20		0.20	0.31		
		11（其他）	30		0.69	1.0		
			40		1.2	1.8		
			50		1.8	2.7		
			60		2.6	3.9		
			70		3.6	5.5		
			80		4.9	7.5		
7	氯气①	85	25	禁排	0.6	0.90	周界外浓度最高点	0.5
			30		1.0	1.5		
			40		3.4	5.2		
			50		5.9	9.0		
			60		9.1	14		
			70		13	20		
			80		18	28		
8	铅及其化合物	0.9	15	禁排	0.005	0.007	周界外浓度最高点	0.0075
			20		0.007	0.011		
			30		0.031	0.048		
			40		0.055	0.083		

续表 3-8

序号	污染物	最高允许排放浓度/mg·m^{-3}	最高允许排放速率/kg·h^{-1}				无组织排放监控浓度限值	
			排气筒/m	一级	二级	三级	监控点	浓度/mg·m^{-1}
8	铅及其化合物	0.9	50	禁排	0.085	0.13	周界外浓度最高点	0.0075
			60		0.12	0.18		
			70		0.17	0.26		
			80		0.23	0.35		
			90		0.31	0.47		
			100		0.39	0.60		
9	汞及其化合物	0.015	15	禁排	1.8×10^{-3}	2.8×10^{-3}	周界外浓度最高点	0.0015
			20		3.1×10^{-3}	4.6×10^{-3}		
			30		10×10^{-3}	16×10^{-3}		
			40		18×10^{-3}	27×10^{-3}		
			50		27×10^{-3}	41×10^{-3}		
			60		39×10^{-3}	59×10^{-3}		
10	镉及其化合物	1.0	15	禁排	0.060	0.090	周界外浓度最高点	0.050
			20		0.10	0.15		
			30		0.34	0.52		
			40		0.59	0.90		
			50		0.91	1.4		
			60		1.3	2.0		
			70		1.8	2.8		
			80		2.5	3.7		
11	镍及其化合物	5.0	15	禁排	0.18	0.28	周界外浓度最高点	0.050
			20		0.31	0.46		
			30		1.0	1.6		
			40		1.8	2.7		
			50		2.7	4.1		
			60		3.9	5.9		
			70		5.5	8.2		
			80		7.4	11		
12	锡及其化合物	10	15	禁排	0.36	0.55	周界外浓度最高点	0.30
			20		0.61	0.93		
			30		2.1	3.1		
			40		3.5	5.4		
			50		5.4	8.2		
			60		7.7	12		
			70		11	17		
			80		15	22		

续表 3-8

序号	污染物	最高允许排放浓度 /mg·m^{-3}	最高允许排放速率/kg·h^{-1}				无组织排放监控浓度限值	
			排气筒/m	一级	二级	三级	监控点	浓度/mg·m^{-1}
13	苯胺类	25	15	禁排	0.61	0.92	周界外浓度最高点	0.50
			20		1.0	1.5		
			30		3.4	5.2		
			40		5.9	9.0		
			50		9.1	14		
			60		13	20		

* 一般应于无组织排放源上风向 2~50m 内设参照点，排放源下风向 2~50m 内设监控点；

* 周界外浓度最高点一般应设置于无组织排放源下风向的单位周界外 10m 范围内，若预计无组织排放的最大落地浓度点越出 10m 范围，可将监控点移至该预计浓度最高点；

** 均指含游离二氧化硅超过 10%以上的各种粉尘；

① 排放氯气的排气筒不得低于 25m。

表 3-9 新污染源大气污染物排放限值

序号	污染物	最高允许排放浓度 /mg·m^{-3}	最高允许排放速率/kg·h^{-1}			无组织排放监控浓度限值	
			排气筒/m	二级	三级	监控点	浓度/mg·m^{-3}
1	二氧化碳	960（硫、二氧化硫、硫酸和其他含硫化合物生产）	15	2.6	3.5	周界外浓度最高点	0.40
			20	4.3	6.6		
			30	15	22		
		550（硫、二氧化硫、硫酸和其他含硫化合物使用）	40	25	38		
			50	39	58		
			60	55	83		
			70	77	120		
			80	110	160		
			90	130	200		
			100	170	270		
2	氢氧化物	1400（硝酸、氮肥和火炸药生产）	15	0.77	1.2	周界外浓度最高点	0.12
			20	1.3	2.0		
		240（硝酸使用和其他）	30	4.4	6.6		
			40	7.5	11		
			50	12	18		
			60	16	25		
			70	23	35		
			80	31	47		
			90	40	61		
			100	52	78		

续表 3-9

序号	污染物	最高允许排放浓度/mg·m^{-3}	最高允许排放速率/kg·h^{-1}			无组织排放监控浓度限值	
			排气筒/m	二级	三级	监控点	浓度/mg·m^{-3}
3	颗粒物	18（炭黑尘、染料尘）	15	0.15	0.74	周界外浓度最高点	肉眼不可见
			20	0.85	1.3		
			30	3.4	5.0		
			40	5.8	8.5		
		60*（玻璃棉尘、石英粉尘矿渣棉尘）	15	1.9	2.6	周界外浓度最高点	1.0
			20	3.1	4.5		
			30	12	18		
			40	21	31		
		120（其他）	15	3.5	5.0	周界外浓度最高点	1.0
			20	5.9	8.5		
			30	23	34		
			40	39	59		
			50	60	94		
			60	85	130		
4	氟化氢	100	15	0.26	0.39	周界外浓度最高点	0.20
			20	0.43	0.65		
			30	1.4	2.2		
			40	2.6	3.8		
			50	3.8	5.9		
			60	5.4	8.3		
			70	7.7	12		
			80	10	16		
5	铬酸雾	0.070	15	0.008	0.012	周界外浓度最高点	0.0060
			20	0.013	0.020		
			30	0.043	0.066		
			40	0.076	0.12		
			50	0.12	0.18		
			60	0.16	0.25		
6	硫酸雾	430（火炸药厂）	15	1.5	2.4	周界外浓度最高点	1.2
			20	2.6	3.9		
		45（其他）	30	8.8	13		
			40	15	23		
			50	23	35		
			60	33	50		
			70	46	70		
			80	63	95		

续表 3-9

序号	污染物	最高允许排放浓度 /mg·m^{-3}	最高允许排放速率/kg·h^{-1}			无组织排放监控浓度限值	
			排气筒/m	二级	三级	监控点	浓度/mg·m^{-3}
7	氟化物	90（普钙工业）	15	0.10	0.15	周界外浓度最高点	20μg/m^3
			20	0.17	0.26		
		9.0（其他）	30	0.59	0.88		
			40	1.0	1.5		
			50	1.5	2.3		
			60	2.2	3.3		
			70	3.1	4.7		
			80	4.2	6.3		
8	氯气①	65	25	0.52	0.78	周界外浓度最高点	0.40
			30	0.87	1.3		
			40	2.9	4.4		
			50	5.0	7.6		
			60	7.7	12		
			70	11	17		
			80	15	23		
9	铅及其化合物	0.70	15	0.004	0.006	周界外浓度最高点	0.0060
			20	0.006	0.009		
			30	0.027	0.041		
			40	0.047	0.071		
			50	0.072	0.11		
			60	0.10	0.15		
			70	0.15	0.22		
			80	0.20	0.30		
			90	0.26	0.40		
			100	0.33	0.51		
10	汞及其化合物	0.012	15	1.5×10^{-3}	2.4×10^{-3}	周界外浓度最高点	0.0012
			20	2.6×10^{-3}	3.9×10^{-3}		
			30	7.8×10^{-3}	13×10^{-3}		
			40	15×10^{-3}	23×10^{-3}		
			50	23×10^{-3}	35×10^{-3}		
			60	33×10^{-3}	50×10^{-3}		
11	镉及其化合物	0.85	15	0.050	0.080	周界外浓度最高点	0.040
			20	0.090	0.13		
			30	0.29	0.44		
			40	0.50	0.77		

续表 3-9

序号	污染物	最高允许排放浓度/mg·m^{-3}	最高允许排放速率/kg·h^{-1}			无组织排放监控浓度限值	
			排气筒/m	二级	三级	监控点	浓度/mg·m^{-3}
11	镉及其化合物	0.85	50	0.77	1.2	周界外浓度最高点	0.040
			60	1.1	1.7		
			70	1.5	2.3		
12	铍及其化合物	0.012	15	1.1×10^{-3}	1.7×10^{-3}	周界外浓度最高点	0.0008
			20	1.8×10^{-3}	2.8×10^{-3}		
			30	6.2×10^{-3}	9.4×10^{-3}		
			40	11×10^{-3}	16×10^{-3}		
			50	16×10^{-3}	25×10^{-3}		
			60	23×10^{-3}	35×10^{-3}		
			70	33×10^{-3}	50×10^{-3}		
			80	44×10^{-3}	67×10^{-3}		
13	镍及其化合物	4.3	15	0.15	0.24	周界外浓度最高点	0.040
			20	0.26	0.34		
			30	0.88	1.3		
			40	1.5	2.3		
			50	2.3	3.5		
			60	3.3	5.0		
			70	4.6	7.0		
			80	6.3	10		
14	锡及化合物	8.5	15	0.31	0.47	周界外浓度最高点	0.24
			20	0.52	0.79		
			30	1.8	2.7		
			40	3.0	4.6		
			50	4.6	7.0		
			60	6.6	10		
			70	9.3	14		
			80	13	19		
15	苯	12	15	0.50	0.80	周界外浓度最高点	0.40
			20	0.90	1.3		
			30	2.9	4.4		
			40	5.6	7.6		
16	甲苯	40	15	3.1	4.7	周界外浓度最高点	2.4
			20	5.2	7.9		
			30	18	27		
			40	30	46		

续表 3-9

序号	污染物	最高允许排放浓度/mg·m^{-3}	最高允许排放速率/kg·h^{-1}			无组织排放监控浓度限值	
			排气筒/m	二级	三级	监控点	浓度/mg·m^{-3}
17	二甲苯	70	15	1.0	1.5	周界外浓度最高点	1.2
			20	1.7	2.6		
			30	5.9	8.8		
			40	10	15		
18	酚类	100	15	0.10	0.15	周界外浓度最高点	0.080
			20	0.17	0.26		
			30	0.58	0.88		
			40	1.0	1.5		
			50	1.5	2.3		
			60	2.2	3.3		
19	甲醛	25	15	0.26	0.39	周界外浓度最高点	0.20
			20	0.43	0.65		
			30	1.4	2.2		
			40	2.6	3.8		
			50	3.8	5.9		
			60	5.4	8.3		
20	乙醛	125	15	0.050	0.080	周界外浓度最高点	0.040
			20	0.090	0.13		
			30	0.29	0.44		
			40	0.50	0.77		
			50	0.77	1.2		
			60	1.1	1.6		
21	丙烯醛	22	15	0.77	1.2	周界外浓度最高点	0.60
			20	1.3	2.0		
			30	4.4	6.6		
			40	7.5	11		
			50	12	18		
			60	16	25		
22	丙烯醛	16	15	0.52	0.78	周界外浓度最高点	0.40
			20	0.87	1.3		
			30	2.9	4.4		
			40	5.0	7.6		
			50	7.7	12		
			60	11	17		

续表 3-9

序号	污染物	最高允许排放浓度/mg·m^{-3}	最高允许排放速率/kg·h^{-1}			无组织排放监控浓度限值	
			排气筒/m	二级	三级	监控点	浓度/mg·m^{-3}
23	氯化氢[2]	1.9	25	0.15	0.24	周界外浓度最高点	0.024
			30	0.26	0.39		
			40	0.88	1.3		
			50	1.5	2.3		
			60	2.3	3.5		
			70	3.3	5.0		
			80	4.6	7.0		
24	甲醇	190	15	5.1	7.8	周界外浓度最高点	12
			20	8.6	13		
			30	29	44		
			40	50	70		
			50	77	120		
			60	100	170		
25	苯胺类	20	15	0.52	0.78	周界外浓度最高点	0.40
			20	0.87	1.3		
			30	2.9	4.4		
			40	5.0	7.6		
			50	7.7	12		
			60	11	17		
26	氯苯类	60	15	0.52	0.78	周界外浓度最高点	0.40
			20	0.87	1.3		
			30	2.5	3.8		
			40	4.3	6.5		
			50	6.6	9.9		
			60	9.3	14		
			70	13	20		
			80	18	27		
			90	23	35		
			100	29	44		
27	硝基苯类	16	15	0.050	0.080	周界外浓度最高点	0.040
			20	0.090	0.13		
			30	0.29	0.44		
			40	0.50	0.77		
			50	0.77	1.2		
			60	1.1	1.7		
28	氯乙烯	36	15	0.77	1.2	周界外浓度最高点	0.60
			20	1.3	2.0		
			30	4.4	6.6		

续表 3-9

序号	污染物	最高允许排放浓度/mg·m^{-3}	最高允许排放速率/kg·h^{-1}			无组织排放监控浓度限值	
			排气筒/m	二级	三级	监控点	浓度/mg·m^{-3}
28	氯乙烯	36	40	7.5	11	周界外浓度最高点	0.60
			50	12	18		
			60	16	25		
29	苯丙a芘	0.30×10^{-3}（沥青、碳素制品生产和加工）	15	0.050×10^{-3}	0.080×10^{-3}	周界外浓度最高点	0.008μg/m^3
			20	0.085×10^{-3}	0.13×10^{-3}		
			30	0.29×10^{-3}	0.43×10^{-3}		
			40	0.50×10^{-3}	0.76×10^{-3}		
			50	0.77×10^{-3}	1.2×10^{-3}		
			60	1.1×10^{-3}	1.7×10^{-3}		
30	光气③	3.0	25	0.10	0.15	周界外浓度最高点	0.080
			30	0.17	0.26		
			40	0.59	0.88		
			50	1.0	1.5		
31	沥青烟	140（吹制沥青）	15	0.18	0.27	生产设备不得有明显的无组织排放存在	
			20	0.30	0.45		
		40（熔炼、浸涂）	30	1.3	2.0		
		75（建筑搅拌）	40	2.3	3.5		
			50	3.6	5.4		
			60	5.6	7.5		
			70	7.4	11		
			80	10	15		
32	石棉尘	1根纤维/cm^{3}或10mg/m^3	15	0.55	0.83	生产设备不得有明显的无组织排放存在	
			20	0.93	1.4		
			30	3.6	5.4		
			40	6.2	9.3		
			50	9.4	14		
33	非甲烷总烃	120（使用溶剂汽油或其他混合烃类物）	15	10	16	周界外浓度最高点	4.0
			20	17	27		
			30	53	83		
			40	100	150		

* 周界外浓度最高点一般应设置于无组织排放源下风向的单位周界外10m范围内，若预计无组织排放的最大落地浓度点越出10m范围，可将监控点移至该预计浓度最高点。

* 均指含游离二氧化硅超过10%以上的各种粉尘。

① 排放氯气的排气筒不得低于25m。

② 排放氰化氢的排气筒不得低于25m。

③ 排放光气的排气筒不得低于25m。

在制订各种标准时，需考虑技术设计标准、排放标准与环境标准三者之间的关系。最基本的是空气环境质量标准，技术标准是为了保证不超过有害物质的排放标准，而排放标准是为了达到空气环境质量标准。但在实际的制订过程中，往往要根据以往经验，并不一定完全按照这三者之间的关系。由于不同地区工农业发展状况及布局不同，污染源分布及污染物排放量不同，以及气象、水文、地理条件的差异，因此，各地区还应根据当地的实际情况，制订出适合于本地区的大气排放标准。

3.6 东鞍山选矿厂粉尘治理实践

3.6.1 选矿厂概述

一般铁矿石加工过程散至工作区的粉尘，分散度高、含游离二氧化硅比例大，是硅肺病的主要原因。表 3-10 为东鞍山选矿厂近期的测定数据。调查表明，硅肺平均发病工龄为 17.2 年，最短者为 8 年，可见其危害的严重性。

表 3-10 工作区粉尘中游离 SiO_2 含量、分散度测定

地点	粉尘中游离 SiO_2 含量（质量分数）/%	粉尘分散度/%			
		<2μm	2~5μm	5~10μm	>10μm
粗破碎	56.35	61	33	5	1
中破碎	55.89	62	32	4	1
细破碎	60.03	61	38	5	1
中间	63.83	58	36	5	1
筛分	54.16	56	37	6	1

据不完全统计，目前国内已投产的黑色金属选矿厂几千余座。由于防尘措施不当、缺乏科学管理、忽略个体防护等原因，致使粉尘污染和危害没能得到基本控制，操作区粉尘浓度合格率很低，并有进一步扩大的趋势，存在的主要问题包括：

（1）防尘措施不完善，除尘设备陈旧、完好率低。不少尘源是敞露的，比如移动漏矿车卸料的矿槽加料口、胶带运输机等；已有的密闭罩，或因设计不当影响操作而被拆除，或因检修设备将罩拆除而未恢复；湿法防尘措施或因供水水质不佳而使水力除尘喷嘴堵塞，或因采暖设施跟不上，一些寒冷地区的选矿厂，冬季不能使用，致使湿法防尘措施不能充分发挥效用；各厂的机械除尘系统，基本上为机旁分散式，由于不便维护管理、粉尘处理不当等原因，往往置而不用。特别是老厂，除尘系统所用的净化设备多为五十年代的，设备陈旧，净化效率低，故障多，加之年久失修，设备完好率很低。

（2）一些尘源无治理。粗碎上部卸矿车、露天储矿槽等大面积散尘源，目前尚无有效的治理措施，只能采取喷水降尘稍加控制。这对环境的污染相当严重，比如包钢白云鄂博铁矿 1500mm 旋回破碎机，当卡车翻矿时，从矿槽内扬起的含尘空气量竟达 114000m^3/h，气流速度为 4.1m/s，粉尘浓度高达 3100mg/m^3，为数众多的胶带机尘源，目前只在其转运点设置机械抽风、除尘，而对胶带机中段的扬尘则无控制措施。而胶带机产生的粉尘，分散度较高，5μm 以下的约占 90%，悬浮速度约为 0.002m/s，在 0.1m/s 的风速下很快扩

散至整个操作区，危害极大。

（3）岗位粉尘合格率低，硅肺患病率、发病率高。防尘技术措施和组织措施不力，势必造成环境污染严重，岗位粉尘浓度高，合格率低，硅肺发病率高。以东鞍山选矿厂为例，岗位粉尘最高浓度曾达800mg/m^3，历年粉尘合格率都不超过11%（见表3-11）。年平均发病率为1.13%，患病率为22.28%。

表3-11 历年粉尘浓度及合格率

年份	年平均粉尘浓度/mg·m^{-3}	年平均粉尘浓度/%
1964	25.95	5.8
1965	12.29	22.8
1966	9.83	9.8
1967	10.84	23.4
1972	19.03	1.96
1973	13.51	7.5
1975	45.37	0
1976	35.72	2.5
1977	31.06	1.6
1978	22.88	0
1979	11.41	2.7
1980	12.15	10.4

3.6.2 粉尘治理方法及工艺

治理选矿厂粉尘污染必须采取改革生产工艺、严格地密闭尘源、加强湿法防尘、设置有效的除尘系统、加强维护管理、做好个人防护等综合措施。下面仅就主要技术措施加以叙述。

3.6.2.1 尘源密闭

尘源密闭是一项重要防尘措施，可使尘源附近的空气含尘量大幅度下降。尘源密闭罩应不妨碍生产操作和设备检修，结构坚固、严密并易于拆卸和安装。在参考引进宝钢密闭系统的工程后，整个矿石准备作业的胶带运输机不仅实现了整体封闭，而且在原有基础上进行了局部优化调整，比如胶带运输机卸料口的密闭问题。因为矿石沿溜槽下落时带入诱导气流，所以使受料点造成正压，密闭不好，含尘空气将通过密闭罩缝隙向外逸散，转运点的密闭如图3-17所示。

3.6.2.2 湿法防尘

湿法防尘是一种简单、经济、有效的防尘措施，包括水力除尘、喷雾降尘、水冲洗等主要内容。在工艺允许的条件下，应最大限度地加湿物料以降低操作区粉尘浓度。矿石加水，一般应在工艺流程的前部分（如粗破碎）加水，随着矿石粒度变细，未被水湿润的表面不断增加再逐渐加水。对于产生粉尘的厂房，设置喷雾装置定期喷雾，可使空气中悬浮粉尘凝聚，加速其沉降，为提高对微粒的捕集效率，应加强对电喷雾技术的研究；为了防

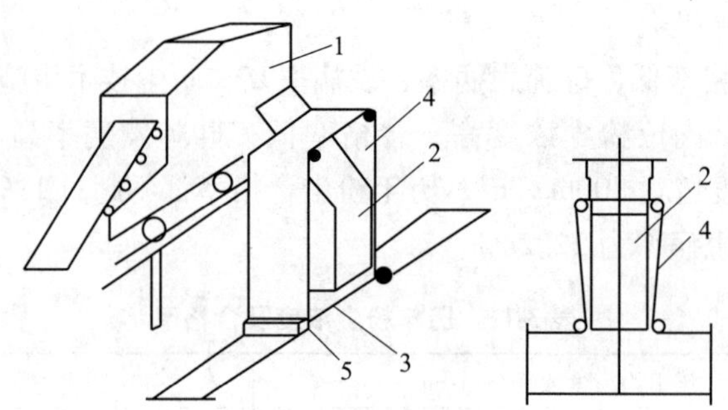

图 3-17 卸料小车矿槽口密闭示意
1—移动漏矿车；2—下料嘴；3—矿槽口；4—H 形皮带；5—小辊

止二次扬尘，对厂房内有灰尘的地坪、墙壁、设备表面等应经常进行全面的水冲洗。此外，为了使湿法防尘措施得以实施，应保证供水水质，防止喷雾装置堵塞。

3.6.2.3 添置有效的除尘系统

合理的系统布局、性能良好的净化设备、处理能力足够的通风机、可靠的粉尘处理与回收方式，方能构成有效的除尘系统。目前国内选矿厂的除尘系统基本是机旁分散式，每个系统 1~5 个吸尘点，处理风量 5000~30000m^3/h，多而分散，管理和粉尘处理不便，往往造成使用率低。而国外则多为集中式布置，比如宝钢引进工程的矿石破碎筛分系统，设置大型的集中式除尘系统，其风量达 540000m^3/h。除尘系统集中、设备大型化，便于维护管理、集中操作和粉尘处理，使用率高，充分发挥了除尘系统的效用。净化设备的选择应考虑效率高而稳定、坚固耐用。一般选矿厂尘源点的初含尘浓度在 5g/m^3 以下，为达到 100mg/m^3 的排放标准，要求净化设备有 98%的净化效率。至于净化设备选用干式或湿式，应在满足净化效率要求的前提下，结合现场具体情况确定。目前，我国无论老厂和新厂多数选用湿式除尘器；国外大型选矿厂的除尘净化设备多选用干式大布袋除尘器，选用布袋除尘时，应注意控制含尘气体的湿度和合适的滤布，以避免粉尘黏结滤袋。除尘系统的风机能力直接影响尘源点粉尘的控制效果。国产风机的实际生产能力与样本数据有一定差距，选择时一定要考虑适当的富余系数。净化设备回收的粉尘，湿式除尘器排出的可放入中矿或尾矿浓缩池，干式除尘器排出的要加湿处理，以避免二次扬尘。

3.6.2.4 加强厂房密闭，合理组织气流

为使操作区粉尘浓度达到卫生标准，除采取相应的防尘措施外，加强厂房密闭，合理组织气流也很重要。空气经净化处理后用空气分布器低速均匀地送至厂房上部，以合理组织气流。

3.6.3 小结

治理选矿厂粉尘危害必须采取综合措施，对尚无治理措施的尘源，要尽快提出解决办法。必须抓紧对老厂进行技术改造。其改造方案包括：

(1) 对现有除尘系统进行修复，更换落后的净化设备，根据需要增设一些新的除尘系统并充分发挥其效用。

(2) 充分应用高压静电尘源控制装置并配合水冲洗设施。

（3）设大集中除尘系统，选用大型高效净化设备。

思 考 题

3-1 大气污染的类型有哪些？

3-2 气溶胶状态污染物和气态污染物分别有哪些？

3-3 选矿厂大气污染的来源有哪些？

3-4 简述选矿厂大气污染的特征。

3-5 粉尘的危害有哪些？

3-6 选矿厂常用的除尘方式有哪些？

3-7 选矿厂大气污染物的控制方法有哪些？

4　选矿厂固体废弃物处理与处置

4.1　概　　述

4.1.1　固体废弃物概念及种类

各国关于固体废弃物的概念有所不同。美国《固体废物处置法》所称的“固体废弃物”，包括《固体废物处置法》和联邦环保局的条例排除的几类物质以外的所有垃圾、废物和其他被遗弃的物质，即固态、液态、半固态甚至气态物质。德国《废物避免、综合利用和处置法》所称的“废物”是指持有者丢弃或有意向或必须丢弃的所有动产，包括：不合格产品，过期产品，不能用的部件（如废电池、废催化剂），不再能发挥令人满意功能的物质（如被污染的酸、溶剂）等，工业过程产生的残余物（残渣等），被法律禁止使用的任何材料、物质或产品，持有者不再用的产品（如农业、家庭、办公室、商业和商店的丢弃物品）等。

《中华人民共和国固体废物污染环境防治法》明确指出：“固体废物指在生产、生活和其他活动中产生的丧失原有利用价值或者虽未丧失利用价值但被抛弃或者放弃的固态、半固态和置于容器中的气态物品、物质以及法律、行政法规规定纳入固体废物管理的物品、物质。”这里所指的生产包括基本建设、工农业，以及矿山、交通运输等各种工矿企业的生产建设活动；所指的生活包括居民的日常生活活动，以及为保障居民生活所提供的各种社会服务及设施，比如商业、医疗、园林等；其他活动则指国家各级事业及管理机关、各级学校、各种研究机构等非生产性单位的日常活动。

固体废弃物相对于某一过程或者某一方面没有使用价值，而并非在一切过程中都没有使用价值。此外，由于各种产品本身都具有使用寿命，超过了使用寿命期限，也会成为废弃物。因此，固体废弃物的概念具有以下特点：

（1）时空性。从时间性来说，随着科技的发展，今天的废弃物也许会成为明天的资源；从空间性来说，一种过程的废弃物可能成为另一过程的原料。所以，废弃物又有“放错地点的原料”之称。

（2）污染性。污染性主要表现为固体废弃物自身的污染性和固体废弃物处理的二次污染性。固体废弃物可能含有毒性、燃烧性、爆炸性、放射性、腐蚀性、传染性与致病性，甚至是含有污染物富集的生物。有些物质难于降解或处理，加之固体废弃物排放数量与成分具有不确定性与隐蔽性，这些因素导致固体废弃物在其产生、排放和处理过程中会对视角和生态环境造成污染，甚至对人的身心健康造成危害。

（3）社会性。社会性主要表现在以下三个方面：一是每个社会成员都会产生与排放一定数量的固体废弃物；二是固体废弃物的产生意味着社会资源的消耗，对社会产生影响；

三是固体废弃物的排放、处理与处置及固体废弃物的污染会影响他人的利益，即具有外部性（外部性指主体的活动影响他人的利益或健康），产生社会影响。无论是产生、排放，还是处理，固体废弃物都会影响到每个社会成员的利益。

广义而言，废弃物按其形态有气、液、固三态。如果废弃物是以液态或者气态存在，且污染成分混入了一定量（通常浓度很低）的水或气体（大气或气态物质），即通常所说的废水或废气，一般应纳入水环境或者大气环境管理体系。而固体废弃物包括所有经过使用而被弃置的固态或半固态物质，甚至还包括具有一定毒害性的液态或气态物质。

固体废弃物的种类繁多，为便于处理、处置及管理，通常需要对固体废弃物加以分类。固体废弃物的分类方法很多，按化学性质分为有机固体废弃物和无机固体废弃物；按照污染特性可将固体废物分为一般固体废弃物、危险废弃物以及放射性固体废弃物。一般固体废弃物是指不具有危险特性的固体废弃物；危险废弃物是指列入国家危险废弃物名录或者国家规定的危险废弃物鉴别标准和鉴别方法认定的、具有危险特性，即具有毒性、腐蚀性、传染性、反应性、浸出毒性、易燃性、易爆性等独特性质，对环境和人体会带来危害，须加以特殊管理的固体废弃物。我国 2016 年 8 月 1 日实施的新版《国家危险废物名录》中规定了 47 类危险废弃物，既包括固态废弃物，也包括液态以及具有外包装的气态废弃物。此外，由于放射性废弃物在管理方法和处置技术等方面与其他废弃物有着明显的差异，许多国家都不将其包含在危险废弃物范围内。

按照固体废弃物的来源可分为工业固体废弃物、城市生活固体废弃物、农业固体废弃物和放射性废弃物四类（见表 4-1）。城市生活固体废弃物主要指在城市日常生活中或者为城市日常生活提供服务的活动中产生的固体废弃物，即城市生活垃圾，其包括居民生活垃圾、医院垃圾、商业垃圾、建筑垃圾（又称渣土）等。工业固体废弃物是指在工业、交通等生产活动中产生的采矿废石、选矿尾矿、燃料废渣、化工生产及冶炼废渣等固体废物，其包括矿冶、能源、钢铁、化学、有色金属等废弃物。农业固体废弃物也称为农业垃圾，是指农业生产活动（包括科研）中产生的固体废弃物，其包括种植业、林业、畜牧业、渔业、副业五种农业产业产生的废弃物。放射性废弃物是指所排放的废弃物中含有放射性元素或被放射性元素污染，其浓度或活度大于国家主管部门规定的清洁解控水平，并且预计不再利用的物质。《中华人民共和国固体废物污染环境防治法》中也没有涉及放射性废弃物的污染控制问题。关于放射性固体废弃物的管理在国家《电离辐射防护与辐射源安全基本标准》（GB 18871—2002）中规定："凡放射性核素含量超过国家规定限值的固体、液体和气体废弃物，统称放射性废弃物。放射性固体废弃物包括核燃料生产、加工、同位素应用、核电站、核研究机构、医疗单位、放射性废弃物处理设施产生的废弃物（如尾矿）、污染的废旧设备、仪器、防护用品、废树脂、水处理污泥以及蒸发残渣等"。

表 4-1　固体废弃物的分类、来源和主要组成物

分类	来源	主要组成物
工业固体废弃物	采矿、选矿、冶金、交通、机械	废石、尾矿、矿渣、金属碎屑、焊接废料、绝缘材料等
	电力	炉渣、粉煤灰
	建材	水泥、黏土、陶瓷、石膏、石棉等

续表 4-1

分类	来源	主要组成物
工业固体废弃物	化工	化工废渣、化学石膏、炉渣、化学试剂、非金属等
	轻纺食品	废橡胶、废塑料、棉纱、纤维碎布、染料废渣等
	橡胶、皮革、塑料	橡胶、皮革、塑料、碎布、纤维等
城市生活固体废弃物	居民生活	食品废弃物、生活垃圾、燃料灰渣等
	商业、机关	食品废弃物、炉灰、废旧工具、器具及生活垃圾
	市政维护、管理部门	碎砖瓦、落叶、灰渣、污泥等
农业固体废弃物	农林	稻草、蔬菜、水果、落叶、树枝、人畜禽粪便等
	水产、牧业	死禽畜、腐烂鱼、虾贝壳等
放射性固体废弃物	核工业、核研究、医疗单位机构	金属、放射性废渣、污泥、器具、劳保用品、建筑材料等

4.1.2　固体废弃物的危害

随着我国经济的快速增长和城市化建设速度的不断提高，固体废弃物的种类和数量急剧增多、污染程度加深和处理难度增大等问题越来越明显。固体废弃物对环境的影响不同于废水和废气，对环境的影响更广泛。固体废弃物是各种污染物的集合体，通常含有多种污染成分，可能含有毒性、燃烧性、爆炸性、放射性、腐蚀性，甚至还含有污染物富集的生物，这些因素导致了固体废弃物在产生、排放和处理过程中会对资源、生态环境、人类健康造成危害，甚至会影响到社会经济的可持续发展。固体废弃物的污染途径如图 4-1 所示。

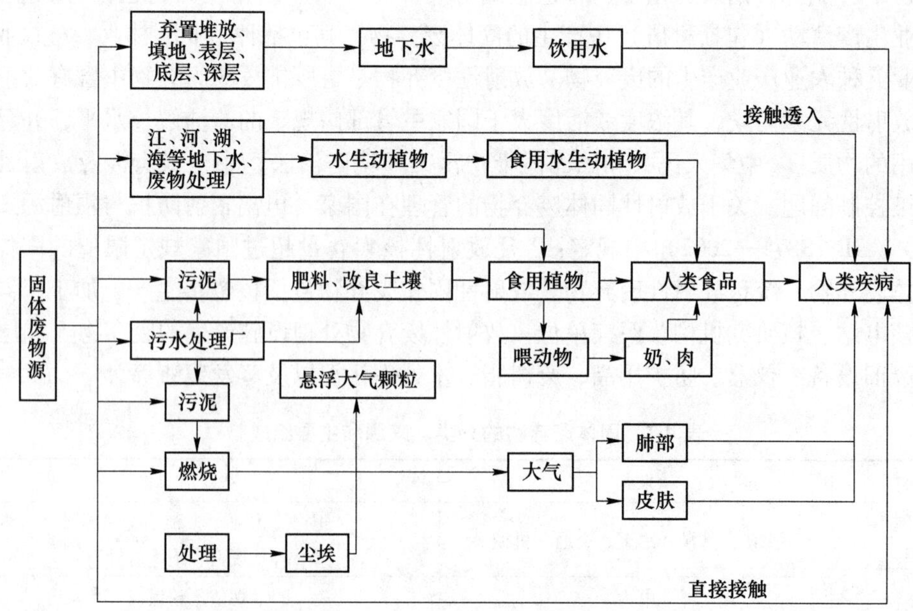

图 4-1　固体废弃物传播疾病的途径

4.1.2.1 侵占土地

固体废物若不加处置和利用，只能占地堆放。据估计，平均每堆积 1 万吨废渣和尾矿，需占地 670m^2 以上。近年来，我国每年工业固体废弃物产量均在 33 亿吨左右，到目前为止，全国工业固体废物总堆放量已超过 600 亿吨，占地面积超过 200 多万公顷。全国工业固体废弃物综合利用率为 45%左右。土地是宝贵的自然资源，虽然我国幅员辽阔，但耕地面积十分紧缺，人均占地面积仅占世界人均占地的 1/3。固体废物的堆积侵占了大量土地，造成了极大的经济损失，并且严重地破坏了地貌，植被和自然景观。

4.1.2.2 污染土壤

土壤是许多细菌、真菌等微生物聚居的场所。这些微生物形成了一个生态系统，在大自然的物质循环中，担负着碳循环和氮循环的部分重要任务。工业固体废物（特别是有害固体废物），经过风化、雨雪淋溶、地表径流的侵蚀，产生各种化学反应，生成高温或毒水，能杀灭土壤中的微生物，使土壤丧失腐解能力，导致草木不生。固体废物中的有害物质进入土壤后，还可能在土壤中发生积累。我国西南某市郊因农田长期存在垃圾，土壤中的汞浓度已超过本底值 8 倍，铜、铅浓度分别增加 87%和 55%，给农作物的生长等带来危害。

土壤是各类植物生存的基础，也是农业持续健康发展的核心资源。固体废弃物的长期堆积，还会导致固体废物的大量流失，造成水溪、河流堵塞，使水体受到严重污染，危害农业生产。尾矿中的重金属元素，由于各种作用渗入到土壤之后，会导致土壤毒化，严重破坏土质，最终土壤越发贫瘠，甚至沙化。

此外，在电子垃圾拆卸地周围区域，其土壤中可持久性有机污染物多溴联苯醚的含量较其他地区偏高。研究表明，该物质由于具有较低的蒸气压，较高的辛醇/水分配系数，易于在土壤中富集，会对土壤造成长期污染。

4.1.2.3 污染水体

由于固体废弃物中一般含有多种有毒、有害物质，比如重金属元素及一些放射性的物质，这些固体废弃物在露天场所长期堆放，会与空气发生氧化、分解以及溶滤等作用，使其中的有毒、有害物质随着雨水流失；另外还包含有毒的残留浮选药剂以及剥离废石中含硫矿物引发的酸性废水，从而污染水体，并被植物的根部所吸收，影响农作物生长，造成农业减产。这些有毒、有害物质会通过食物链进入人体，危及人体健康，比如江苏某硫铁矿，由于废石堆中含有硫化物，在空气、水以及细菌的综合作用下生成硫酸。降雨时便从废石堆中流出酸性水，进而流入附近的农田和太湖中，致使农业减产，鱼类死亡，同时还污染和破坏了风景区。

根据我国环保部门发布的公报数据显示，固体废弃物近年来对城市水体污染的现象越来越严重，甚至给整个生态环境都带来了严重影响。许多国家将固体废弃物直接向江河湖倾倒，这样不仅污染水体，使水质下降，而且还减少了水域面积、阻塞河道、侵蚀农田、危害水利工程；有毒有害固体废物进入水体，会使一定的水域成为生物死区；固体废弃物随着天然降水和地表径流进入江河、湖泊，粉尘废弃物等随风飘落入地面水，也会造成地面水污染。此外，有的固体废弃物产生的有害物质随雨水下渗到地表以下，污染地下水。在我国，固体废物污染水的事件已屡见不鲜，比如：锦州某铁合金厂堆存的铬渣，使近20平方公里范围内的水质遭受重金属六价铬污染，致使七个自然村水井的水不能饮用；湖南某矿务局的含砷废渣由于长期露天堆存，其浸出液污染了民用水井，造成308人急性中毒、6人死亡的严重事故；我国著名的游览胜地青岛市的主要工业区和生活区位于胶州湾东岸，由于长期大量的固体废物不加处理任意排放，整个滩涂几乎全被工业废渣、建筑垃圾和生活垃圾所掩埋，海水受到严重污染，原有100多种水生生物，残存下来的不过10余种。

4.1.2.4 污染空气

虽然大气的主要污染源为工业污染源、生活炉灶与采暖锅炉、交通运输、森林火灾等，但固体废弃物的随意堆放也会造成一定程度的大气污染。一些固体废弃物本身具有毒性，如果将它们长期堆放而不进行任何有效的处理，受日晒雨淋之后，很可能产生大量含有毒素的废气或粉尘。若不进行覆盖处理，便会在风力作用下进入大气，成为大气中颗粒污染物的主要来源之一，加剧雾霾的发生，危害人体健康。另外，一些有机固体废弃物长期堆放，在一定的温度和湿度条件下会被微生物分解，同时释放出有害气体。比如焚烧炉工作时会产生颗粒物、酸性气体、未燃尽的废物、重金属与微量有机化合物等，石油化工厂油渣露天堆置，会有一定数量的多环芳烃生成，填埋在地下的有机废物分解会产生二氧化碳、甲烷等；若任其聚集则可能会发生危险，比如火灾、爆炸。

4.1.2.5 影响环境卫生

城市生产建设和居民生活是固体废弃物的主要来源，各种生活垃圾、生产垃圾以及建设垃圾越来越多。特别是生活垃圾非常容易出现发酵腐化的情况，形成恶臭，招致蚊虫或老鼠，导致疾病的传播。由于近年来我国城市建设发展步伐日益加快，建筑垃圾也越来越多，而在城市建设时所形成的各种粉尘污染也必须要引起重视，这些污染物不但对城市的市容市貌和环境卫生造成影响，同时还阻碍城市的健康发展。

总之，固体废弃物对人类的生存与发展产生巨大的威胁。不经处理的固体废弃物直接放置在土壤、大气或水环境中，会造成严重的环境污染，破坏人类社会的发展。因此，要集中精力寻求解决办法，充分应用固体废弃物的处理与处置技术对固体废弃物进行集中处理，减少其危害。

4.1.3 危险废物

随着工业的快速发展，工业生产过程排放的危险废物日益增多。据估计，全世界每年的危险废物产生量为3.3亿吨。由于危险废物带来的严重环境污染和潜在的影响，工业发达国家危险废物已称为“政治废物”。危险废物的鉴别是一项较为复杂的工作，各个国家根据本国积累的经验采取不同的鉴别方法，并将危险废物列成名录进行公布，如美国已将96种工业废弃物和近400种化学品确定为危险废物。表4-2为美国危险废弃物的鉴别标准。

表 4-2 危险废弃物的特性和鉴别

特性	鉴别	阈值
易燃性	闪点低于定值；经过摩擦、吸湿、自发的化学变化有着火的趋势；在加工、制造过程中发热或在点燃时燃烧剧烈而持续，以致管理期间会引起危险的物质	美国 ASTM 法，闪点低于 60℃
腐蚀性	对接触部位作用时，使细胞组织、皮肤有可见性破坏或不可治愈变化；使接触物质发生质变或使容器泄漏的废弃物	pH>12.5 或<2 的液体；在 55.7℃ 的条件下对钢制品腐蚀率大于 0.64cm/a
反应性	通常情况下不稳定，极易发生剧烈的化学反应；与水猛烈反应，或形成可爆炸性的混合物，或产生有毒的气体、臭气；含有氰化物或硫化物；在常温常压下即可发生爆炸反应，在加热或有引发源时可爆炸；对热或机械冲击具有不稳定性	—
浸取毒性	用规定的浸出或萃取方法的浸出液中任何一种污染物浓度超过标准值的规定。污染物指镉、汞、砷、铅、铬、硒、银、六氯化苯、甲基氯化物、毒杀芬 2、4-D 和 2、4、5-T 等	美国 EPA/EP 法试验超过饮用水的 100 倍
急性毒性	一次投给试验动物的毒性物质，半致死量（LD_{50}）小于规定值的毒性废物	美国国家安全卫生研究厅依法试验：口服毒性 LD_{50}<50mg/kg，吸入毒性 LD_{50}<2mg/kg，吸收毒性 LD_{50}<200mg/kg
水生生物毒性	用鱼类试验，常用 96h 半数（TL_m）受试鱼死亡的浓度值小于规定值	TL_m<1000mg/kg
植物毒性		半抑制剂浓度 TL_m<1000mg/kg
生物积蓄性	生物体内富集某种元素或化合物达到环境标准以上，试验时呈阳性结果	阳性
遗传变异性	由毒物引起的有丝分裂或减数分裂细胞的脱氧核糖核酸或核糖核酸的分子变化，产生致癌、致变、致畸的严重影响	阳性
刺激性	使皮肤发炎	使皮肤发炎不小于 8 级

4.1.4 固体废弃物的处理与处置方法

固体废弃物的处理是指运用各种物理、化学及生物的方法把固体废弃物转化为适于运输、贮存、利用或处置的过程。固体废弃物处理的目标是无害化、减量化、资源化。由于固体废弃物成分复杂，物理性状千变万化，因而固体废弃物的处理被人们认为是“三废”中最难处置的一种废弃物，涉及物理、化学、生物学及机械工程等多种学科。其主要处理技术有：

（1）预处理。在对固体废弃物进行综合利用和最终处理之前，往往需要进行预处理，以便后续处理。预处理技术一般包括压实（压缩）、破碎、筛分和粉磨等环节。压实（压缩）处理主要是增加垃圾的体积密度，有利于减少运输成本；破碎使大块垃圾小粒径化，以配合后续处理过程；筛分是将固体废弃物按照粒度进行分类，便于后续处理；粉磨是采用相关设备对固体废弃物进行磨细，方便后续处理的一种过程。

（2）物理处理。物理处理是利用固体废弃物本身的物理性质或物理化学性质，采用各种物理方法分选或分离有用或有害物质。根据固体废弃物的特性可采用重选、磁选、电选、光电分选、摩擦分选和浮选等方法。

（3）化学处理。化学处理是利用化学反应使固体废弃物中的有害成分受到破坏，将其转化为无害物质，或使其转变为适于进一步处理、处置形态的方法。氧化还原、中和、化学浸出等都属于化学处理方法。

（4）生物处理。生物处理是利用微生物对有机固体废弃物的分解作用使其无害化。生物处理可以使有机固体废弃物转化为能源、食品、饲料和肥料，还可用来从废品和废渣中提取金属，是固体废物资源化的有效方法。目前应用比较广泛的有堆肥化、沼气化、废纤维素糖化、废纤维饲料化、生物浸出等。

（5）热处理。热处理是把固体废物高温热解和深度氧化的综合处理过程。其优点是将大量的有害废料分解为无害的物质。由于固体废弃物中可燃物的比例逐渐增加，热处理方法多被采用处理固体废弃物，利用其热能已成为必然的发展趋势。常用的热处理方法有焚烧、热解、焙烧和烧结等。

（6）固化处理、固化处理是通过向废弃物中添加固化基材（如水泥、沥青、石膏等），使有害固体废弃物固定或包容在惰性固化基材中的一种无害化处理过程。所用的固化产物应具有良好的抗渗透性、抗浸出性、抗干湿性及抗冻融性。固化产物可直接进行填埋处置，也可用做建筑的基础材料或道路的路基材料。根据固化基材的不同可将固化处理分为水泥固化、沥青固化、玻璃固化和自胶质固化等。

终态固体废弃物的处置是控制固体废弃物污染的末端环节，是解决固体废弃物的归宿问题。处置的目的和要求是使固体废弃物在环境中最大限度地与生物圈隔离，避免或减少其中的污染组分对环境的污染与危害。

终态固体废弃物的处置可分为海洋处置和陆地处置两大类，海洋处置又可分为海洋倾倒与远洋焚烧两种方法。海洋倾倒是将固体废弃物直接投入海洋的一种处置方法，这是因为海洋是一个庞大的废弃物接受体，对污染物质有极大的稀释能力。进行海洋倾倒时，首先要根据有关法律规定，选择处置场地，然后再根据处置区的海洋学特性、海洋保护水质标准、处置废弃物的种类及倾倒方式进行技术可行性研究和经济分析，最后按照设计的倾倒方案进行投弃。远洋焚烧是利用焚烧船将固体废弃物进行船上焚烧的处置方法，废弃物焚烧后产生的废气通过净化装置与冷凝器净化冷凝后排入大气，残渣排入海洋。这种技术适于处置易燃性废弃物，比如含氯的有机废弃物。陆地处置的方法较多，包括土地填埋、土地耕作、深井灌注等。土地填埋是从传统的堆存处置发展起来的一项处置技术，它是目前处置固体废弃物的主要方法。

4.2 选矿厂固体废弃物的来源与危害

4.2.1 固体废弃物的来源

固体废弃物的来源可分为两大类：一是生产过程中产生的废弃物（除废水和废气），

称为生产废物；二是产品使用过程中产生的废弃物，称为生活废物。生产废物主要来自工业、农业等生产部门，如冶金、煤炭、电力、石油化工等行业。随着工农业的迅速发展和城市人口的高度聚集，人们在生产和生活中所排放的固体废弃物越来越多。全世界每年产生的固体废弃物多达100亿吨，其中美国约占50%。以城市垃圾和工业固体废弃物人均排放量计，美国最高，其次是日本，其他工业化国家相对较低。

我国固体废弃物的排放量也十分惊人。2018年，全国固体废弃物排放量约18亿吨，其中工业固废15.5亿吨，工业危险废弃物产量为4643万吨。我国工业固体废弃物主要来自各个工业生产部门的生产和加工过程及流通中所产生的粉尘、碎屑、污泥等。典型的工业固体废弃物包括废矿石、尾矿、冶炼渣、橡胶、化学药剂等。

选矿厂固体废弃物以选矿尾矿最为关键，数量也最为巨大。据不完全统计，2000年以前，中国矿山产出的尾矿总量为50.26亿吨，按2000年中国矿山年排放尾矿量6亿吨计算，现有尾矿总量约170亿吨。

4.2.2 选矿厂尾矿的危害

选矿厂尾矿是矿石在一定条件下被磨细，有用成分被分选提取后所排放的废弃物，是工业固体废弃物的主要组成部分，具有量大、集中、颗粒细等特点。

在世界金属矿产资源中，富矿储量正在逐年减少，低品位贫矿的开发与利用比重正在逐渐增大，带来了尾矿量的急剧增加，对环境造成了严重的污染。在20世纪50年代中期，美国经选矿处理的矿石只占整个高炉矿量的60%左右，到60年代初期，就上升到了86%。俄罗斯经选矿处理的矿石比重也由40年代初的9.2%上升到了60年代的86%。目前，除南非、澳大利亚和巴西等国部分矿石品位较高，可不经选别直接冶炼外，其他国家如中国、美国、苏联、加拿大、英国、法国等，90%以上的矿石都要经过选矿处理才能进行后续加工。随着经济的飞速发展，人类对矿产品的需求大幅度增加，矿业开发规模随之加大，产生的选矿尾矿数量将不断增加；加之选矿技术的进步，使许多可利用的工业矿石品位日益降低。为了满足对矿产品需求的日益增长，选矿规模越来越大，因此产生的选矿尾矿数量也将大大增加，而大量堆存的尾矿给矿业、环境及经济等造成了不少难题。选矿厂尾矿的危害，主要体现在以下几个方面。

4.2.2.1 *尾矿是引发重大环境问题的污染源*

尾矿粒度一般较细，如果长期堆存，风化现象严重，会产生二次扬尘，在周边地区四处飞扬，污染环境。加之尾矿的自身成分及残留的选矿药剂，比如尾矿中的氯化物、黄药、黑药、松油、铜离子、铅离子、锌离子以及砷、酚、汞等，当尾矿中这些有害物质超过排放标准时，对人体、牲畜、鱼类及农田均有害，长时间飘浮在空气中会产生有毒气体，流入农田后，会使植被受到污染，影响其生长；随雨水降落到地面后，又会使地面水和地下水都受到不同程度的污染，毒害水生生物。

尾矿是引发重大环境问题的污染源，其突出表现在侵占土地、植被破坏、土地退化、沙漠化以及粉尘污染、水体污染等。

4.2.2.2 *尾矿堆存占用大量的土地资源*

我国共有大中型矿山9000多座，小型矿山26万座，因采矿侵占土地面积已接近

$4\times10^4km^2$，由此而废弃的土地面积每年达$330km^2$。以我国露天矿为例，排土场、尾矿库占地面积占矿山用地面积的30%~60%。采矿活动及其废弃物的排放不仅破坏和占用大量的土地资源，也加剧了我国人多地少的矛盾，而且矿山废弃物的排放和堆存也带来了一系列影响深远的环境问题，对土地的侵占和污染制约了当地社会经济的发展，危害了人类健康。据统计，辽宁因矿业开发占地达$2203km^2$，破坏土地约$500km^2$。辽宁11个大中型铁矿占用土地$119.18km^2$，破坏土地面积$82km^2$。一些矿区植被覆盖率已由80年代的60%~80%下降到20%~30%（多为灌木林）。

4.2.2.3　*尾矿是引发重大工程与地质灾害的事故源*

由于尾矿在选矿过程中经过了碎矿与磨矿，粒度较细，比表面积较大，堆存时很容易流动和塌漏，造成植被破坏和人身伤害事故。据统计，在各种重大灾害事故中，尾矿灾害居第18位。近年来，矿山固体废物堆存诱发了多起地质灾害，比如排土场滑坡、泥石流、尾矿库溃坝等多起重大工程与地质灾害，给社会带来了极大的财产损失。据统计，自20世纪80年代以来我国规模较大的2500多座尾矿库发生泥石流和溃坝事故200余起。比如：1986年4月30日黄梅山铁矿尾矿库溃坝，冲倒尾矿库下游$3km^2$的所有建筑，掩埋了大片土地，19人在溃坝中死亡，95人受伤；2000年广西南丹县大厂镇鸿图综合选矿厂尾砂溃坝，殃及附近住宅区，造成70人伤亡，几十人失踪；2008年山西某县“9.8”尾矿库溃坝事故，造成277人遇难，33人受伤。表4-3为国内外比较典型的尾矿库溃坝事故。

表4-3　国外比较典型的尾矿库溃坝事故

时间	发生地点	危害及泄漏数量
1998年4月	匈牙利阿斯纳科利亚尔	泄漏400万~500万立方米、泥浆
1998年12月	匈牙利海尔瓦	泄漏5万立方酸性水、矿浆
1999年4月	菲律宾北苏里高省	泄漏70万吨尾矿
2000年1月	罗马尼亚巴亚马雷	泄漏
2000年3月	罗马尼亚博尔沙矿	泄漏2.2万吨尾矿
2000年9月	瑞典阿尔蒂克矿	泄漏180万立方米
2007年5月	山西宝山矿业有限公司尾矿库溃坝	近500亩农田被淹，峨河、滹沱河河道堵塞。直接经济损失达4000多万元
2008年9月	山西省襄汾县新塔矿业有限公司新塔矿区980平硐尾矿库溃坝	277人死亡，4人失踪、33人受伤，直接经济损失达9619.2万元
2010年9月	紫金矿业有限公司信宜银岩锡矿尾矿库溃坝	22人死亡，房屋全倒户523户，直接损失1900万
2017年3月	大冶有色金属有限责任公司铜绿山铜铁矿尾矿库溃坝	2人死亡，1人失联，直接经济损失4518.28万元
2019年1月	巴西米纳斯吉拉斯州铁矿废料矿坑堤坝垮塌	60人遇难，305人失踪，摧毁了沿途建筑物、民宅和客栈，覆盖面积大约40平方公里

4.2.2.4　*尾矿会造成资源的严重浪费*

由于我国大多数矿山的矿石品位低，且呈多组分共生、伴生，矿物嵌布粒度细，老化现象普遍，再加上我国选矿设备陈旧，自动化和管理水平不高，选矿回收率低。铁、锰黑色金属矿山采选平均回收率仅为65%左右，有色金属矿山采选综合回收率只有60%～70%。以铁矿为例，其共、伴生组分较多，约有30种，但目前能回收的仅有20余种。因此，大量有价金属元素及可利用的非金属矿物遗留在固体废弃物中，每年矿产资源开发损失总值达数千亿元。尤其是老尾矿，由于受技术经济条件的限制，损失于尾矿中的有用组分更多。例如我国铁尾矿，以全铁12%计算，如果仅回收铁含量为61%的铁精矿，产率按2%～3%计，每年就可以从新产生的尾矿中回收1260万～1680万吨的铁精矿，相当于投资建设4～6个大型采选联合企业。再如广西南丹县，共有61座尾矿库，其中有色金属锡、铅、锑、锌、银、金、铟、镉以及非金属砷、硫等的品位都达到或超过了国家相应金属矿床工业品位指标。

4.3 选矿厂固体废弃物的处理与利用

4.3.1 固体废弃物处理与利用的一般原则

固体废物的处理与利用是随着固体废弃物与日俱增以及人们对其属性（时空性、资源性和社会性）认识的不断深入，其观念已由被动的末端治理向积极的源头控制和再生利用的方向转变。处理与利用的方法也经历了单纯从卫生角度进行简单的集中堆存、传统的填埋和堆肥到从保护环境角度以再生利用为目的而进行的开发处理系列化和综合利用多元化的发展过程。固体废弃物处理与利用的一般原则包括：

（1）源头控制。固体废物的处理与利用应做到物尽其用，最大限度地发挥其资源效益，尽量减少固体废弃物的产生；同时要尽量减少处理时对环境的污染，对于严重污染环境的尾砂，必须采用合理有效的方法进行处置。

（2）综合利用。综合利用是基于人们对固体废弃物中仍蕴藏着可供开发利用的有价物质和能量的认识以及在具备了相应的科学技术能力的条件下提出的另一个基本原则。自然界中并不存在绝对的废弃物，废弃物是失去原有价值而被弃置的物质，并不是永远没有使用价值。现在不能利用的，也许将来可以利用，这一生产过程的废物，可能是另一生产过程的原料。此外，全球性自然资源枯竭使固体废物再生利用成为一种现实需要，而科学技术的飞速发展又使固体废物再生利用成为可能。

固体废物再生利用的方式很多，有回收有价组分、筑路、回填、堆肥、焚烧回收热能、填埋制取沼气，生产建材等。近些年来，新的高附加值、深加工产品的技术不断涌现，如英国化学家研制的利用废弃橙皮生产工业溶剂的技术；德国一家缆绳制造厂利用废磁带制造成一种强度与钢丝绳差不多的缆绳的技术等。由此可见，随着高新技术的不断发展，固体废物综合利用前景广阔。

（3）妥善处理。在采取源头控制和综合利用两项基本对策之后。仍然会产生不可避免或难以实现再生利用的固体废物。对此，要本着妥善处理的原则，通过对其进行无害化和稳定处理、破坏或消除有害成分，然后进行最终处置。最终处置作为固体废物的归宿，陆地处置中填埋法是重要而行之有效的方法，并得到了广泛的应用。值得重视的是，必须保证其安全可靠，不对环境和人类造成危害。因此，开展填埋技术的研究和实践，满足固体废物无害化的要求，是当今世界各国环卫工程技术人员共同面临的课题。目前，工业发达国家在设计填埋场时，多采用压碎、破碎、渗沥循环填埋技术，利用天然和人工等多重屏障尽量使所处置的废弃物与生态环境相隔离，并注意浸出液的末端治理，不对环境造成影响。

无论是提取固体废弃物中的有价组分，还是对固体废弃物进行有效利用，均应优先考虑先利用后处置。只有在无法利用时才选择填埋、堆放等处置方法，同时处理、处置固体废物还要特别注意防止处理过程造成的二次污染。

《固废法》中确立了固体废弃物污染防治的“三化”原则，即固体污染防治的减量化、资源化、无害化。这与循环经济提倡的“3R”原则相吻合。其中，“3R”指的是：

（1）减量化（Reduce）。减量化原则以资源投入最小化为目标。减量化的要求不只是减少固体废弃物的数量和体积的单纯减少，还包括了尽可能地减少种类、降低危险废弃物有害成分的浓度、减轻或清除危害的特性等。减量化是对固体废弃物的数量、体积、种类、有害性质的全面管理，开展清洁生产。针对产业链的输入端—资源的最小投放，再通过产品全过程的清洁生产而非末端技术治理，最大限度地减少对不可再生资源的消耗，实施对废弃物的产生规模与排放速率实行总量控制。因此，减量化是防止固体废弃物污染的优先措施。

（2）再利用（Reuse）。再利用原则以废弃物利用最大化为目标。针对产业链的各个环节，采取过程延续和分支创建等方法尽可能地增加产品的使用方式和次数，有效延长产品和服务时间长度，适应资源节约型社会的需求。

（3）资源化（Recycle）。资源化原则以污染排放最小化为目标。通过对废弃物的多次回收再造，实现废弃物多级资源化和资源多重应用的良性循环，从而实现环境友好型社会的目标与要求。

资源化是指采用管理和工艺措施从固废中回收能源和物质，加速能量的循环，创造经济价值广泛的技术方法。资源化应包括：

（1）物质回收，即处理废弃物并从中回收指定的二次物质，比如纸张、玻璃、金属等。

（2）物质转换，即利用废弃物制取新形态的物质，比如利用飞灰生产水泥，利用炉渣生产微晶玻璃，利用有机垃圾产生堆肥等。

（3）能量转换，即从废弃物处理过程中回收能量，作为热能或电能。比如通过有机物的焚烧处理回收热能，利用垃圾厌氧消化产生沼气作为能源发电等。

4.3.2　选矿尾矿的处理与利用

矿产资源在国民经济发展过程中占有十分重要的地位，我国有95%以上的能源和80%以上的工业原料取自于矿产资源，而大规模矿山开采导致我国尾矿数量逐年增长，尾矿已经成为目前我国工业产出量最大、综合利用率最低的固体废弃物。再者，矿产资源是一种不可再生的自然资源，为了提高矿产资源的利用率，延长使用年限，也为了保护人类赖以生存的生态环境，人们越来越重视尾矿的综合利用及治理问题。

冶金矿山每年排放尾矿量达3亿吨以上，截至2018年底，我国尾矿累积堆存量约为146亿吨。尾矿中含有大量的有价金属，如铁平均品位约为11%，有的高达27%，相当于尾矿中尚存有1600万吨的金属铁；在2000多万吨的黄金尾矿中含金约30t。我国矿产资源共、伴生组分丰富，其中铁矿石中大约有30多种有价成分，但能回收的仅20多种，一些金属元素尚遗留在尾矿中，每年矿产资源开发损失总价值约780亿元，而对于尾矿中的大半乃至90%以上的非金属组分更是极少开发利用。随着选矿技术水平的提高以及矿产资源的日渐紧张。尾矿已成为人们开发利用的二次资源，某些传统矿物的尾矿将成为非传统矿物的原料。

尾矿综合利用技术的研究在欧美发达国家起步较早，并且取得了一定的成效，国外部分矿山企业已经实现了无尾生产。虽然我国的尾矿综合利用工作开展得较晚，但是经过几十年的努力，已经在二次回收、建筑材料、矿山充填、土地复垦等方面已初见成效。目前我国尾矿资源的利用主要分为两大类：一类是将尾矿作为二次资源，从尾矿中回收有用矿物作为冶金原料，比如铁矿、铜矿、锡矿、铅锌矿等尾矿通过再选回收铁精矿、铜精矿、锡精矿、铅锌精矿，尾矿再选既包括已堆存在尾矿库的老尾矿再选利用，也包括选矿厂生产过程产生的新尾矿再选，此过程也称为尾矿再选；另一类是尾矿的直接利用，将未经过再选的尾矿直接利用，即利用尾矿中的金属或非金属矿物，比如矿山固体废弃物中的废石，尾矿整体利用的途径主要是用作建材原料。常见尾矿综合利用途径如图4-2所示。

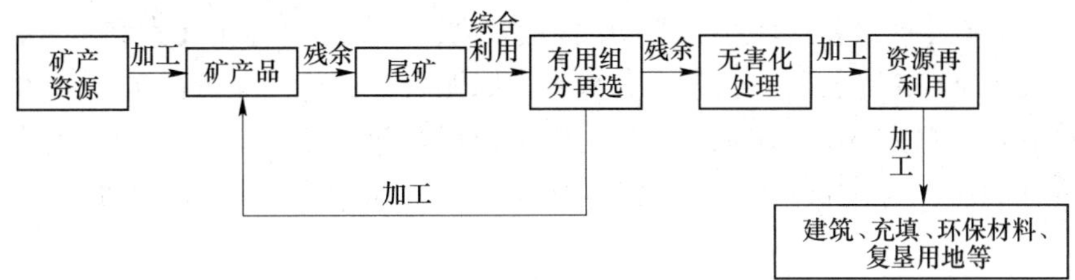

图4-2　尾矿综合利用流程

4.3.2.1　尾矿再选

尾矿资源的二次开发利用价值十分巨大，含各种有色金属、黑色金属和非金属矿物。虽然尾矿中有用组分含量相对较低，但采用先进技术和合理工艺对尾矿进行再选，可最大限度地回收尾矿中的有用组分，使资源得到充分的回收利用，减少最终尾矿的产量，从而缓解尾矿对环境的压力。下面以铁尾矿、铜铅锌尾矿、稀贵金属尾矿为例分别介绍尾矿的再选工艺。

A　铁尾矿再选

我国铁尾矿资源的突出特点是种类繁多、性质复杂、粒度较细、泥化严重。除了含少量金属组分外，其主要矿物组分是脉石矿物，比如石英、辉石、长石、石榴石、角闪石及其蚀变矿物；其化学成分主要以铁、硅、镁、钙、铝的氧化物为主，并伴有少量的磷、硫等。表4-4列举了几种铁矿尾矿的化学成分。

表4-4　几种铁矿尾矿的化学成分

尾矿类型	化学成分（质量分数）/%											
	SiO_2	CaO	Al_2O_3	MgO	Na_2O	K_2O	Fe_2O_3	TiO_2	SO_2	P_2O_5	MnO_2	其他
鞍山市	73.27	3.04	4.07	4.22	0.41	0.95	11.60	0.146	0.25	0.18	0.315	2.18
火山岩式	34.86	8.51	7.42	3.68	2.15	0.37	29.51	0.64	12.46	4.58	0.13	5.52
矽卡岩型	35.66	23.95	5.06	6.79	0.65	0.47	16.55	—	7.175	—	—	6.54

按照铁尾矿的类型，我国当前排放量较大的主要有赤铁矿尾矿和磁铁矿尾矿两大类。由于原矿性质的差异，赤铁矿比磁铁矿难选，因而其尾矿产生量更多，综合利用难度更大，使得其堆存量也较大。按照铁尾矿的化学组成，一般将其分为5种类型，其分别为高硅型、高铝型、高钙镁型、低钙镁铝硅型和多金属型铁尾矿。

高硅型铁尾矿是数量最大的铁尾矿，尾矿含硅高，有的含 SiO_2（质量分数）高达83%，一般不含有价伴生元素，SiO_2 的含量（质量分数）一般都在70%以上，尾矿中90%以上是石英、绿泥石、角闪石、云母、长石和白云石等硅酸盐矿物，平均粒度为0.04~0.2mm。这类尾矿以鞍钢东鞍山、首钢大石河、太钢峨口、唐钢石人沟和本钢南芬等地的尾矿为代表，也常被称为鞍山型铁尾矿。鞍山型某铁尾矿的主要化学组成见表4-5。

表4-5　鞍山型某铁尾矿的主要化学组成

元素名称	Fe	SiO_2	Al_2O_3	CaO	MgO	其他
含量（质量分数）/%	12.56	75.50	1.78	0.50	2.10	7.56

高铝型铁尾矿年产量相对较小，Al_2O_3 含量较高，一般不含伴生元素和组分，个别尾矿伴生有磷和硫，通常含有长石、云母、高岭石、绿泥石、磷灰石和黄铁矿等，-0.074mm含量（质量分数）一般为30%~60%。这类尾矿主要以马钢姑山、马钢南山、安徽黄梅山和江苏吉山等地的尾矿为代表，也常称为马钢型铁尾矿。安徽黄梅山铁尾矿的主要化学组成见表4-6。

表4-6　安徽黄梅山铁尾矿的主要化学组成

元素名称	Fe	SiO_2	Al_2O_3	CaO	MgO	其他
含量（质量分数）/%	17.54	43.58	12.21	1.04	2.73	22.90

高钙镁型铁尾矿除了Ca、Mg含量高以外，还常伴生硫和钴，个别尾矿还伴有微量的Cu、Ni、Zn、Pb、As、Au和Ag等元素，主要含有透辉石、白云石、长石、方解石、黄铁矿和黄铜矿等，小于0.074mm含量（质量分数）一般为50%~70%。这类尾矿以邯郸地区和山东地区的玉石洼、西门山、张马屯和王家子等铁选厂为代表，也常被称为邯郸型铁尾矿。邯郸某铁尾矿的主要化学组成见表4-7。

表4-7　邯郸某铁尾矿的主要化学组成

元素名称	Fe	SiO_2	Al_2O_3	CaO	MgO	其他
含量（质量分数）/%	8.13	31.98	6.49	30.77	13.84	8.79

低钙镁铝硅型铁尾矿中 SiO_2、Ca、Mg、Al_2O_3 含量均较低，常见元素Ba、Na和K，伴生元素包括Ge、Ga、Co、Ni和Cu等，常见重晶石、橄榄石等，尾矿粒度一般为-0.074mm占（质量分数）70%左右，比如酒钢镜铁山和黑鹰山选矿厂的选铁尾矿。表4-8为酒钢选矿厂铁尾矿的主要化学组成。

表4-8　酒钢选矿厂铁尾矿的主要化学组成

元素名称	Fe	SiO_2	Al_2O_3	CaO	MgO	BaO	Ge	其他
含量（质量分数）/%	17.78	31.98	5.93	1.50	2.10	13.29	0.002	27.42

多金属型铁尾矿成分复杂，伴生元素种类较多，除了含有大量的有色金属元素外，一般还含有可回收的稀有金属和稀贵金属元素。比如大冶铁尾矿中除含有较高的铁外，还含有铜、钴、硫、镍、金、银、硒等元素；攀钢铁尾矿中除含有数量可观的钒、钛外，还含有值得回收的钴、镍、镓、硫等元素；白云鄂博铁尾矿中含有22.9%的铁矿物、8.6%的稀土矿物和15.0%的萤石等。表4-9和表4-10分别为程潮铁矿和白云鄂博铁矿铁尾矿的主要化学组成。

表4-9 程潮铁矿铁尾矿的主要化学组成

元素名称	Fe	SiO_2	Al_2O_3	CaO	MgO	K_2O	Na_2O	其他
含量（质量分数）/%	7.66	37.21	9.00	15.30	15.32	1.70	0.92	12.89

表4-10 白云鄂博铁尾矿的主要化学组成

元素名称	Fe	SiO_2	Al_2O_3	CaO	MgO	REO	F	其他
含量（质量分数）/%	16.20	36.75	2.76	17.34	4.40	6.00	10.80	6.75

资料显示，我国铁矿含铁平均品位为30%~35%，而含铁品位高于5%的铁矿石都可以利用，如何回收利用低品位铁资源，仍是选矿工作者重点研究的内容。

目前，部分学者及选矿厂对铁尾矿再选工艺进行研究，获得了一定的成效。根据再选尾矿的性质采用不同的回收工艺，常见的工艺包括：单一磁选，单一浮选，以及重选、磁选、浮选的联合流程。

铁尾矿的磁选工艺是根据铁尾矿中铁赋存于磁铁矿以及弱磁性的赤铁矿、褐铁矿中而提出的铁尾矿处理工艺。针对铁尾矿的性质等特点，若将铁尾矿直接进行磁选，那么回收指标不理想；在进入磁选前进行细磨可使含铁矿物单体解离，从而提高磁选效果。磁选既简单又方便，且不会产生严重的污染，现已被广泛地用于铁尾矿再选。张韶敏等以承德地区的铁尾矿为对象进行再选铁的试验，在磨矿细度-0.074mm占55%，磁场强度为100kA/m的条件下，经过一段弱磁选、两段磁选柱精选，可获得铁品位为60.33%、回收率为3.70%的铁精矿。俄罗斯某选矿公司对选铁尾矿进行再选，在磁场强度为95kA/m的条件下，进行磁选—中矿再磨—再选，可获得铁品位63.5%、产率20%左右的铁精矿。本钢集团马耳岭选矿厂采用强磁预富集抛尾—细磨—三次磁选工艺，在磁选预富集磁场强度为175.07kA/m，磨矿细度为-0.074mm占90%，精选磁场强度为95.49kA/m的条件下，最终获得了精矿铁品位51.39%、铁回收率13.91%的指标。

基于铁尾矿磁选回收率低的特点，浮选法应运而生。铁尾矿的浮选是根据矿石表面性质的不同，通过药剂和机械调节，高效分离目的矿物，它也是细粒和极细粒物料分选中应用最广的一种选矿方法，近年来被逐渐应用于铁尾矿中铁的回收。铁尾矿常用的浮选方法有阴离子正浮选、阴离子反浮选和阳离子反浮选。阴离子捕收剂的主要成分是脂肪酸，常用的阴离子捕收剂有RA系列捕收剂、CY系列捕收剂等；阳离子捕收剂主要为十二烷基伯胺类捕收剂和GE系列阳离子捕收剂。刘文刚等人对某矿山铁尾矿进行浮选试验，在以苯甲酸为抑制剂、油酸钠为捕收剂的条件下进行了正浮选试验，获得铁品位31.86%、回收率78.85%的粗精矿；在磨矿细度-0.045mm占95.50%、NaOH为pH值调整剂、淀粉为抑制剂、CaO 为活化剂的条件下，经过“1 次粗选—2 次精选—1 次扫选”反浮选，获得了铁品位 66.17%、回收率 27.64%的铁精矿。

单一磁选作用在微细粒铁矿物上的分选力较低，使得微细粒铁矿物在磁选过程中极易流失，影响最终精矿的品位和回收率；单一正浮选对尾矿适应性差，单一反浮选对入选铁尾矿的品位要求较高，且药剂成本也高。因此，部分研究人员采用联合流程对铁尾矿进行再选。徐彪等人对辽宁本溪某铁尾矿采用“再磨—磁选—反浮选—石英矿分步浮选”工艺回收铁和石英。入选原矿为选矿厂磁选尾矿，矿石中可供回收的主要矿物是磁铁矿、赤铁矿和石英。原矿含铁 10.08%，SiO_2 含量（质量分数）为 72.16%。试验工艺流程如图 4-3 所示。

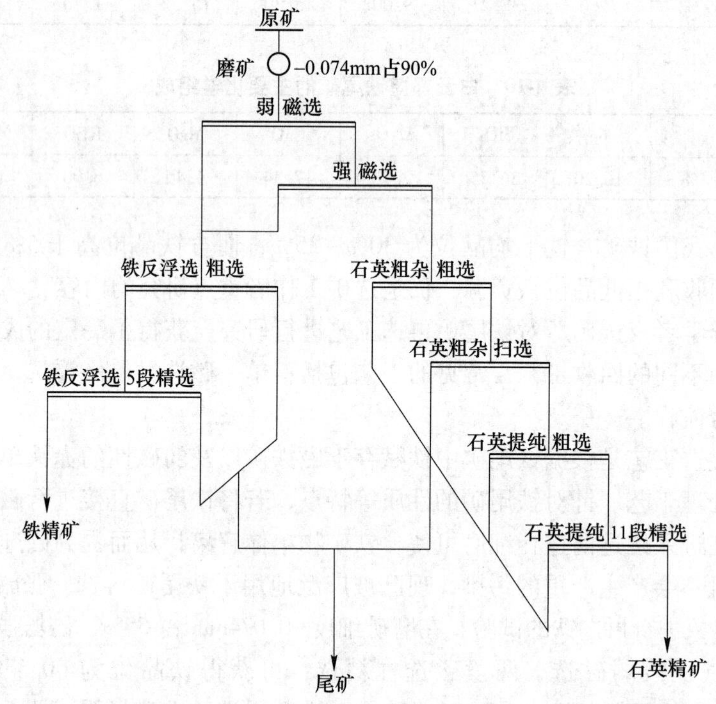

图 4-3　辽宁本溪某铁尾矿综合利用工艺流程

对本溪某铁选矿厂尾矿进行的综合回收利用试验研究表明，采用联合工艺流程可获得产率为 6.21%、TFe 品位 59.75%的铁精矿和产率为 21.51%、SiO_2 品位 99.15%的石英精矿，使铁尾矿资源得到合理利用。

B　有色金属尾矿的再选

有色金属因粒度细、选别工艺复杂、品位低，常常在选别过程中产生大量的尾矿。2015 年 11 月底，我国尾矿存积量约 140 亿吨。根据有色金属尾矿的性质，尾矿再选可以充分利用矿石中的有价组分。本节以铜尾矿、铅锌尾矿为例进行介绍。

a　实例 1——铜尾矿再选

铜尾矿是铜矿石经碎磨、选别后剩下的废弃产品，主要成分是氧化铜矿、铝硅酸盐矿物及其他有价金属。铜矿一般分为硫化矿（如辉铜矿、铜蓝等）和氧化矿（如赤铜矿、黑铜矿等），硫化铜矿一般采用浮选法选别，氧化矿一般先硫化再浮选，选铜尾矿中的其他有价组分则根据矿石性质采用不同的方法进行回收。2014 年底，我国铜尾矿的总排放量达到 30 亿吨，华东地区的铜尾矿排放量最大，约占总排量的 33.4%，且每年仍呈增长趋势。特别是近几年，铜尾矿的排放量增长更快。由于铜尾矿中铜的赋存状态多样、单体解离度较低、嵌布粒度细、成分复杂、脉石含量高，这些因素严重制约我国铜尾矿资源的综合利用，平均利用率仅为 8.2%。

李天霞等人以铜品位 0.076%的铜尾矿为研究对象，原生硫化铜占总铜的 81.26%，大部分黄铜矿的粒度较细（约 5~10μm），单体解离度较低，主要包裹于脉石矿物中。试验结果表明，以原矿的浮选泡沫产品为载体，带动尾砂中的细粒黄铜矿进行分支载体浮选，可获得铜品位为 18.07%的铜精矿，其中尾砂中铜综合回收率为 20.41%的试验指标，再选效果良好，浮选试验流程如图 4-4 所示。

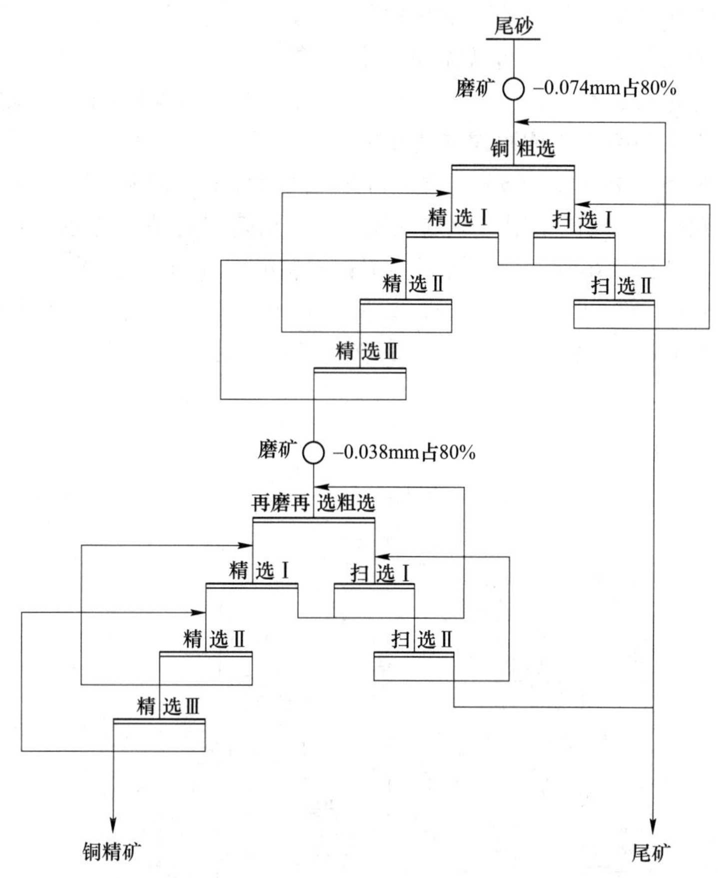

图 4-4 尾矿单支浮选闭路试验工艺流程

目前，针对铜尾矿不同的矿物学特点，通过不同的回收手段、浮选药剂制度以及选矿工艺可以有效地回收尾矿中的有价成分。黄建芬等人采用两粗两扫两精流程，以石灰为 pH 值调整剂和硫铁矿抑制剂，TG305 为钙镁脉石抑制剂，TY301 为赤铁矿和褐铁矿抑制剂，丁基黄药为捕收剂，Z-200 为起泡剂，最终获得含铜（质量分数）18.13%、回收率 69.88%的铜精矿，铜精矿含金 4.87g/t，金回收率 52.17%。郭锐等人将铜尾矿粗选铋，获得铋粗精矿品位为 3.94%，在磨矿细度-0.074mm 占 85%的条件下，调节矿浆 pH 值为

10，硫化钠、碳酸钠、乙硫氮、25号黑药用量合适的情况下，经一粗两扫三精浮选流程（见图4-5），得到铋精矿品位25.06%，回收率77.31%。

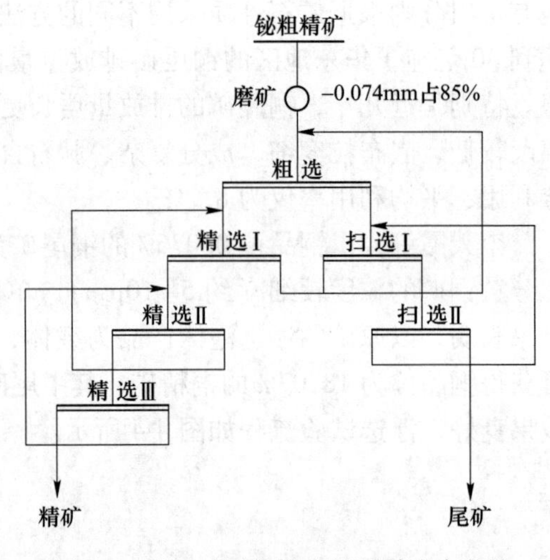

图4-5　铜尾矿回收铋金属原则试验流程

b　实例2——铅锌尾矿再选

铅锌尾矿大部分都是矿浆经自然脱水后形成的固体矿物废料，其主要成分是硅酸盐矿物，同时含有多种重金属成分。在2002~2015年，我国铅锌尾矿的累计排放量约5亿吨。早些年由于开采技术的落后，铅锌老尾矿中含有较高品位的铅锌有价资源，加之长久的风化作用，尾矿中铅锌的氧化率较高，这就需要采用多种较复杂的工艺进行选别。

郭永文等人以柴河铅锌矿库存尾矿为研究对象，对含铅（质量分数）0.303%，含锌（质量分数）2.182%，铅、锌氧化率分别为82.12%、74.13%的铅锌尾矿采用“重选预先富集—铅硫混合精矿再磨工艺”进行部分混合浮选，试验流程如图4-6所示。最终获得了铅锌精矿品位分别为40.57%、42.67%，回收率分别为48.36%、83.09%的良好指标。预计采用此工艺选别后，可生产合格铅精矿1890t、锌精矿24831t、硫精矿10542t，经济效益十分可观。

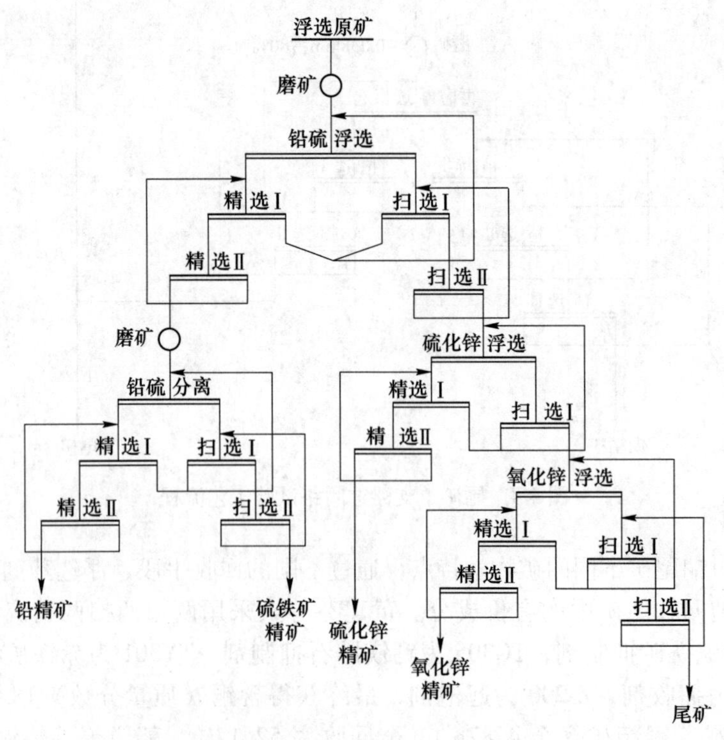

图4-6　柴河铅锌尾矿再选试验工艺原则流程

C 稀贵金属尾矿的再选

贵金属资源稀少，价格昂贵，其废料的回收利用价值比一般金属高得多，是宝贵的“二次资源”。随着社会经济的快速发展，贵金属的使用量逐年大幅度增加，含贵金属的废料量也随之快速增加。与一次资源相比，二次资源贵金属含量高，组成相对单一，可以通过低成本简单工艺回收处理，实现变废为宝，而产生的“三废”排放量远远低于原矿开采及提取过程。

韩伟等人曾对云南某尾矿中的贵金属铂钯进行回收，针对含铂 0.24g/t、含钯 0.61g/t 的选铁尾矿，采用磁选+浮选的联合流程回收尾矿中的铂钯金属，获得了铂钯精矿中铂、钯品位分别为 11.20g/t、28.37g/t，回收率分别为 54.70%、57.19%的技术指标，充分回收了铂族金属。

4.3.2.2 尾矿综合利用

尾矿在提取有用元素后，留下大量的、目前暂无提取价值的废料，这些废料并非真的无应用价值，实际上是一种“复合”的矿物原料。尾矿主要包括非金属矿物石英、长石、石榴子石、角闪石、辉石以及由其蚀变而成的黏土、云母类铝硅酸盐矿物和方解石、白云石等钙镁碳酸盐矿物，其化学成分通常含有硅、铝、钙、镁的氧化物和少量钾、钠、铁、硫的氧化物，这就为尾矿的综合利用开辟了新的途径。尾矿综合利用途径主要包括尾矿制备建筑材料、尾矿用作矿山采空区的充填材料、尾矿制作微晶玻璃、尾矿制作轻质隔热保温材料四个方面。

A 尾矿制备建筑材料

尾矿制备建筑材料又可分为尾矿制备胶凝材料、尾矿制作高强度混凝土、尾矿制作公路工程用材料和尾矿制作建筑用砖四个方面。

工业废渣是水泥的常用混合材料，常用的工业废渣有水淬高炉矿渣、粉煤灰、煤矸石等，部分尾矿经粉磨后也可用作混合材料。不同粉磨方式对尾矿混合材料活性指数的影响较大，李北星等人研究了混合粉磨、单独粉磨、梯级粉磨三种粉磨方式对铁尾矿—矿渣基胶凝材料性能的影响。试验结果表明：在粉磨能耗相同的条件下，梯级粉磨制备的铁尾矿—矿渣基胶凝材料的粒级分布、强度、水化进程及孔结构优于混合粉磨和单独粉磨；另外，利用梯级粉磨制得的铁尾矿—矿渣基胶凝材料配制的砂浆 28 天抗折强度、抗压强度分别达到了 24.4MPa 和 97.0MPa。

利用铁尾矿制备高强混凝土，不仅可以解决极细粒尾矿难以利用的难题，还能够解决尾矿制品附加值低、市场范围受运输距离限制等难题，与传统水泥生产工艺相比还具有节能的优点。倪文等人采用分级方法将首钢密云铁矿尾矿分为+0.08mm 和-0.08mm 两个粒级，其中，-0.08mm 粒级尾矿与水泥熟料、脱硫石膏通过三级混磨形成胶凝材料，然后将胶凝材料与作为骨料的+0.08mm 粒级尾矿混合，并加入减水剂制备成高强混凝土材料，制得的铁尾矿混凝土材料 28 天抗压强度高达 97.63MPa，制品中铁尾矿掺量达 70%。

尾矿砂还可用作公路的路基、路面材料。刘小明等人研究了石棉尾矿用作高速公路水泥稳定基层集料的可行性，研究表明：石棉尾矿的表观密度为 2.65kg/cm^3，压碎值小于 12%，磨耗值小于 23%，完全满足水泥稳定基层集料的基本性能要求，配比设计结果表明：石棉尾矿水泥稳定基层的最优水泥用量为 4%，其无侧限抗压强度达到 3.17MPa，满足水泥稳定基层的基本要求；对石棉尾矿级配碎石形成机理研究，发现其颗粒呈立方体状，能够形成良好的嵌挤结构，因此得出石棉尾矿具有良好的嵌挤性和适宜的抗压强度，是较好的水泥稳定基层集料原材料。

此外，建筑用砖在生产过程中大量消耗土地资源，而我国人均耕地严重不足，可利用的地表黏土资源越来越少，部分省份已经明确不得生产和使用黏土砖，行业生存危机越来越明显，亟须寻求替代原料，大量赋存的各类尾矿成为首选替代资源。利用尾矿不仅可以制普通烧结砖和蒸压砖（见图 4-7），还可以制地面装饰砖和免蒸、免烧砖（见图 4-8）。张一敏等人以鄂西硅质页岩为骨料，采用压制成型的方法制备鄂西高磷赤铁矿尾矿免烧、免蒸砖，对赤铁矿尾矿与页岩的用量进行了配比试验，并考察了成型水分、成型压力对制品抗压强度的影响，试验结果表明：在尾矿掺量 78%、页岩 10%、水泥 10%和石膏 2%的配比下，成型水分 15%、成型压力 20MPa 的最佳条件下，制作的免烧、免蒸砖制品抗压强度达到 15.15MPa，密度小于 1600kg/m^3，可满足《非烧结垃圾尾矿砖》（JC/T 422—2007）的强度要求。

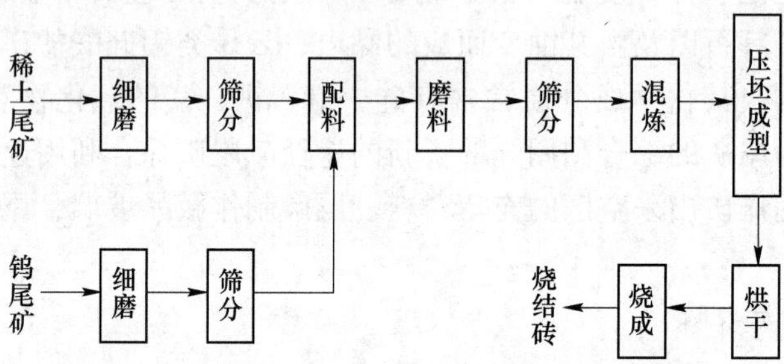

图 4-7 赣南某地尾矿生产烧结砖工艺原则流程

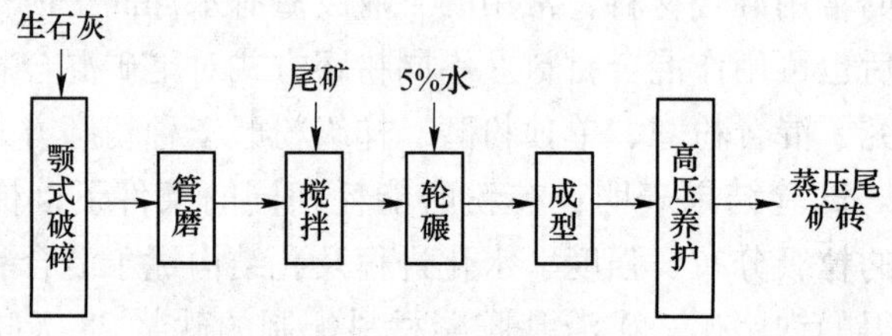

图 4-8 北京某铁尾矿生产蒸压硅酸盐砖工艺原则流程

B 尾矿用作矿山采空区的充填材料

对于大部分井下开采的矿山，选矿尾矿都可以作为矿井有效的充填材料，其充填费用仅为碎石水力充填费用的 10%~25%。尾矿充填不仅解决了尾矿的排放问题，还具有良好的社会效益。凡口铅锌矿、焦家金矿等利用尾矿作采空区充填料，尾矿利用率分别达到了 95%和 50%以上。

传统的尾矿充填多采用分级脱泥尾砂作为胶结充填的主要骨料，尾砂利用率一般只有 50%左右。为了提高尾砂利用率，高浓度全尾砂胶结充填技术取得了巨大进展，全尾砂胶结充填技术已在部分有色、黑色金属矿山得到成功应用。姜薇等人研究了细粒铁尾矿胶结充填体的性能，利用工业粉状废物配制的无水泥固结剂为胶凝材料固化细粒铁尾矿，所得固结体强度和经济性均优于 325 号水泥，与 325 号水泥相比，用量相同时，其固结体抗压强度约高 84%以上。在适当条件下，5 种激发剂（水玻璃、氯化钙、三乙醇胺、氯化钠、硫酸钠）单掺、复掺均能对体系活性、水化反应起到激发作用，增加强度。

陈丽等人研究了金山店铁矿全尾砂胶结充填体的性能，采用普通水泥和其他两种固结剂为胶结材料，发现胶结充填体的强度与充填料浆浓度和灰砂比有直接关系，灰砂比 1∶4 试件 28 天强度能达到 2~3MPa；灰砂比为 1∶6 时，浓度 68%左右的试件强度也能达到要求；灰砂比为 1∶8 时，浓度为 70%的高浓度试件强度才能达到 2~3MPa。

梁志强等人研究了山东某金矿全尾砂制备井下胶结充填材料，研究结果表明：充填材料的最优配方为灰砂比 0.25、水灰比 0.4，充填剂中水泥、石膏和石灰的用量比为 6∶3∶1，并加入充填剂总质量 2.5%的早强剂 MNC-A，每吨尾砂中水玻璃 140g，充填材料浓度为 70%，在此条件下，所制得的充填材料 3 天的抗压强度达到了 1.668MPa，可满足井下充填材料抗压强度大于 1MPa 的要求。

C　尾矿制作微晶玻璃

微晶玻璃又称玻璃陶瓷，是一种通过熔融冷淬，然后控制析晶制得的多晶材料，由玻璃相和晶相构成，兼具玻璃的基本性能和陶瓷的多晶特征。以金属和非金属尾矿以及炉渣废弃物为原料制备微晶玻璃具有很大的应用潜力，尾矿主要成分一般为 SiO_2、CaO、Al_2O_3 和 MgO，而这些成分也是微晶玻璃生产所需的重要原料，为尾矿制备微晶玻璃奠定了基础。尾矿制作微晶玻璃包括烧结工艺和熔融工艺两种工艺，其工艺流程分别如图 4-9 和图 4-10 所示。

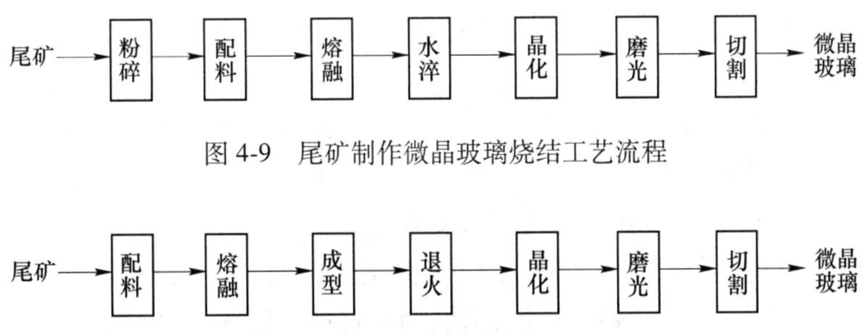

图 4-9　尾矿制作微晶玻璃烧结工艺流程

图 4-10　尾矿制作微晶玻璃熔融工艺流程

陈维铅等人以金尾矿为主要原料，采用熔融法制备 $CaO-Al_2O_3-SiO_2$ 系微晶玻璃。研究结果表明：在 850~950℃条件下，随着晶化温度的升高，所制备微晶玻璃的性能提高，确定较佳的晶化制度为 950℃并保温 3h，所制备微晶玻璃的热膨胀系数为 69.7×10^{-7}/℃，抗折强度为 122MPa，密度为 2.866g/cm^3。

马明生等人研究了以镍渣为主要原料采用熔融法制备建筑用微晶玻璃，以 Cr_2O_3 作为晶核剂，分析镍渣微晶玻璃的成核及晶化过程。孙小卫等人利用新疆可可托海锂辉石矿尾矿研制出低膨胀微晶玻璃，并通过实验探讨了低膨胀微晶玻璃的成分、热处理制度与其性能之间的关系。通过控制微晶玻璃的成分和相应的热处理制度可以分别得到不同的微晶玻璃，当主晶相为 β-石英固溶体时，可以得到透明微晶玻璃；而当主晶相为 β-锂辉石固溶体时，可以得到不透明微晶玻璃；使用 TiO_2 和 ZrO_2 两种晶核剂，晶化温度不超过 820℃，晶化时间不超过 2h 时，可以得到透明的 β-石英固溶体微晶玻璃；当晶化温度超过 950℃

时，得到不透明的β-锂辉石固溶体微晶玻璃。

D 尾矿制作轻质隔热保温材料

建筑保温材料主要分为有机保温材料和无机保温材料两种，有机保温材料具有质轻、保温、隔热性能好的优点，但也存在易燃、易老化、安全性能差等致命缺点。以金属尾矿、废玻璃、粉煤灰、煤矸石等废弃物为主要原料生产的无机建筑保温材料，具有防火性能好、变形系数低、抗老化等优点。无机建筑保温材料主要有泡沫陶瓷、泡沫玻璃、陶粒、泡沫水泥、保温砂浆、加气混凝土砌块、岩棉等产品。

王长龙等人以山西灵丘低硅高铁型富含硅酸盐铁尾矿为主要原料制备加气混凝土，考察了铁尾矿的粉磨时间以及各原料组分对加气混凝土物理力学性能的影响，结果表明：绝干加气混凝土密度为588kg/m^3，抗压强度为4.07MPa，制品中主要物相为水化产物托贝莫来石和C-H-S凝胶，以及铁钙闪石、硬石膏、方解石和水化反应中残留的石英；制品强度与水化产物C-H-S凝胶和托贝莫来石胶结有关。

黄晓燕等人研究了以铜尾矿制备无石灰加气混凝土产品，用铜尾矿矿渣—水泥熟料—风积砂原料体系制备蒸压加气混凝土，以富钙镁的铜尾矿和矿渣代替传统加气混凝土所需的石灰，铜尾矿、矿渣、风积砂、水泥熟料、石膏的含量（质量分数）分别为30%、35%、20%、10%和5%配合，所制备的B06级蒸压加气混凝土的绝干密度为610.2kg/m^3，抗压强度为4.0MPa，达到了《蒸压加气混凝土砌块》（GB/T 11968—2006）规定的A3.5、B06级加气混凝土要求。物相分析表明，所制备的加气混凝土中主要结晶相是板状的托贝莫来石、硬石膏、残留的石英以及来自原始铜尾矿中的残留矿物。

近年来，利用高温发泡技术制造泡沫陶瓷已初具规模，山西省介休市安晟科技发展有限公司利用铁尾矿、煤矸石、粉煤灰、陶瓷碎片、玻璃碎片等工业垃圾生产防火保温泡沫陶瓷，建成全国最大的泡沫陶瓷生产线，生产出的产品防火性能达到A级。张蔚等人以煤矸石、高岭土尾矿为主要原料，添加氢氧化钾为助熔剂，在烧结温度为1150℃、氢氧化钾掺量3%、保温11min的条件下，烧制出800级的轻质高强陶粒，其各项性能指标符合GB/T 17431.1—2000中规定的人造高强轻粗集料的指标要求。喻杰等人以水泥为胶凝剂、黄石市灵乡铁矿尾矿为主要原料制备轻质保温墙体材料，研究了轻骨料膨胀珍珠岩、铁尾矿及其碱性激发剂掺量和水灰比对试件抗压强度、容重、导热系数的影响，试验结果表明，制备的墙体保温材料可满足轻质保温墙体材料的基本性能要求。

E 尾矿制作肥料及土壤改良剂

矿山尾矿还可以用来制作肥料和土壤改良剂，一般在矿山尾矿中，都含有大量的锌、锰、铜、铁等微量元素。而这些元素正是植物生长过程中所必需的元素，因此，既可以通过对尾矿中的这些微量元素加以提取用来制作肥料，也可以制作土壤改良剂，从而实现尾矿的综合利用。也可以利用磁化机对铁尾矿进行处理，从而得到磁化尾矿，然后再将其作为土壤改良剂加入土壤之中，使土壤的磁性得以提高，从而改善土壤的结构性以及透气性，利于植物的生长。

F 尾矿土地复垦

尾矿复垦就是在尾矿达到使用寿命后对尾矿进行闭库处理，然后在其上面覆盖一定厚度的可供植被生长的土层，再植被种植。尾矿土地复垦解决了尾矿占用土地、安全隐患以及对环境的影响等问题。国际上，矿区生态环境恢复治理作为生态建设和环境保护的重要内容倍受重视。美国、加拿大、澳大利亚、德国、巴西和西班牙等国都制定了专门计划，政府和企业投入大量资金进行矿山生态环境恢复治理，矿山土地复垦率已达到50%~70%，不少国家要求新建矿山复垦率达100%。我国矿山土地复垦始于20世纪60年代初，近年来，随着相关政策的不断完善，以及企业对尾矿综合利用的重视程度不断增加，我国在尾矿土地复垦植被方面取得了一定的成效，比如云南锡业集团投资200万元在金属尾矿中种植80亩超富集植物蜈蚣草，对金属尾矿库进行复垦，通过一定的有机肥等基质改良后使其正常生长，定期收割其地面部分，烘干焚烧后从灰分中冶炼回收有价金属，企业每年通过蜈蚣草采集的砷最高可达23.4kg/hm^2，铅11.3kg/hm^2，铜2.64kg/hm^2，锌9.24kg/hm^2，每年蜈蚣草可创造693.5元/hm^2的经济效益，解决了尾矿扬尘、重金属污染等环境问题。

4.4 选矿厂固体废弃物的处置

对于因技术原因或其他原因暂时还无法利用或处理的固态废弃物，即终态固体废弃物。终态固体废弃物的处置，是控制固体废弃物污染的末端环节，是解决固体废弃物的最终归宿问题。根据固体废弃物的处置场所可将最终处置分为陆地处置和海洋处置两大类，这也是目前应用最广泛的最终处置方法。陆地处置是基于土地对固体废弃物进行的处置，根据废弃物的种类和处置的地层层位（地上、地表、地下和深地层），陆地处置可分为土地耕作、工程库贮存、深井灌注、浅地层埋藏和土地填埋等多种方式；海洋处置是基于海洋对固体废弃物进行处置的方法，分为海洋倾倒和远洋焚烧。

选矿厂固体废弃物的处置是指应用安全、可靠、经济的方法堆存选矿厂固体废弃物，以达到保护环境和供将来再利用的目的。选矿厂固体废弃物的处置主要采用尾矿库和尾矿堆场，尾矿库和尾矿堆场的处置技术还包括地质灾害预警与地质灾害控制、环境污染防治及处理设备、设施的建设。

4.4.1 尾矿库

尾矿库是指筑坝拦截谷口或围地构成的用以堆存金属或非金属矿山进行矿石选别后排出尾矿或其他工业废渣的场所。尾矿是指金属或非金属矿山开采出的矿石，经选矿厂选出有价值的精矿后排放的“废渣”。由于尾矿数量巨大，含有目前暂不能处理的有用或有害成分随意排放，造成资源流失、大面积覆盖农田或淤塞河道、污染环境。

我国尾矿库主要集中在冶金、有色、黄金、化工和建材等行业，截止到2019年12月底，全国尾矿库12273座，在用库6633座，尾矿库数量在千座以上的省份主要集中在河北、山西、辽宁和河南；容积超过1亿立方米的尾矿库10余座，最大的是江西德兴铜矿的4号尾矿库，库容达8.3亿立方米。

4.4.1.1 尾矿库的结构及组成

尾矿库通常由尾矿坝、排水构筑物、回水构筑物及输送系统组成。尾矿设施是矿山生产设施的重要组成部分，投资大，一般约占矿山建设总投资的5%~10%。

尾矿坝通常利用起伏的天然地形构筑而成，坝上设有进料口、排料口和澄清液返回口。澄清的回水通过设在坝上的抽水站返回选矿厂重新利用。尾矿坝的底部和周边必须采取防渗漏措施，以防污染扩大并保持地下水源。

尾矿坝分为初期坝和后期坝，主要用来抵挡尾矿渣和水。在筑坝选材方面，一般选用周边土石材料修筑初期坝，将排出的尾矿砂充分利用，沉积加高，用作后期堆积坝的原材料。

初期坝由非尾矿材料筑成，其主要作用是为后期的尾矿堆积坝打基础（又称基础坝）。尾矿初期坝主要包含透水初期坝和不透水初期坝两种。透水初期坝使用透水性能良好的材料筑成，这种初期坝可以有效地排出多余水分，降低浸润线高度，因此具有稳定性高的特点；不透水初期坝的原材料多使用透水性能较差的砂石组成，因其透水性差、不易排水固结等原因，致使浸润线过高，稳定性不足，不透水初期坝的施工相对较简单，对周边地质条件的要求也较低，在早期尾矿库的建设和缺少透水性原材料的地区应用较多。

不透水坝是以防止渗漏为目的的坝型，主要包括均质土坝，由黏土、钢筋混凝土、土工薄膜、沥青等材料作防渗体的堆石坝，以及浆砌石及混凝土坝等。这种坝型适用于不用尾矿堆坝或用尾矿堆坝不经济以及尾矿水渗漏不符合排放标准而又难以进行水质处理或处理不经济的情况。

透水坝是在坝体内进行有组织排水、有计划渗水的坝型。透水坝的排水系统将坝体的渗水有计划地排出，控制堆积坝内浸润线位置。透水坝的主要坝型是在各种堆石坝的上游坡内加设反滤体，降低尾矿堆积体的浸润线。透水坝是初期坝中最基本的坝型。透水坝的形式可分为两类：一类是在堆石坝前设反滤层形成滤水结构，这是基本形式；另一类是在各种不透水的坝上设置排水设施形成透水坝。

根据所用筑坝材料和施工方法，初期坝类型有均质土坝、透水堆石坝、混合料坝以及废石坝四种，其坝型特点见表 4-11。

表 4-11 初期坝坝型特点

坝型	筑坝材料	特点	适用地区
均质土坝	粉质黏土、风化土、黏土	不透水坝；土坝外坡脚设置排水棱体以便降低浸润线；造价低、条件要求低、施工简单	早期坝体建设缺少石材地区
透水堆石坝	透水石料	透水性能好、施工简单、地质要求低	适用范围广
混合料坝	砂石混合料	质量较好的透水石材不足时，可将部分砂料作为补充	可用于坝基工程地质条件要求不高的坝体
废石坝	采矿场剥离的符合强度的废石	采矿场剥离出来的废料作为原料	废石质量必须符合强度和块度要求

后期坝是指选矿厂投产后，在生产过程中随着尾矿不断排入尾矿库，在初期坝顶以上用尾矿砂逐层加高筑成的小坝体（也称子坝）。子坝用于形成新的库容，并在其上敷设放矿主管和放矿支管，以便继续向库内排放尾矿。子坝连同子坝坝前的尾矿沉积体统称为后期坝（也称尾矿堆积坝）。根据其筑坝方式，后期坝可分为上游式尾矿坝、下游式尾矿坝、中线式尾矿坝、浓缩锥式尾矿坝等。

上游式筑坝以初期坝为基准，不断向上游加高筑坝。当尾矿库中的矿渣排放超过初期坝坝顶时，便在初期坝坝顶不远处就地取材挖取尾矿砂用于堆积子坝，堆积过程沿初期坝坝轴线方向施工，以形成新库容，将输送管道移至坝顶用来维持排放尾矿直至尾矿砂充满整个库区，继续以同样的方法加高建筑子坝。上游式筑坝的特点是坝轴线沿着库内方向不断向上推移，上游没有明显的轮廓线，整个尾矿坝体和沉积滩连为一体。上游式筑坝的缺点在于坝体内存在多层细泥夹层，降低了坝体渗透性，抬高了坝内浸润线的位置，坝体稳定性较差。但由于该堆坝方式生产管理方便，在我国仍被广泛采用。上游式筑坝工艺如图4-11所示。

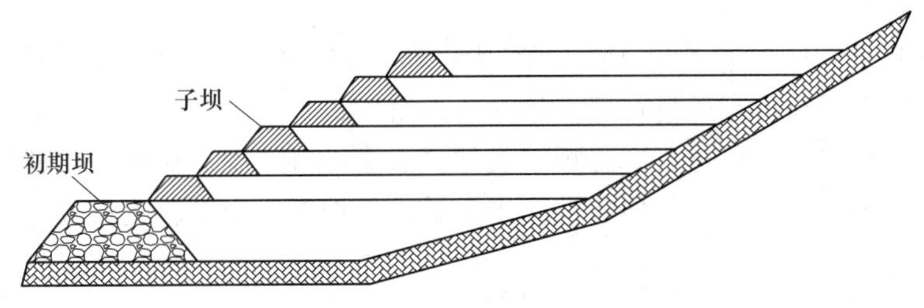

图 4-11 上游式筑坝工艺

上游法使用的关键是尾矿形成一定承载能力的沉积滩，为周边坝体提供有力的支撑，一般要求排放的全尾矿中砂粒级含量不少于 40%~60%。上游式筑坝法的主要优点在于：第一，周边坝体施工只需要少量的填料，沉积滩尾矿砂往往是极便利的筑坝材料，因此，能以很低的成本形成最终坝；第二，周边坝体施工简单，用极少量的设备（如挖掘机和推土机及人员）即可完成正常的挖掘和填筑作业。

下游式筑坝采用水力旋流器进行尾砂的分级工作，分级后选用细颗粒矿浆排向初期坝上游方向，选用粗颗粒矿浆排向初期坝下游方向，这种筑坝方式的特点在于子坝中轴线沿着初期坝下游方向移动，子坝体由粗颗粒矿渣组成，具有较好的渗透性和较强的抗剪性，浸润线较低，稳定性较好，是一种先进的筑坝工艺，已被国外发达国家广泛采用。但这种筑坝工艺对尾矿的粒度组成、尾矿库地形条件要求较高，同时生产管理也比较复杂，在我国适用性不强。下游式筑坝工艺如图 4-12 所示。

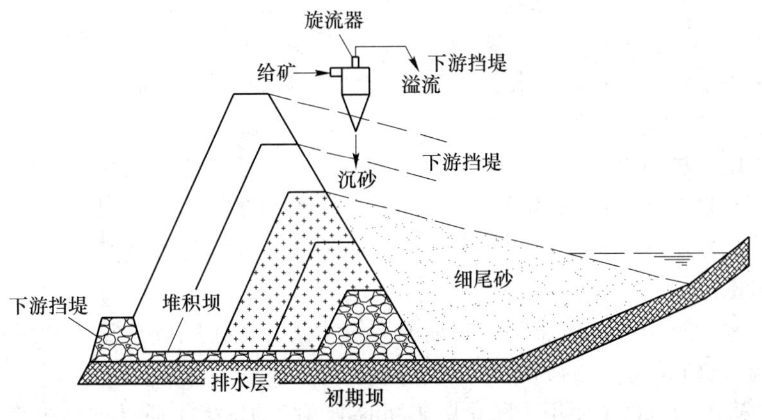

图 4-12 下游式筑坝工艺

一般来说，下游式筑坝法适用于蓄积大量水和尾矿的条件。这是因为坝内能保持低地下水位，且整个充填体可得以压实，故下游坝具有较好的抗液化能力，可用于强震区。与上游坝升高方法不同，下游坝升高速度基本不受约束，因为从结构上讲，它与所排放的尾矿沉积层无关。下游坝结构坚固性和工程行为上等效于挡水坝，但下游式筑坝法的主要缺点是需要大量的筑坝材料和较高的费用。后期所用材料的来源可能制约坝的施工，特别是采用矿山废石和尾矿砂筑坝的场合，这些材料几乎等率产生，而连续下游坝的升高所需要的材料量会随着坝体的升高成指数增加。因此，必须保证材料生产率在坝的整个服务期间始终充足供应。

中线式筑坝是一种改进了的下游式筑坝工艺，如图 4-13 所示。中线式筑坝是将经水力旋流器分级后的粗粒级尾矿自初期坝顶向上下游填筑，逐渐加高坝体，分级后的细尾矿送至库内充填。在整个堆积过程中，坝轴线位置始终维持不变。该堆坝工艺所需粗尾矿的数量比下游式筑坝工艺少，坝体稳定性介于上游式筑坝工艺和下游式筑坝工艺之间，被广泛使用。

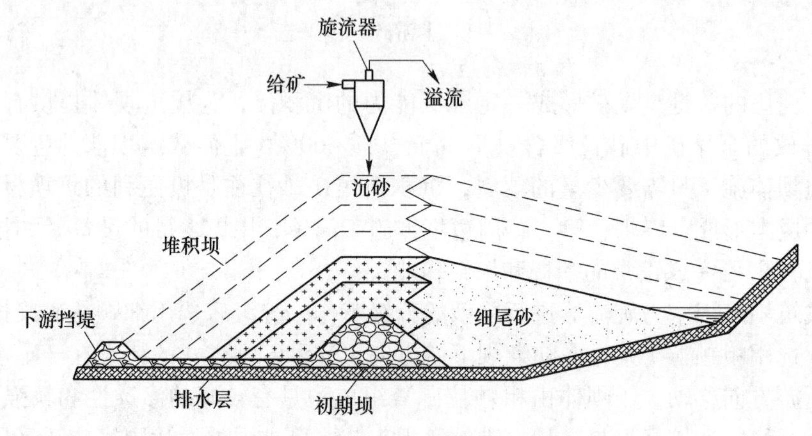

图 4-13　中线式筑坝工艺

由于坝内能够提供内部排水带，地下水位控制不像上游坝对池水位置那么敏感。周边排放，即使是以尾矿泥为主的尾矿也足以在排放点附近沉积成一个较窄的沉积滩，完全可以在坝升高过程中支撑填料。与下游坝不同，中线坝不能永久性地贮积很深的水，但若尾矿坝设计中采用了内部不透水带和排水带，则允许池水在洪水期临时上升，不会对坝体结构稳定性产生不利影响。

浓缩锥式尾矿坝是将尾矿浆浓缩至 75%左右在尾矿库内集中放矿，尾矿按照强迫存放规律（不出现自然分级）呈锥体状堆积，周边建有很低的围堤，拦截析出的尾矿水和雨水排出库外。此种尾矿库具有较高的安全性，但占地面积大，管理复杂。国外仍处于摸索试验阶段，尚未推广。

尾矿库在运行过程中一般需要一些辅助构筑物共同协作完成，常用的尾矿库辅助构筑物包括排水构筑物和尾矿水的回收与排放构筑物等。

尾矿库的排水构筑物主要用于防止尾矿坝溃坝事故的发生，通过排水构筑物将集中在库内的洪水或者澄清水排放到尾矿坝外面，是尾矿库建设中必不可少的设施。因此在对排水构筑物建设之前应该做好勘察设计等工作，同时，对于排水系统的选择和布置也应重视。

尾矿坝渗透破坏、浸润线升高以及洪水漫顶等都可能会引起尾矿库在运行过程中发生的事故，这些隐患对尾矿库的安全会造成重大影响，排水构筑物可以有效地防止渗透破坏、洪水漫顶、降低坝体浸润线，从而预防事故的发生。排水构筑物由排水隧洞、排水管、截洪沟、溢洪道组成。在选择排水系统时，需要结合多种因素进行综合考虑，例如尾矿库的地质条件、排水流量的大小、施工条件等因素都会影响排水系统的选择。对于排水流量较小的可选择排水管，排水流量中等的可选择排水隧洞，对于排水流量较大的可选择排水隧洞和溢洪道的组合形式。

尾矿库的排水系统在布置时应该设置在靠近山坡的一侧。关于地基的要求，应该保证地基均匀，没有软弱、断层或者破碎带地基。在排水系统运行阶段需要确保尾矿水达到澄清标准。

相对而言，尾矿水内所含的有害物成分不高，对下游环境污染较小，但尾矿水量较大。如果能够采用合理的方法进行回收利用，既可满足人们对于资源的需求，又极大地减少了环境污染的排放，符合我国可持续发展战略，因此，在条件允许的前提下，应该尽量做到尾矿水的回收利用。

尾矿库回水构筑物在设计时需要做到如下要求：选矿厂生产过程中的用水通常需要尾矿库回水构筑物提供，有些选矿厂用水甚至基本都来自回水，所以回水构筑物在雨季应注意加强储水，提高回水率；回水率和回水均匀性是体现回水构筑物运行状态的两个重要指标，回水取水构筑物的形式影响着这两个指标，将取水构筑物设置在坝内有利于回水率的增高以及回水量的均匀；尾矿水的澄清程度与澄清距离密切相关，随着澄清距离的增长，尾矿水会变得越来越澄清，因此，为了保证尾矿水符合澄清标准，需要将回水取水位置与尾矿渣的排放位置保持合理的距离，同时需要综合考虑尾矿堆积坝逐步加高对尾矿水澄清的影响。

尾矿水中不可避免地会含有一定量的锌、铜、铅、氰化物等有害元素，一旦这些有害元素随着尾矿水一同排出，将会对下游水源造成污染。因此，排放构筑物在对尾矿水排放前需要进行相应地安全检测：尾矿水在排放前必须达到工业“废水”排放标准的规定；尾矿水在排放前需要对周边环境进行考察，尾矿水的排放不得造成周边居民饮用水的污染；若将尾矿回水用于农作物灌溉时，应该做好灌溉前的有害元素检测。

4.4.1.2 尾矿库的类型

尾矿库一般分为四种类型，其分别为山谷型尾矿库、平地型尾矿库、傍山型尾矿库和截河型尾矿库。选矿厂尾矿的输送一般为矿浆水力输送，输送方式有明渠和管道。

A 山谷型尾矿库

山谷型尾矿库是在山谷谷口处筑坝形成的尾矿库，如图 4-14 所示。它的特点是：初期坝相对较短，坝体工程量较小，后期尾矿堆坝相对较易管理维护，当堆坝较高时，可获得较大的库容；库区纵深较长，尾矿水澄清距离及干滩长度易满足设计要求；但汇水面积较大时，排洪设施工程量相对较大。我国现有的大、中型尾矿库大多属于这种类型。

B 傍山型尾矿库

傍山型尾矿库是在山坡脚下依山筑坝所围成的尾矿库，如图 4-15 所示。它的特点是：

初期坝相对较长，初期坝和后期尾矿堆坝工程量较大；由于库区纵深较短，尾矿水澄清距离及干滩长度受限，后期坝堆的高度一般不太高，故库容较小；汇水面积小，调洪能力低，排洪设施的进水构筑物较大。由于尾矿水的澄清条件和防洪控制条件较差，管理、维护相对比较复杂。国内低山丘陵地区中小矿山常选用这种类型尾矿库。

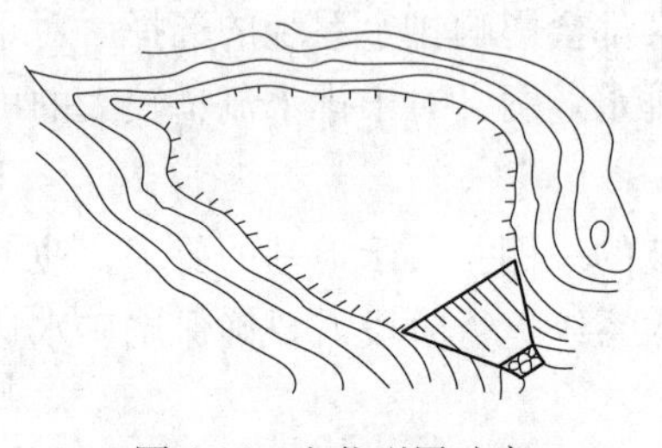

图 4-14 山谷型尾矿库

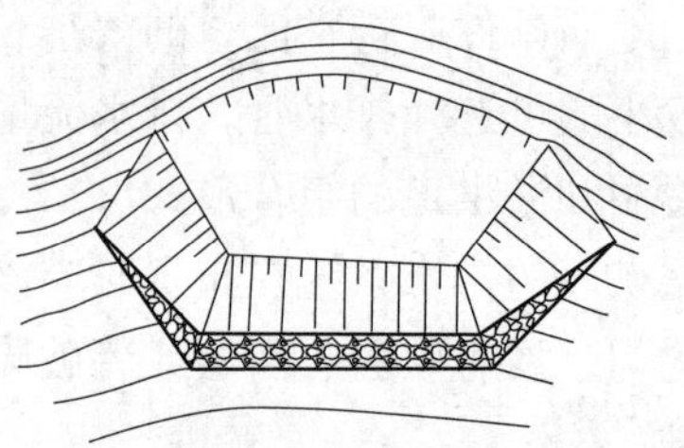

图 4-15 傍山型尾矿库

C 平地型尾矿库

平地型尾矿库是在平缓地形周边筑坝围成的尾矿库，如图 4-16 所示。其特点是：初期坝和后期尾矿堆坝工程量大，维护管理比较麻烦；由于周边堆坝，库区面积越来越小，尾矿沉积滩坡度越来越缓，因而澄清距离、干滩长度以及调洪能力都随之减少，堆坝高度一般不高；汇水面积小，排水构筑物相对较小。国内平原或沙漠戈壁地区常采用这类尾矿库，例如金川、包钢和山东省一些金矿的尾矿库。

D 截河型尾矿库

截河型尾矿库是截取一段河床，在其上、下游两端分别筑坝形成的尾矿库，如图 4-17 所示。有的在宽浅式河床上留出一定的流水宽度，三面筑坝围成尾矿库，也属此类。它的特点是不占农田，库区汇水面积不太大，但尾矿库上游的汇水面积通常很大，库内和库上游都要设置排水系统，配置较复杂，规模庞大。这种类型的尾矿库维护管理比较复杂，国内采用的不多。

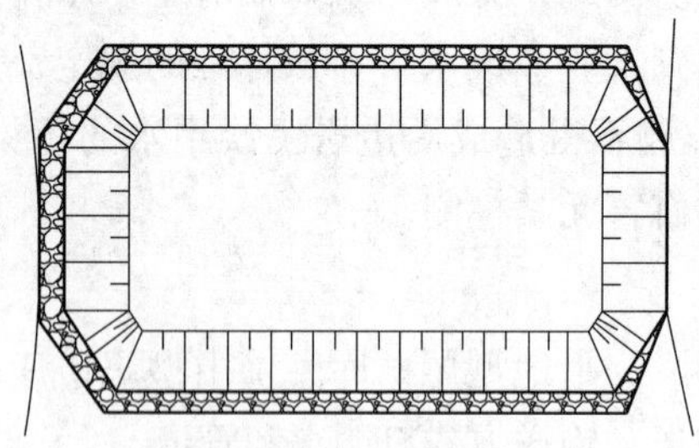

图 4-16 平地型尾矿库

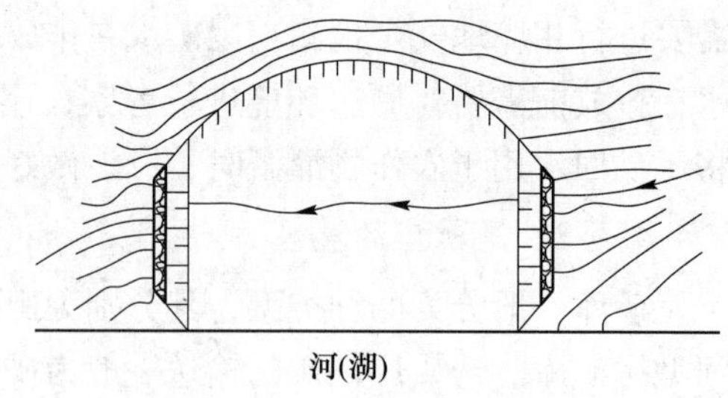

图 4-17 截河型尾矿库

4.4.1.3 尾矿库的库容

尾矿库的库容随着堆积高度的增大而逐渐增大。某一堆积标高时，坝顶水平面以下、尾矿堆外坡面、初期坝内坡面以内和库底地面以上区间所形成的空间称为全库容，它是用来确定尾矿库等别的一个重要指标。根据设计生产年限内选矿厂排出的总尾矿量确定的最终堆积标高对应的全库容称为总库容。

全库容可进一步分为：

（1）有效库容。有效库容是指尾矿沉积滩面以下、尾矿坝外坡面、初期坝内坡面以内和库底地面以上区间所形成的空间。最终堆积标高时的有效库容称为总有效库容，它表示一个尾矿库最终能容纳的尾矿量。

（2）调洪库容。调洪库容是指正常库水位、尾矿沉积滩面和地面三者以上，最高洪水位以下区间所形成的空间，它是用来调节洪水的库容。这部分库容在正常生产情况下不允许被尾矿或水侵占。

（3）安全库容。安全库容是指最高洪水位、尾矿沉积滩面和地面三者以上，坝顶水平面以下区间所形成的空间。它是为防止洪水漫坝，确保坝的安全而预留出的安全储备库容。正常情况下，这部分库容也不允许被尾矿或水侵占。

一般来说，尾矿库的库容越大，尾矿坝越高，失事后对下游可能造成的灾害就越大，因而其重要性也就越大。

4.4.1.4 尾矿库的级别

尾矿库的级别根据尾矿库的最终全库容及最终坝高来确定。当按尾矿库的全库容和坝高分别确定的级差为一级时，尾矿库的级别应以高者为准；当级差大于一级时，应按高者降一级确定。尾矿库的设计级别见表 4-12。

表 4-12 尾矿库使用期的设计级别

级别	全库容 V/m^3	坝高 H/m
一	$V \geqslant 5.0\times10^8$	$H \geqslant 200$
二	$1.0\times10^8 \leqslant V < 5.0\times10^8$	$100 \leqslant H < 200$
三	$1.0\times10^7 \leqslant V < 1.0\times10^8$	$60 \leqslant H < 100$
四	$1.0\times10^2 \leqslant V < 1.0\times10^7$	$30 \leqslant H < 60$
五	$V < 1.0\times10^2$	$H < 30$

尾矿库失事造成灾害的大小与库内尾矿量的多少以及尾矿坝的高低成正比。如果尾矿库失事后会使下游城镇、企业或铁路干线遭受严重灾害时，尾矿库的设计等级可提高一等。

4.4.2 尾矿堆场

尾矿堆场也是选矿厂尾矿集中排放的一种方式。尾矿堆场堆存的是松散物料，因而存在严重的安全隐患。尾矿堆场失稳将会导致矿山重大工程事故，不仅影响选矿厂的正常生产，也会使整个矿山蒙受巨大的经济损失。

我国矿山选矿厂尾矿堆存的方法可分为湿法堆存和干法堆存两种。

4.4.2.1 湿法堆存

据统计，每吨冶金矿山尾矿需要尾矿库基建费 1~3 元，经营管理费 3~5 元，而采用堆存方式处理尾矿设备简单，基建费用小，运行和管理成本较低。由此可见采用堆存方法处理尾矿具有明显的优势，只要管理得当，受将来选冶技术、设备、经济发展的影响，堆存的尾矿有望被二次利用。

根据尾矿的浓度，湿法堆存可分为“低浓度”湿法堆存和“高浓度”湿法堆存。“低浓度”湿法堆存是指尾矿水经自然沉降、选矿药剂氧化分解或添加石灰等调整剂沉淀固化重金属离子后，再返回选矿厂作为生产水循环利用，将沉淀物进行堆存的一种堆存方法，即尾矿直排堆存。该方法适用于堆场距离选矿厂较近，且选矿厂与堆场高差较大，尾矿可以实现自流的情况。“高浓度”湿法堆存是指选矿厂尾矿在进入堆场之前经浓缩机浓密至40%~55%的浓度后，再用离心式渣浆泵将尾矿扬送至尾矿堆场进行堆存的方法，即尾矿浓缩堆存。该方法适用于尾矿堆场距离选矿厂较远，而两者的高差又不足以实现尾矿自流的情况。目前国内许多有色金属选矿厂均采用分段回水、分段回用、部分尾矿水集中处理的工艺以满足“高浓度”尾矿堆存的要求，大幅度降低了尾矿、回水输送能耗，减少了选矿废水处理量，节省了水处理成本。

4.4.2.2　干法堆存

干法堆存包括两种类型：一种为纯粹的干法堆存（即滤渣排放），尾矿脱水后含水率不超过20%；另一种为膏体排放（高浓度排放），尾矿浓度在70%以上。

滤渣排放属于真正意义上的干法堆存。尾矿采用浓缩、过滤（或压滤）两段脱水工艺，把固体颗粒间的自由水全部脱除，只剩颗粒表面的吸附水、结合水或结晶水，此时尾矿含水率为18%~25%，再用胶带或汽车等输送固体物料的设施送至尾矿堆场。该法适用于干旱、严重缺水地区，其尾矿回水率可达90%，尤其适用于黄金矿山氰化厂，可以降低氰化物的消耗，提高金的回收率。

膏体排放是得到了普遍认可和应用的膏体堆存技术。尾矿采用深锥浓密机浓缩至膏体状态，再用柱塞泵、隔膜泵等泵送入至尾矿堆场，此时尾矿的浓度可达64%~70%，不同比重物料的膏体浓度略有差异。该法的最大特点是“管道输送，干式堆存”，另外，由于膏体具有不离析、渗透率低的特征，膏体排放方式在安全、环保方面带来的好处是湿法排放方式不可能做到的，堆存成本也低，国内某大型矿山测算了采用该法处理尾矿的单位成本为1.685元/吨。

4.5　辽宁本溪南芬选矿厂铁尾矿综合利用实践

4.5.1　尾矿资源概况

本钢南芬选矿厂是本溪钢铁集团公司重要的原料基地，年处理铁矿石1300万吨，年产尾矿850万吨以上，尾矿含铁（质量分数）10%左右，全部排入尾矿库堆存。南芬选矿厂尾矿库受早期选矿技术水平的制约，尾矿铁品位较高。据统计，南芬选矿厂现堆存尾矿2亿吨以上，不仅占用大量土地资源，还存在不小的安全隐患和环境问题，浪费资源。随着“绿色矿山、全面发展、协调发展、可持续发展”理念的深入，进行尾矿综合利用，变废为宝，通过前人长期的研究，形成了基于尾矿开发的新产品和新的利润增长点。

4.5.2　尾矿资源综合利用途径

南芬选矿厂尾矿属高硅型铁尾矿，铁品位10%左右，主要以碳酸铁和氧化铁的形式存在，非金属矿物主要为石英，SiO_2 含量（质量分数）为77.83%，此外还含有长石、石榴石、角闪石等。根据尾矿中各组分的特性，南芬选矿厂尾矿综合利用必须开辟多种利用途径，既要有附加值不高，但需求量大的利用途径，如建材、充填料、土地复垦等，以大量消耗尾矿，也要有产量不大，技术含量高、附加值高的利用途径，如高纯石英产品、铁精矿等，以获得更好的经济效益。南芬选矿厂尾矿资源综合利用主要体现在四个方面。

4.5.2.1 制备高纯石英砂

南芬选矿厂尾矿中石英与铁矿物连生，石英矿物的包裹体、鲕状结构较少，颗粒较大，可以充分回收利用其中的石英制备高纯石英砂，实现尾矿的高附加值利用。制得的高纯石英砂 SiO_2 品位在 99.90%以上，属中性无机填料，不含结晶水，不与被填充物发生化学反应，是一种非常稳定的矿物填料，被广泛应用于高级液晶玻璃、大规模及超大规模集成电路、光纤、激光、航天、军事等领域中。

对南芬铁尾矿进行高纯石英砂的提取需要物理选矿、化学选矿、粉体表面处理等多种工艺相结合。目前主要采用磨矿—弱磁选—强磁选—浮选—整形磨—深加工酸洗处理—表面改性处理联合工艺，提取的高纯石英砂 SiO_2 品位 99.9%以上、白度 94.0%以上，达到了高品质石英砂标准。

4.5.2.2 回收赤褐铁矿

南芬选矿厂现阶段生产的尾矿细度-0.074mm 占 60%左右，尾矿中的铁矿物主要是磁选工艺无法回收的赤（褐）铁矿和少量没有单体解离的微细粒磁铁矿，集中在-0.045mm 粒级，因此可以采用细磨—弱磁选—强磁选—浮选工艺回收尾矿中的磁铁矿、赤（褐）铁矿，试验得到产率大于 6%、品位 60%的铁精矿。以该流程为依据进行测算，每年通过本流程可生产品位 60%左右的铁精矿 50 多万吨。

4.5.2.3 分粒级处理

尾矿综合利用要获得利润的关键点是工艺产品的市场价值，因此对该尾矿按粗粒级、中粒级、细粒级分别进行处理，以提高磨矿—分级工艺的作业效率，从而降低选别成本。

针对南芬选矿厂尾矿首先通过细筛筛分得到+0.5mm 的粗粒级作为建筑用砂，以代替铺路材料、黄沙，也可以用作混凝土骨料、水泥掺料；-0.5mm+0.045mm 粒级经过分级得到中粒级，粒级组成简单，可以通过常规的磨选工艺回收其中的金属矿物和非金属矿物；-0.045mm 细粒级通过水力旋流器分级排出，再通过表面改性工艺用作提取稀散金属和橡胶补强材料。

4.5.2.4 整体处理工艺

合理的尾矿资源综合利用技术是企业产生经济效益和社会效益的基础。尾矿综合利用应采用多元化的生产工艺与多种应用途径相结合的方式同时进行。南芬选矿厂尾矿综合整体处理工艺如图 4-18 所示。

4.5.3 尾矿应用效果

南芬选矿厂铁尾矿品位 10%左右，SiO_2 含量（质量分数）为 77.83%，可用来制备超纯石英砂、回收赤（褐）铁矿，或通过分粒级处理和整体处理工艺回收有用物质，可实现尾矿资源的综合利用，既保护了生态环境，又促进了矿山企业的可持续发展，经济效益、社会效益十分显著。

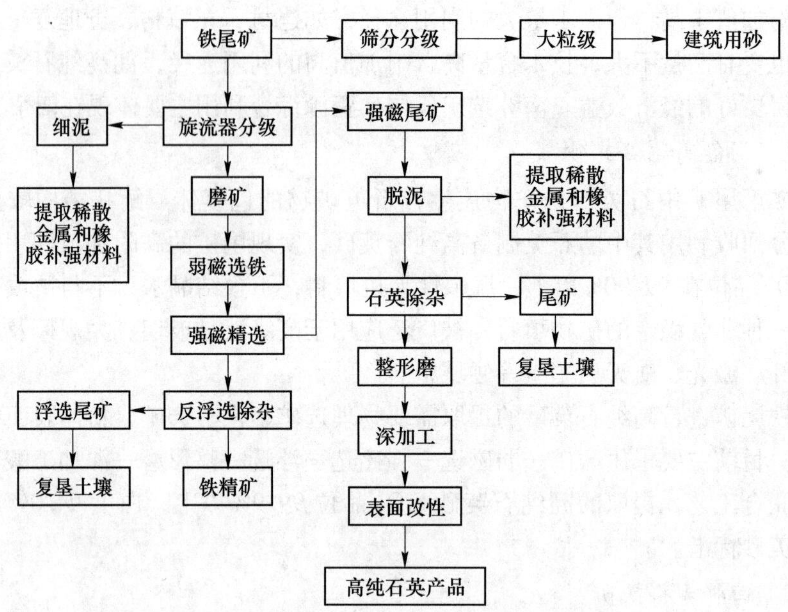

图 4-18　尾矿综合利用整体处理工艺流程

思　考　题

4-1　固体废弃物的危害体现在哪些方面？

4-2　固体废弃物的主要处理技术有哪些？

4-3　选矿厂固体废弃物的来源主要包括哪些？

4-4　固体废弃物处理与利用的原则是什么？

4-5　简述选矿厂固体废弃物的处置措施。

5 选矿厂噪声污染及防治

5.1 噪声的基本概念

人类总是伴随着各种各样的声音生活，声音在人类的生产和生活中起着十分重要的作用。但有些声音却不是人们所需要的，它会影响到人们的日常生活和工作，甚至危及人类的身心健康，人们将这一类声音称之为噪声。判断一种声音是否属于噪声，人们的主观判断起着决定性的作用，从生理学的观点来看，凡是干扰人们休息、学习和工作以及对所要听的声音产生干扰的声音，即不需要的声音，统称为噪声。

5.1.1 噪声污染及特征

噪声是一种公害，即具有公害的特性，同时它又是一种声音，因而相应地也具有声学特性。噪声属于感觉公害，所以它与其他有毒有害物质引起的公害不同。首先，噪声没有污染物，即噪声在空气中传播时并未给周围环境留下有毒有害的物质；其次，噪声对环境的影响不累积、不持久，传播的距离也有限，而且噪声声源分散，一旦声源停止发声，噪声也就消失。因此，噪声不能集中处理，需要采用特殊的方法进行控制。简单地说，噪声的声学特性就是声音，它具有一切声学的特性和规律。但是噪声对环境的影响与它的强弱有关，噪声越强，影响越大。衡量噪声强弱的物理量是噪声级，常见工业设备的噪声范围见表 5-1。

表 5-1 常见工业设备的噪声范围

设备	A 声级范围 /dB(A)	设备	A 声级范围 /dB(A)	设备	A 声级范围 /dB(A)	设备	A 声级范围 /dB(A)
球磨机	87~128	柴油机	107~111	冲床	74~98	磨粉机	91~95
破碎机	85~114	锻机	89~110	砂轮	91~105	冷冻机	91~95
振动筛	93~130	木工机械	85~120	风铲（镐）	91~110	抛光机	96~100
织布机	96~130	电动机	75~107	轧机	91~110	锉锯机	96~100
鼓风机	80~126	发电机	71~106	发动机	71~106	挤压机	96~100
空压机	73~116	水泵	89~103	卷扬机	80~90	拉伸机	91~95
剪板机	91~95	车床	91~95	冲压机	91~95	—	—
蒸汽锤	86~113	细纱机	91~95	粉碎机	91~105	—	—

5.1.2 噪声污染的危害

噪声污染已成为当今世界性的问题，从世界卫生组织发布的报告可以看出，噪声污染已成为仅次于空气污染之后威胁公民健康的最大隐患，越来越严重地影响着人们生活的方方面面。噪声的危害主要包括以下几个方面。

5.1.2.1　噪声对人类的危害

一般情况下，80dB（A）左右的噪声不至于对人们的身体造成严重的危害，而85dB(A) 以上的噪声则可能发生危险。噪声对人体最直接的危害是听力损伤。人们在进入强噪声环境时，暴露一段时间，会感到双耳难受，甚至会出现头痛等症状。在强烈噪声的持续作用下，听力会减弱，听觉敏感性下降 10~15dB(A)，严重者可达 30~50dB(A)，初期脱离噪声环境后，听觉可恢复正常。如长期在噪声环境下作业，听觉则不能完全恢复，进而会引起听觉器官发生改变，即发生器质性病变，称职业性耳聋。

从心理方面来说，噪声会引起睡眠不好、注意力不集中、记忆力下降等症状，导致心情烦乱，情绪不稳，乃至产生高血压、溃疡、糖尿病等一系列的疾病。心理学上将这种病症称为心身疾病，即由心理因素引起的身体上的疾病。破坏人体神经，使血管产生痉挛，加速细胞的新陈代谢，从而加快衰老。由于噪声造成的是感音神经性损伤和毛细胞损伤，很难对其进行修复，目前还没有特效药物可治疗这种损伤。因此，噪声重点在预防，控制噪声源。

5.1.2.2　噪声对动物的危害

噪声能对动物的听觉器官、视觉器官、内脏器官及中枢神经系统造成病理性变化。噪声对动物的行为有一定的影响，可使动物失去行为控制能力，出现烦躁不安、失常等现象，强噪声会引起动物死亡。鸟类在噪声中会出现羽毛脱落，影响产卵。

实验证明，动物在噪声场中会失去行为控制能力，不但烦躁不安而且形态反常，比如豚鼠在强噪声场中体温会升高，心电图和脑电图明显异常，心电图有类似心力衰竭现象。经强噪声作用后，豚鼠外观正常，皮下和四肢并无异常状况，但通过解剖检查发现，几乎所有的内脏器官都受到损伤，两肺各叶均有大面积瘀血、出血和瘀血性水肿。在胃底和胃部有大片瘀斑，严重时呈弥漫性出血甚至胃黏膜破裂，更严重的会出现胃部大面积破裂。盲肠有斑片状或弥漫性瘀血和出血，整段盲肠呈紫褐色，其他脏器也有不同程度的瘀血和出血现象。

大量实验研究表明，强噪声能引起动物死亡，噪声声压级越高，动物死亡的时间越短。

5.1.2.3　噪声对植物的影响

噪声对植物的影响包括直接影响和间接影响。直接影响是指声波刺激植物，会加速细胞的分裂，加快植物的生长，但过强的声波会使植物细胞破裂甚至坏死。研究表明，85~95dB(A) 强度的声波对果蔬的生长有利，当声波强度大于 140dB(A) 时农作物的产量很低，不少农作物甚至会出现枯萎的现象。间接影响是指噪声对动物的影响，通过动物的某些行为间接影响植物的生长和繁殖。2005 年美国北卡罗来纳州进化综合中心的研究人员弗兰西斯等人经过研究发现，噪声对矮松树繁育的影响是负面的，对桧木的分布却与之相反，噪声越大，桧木越多，这与西部丛林松鸦和黑颏蜂鸟对噪声的反应有关。

5.1.2.4　噪声对仪器设备的影响

噪声对仪器设备的影响分三种情况，其分别为使仪器设备受到干扰、使仪器设备失效和使仪器设备损坏。噪声使仪器设备受到干扰是指在噪声场中工作的仪器设备本身噪声增大，影响其正常工作；噪声使仪器设备失效是指在噪声场中仪器设备失去工作能力，但在噪声消失后又能恢复工作；噪声使仪器设备损坏是指噪声场激发的振动造成仪器设备的破坏而不能使用。

噪声对仪器设备的影响同噪声的强度、噪声的频谱以及仪器设备本身状况和安装方式有关。对于电子仪器，噪声场超过 135dB(A) 就可能会对电子元件、器件和对噪声及振动敏感的部件造成影响，例如电子管会产生电噪声，输出虚假信号；继电器会抖动或断路等。噪声作用到仪器设备主要有两个途径：一个是噪声通过面板直接作用于内部元器件；另一个是外部结构的振动传输给框架和电路板，使元（器）件受到振动而激发，振动的大小同噪声强度和频率有关，也同仪器设备的元（器）件及其系统的共振有关。实验表明，对于体积大的元（器）件和系统，两种传输途径均有作用。

5.1.2.5　噪声对建构筑物的影响

强噪声一般只能损害人的听觉器官，对建筑物的影响尚无法察觉。随着火箭和宇宙飞船以及超声速飞机的发展，噪声对建筑物影响的问题开始引起人们的关注。20 世纪 50 年代初，美国国家航空和航天局（NASA）研究中心对火箭发射基地的噪声场进行测定分析并对附近建筑物进行观察，当噪声超过 140dB(A) 时，对轻型建物（构）筑物开始具有一定的破坏作用，如超声速飞机低空飞行，在飞机头部和尾部会产生压力和密度突变，经地面反射后形成 N 形冲击波，传到地面时听起来像爆炸声，这种特殊的噪声叫做轰声。在轰声的作用下，建（构）筑物会受到不同程度的破坏，如门窗损伤、玻璃破碎、墙壁开裂、抹灰震落等现象。由于轰声衰减较慢，因此传播较远，影响范围较广。据不完全统计，1970 年德国韦斯特城堡及其附近曾因强烈的轰声发生 378 起建筑物受损事件。美国轰声引发的 3000 起建筑受损事件中，抹灰开裂占 43%，窗损坏占 32%，墙开裂占 15%。

此外，在建筑物附近使用空气锤、打桩或爆破，也会导致建筑物的损伤。

5.1.3　噪声控制

噪声由声源发出，需经过传播介质到达接受者才会产生危害。噪声的传播过程包括声源、传播途径和接受者三个要素。因此，噪声控制的基本方法也要从控制声源、控制传播途径和保护接受者这三个环节入手。只有三者综合考虑，才能从根本上控制噪声污染。

由于金属材料消耗振动能量的能力较弱，因而用它做成的机械零件，会产生较强的噪声。若用材料内耗较大的高分子材料制作机械零件，则会使噪声大大降低，如将纺织厂织机的铸铁传动齿轮改为尼龙齿轮，则可使噪声降低 5dB(A) 左右。在生产过程中，尽量采用先进的低噪声设备和工艺，比如用液压代替冲压、用斜齿轮代替直齿轮、用焊接代替铆接，防止和降低由振动发出的噪声。此外，提高机械的加工质量和装配精度也是控制噪声的一种有效措施，提高机械的加工质量和装配精度可以减少机械各部件间的摩擦、振动或由于平衡不完善而产生的噪声。

对声源进行控制，虽然是最根本的噪声控制措施，但就目前的技术水平来看，大多数机械设备产生的噪声并不能满足人们的要求，往往还需要在传播途径上采取降噪措施。

在噪声的传播过程中，其强度是随距离的增加而逐渐减少，因此，在城市、工厂的总体设计时进行合理布局对降噪十分重要。比如将工厂区和居民区分开，把高噪声的设备与低噪声的设备分开，利用噪声在传播过程中的自然衰减来减少噪声的污染范围。对于工业噪声，最有效的办法是在噪声的传播途径上采用声学原理进行控制，如吸声、隔声、消声以及减振等措施。

在许多场合下，采取个人防护是最有效、最经济的办法。个人防护是利用隔声原理来阻挡噪声进入人耳，从而保护人的听力和身心健康的一种方法。常用的个人防护用具包括耳塞、耳罩、耳棉、头盔等。耳塞平均隔声可达 20dB(A) 以上，性能良好的耳罩可达 30dB(A)。表 5-2 列出了几种常见的个人防护用具的防护效果。

表 5-2 几种个人防护用具比较

种类	说明	隔声量/dB(A)	优 缺 点
耳塞	塞入耳内	15~30	隔声性能好，经济耐用；有时会有不适感
耳罩	将整个耳廓封闭起来	20~40	隔音效果好；体积大，高温环境中佩戴有闷热感
防声头盔	将整个头部罩起来	30~50	隔声量大，适于在强噪声环境中佩戴；体积大，使用不便，高温环境中佩戴闷热严重
防声棉	塞在耳内	5~20	对高频声有效，在高噪声环境中不影响交谈；耐柔性差，易碎

除上述各种噪声的控制方法外，绿化对减少噪声也具有一定的效果，因此可以在需要降噪的场所种植植被。

5.2 噪声控制基本原理

噪声控制的根本办法是从声源上进行治理，即把发声大的设备改造为发声小或不发声的设备，如改进机械设计降低噪声，改进工艺和操作方法降低噪声，提高机械制造的精度，尽量减少机器部件因撞击和摩擦而发声。当声源控制仍不能达到噪声的控制标准时，在传播途径上采取措施也是控制噪声的一种有效方法，如高噪声厂房集中布置，尽量做到高噪声区与低噪声区分开。此外，植树造林对防治噪声也有一定的作用，曾有人实测发现，用 40m 宽的树林可以降低噪声 10~15dB(A)。

由于技术经济原因，采取以上措施只能使噪声降低到一定程度。为了最大限度地降低噪声对人们生活和生产的影响，还需要对噪声采取一定的技术措施。

5.2.1 吸声降噪

吸声降噪是利用一定的吸声材料或吸声结构来吸收声能，从而达到降低噪声强度的目的。

吸声材料是一种能够吸收较多声能的材料，通常包括多孔吸声材料、柔性吸声材料和膜状吸声材料三类。根据多孔吸声材料的形状可分为泡沫型、纤维型、颗粒型三种，多孔吸声材料衰减声能主要在于两个方面：其一，当声波经过材料表面引起空隙内部空气振动时，空气与固体筋络间产生相对运动，由于空气的黏滞性产生相应的黏滞阻力，振动空气动能可不断转化为热能，从而使声波能量衰减；其二，声波通过时发生空气绝热压缩升温，与多孔材料的热交换和热传导也能衰减声能。多孔吸声材料在使用时一般需要护面层保护，防止失散，护面层材料可以是玻璃丝布、金属丝网或纤维板等透声材料。柔性吸声材料的内部一般具有许多微小而独立的气孔，基本上没有透气性能，但具有一定的弹性，主要依靠材料内部的摩擦消耗声能。膜状吸声材料采用聚乙烯薄膜或几乎没有透气性的帆布材料，当入射波的频率同材料的固有频率一致时，两种材料会产生共振，引起内部摩擦而消耗声能。

表征吸声材料的吸声性能一般用吸声系数（α）表示，表示被该材料吸收的声能与入射声能的比值，即：

$$\alpha = \frac{E_{吸}}{E_{入}} \tag{5-1}$$

式中 $E_{吸}$——被材料吸收的声能；

$E_{入}$——入射到材料中的声能。

吸收系数 α 为 0~1，不同材料对不同频率噪声的吸收系数略有不同，对 125Hz、250Hz、500Hz、1000Hz、2000Hz、4000Hz 六个频率噪声吸收系数的算术平均值称为平均吸声系数。只有当平均吸声系数大于 0.2 的材料才被认为是吸声材料。

吸声材料降噪是利用吸声材料松软多孔的特性来吸收一部分声波，当声波进入多孔材料的孔隙之后，能引起孔隙中的空气和材料的细小纤维发生振动，由于空气与孔壁的摩擦阻力、空气的黏滞阻力和热传导等作用，相当一部分声能就会转变成热能而耗散掉，从而起着吸声降噪作用。

所有吸声材料对于低频率噪声的吸声效果都很差。增大吸声材料的厚度和比重能够明显提高低频吸声系数，但一般对高频吸声影响不大。不同厚度的各种吸声材料的吸声效果见表 5-3，不同比重的吸声材料的吸声效果见表 5-4。

表 5-3 不同厚度的各种吸声材料的吸声效果

材料/结构		厚度/cm	密度/$kg \cdot m^{-3}$	对各频率的吸声系数					
				125Hz	250Hz	500Hz	1000Hz	2000Hz	4000Hz
超细玻璃棉		2	20	0.05	0.10	0.30	0.65	0.65	0.65
		3	20	0.07	0.18	0.38	0.89	0.81	0.98
		5	20	0.15	0.35	0.85	0.85	0.86	0.86
		9	20	0.32	0.40	0.51	0.60	0.65	0.60
		10	20	0.25	0.60	0.85	0.87	0.87	0.85
		15	20	0.50	0.80	0.85	0.85	0.86	0.80
水泥刨花板（木丝板），空气层 4.5~9cm		1.5	—	0.05	0.10	0.35	0.50	0.45	0.55
		2.5	—	0.10	0.25	0.65	0.60	0.65	0.80
		5.0	—	0.25	0.65	0.75	0.70	0.75	0.75
酚醛树脂，玻璃棉板	树脂含量 5%~9%纤维/μm	3	100	0.06	0.11	0.26	0.56	0.93	0.97
		5	100	0.09	0.26	0.60	0.92	0.98	0.99
酚醛树脂，玻璃棉板（空气层 6cm）		4	100	0.07	0.15	0.38	0.76	0.98	—

表 5-4 不同比重的吸声材料的吸声效果

厚度/cm	密度 /kg·m^{-3}	各频率下的吸声系数					
		125Hz	250Hz	500Hz	1000Hz	2000Hz	4000Hz
5	80	0.06	0.08	0.18	0.44	0.72	0.82
9	70	0.12	0.30	0.72	0.95	0.91	0.97
9	100	0.18	0.44	0.89	0.98	0.98	0.99

多孔性材料的低频吸声性能差，为解决中、低频吸声问题，往往采用共振吸声结构。共振吸声同样以吸声材料为原材料，采用共振吸声机理组成一个吸声结构，其吸声频谱以共振频率为中心出现吸收峰，当远离共振频率时，吸声系数就很低。实际应用中，按照吸声结构和材料可将共振吸声分为单共振器吸声结构、穿孔板共振吸声结构、薄板共振吸声结构和柔顺材料共振器吸声结构等。

图 5-1 是最常用的共振吸声结构，由布有穿孔的板材和板后空腔组成。

当声波进入小孔后便激发空腔内空气振动，当声频与共振器的固有频率相同时，便发生共振，此时振幅最大，空气往返于孔中的速度达最大，摩擦阻力也最大，吸收的声能最多，称这种结构为共振吸声结构。

共振器都有一定的固有频率，其大小可表示为：

$$f_0 = \frac{C}{2\pi}\sqrt{\frac{P}{\left(t + \frac{\pi d}{4}\right) D}} \tag{5-2}$$

式中 C——声速，cm/s；

d——孔径，cm；

D——腔深，cm；

t——颈长，cm；

P——穿孔率。

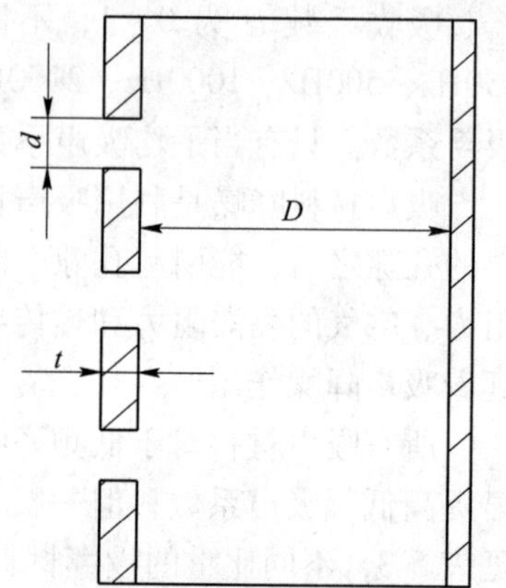

图 5-1 穿孔板吸声结构

d—孔径；t—板厚；D—空腔深度

因此，可以根据噪声的频谱特性，适当地选择穿孔率、孔径、板厚以及腔深来设计最佳的共振吸声结构。某些特殊情况下，为了获得极高的吸声系数，可采用楔形尖劈吸声结构，其吸声系数从 100Hz 起就可以到 0.9，最高可到达 0.98。

吸声处理适用于面积小的车间，对于面积较大的车间，声波的传播与开阔空间类似，反射声较弱，吸声效果不明显。如果工作地点靠近墙面，尽管距离声源较远，对墙壁的吸声处理也是十分有必要的。

5.2.2 消声降噪

消声降噪可以通过消声器来实现，它是降低空气动力性噪声的一种主要方法。消声器是一种既允许气流通过，又阻止或减弱声波传播的装置，它是控制气流噪声向外传播的有效工具，一般应用在空气动力设备的进排气口或气流通道口。

消声器的种类很多，根据消声原理一般可分为阻性消声器、抗性消声器和阻抗复合消声器。

5.2.2.1 阻性消声器

阻性消声器是利用装置在气流通道的内壁或中部的阻性材料（一般为吸声材料）的吸声作用使噪声衰减，从而达到消声的目的。

最简单、最基本的阻性消声器是管式消声器（见图5-2），其通道截面较小，一般通道直径小于400mm，通道截面过大会使高频噪声容易通过。此外，通过的气流速度也不宜过大，过大会产生湍流噪声，一般流速不超过20～30m/s，若气流量较大通常采用蜂窝式、片式、列管式或小室式消声器，如图5-3所示。

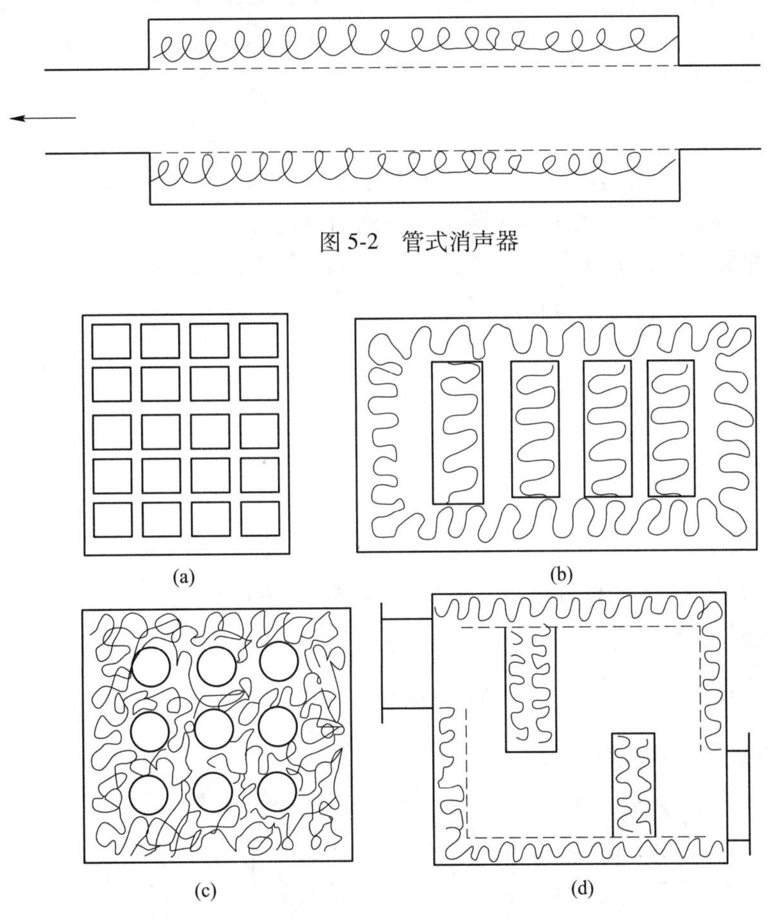

图5-2 管式消声器

图5-3 阻性消声器主要结构

(a) 蜂窝式；(b) 片式；(c) 列管式；(d) 小室式

几种常见阻性消声器的性能见表5-5。

表5-5 阻性消声器的性能

名称	清声频率	阻力	通道流速/$m\cdot s^{-1}$	适用范围
管式	中	小	< 15	中小型风机进排气消声
片式	中	小	< 15	大中型风机进排气消声

续表 5-5

名称	清声频率	阻力	通道流速/$m \cdot s^{-1}$	适用范围
蜂窝式	中	小	< 15	中型风机进排气清声
折板式	中、高	中	< 10	大中型风机进排气消声
小室式	中、高	大	<5	小型风机进气消声
声流式	中、高	大	< 20	大中型风机排气消声

5.2.2.2　抗性消声器

抗性消声器利用消声器的内声阻、声顺、声质量的适当组合，可以使特定频率或频段的噪声反射回声源或大幅吸收，其作用类似于交流电路中的滤波器。常见的抗性消声器有扩张室式和共振腔式两种。

A　扩张室式

扩张室式抗性消声器是利用管道截面的突然扩大和缩小，造成通道内声阻抗的突变，使某些频率的声波因反射或干扰而不能通过，达到消声目的。

图 5-4 是一种最简单的扩张室式抗性消声器，其消声量 ΔL 的计算公式为：

$$\Delta L = 10\lg\left[1 + \frac{1}{4}\left(m - \frac{1}{m}\right)^2 \cdot \sin^2(kL)\right] \tag{5-3}$$

式中　m——扩张比，$m = \frac{s_2}{s_1}$；

L——扩张室长度；

k——波数，$k = \frac{2\pi}{\lambda}$。

由此可见，ΔL 是 kL 的周期性函数，即随着频率的变化，ΔL 在零和极大值之间变化。当 $L=1/4\lambda$ 或其奇数倍时，即 $L = 1/[4\lambda(2n+1)]$ 时，$\sin^2(kL)=1$，ΔL 有极大值 ΔL_{max}；当 $L=1/2\lambda$ 或其偶数倍时，即 $L = \frac{1}{2}\lambda n$ 时，$\sin^2(kL)=0$，ΔL 有极小值 0，即此时相应的声波可以无衰减地通过，不起消声作用。

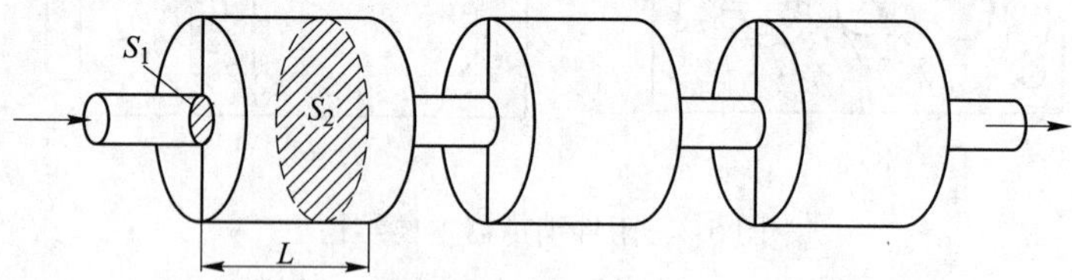

图 5-4　扩张室式消声器

B　共振腔式

共振腔式抗性消声器是由一段在壁道上开小孔的气流管道和管外的一个密闭空腔共同组成，主要有同心式和旁支式两种，其结构如图 5-5 所示。

共振腔式抗性消声器其消声原理和共振吸声原理相同。小孔孔颈中一定质量的空气柱在声压的作用下像活塞一样往复运动并与孔壁摩擦，使声能转变为热能，消耗部分能量，

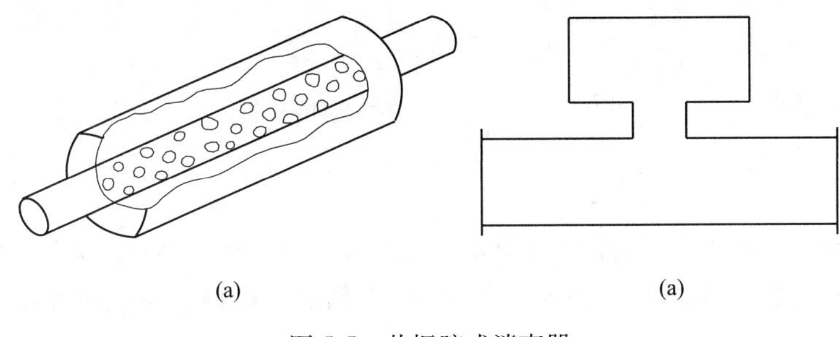

图 5-5 共振腔式消声器
（a）同心式；（b）旁支式

同时，为了克服气体的惯性也要消耗部分能量，使声能减弱。当气流的声波频率和消声器声振动的固有频率相同时，则会产生共振、空气柱的振动速度达到最大值，消耗的声能也最大，从而达到消声的目的。

5.2.2.3 阻抗复合消声器

阻性消声器能在较宽的中、高频段范围内消声，尤其是对刺耳的高频噪声消声效果明显；而抗性消声器对中、低频噪声消声效果较好，但对高频噪声消声效果较差。为了能在一个较宽的频段范围内消除空气动力性噪声，有人将二者结合起来，因而出现了阻抗复合消声器。其结构如图 5-6 所示。

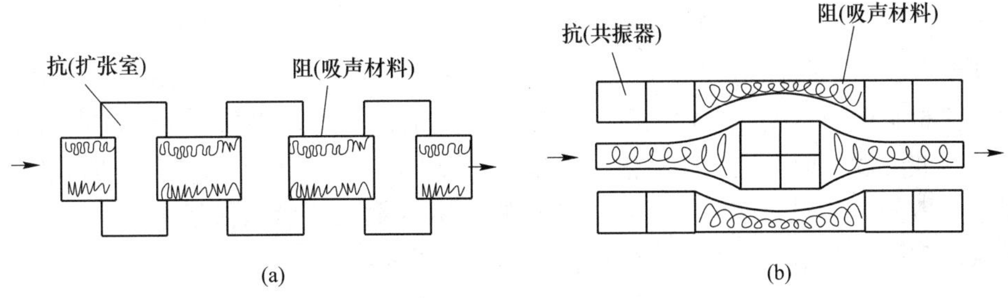

图 5-6 阻抗复合消声器
（a）扩张室—阻抗复合消声器；（b）共振腔—阻抗复合消声器

5.2.3 隔声降噪

隔声是噪声控制中经常用到的一种技术措施，它是利用墙体、各种板材及构件作为屏蔽物或者利用围挡结构把噪声控制在一定范围之内，使噪声在空气中的传播受阻而不能顺利通过，从而达到降低噪声的目的。当声波入射到障碍物表面时，一部分声能被反射，另一部分进入障碍物，进入障碍物的声能一部分在传播过程中被吸收，另一部分到达障碍物的另一面，到达另一面的声能又有一部分被反射，只有一小部分声能透过障碍物进入空气中。因此，噪声经过障碍物以后，强度就会大大降低。由此可以看出，隔声实际上包括隔声体（障碍物）对噪声的吸收和反射两个过程。

声波在传播过程中遇到障碍物时，其透过的声能（$E_{透}$）与入射声能（$E_{入}$）之比称为透射系数（τ），即：

$$\tau = \frac{E_{透}}{E_{入}} \tag{5-4}$$

一般常用 τ 的倒数表示构件的隔声性能。构件的传声损失（隔声量）T_L 可表示为：

$$T_L = 10\lg \frac{1}{\tau} \tag{5-5}$$

通常用 125Hz、250Hz、500Hz、1000Hz、2000Hz 和 4000Hz 六个频率的几何平均值来表示构件的隔声性能。有时为了简便，也常用六个值的平均值表示隔声性能。

5.2.3.1　单层均匀密实结构的隔声

单层均匀密实壁是最简单的隔声结构，隔声材料要求密实而厚重，比如砖墙、钢板、木板等。其隔声量的基本特性是在相同激发频率的前提下，随着隔声材料密度的增加而增加；在相同密度的条件下，随着激发频率的增加而增加。它的隔声量随频率而改变的变化特性如图 5-7 所示。

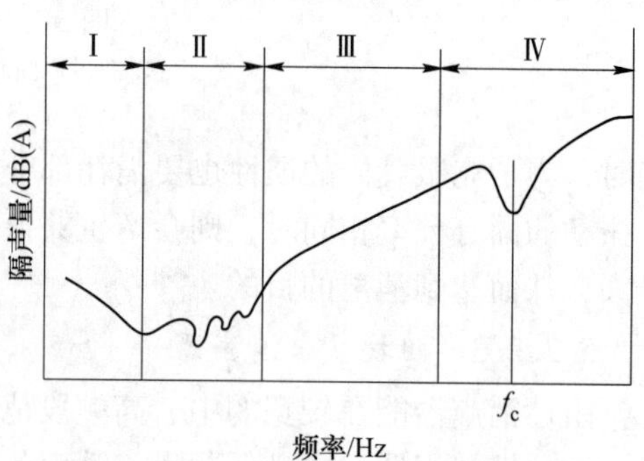

图 5-7　单层墙壁隔声量频率特性曲线
Ⅰ—刚性控制区；Ⅱ—阻尼控制区；
Ⅲ—质量控制区；Ⅳ—重合控制区

在刚度控制区域内，壁振动的共振频率是壁的刚度、密度和尺寸的函数。在较低的频率范围内，主要由壁的刚度控制，一般来说在此频率范围，壁的刚性越大，隔声量越高，隔声曲线呈现壁共振频率所控制的频段，这时壁的阻尼起作用，共振频率与壁的大小和厚度有关，也与壁材料的面密度、弯曲劲度、弹性模量、泊松比及边界条件有关。在共振区域，由于入射声波激发壁面产生巨大振幅，从而产生较大的透射效应，形成隔声曲线中若干低谷。对于一般隔声结构，这种共振频率仅出现在 10Hz 到几十赫兹的范围。

单层均匀隔墙对垂直入射声的隔声量计算公式可表示为：

$$T_L = (20\lg f + 20\lg m - 42.5)\,\mathrm{dB(A)} \tag{5-6}$$

当入射声波为无规则入射时，隔声量计算公式可表示为：

$$T_L = (20\lg f + 20\lg m - 47.5)\,\mathrm{dB(A)} \tag{5-7}$$

式中　f——入射声波频率，Hz；

m——隔墙单位面积质量（面密度），kg/m^2。

由此可以看出，当隔声壁重量或噪声的频率增加 1 倍时，T_L 的隔声量只能提高 5～6dB（A）左右。因此，若用单层墙实现高度隔声，需要非常复杂而笨重的结构。

5.2.3.2　双层密实结构的隔声

由单层壁的质量定律可以看出，壁单位面积质量增加 1 倍，隔声量仅增加 6dB(A)。如果希望隔声量为 50dB(A)，那么单位面积质量势必要达到 5000kg/m^2，不仅笨重，而且不现实。多层壁在同样单位面积重量时，具有较高的隔声效果，比单层壁优越。多层壁结构的中间层可以是空气层或填塞一些内阻较大的材料，比如玻璃棉、矿渣棉等。当声波激发第一层壁振动时，中间层起到相当于电容的作用，阻碍一部分声波通过，并吸收部分声能，从而减弱了激发第二层壁的声波，这也是多层壁隔声效果较好的原因。

为了说明双层密实结构的隔声效果，现以双层密实结构中间层为空气进行说明。实践证明，空气层厚度以8~10cm较好，继续加厚效果不明显。

双层结构的隔声量为：

$$T_L = 18\lg(m_1 + m_2) + 8 + \Delta T_L \tag{5-8}$$

$$m_1 + m_2 > 100\text{kg/m}^2 \tag{5-9}$$

$$T_L = 13.5\lg(m_1 + m_2) + 13 + \Delta T_L \tag{5-10}$$

$$m_1 + m_2 < 100\text{kg/m}^2 \tag{5-11}$$

式中 m_1，m_2——双层结构各自的单位面积质量，kg/m²；

ΔT_L——隔声值。根据空气层的厚度查表，如图5-8所示。

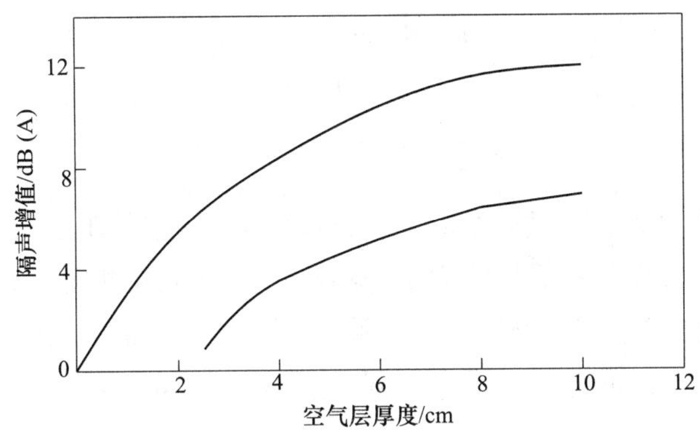

图5-8 空气层厚度与隔声增值之间的关系

5.2.4 隔振降噪

振动的干扰会对人类环境带来直接的危害。吸声、消声和隔声都是对空气的控制，噪声除了通过空气传播外，还能通过墙、基础或地板传播。当机械产生的振动传递给它们时，它们能将噪声辐射出去，并以弹性波的形式沿房屋结构传到其他地方（这称为固体声）。钢筋混凝土、金属等虽是隔绝空气声的良好材料，但对固体声的传声能量较强。固体声隔振降噪控制的方法主要包括降低振动声源强度和安装隔振装置。

5.2.4.1 降低振动声源强度

虽然各种振动来源不同，但振动的主要来源是振动源本身的不平衡力引起对设备的激励。减弱设备传给基础的振动，改进振动设备的设计和提高制造加工装配精度，减少或消除振动源本身的不平衡力（即激励力），从振动源进行控制，是一种有效的控制方法。

5.2.4.2 安装隔振装置

隔振装置包括隔振器和隔振垫。前者包括金属弹簧隔振器和橡胶隔振器，后者主要有软木、毛毡、玻璃纤维隔振垫子等。以往阻断振动的传播主要采用大型基础或防振沟，目前主要是在设备下安装隔振元（器）件（即隔振器或隔振垫）。其方法是在振动源和基础之间安装弹性构件来减少和隔离振动的传递，从而实现减振降噪的目的，比如弹簧减振器、橡皮、软木及玻璃纤维毡等。金属弹簧隔振器是应用最广的隔振装置，从轻巧的精密仪器到重型的工业设备都可应用，具有弹性高、可承受较大的负荷和位移等优点，但高频隔振性能差。橡胶隔振器主要适用于中小型设备和仪器隔振装置，可承受压缩、剪切或剪切—压缩力，但不能承受拉力。隔振垫也是应用于中小设备的一种隔振装置，制作时先将这些材料制成板材，然后再根据实际需要切割。

表征隔振效果的物理量通常用振动传递率（k）来衡量，表示通过隔振元（器）件的传递力与传来的总干扰力之比，即：

$$k=\frac{传递力}{干扰力}$$

其数学表达式为：

$$k=\left|\frac{1}{1-\left(\frac{f}{f_0}\right)^2}\right| \tag{5-12}$$

式中　f——振动源的干扰力频率，Hz；

f_0——振动源与弹性构件共同组成系统的固有振动频率，Hz。

从式（5-12）可以看出，要得到好的隔振效果，应该使隔振器与设备共同组成系统的固有振动频率f_0比设备干扰力的频率f小得多。一般选取f/f_0值越大越好，但设计很低的f_0很困难，加之造价也高，再增大f/f_0值对提高隔振效果也不明显。

5.3　选矿厂噪声及控制标准

5.3.1　选矿厂噪声

选矿厂一般都远离城市和居民区，生产过程中产生的噪声对周边环境的影响较小，因此，大多数情况下，选矿厂的噪声污染应重点解决操作岗位的噪声污染问题。据调查，从事选矿作业的工人中有10%左右遭受了不同程度的听觉损伤，以碎矿工和磨矿工居多。选矿厂噪声污染源很多，如选矿过程中的胶带运输机、碎矿、磨矿、筛分、摇床等，它们都具有声级高、强度大、频谱复杂、干扰时间长及连续噪声多的特点，既包含机械噪声、动力噪声，又包含电磁噪声；既有连续噪声，又有间断噪声。常规选矿设备的噪声级见表5-6，选煤厂常见设备的噪声级范围见表5-7。

表5-6　常规选矿设备的噪声级

设备名称		噪声级/dB(A)		设备名称		噪声级/dB(A)	
		声级	波动范围			声级	波动范围
破碎	颚式破碎机	95	90~100	洗矿	ϕ2200×6500 圆筒洗矿机	104	—
	中碎对辊机		91~95		2200×8400 槽式洗矿机	100	—
	中碎圆锥破碎机		—	筛分	2ZD1540 型振动筛	106	—
	细碎圆锥破碎机		94~99		SZZ1500X 4000 中心振动筛	107	—
	系列旋回破碎机		86~90				

续表 5-6

<table>
<tr><th colspan="2" rowspan="2">设备名称</th><th colspan="2">噪声级/dB(A)</th><th colspan="2" rowspan="2">设备名称</th><th colspan="2">噪声级/dB(A)</th></tr>
<tr><th>声级</th><th>波动范围</th><th>声级</th><th>波动范围</th></tr>
<tr><td rowspan="4">磨矿</td><td>MQG 1500×1500 球磨机</td><td>102</td><td>—</td><td rowspan="2">分级</td><td rowspan="2">FLG-1200 高堰螺旋分级机</td><td rowspan="2">75~80</td><td rowspan="2">—</td></tr>
<tr><td>MQG 3600×4000 球磨机</td><td rowspan="3">—</td><td>101~105</td></tr>
<tr><td>MQG 2700×3600 球磨机</td><td>96~100</td><td rowspan="3">选矿</td><td>系列浮选机</td><td>—</td><td>80~95</td></tr>
<tr><td>系列棒磨机</td><td>85~95</td><td>系列磁选机</td><td>—</td><td>80~85</td></tr>
<tr><td>脱水</td><td>系列过滤机</td><td>89</td><td>—</td><td>系列摇床</td><td>—</td><td>80~85</td></tr>
</table>

表 5-7　选煤厂常见设备的噪声级范围

<table>
<tr><th rowspan="2">设备名称</th><th colspan="3">噪声级/dB(A)</th><th rowspan="2">设备名称</th><th colspan="3">噪声级/dB(A)</th></tr>
<tr><th>范围</th><th>平均值</th><th>主要区段</th><th>范围</th><th>平均值</th><th>主要区段</th></tr>
<tr><td>振动筛</td><td>84~115</td><td>95.9</td><td>91~102</td><td>给矿机</td><td>78~103</td><td>95.1</td><td>83~92</td></tr>
<tr><td>跳汰机</td><td>83~107</td><td>93.2</td><td>90~97</td><td>浮选机</td><td>80~95</td><td>87.0</td><td>81~90</td></tr>
<tr><td>真空泵</td><td>80~99</td><td>90.9</td><td>87~96</td><td>过滤机</td><td>80~104</td><td>92.5</td><td>86~96</td></tr>
<tr><td>离心机</td><td>89~102</td><td>95.7</td><td>90~97</td><td>斗子机</td><td>85~100</td><td>92.6</td><td>89~95</td></tr>
<tr><td>鼓风机</td><td>80~105</td><td>93.9</td><td>89~98</td><td>刮板机</td><td>80~99</td><td>88.1</td><td>82~91</td></tr>
<tr><td>破碎机</td><td>83~103</td><td>95.2</td><td>86~99</td><td>胶带机</td><td>77~102</td><td>92.7</td><td>87~96</td></tr>
<tr><td>溜槽</td><td>86~115</td><td>94.6</td><td>89~101</td><td>泵类</td><td>84~104</td><td>91.1</td><td>86~93</td></tr>
<tr><td>空压机</td><td>80~112</td><td>92.8</td><td>89~94</td><td></td><td></td><td></td><td></td></tr>
</table>

选矿厂的噪声主要来自各车间的生产设备，主要包括碎矿设备、振动筛、磨矿设备、空压机、渣浆泵及电动机等。

5.3.1.1　*破碎机噪声*

选矿厂原矿的破碎主要靠破碎系统，破碎系统的主要设备为颚式破碎机和圆锥破碎机，正常工作时产生的噪声可超过 100dB(A)，严重危害工作人员的身体健康，也是选矿厂最主要的噪声污染之一。碎矿设备的噪声主要来源于：

（1）落料噪声。矿石物料下落时，撞击破碎机壳体所引起的噪声，这种噪声的强度大于 3dB，且间或有起伏波动，称为非稳态噪声。

（2）破碎噪声。破碎机工作时对矿石打击、挤压、撞击，引起破碎机壳、支撑装置等整个机体的振动。这种噪声属于稳态连续噪声，距机壳 1m 处，声级约为 100~105dB(A)，声频谱呈低、中频特性，峰值为 500~1000Hz。

（3）出料噪声。破碎后的矿石，自破碎机排料口下落时对溜槽撞击所引起的噪声，属非稳态脉冲噪声，距出料口 0.5m 处，噪声级约 103~105dB(A)。

5.3.1.2　*振动筛噪声*

振动筛噪声是因筛板振动激励和矿石对筛板的撞击而产生噪声，属稳态连续噪声。振动筛一般是在强迫振动状态下进行工作，其振幅为 3~6mm，振动器轴的旋转速度为 800~1500r/min。噪声的大小取决于旋转部件产生的非平衡离心力、振动器轴承部件互相撞击的特性以及被筛分物料的性质和粒度。整个振动筛噪声可概括为三个方面：其一，矿石在筛分过程中不断撞击金属筛面与筛框，产生强烈的筛分噪声；其二，筛出的大块矿石，下落过程中连续撞击金属溜槽壁产生的高落料噪声；其三，机械运转中轴承部件与筛箱体辐射出较强的机械噪声。前两者属撞击噪声，主要表现为中、高频噪声；后者属机械噪声，主要表现为低、中频噪声。

5.3.1.3 球磨机噪声

球磨机在矿山、化工、电力、建材等行业普遍应用，也是选矿厂原矿粉碎不可缺少的设备。但由于球磨机在运转过程中产生强烈的噪声，其噪声级通常为105~115dB(A)，也是目前选矿厂最主要的噪声污染源。球磨机噪声主要来源于：

（1）球磨机筒体产生的噪声。由滚筒内的钢球与筒壁衬板及被加工物料间撞击而产生的机械噪声。这种声音沿着衬板、筒壁、进出料口向外发散，其中包括：物料的撞击声、钢球与钢球间的撞击声、钢球与内衬钢板的摩擦声。通过筒体向外辐射的噪声级可达115dB(A)，甚至更高，噪声频带较宽。

（2）电机和传动机械产生的噪声。电机和传动机械产生的噪声指电机运转产生的电磁噪声、风扇产生的气流噪声等。电机噪声与电机功率及转速成正比，其噪声级一般为90~115dB(A)。传动机械噪声主要是由于齿轮间相互碰撞和零部件之间相互摩擦而产生的。

5.3.1.4 空压机噪声

空压机是使用量大且使用范围广的通用机械产品，广泛应用于机械、矿山、冶金、化工及建筑等行业。空压机的噪声是由气流噪声（主要通过进气、排气口向外辐射）、机械运动部件撞击和摩擦产生的机械性噪声以及电动机或柴油机所产生的噪声构成。

一般固定用的容积式压缩机周期性进、排气所引起的空气动力噪声是整机噪声的主要来源，这种噪声比机械噪声要高5~10dB(A)。往复式压缩机（容积式）由于转速较低，整机噪声一般为低频；螺杆式压缩机（容积式）由于转速较高，整机噪声一般为中、高频；而由柴油机驱动的移动式压缩机，柴油机则是主要的噪声源，其噪声一般为低、中频，而且它的噪声级远远超过压缩机本身的噪声。

5.3.1.5 渣浆泵噪声

为了矿浆自流，一般选矿厂依山而建，生产过程必然引入大量的渣浆泵，渣浆泵在运行过程中必然会产生噪声，这也是选矿厂噪声的主要来源。渣浆泵的噪声主要来源于：

（1）机械噪声。机械噪声来自渣浆泵本身振动的部件或表面，它们在相邻的介质内产生有声的压力波动。例如活塞、转动不平衡振动以及振动的管壁等。在容积式泵内，噪声一般与泵转动速度和泵的活塞数目密切相关。液体脉动主要是机械引发的噪声，同理，这些脉动也能激发泵和管线系统部件的机械振动。在离心泵内，不正确安装的联轴器通常也会以两倍泵速产生噪声。若泵的转速接近或高于水平的临界转速，那么由于不平衡引起的高振动或由于轴承、密封或叶轮磨损都能产生噪声。如果发生磨损，可能会发出高频噪声。

（2）液体噪声。当泵内液体移动产生压力波动时，噪声源是与之相对应的流体动力源。通常的流体动力源包括湍流、液流分离（涡流状态）、气蚀、水锤、闪蒸和叶轮与泵分水角的互相作用。引起的压力和流动脉动，在频率上不是周期性的便是宽频性的，一般都有可能激发管线或泵本身的机械振动，然后，机械振动向环境扩散噪声。

5.3.1.6　电机噪声

电机（包括发电机和电动机）也是选矿厂使用量大且使用范围最广的动力设备。目前国产的中小型电机噪声多为90～100dB(A)，大型电机噪声均高达100dB(A)以上，声能分布在125～500Hz（个别可达1000Hz），其噪声为低、中频。

5.3.2　选矿厂噪声特点

与其他类型工业生产噪声相比，选矿厂噪声的特点主要体现在各生产作业过程。选矿作业不仅噪声源多，而且声波的传播、反射、衰减等与其他噪声有所不同。选矿厂噪声特点为：

（1）频率高、频带宽、频谱复杂。选矿厂设备属于大型机械设备，大型机械设备振动频率范围较宽，一般从十几赫兹到几千赫兹。噪声能量集中在宽频范围内，既包含中、低频噪声，又包含高频噪声，以中、高频噪声为主。

（2）强度大、声级高。选矿厂相对密闭，声源发出的噪声能量向四周传播，受建筑物的阻挡，噪声强度大，声级高。一般都超过国家标准，有的选矿设备的噪声高达100dB(A)以上。根据武汉冶金安全技术研究所对多座大、中、小型选矿厂主要机械设备噪声级测试结果表面，选矿厂噪声大多数为81～102dB(A)，部分设备和操作岗位的噪声高达107～115dB(A)。

（3）噪声声源多、反射力强。由于选矿厂所使用的机械设备繁多，各种设备在工作时都会发出一定的噪声，加之选矿车间密闭，因而使得各种噪声混杂在一起，有时甚至会出现混响声场。除此之外，由于选矿车间空间受限，各建构筑物对声波的吸收弱，反射面大，从而使得噪声的反射力极强，噪声级增高。

5.3.3　选矿厂噪声控制标准

为了保护和改善人们的生活环境，保障人体健康，促进经济和社会的发展，1996年10月29日第八届全国人民代表大会常务委员会第二十二次会议通过了《中华人民共和国环境噪声污染防治法》，从环境噪声污染防治的监督管理、工业噪声污染防治、建筑施工噪声污染防治、交通运输噪声防治、社会生活噪声污染防治等几方面做出明确规定，并对违反《中华人民共和国环境噪声污染防治法》规定所应受处罚及所应承担的法律责任做出明确规定。

《工业企业噪声控制设计规范》（GB/T 50087—2013）在防止工业企业噪声危害，保障职工的身体健康，保障生产安全与环境达标，为工业企业的新建、改建、扩建与技术改造工程的噪声控制设计方面起到了积极地规范和指导作用。其主要内容包括工业企业中各地点的噪声控制设计标准和设计中为达到这些标准所应采取的措施。换句话说，要解决工业企业的噪声问题，应该从规划设计、厂址选择、总平面设计、车间布置以及噪声控制等多方面采取措施，如噪声控制以及隔声、消声、吸声和隔振设计等。若项目建成后再解决噪声问题，不仅需要的经费可能比在设计阶段考虑解决噪声问题要多得多，而且还可能受到许多不可改变条件的限制，从而难以达到最佳的降噪效果。

为了保证人们生活和工作环境不受噪声干扰，需要根据不同的环境制定各自环境噪声的容许标准。

5.3.3.1　车间噪声标准

在任何情况下不允许超过 115dB(A)。对于新建厂房，允许标准相应都要降低 5dB(A)。对于脉冲噪声，要求一个脉冲声不超过 140dB(A)，脉冲声应用脉冲声级计进行测量，若用普通声级计测量时，可用 C 挡读数加 15dB(A) 进行近似计算。

5.3.3.2　住宅、非住宅区噪声标准

根据国家的标准规定，住宅小区的噪声白天不能超出 50dB(A)，夜间要低于 45dB(A)，如果超出这个标准规定，便会对人体产生危害。居民住宅区噪声污染标准主要参照 1 类、2 类标准（见表 5-8）。1 类标准适用于以居住、文教机关为主的区域；2 类标准适用于居住、商业、工业混杂区。非住宅区一般是指办公室、会议室、实验室等，其噪声排放标准都有明确的规定，如办公室噪声的排放应小于 40~50dB(A)，会议室应小于 30~34dB(A)。

表 5-8　环境噪声等效声级限值

声环境功能区类别	时段		声环境功能区类别	时段	
	昼间	夜间		昼间	夜间
0 类	50	40	3 类	65	55
1 类	55	45	4 类	70	55
2 类	60	50			

5.4　选矿厂主要设备噪声防治技术

在选矿厂的破碎、磨矿车间内，集中了各种形式的破碎机（旋回、颚式或圆锥破碎机）、磨矿机（球磨机或棒磨机）、筛分机、胶带运输机等设备，是较强的噪声源。测量数据表明，个别选矿厂现场测定整个车间噪声级高达 105~130dB(A)。其中破碎机为 85~114dB(A)，球磨机为 87~128dB(A)，筛分机为 93~130dB(A)，胶带运输机为 95~105dB(A)，鼓风机为 80~126dB(A)。

目前，国内外对破碎、磨矿车间的噪声防治尚缺乏成熟的经验和办法，仅在单台设备采取某些防噪（降噪）措施，如密封、分散布置等。

5.4.1　破碎机噪声防治

破碎机噪声是破碎矿石时产生撞击力和挤压而引起的。产生噪声的原因是被破碎矿石弹性变形引起机械强烈振动、传动齿轮的啮合不良、碎矿设备零部件质量不平衡、矿石撞击配料板和进料斗产生的振动等。

为了降低破碎机的噪声，应尽量采取减少主要振动力传递给予其相连的零部件。国内外防治破碎机噪声的措施有：

（1）在破碎机和支承结构之间，安装具有高度耐摩擦的材料作为衬垫，以便降低衬板的振动传递给相连的各个零部件。

（2）在所有破碎物料的撞击点，加装耐磨的橡胶作为衬板。

（3）对圆锥破碎机的旋转部件，应尽量缩小圆锥轴套和偏心轴之间的间隙，以降低振动强度。

（4）破碎机机架外壳、机座、给料板和进料漏斗的传动表面覆盖阻尼材料，以减少噪声辐射的面积。

（5）将破碎机的给料装置隔声，将破碎机安装在防振器上。

采取上述措施后，破碎机整机噪声可降低 12~15dB(A)。国内外曾采用隔声罩密闭整个破碎机，可使破碎机全负荷运转时的噪声级下降 10~20dB(A)。比如国内齐大山选厂曾在中碎机上安装隔声罩，隔声效果很好，但由于检修拆卸麻烦、罩内掉矿无法清理和松紧螺丝不方便等原因而没能长久应用。因此，破碎机噪声控制最理想的办法是建造隔声操作间，并在操作间安设隔声或消声窗。

5.4.2 球磨机噪声防治

球磨机噪声属于机械噪声。噪声主要来源于球磨机滚筒内金属球和筒壁衬板以及被加工物料之间的相互撞击，并通过衬板、筒壁、进出料口向外辐射，主要包括钢球与钢球间的撞击声、钢球与内衬钢板、物料的撞击声或摩擦声、传动机构即减速箱与电动机的噪声等。滚筒直径越大，金属球或物料下落的高差越大，冲击力也越大，噪声级也越大。当然，在直径一定时，声能量随着球磨机长度的增大而增加。通常在球磨机 1m 处的噪声级约为 102~113dB(A)，其频谱较高，频带较宽，声场也较稳定。如此强烈的噪声不仅严重危害工人身心健康，而且也严重污染周边环境。

对于球磨机这类大型设备要采用全密封的方式进行降噪是不经济，也是不现实的，主要是因为这类设备若采用全密封的方式进行降噪，在进行设备检修或更换衬板时相当麻烦。目前选矿厂球磨机降噪通常采用的方法有：

（1）用橡胶衬板代替锰钢衬板。国家建材局对装有锰钢衬板和橡胶衬板的湿式球磨机的测定结果表明：装橡胶衬板球磨机噪声级为 92.5dB(A)，装锰钢衬板球磨机噪声级为 99.3dB(A)，降噪量为 6.8dB(A)，频谱特性也由高频变为低频。但由于衬板改造工作量大，费用较高，而且可能会影响到企业的正常生产，故只能在生产球磨机时采用。

（2）设置弹性层。在球磨机滚筒的内表面与衬板之间铺放耐热软橡胶垫，为了防止软橡胶垫过热，可在球磨机衬板与软橡胶垫之间铺放厚度为 10~15mm 的工业毛毡，可使球磨机噪声降低到容许标准以下，降噪效果可达 10~15dB(A)。

（3）在滚筒壁外包扎隔声层。在球磨机外壁涂上阻尼材料，可以取得 10dB(A) 左右的降噪效果。但由于球磨机不停地转动，金属球对滚筒体冲击很大，阻尼材料要和筒壁牢固紧贴在设备上有一定困难。另外，由于运行时滚筒温度较高，阻尼材料抗高温性能较差，使用此法受到一定限制。北京热电厂在球磨机滚筒壁外包扎一层 50mm 厚的工业毛毡，以 1.5mm 厚的钢板做护面，用螺栓将其固定在滚筒外壁上，可达到约 12dB(A) 的降噪效果。若滚筒两端也做同样处理，滚筒壁包扎的接缝处做好密封，隔声效果还有可能进一步提高。

（4）加隔声罩。采用钢结构骨架，并用 2.5mm 薄钢板做外壳，外涂有 5~10mm 厚 5 号沥青掺石棉绒制成阻尼材料，内填 50mm 超细玻璃棉或其他吸声材料制成一个较大的罩子，把整个球磨机罩住。北京耐火材料厂成功地使用在 ϕ1500mm×5700mm 球磨机上，降噪量达 30dB(A)。但由于球磨机运转时产生大量的热，因此必须解决罩内通风散热的问题。此外，加罩后对设备维修、加滑润油等都会带来不便。该方法在小型球磨机上使用效果较好，但选矿厂所用的大型球磨机一般都带有分级机，使用起来比较困难。

（5）设计隔声间。在条件许可时，将球磨机集中在专门球磨机室内，并进行全面的声学处理，可取得较隔声罩更好的隔声效果。但矿用球磨机一般都带有分级机，而且球磨机是破碎筛分、磨矿分级和选别系列中的必要设备。因此，单独将所有球磨机集中建造隔声间是有困难的。最理想的降噪办法是设置工人操作休息隔声间，把操纵球磨机的按钮和监测仪表集中在隔声间内，工人上班期间主要在隔声间进行操作和监测，只需不定时到室外巡视和维修。按照等效连续 A 声级计算接触噪声级，工人每班接触强噪声时间将大大缩短。

5.4.3　振动筛噪声防治

振动筛噪声是因筛板振动激发和矿石对筛板的撞击而产生噪声，属稳态连续噪声。振动筛噪声防治可采取如下措施。

5.4.3.1　筛分噪声治理

筛分噪声是由于矿石撞击金属筛面而产生的，因而可采取橡胶筛板代替金属筛面的方法加以控制。根据撞击噪声理论，物体在撞击后产生两个主要噪声源，即撞击物体由于突然停止运动而产生的加速度噪声和被撞物体由于振动而产生的自鸣噪声。若用橡胶筛板代替金属筛面，可使矿石撞击筛面时间延长，同时增加筛面的阻尼系数，即可使加速度噪声和自鸣噪声减弱。

马钢姑山铁矿选厂采用淮北橡胶厂生产的耐磨橡胶筛板。这种橡胶筛板最上层是耐磨橡胶层，中间是特殊织物骨架层，起承托和加强筛板强度的作用，下层是硬质胶层，与托架相连。整个筛板不易拉伸变形，克服了单一弹性材料制作的筛板使用一段时间后拉伸变形下垂而形成堵孔的现象。

5.4.3.2　落料噪声治理

矿石从筛端落入溜槽，在溜槽壁和溜槽底部会产生撞击噪声。因此，控制落料噪声最好的办法是在撞击处安装橡胶撞击衬板。为使衬垫能最大限度地降低噪声及减少磨损，美国矿山局试验证明，衬垫的寿命取决于落料的撞击角度、板的最佳厚度和安装方式。当冲击角小于 50°时，弹性衬垫磨损快而且比刚性衬垫寿命短；冲击角在 50°~70°时，磨损寿命与刚性衬垫相近；冲击角在 70°~90°时，磨损寿命比刚性衬垫长；如果低于 70°，建议采用倾斜表面，以提供较大的冲击角。马钢姑山铁矿根据下落矿石角度设计了安装在溜槽槽壁的锯齿形与波纹形两种衬板，通过比较发现锯齿形板优于波纹形衬板且寿命近似于钢板。

为了尽量减少矿石对衬板冲击造成破坏，衬垫要有足够的厚度。物料块度和速度越大，衬板所受的冲击力越大，磨损越快。但并非厚度越大越好，厚度的增加仍需考虑槽体内部空间，否则可能会减缓物料的出槽速度。衬垫可用螺栓铆接在挡板上，也可悬吊在溜槽上，因此溜槽板孔与冲击衬垫孔应一致。

此外，还可在溜槽底面安装冲击衬垫，若采用此种方法控制噪声需要用螺栓将溜槽的底部和衬垫相连，衬垫要覆盖整个槽底。大多数弹性材料都有较大的滑动摩擦系数，因而安装衬垫有可能减缓物料的出槽速度，故需要增大溜槽槽底的安装角度。

5.4.3.3 机械噪声治理

机械噪声主要包括轴承噪声和箱体噪声。为了降低振动筛的噪声级，可在振动器外壳与机架之间安装减振器，并对减振器的刚性进行合理选择，使振动器振幅达到最小。这样就可以降低轴承之间的相互撞击强度，提高使用寿命，同时也能减少轴承部件产生的噪声。当轴承磨损较严重时，由于存在径向间隙，滚子转动会发生跳动，产生强烈的噪声，应及时更换轴承。此外，若增加筛箱壁的刚性，能使噪声级大幅降低。采取上述措施控制噪声后，振动筛噪声级可降到90dB(A)左右。

5.4.4 胶带运输机噪声防治

胶带运输机又称带式输送机，是选矿厂物料运输必不可少的输送设备，有着输送能力强、输送距离远、结构简单、自动化程度高、易于维护的优势。

由于胶带运输机一般都采用变频调速来控制整个矿石的输送速度，不难发现低带速运输时噪声不大，但是随着带速的增高，胶带运输机的噪声明显增大。分析发现，噪声沿整个运输机的长度方向呈弥漫性发射。胶带运输机的噪声还有可能来自各类输送配件，如轴承、托辊等。胶带运输机噪声防治可采取以下措施：

（1）采用金属网格内镶耐磨橡胶制作料斗，当物料落入料斗撞击耐磨橡胶时，橡胶发生变形同时贮存能量，然后缓慢释放，减弱了撞击力从而使噪声降低。

（2）在落差较小时，可采用图5-9(a)结构的卸料装置。料斗安装位置应保证物料沿料斗壁流动，为隔离物料斗上端产生的噪声，可以在料斗上端设置隔声罩，并同料斗连成一体。这种卸料方式可以减少撞击，降低声辐射，控制声传播。

（3）在落差较大时，可采用图5-9(b)结构的卸料装置。为了控制物料落差，料斗内可设置多级溜板，溜板用橡胶制作，定期更换，溜板间距可根据物料落差确定。物料脱离带面后，运动到第一级溜板，然后再滑掷到第二级溜板，依此直至下一级输送装置。由于每级溜板间距不大、物料落差小、撞击速度小，从而可降低撞击噪声。

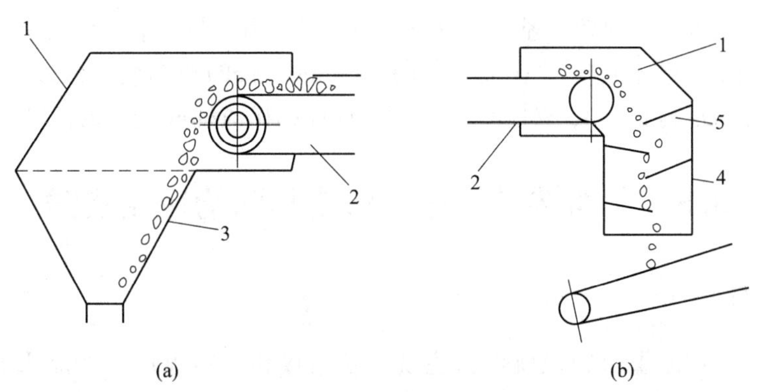

图5-9 卸料装置除噪措施

（a）落差较小时；（b）落差较大时

1—罩子；2—胶带运输机；3—料斗；4—料筒；5—溜板

（4）为了避免物料与物料之间碰撞产生的噪声，可在传送链上均匀设置小料斗。由于卸载装置本身无动力，物料落入料斗给传送链施加冲击力，迫使传送链旋转，同时物料随料斗运动，避免了物料与物料之间的碰撞。该机构外壳可采用隔声材料内衬吸声板、铁丝网护面。

总之，选矿厂的破碎、磨矿车间设备数量多且相对集中，每台设备都是一个强噪声源，若要降低全厂的噪声级水平，必须降低最强的噪声源并对每台设备进行单独防治，并对全厂进行综合治理才能取得满意的效果。此外，由于破碎、磨矿车间的噪声控制，国内外尚没有成熟的经验，要对各类设备都进行降低噪声，技术上尚不成熟，经济上也不合算。因此，根据选矿厂的实际情况建造隔声操作间，在隔声操作间内安装自动按钮和监测仪表，配合工人定期观察，减少工人每班接触强噪声的时间。

5.4.5 鼓风机噪声防治

鼓风机在工业上的应用非常广泛，但鼓风机运行时产生的强烈噪声对环境的污染十分严重，对人类的身心健康造成一定的威胁，给安全生产也会带来一定的影响。鼓风机在工作状态下噪声高达100～130dB(A)，频谱带较宽，其噪声一般通过风管和机械振动传播。鼓风机机组隔振示意图如图5-10所示。

选矿厂常用罗茨鼓风机给浮选槽充气，鼓风机在排放气体时，发出的噪声高达120～130dB(A)。罗茨鼓风机的噪声主要包括输入口和输出口的气动噪声、机械底盘的振动噪声、发动机的噪声。在这些部分噪声中，输入和输出点发出的气动噪声（称为空气动力噪声）最强，而机械噪声和电磁噪声等则是风扇正常工作的次要因素。

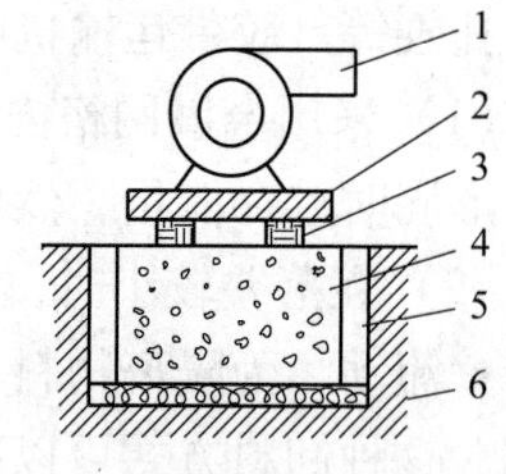

图5-10 鼓风机机组隔振示意图
1—鼓风机；2—基座；3—隔振器；4—基础；5—空气层；6—弹性隔振层

对罗茨鼓风机噪声的控制包括气动噪声的控制和机械噪声的控制两个方面。机械噪声的控制可以通过精准装配、轴承更换等措施实现；而气动噪声的控制则可以通过安装消声器、建立隔声罩、管道包扎和隔振达到目的。

罗茨鼓风机的机组应尽可能安装在较牢固的基础上，基座下面应设隔振器或弹性衬垫，基础最好与周围土壤隔开。同时，为避免机体振动沿风管传播，进风管和出风管不可刚性连接，可用10～20cm长的帆布管或胶皮管连接。此外，风管内壁可涂抹阻尼材料，风管外壁也可包10cm厚的矿渣棉或玻璃棉，以降低辐射噪声。

5.5 太西选煤厂噪声污染与防治应用实践

5.5.1 选煤厂概况

太西洗煤厂采用原煤全粒级跳汰机主洗，粒精煤和末精煤用两产品重介质旋流器精选、跳汰中煤三产品用重介质旋流器再选、粗煤泥回收、煤泥直接浮选回收、浮选尾煤经过浓缩后用压滤机脱水的完整选煤工艺流程。该选厂分选工艺流程完善，设备种类多，流程复杂。但在生产过程中，多台设备产生的噪声对于操作者的影响不容忽视。

5.5.2 噪声分析

太西选煤厂工业场所包括受煤坑、原煤准备车间、原煤主选车间、煤泥浮选车间、尾煤压滤车间、厂办公楼和生活区等部分。通过噪声的检查发现，准备车间的噪声强度最大，达到了91.4dB(A)；在生活区的噪声强度最小，为42.4dB(A)。原煤准备车间皮带处噪声强度比主洗车间大，可能是由于接近准备车间所致。洗煤车间办公楼为51.5dB(A)，主洗车间南北楼外噪声强度分别72.5dB(A) 和69.4dB(A)，这是因为声音与距离有关，距离声源越近，强度越大。

原煤准备车间主要设备包括筛分、破碎和输煤胶带等，其中破碎机产生的噪声最大，其次是分级筛、胶带机头落煤和电机运转的声音。由于原煤准备车间设置了一条手选皮带，经测定其噪声强度为96.4dB(A)，远远超过了人类能承受的正常范围，长期在此工作，将会严重损害工人的神经系统，永久性的损坏听觉器官。

主洗车间利用高差自流对工艺和设备进行布置，其设备主要包括破碎机、鼓风机、渣浆泵、胶带输送机、磁选机、振动筛以及过滤机等。现场实测可知，鼓风机的噪声最大，因而现场采用砌墙隔声，其余设备噪声相对较小。

浮选车间采用喷射式浮选机，与浮选柱选煤相比，浮选机的噪声相对较大。由于浮选精煤脱水的加压过滤机布置在主厂房，浮选车间产生噪声的主要设备包括浮选机、输送浮选精煤去加压过滤机脱水的矿浆泵和输送尾煤到浓缩机的渣浆泵。现场实测浮选机操作平面的噪声在85dB(A) 以下。

5.5.3 降噪措施

为了降低噪声对于从业人员听力的影响，选煤厂采用的方法包括主动防噪和被动防噪。主动防噪是指员工佩戴由PVC或PU材料制作的隔音耳塞，耳塞的弹性使之严密接触外耳道，这样外界的声音无法进入耳内，从而起到隔绝和削弱声音的作用，使岗位工作人员不受选煤厂生产过程中产生的噪声影响。虽然主动防噪能保护听力，但完全隔离声音有时候也会带来一定的问题，比如使岗位工人无法及时、准确判断设备异常时发出的声音。被动防噪是指对生产设备进行降噪改进。为了降低生产过程的噪声，选煤厂主要进行了以下改造：

(1) 振动筛在分选过程中应用较多，主要用于干法和湿法分级、脱水、脱泥和脱介等环节。其噪声来源于振动过程中煤粒与筛板的碰撞，因此将钢筛板更换为有一定弹性的聚氨酯或橡胶筛板，从而降低噪声。

(2) 跳汰机分选必须依靠鼓风机提供动力，同时也是推动水、抬起床层的能源，风量很大，也是噪声最大的设备之一。本厂降噪的方法是将鼓风机全部集中在独立房间，而且操作工均在独立的监控室。

(3) 溜槽是煤流转载的工具，在溜槽铺设橡胶或耐磨陶瓷、增加缓冲挡板、降低溜槽倾角等方法也可以在一定程度上降低噪声。

(4) 在主厂房内墙或顶部铺设消声板，吸收一部分声音，从而达到降噪的目的。

(5) 将普通门窗改为隔音门窗，尽量关闭房门，比如鼓风机控制室、值班室等，现场测定表面，在房门打开或者关闭时，其噪声值相差至少10dB(A)。

5.5.4 降噪效果

太西洗煤厂通过实测主要岗位的噪声，定量的确定选煤厂噪声分布，从而有针对性地制定和选择防噪方法，通过全面采用上述防噪措施后，各车间的噪声强度大大降低，基本实现了厂区噪声的达标排放，不仅取得了良好的社会效益，而且也极大地提高了工人的工作满意度。

思 考 题

5-1　噪声的危害有哪几方面?
5-2　简要阐述选矿厂噪声的来源。
5-3　选矿厂噪声有哪些特点?
5-4　噪声控制可以分几方面?
5-5　破碎机噪声有哪些措施?

6 矿业可持续发展与清洁生产

我国矿产资源总量丰富、矿种比较齐全，是世界上仅有的几个资源大国之一，潜在储量居世界前列。截至 2017 年底，我国已发现 173 种矿产，能源矿产 13 种，金属矿产 59 种，非金属矿产 95 种，水气矿产 6 种。全国已发现并具有查明资源储量的矿产 162 种，亚矿种 230 个，其中钨、锡、钼、锑、稀土、菱镁矿、重晶石、膨润土等的储量及产量居世界前列，但石油、天然气、铁矿、锰矿、铜矿、金矿、银矿、钾盐等在国民经济中占有重要作用的大宗矿产储量不足，造成其矿产品供应缺口较大。加之我国矿产资源粗放开发、低效利用、环境恶化等方面的问题突出，造成严重的矿产资源问题及生态环境问题，直接影响了经济和社会的可持续发展。推行矿产资源的可持续利用是防治矿业污染的有效途径，采用清洁工艺，强化生产全过程管理和控制，是减少污染排放总量的必由之路。

6.1 矿业可持续发展

可持续发展是指既满足当代人的需要，又不损害后代人满足需要能力的发展。换句话说，就是经济、社会、资源和环境保护协调发展，它们是一个密不可分的系统，既要达到发展经济的目的，又要保护好人类赖以生存的大气、淡水、海洋、土地和森林等自然资源和环境，使子孙后代能够永续发展和安居乐业。可持续发展最早是由生态学家根据生态环境的可承受能力或环境容量提出来的。生态环境是一个复杂的、开放的、动态的系统，它具有自我调节的能力。当受到外界的影响，环境遭到破坏后，能在一定时间内通过环境自身调节而恢复其原有的功能。但这一能力是有限的，或者说生态环境具有一定的承受极限。当外界影响超过这一极限时将会造成生态环境的长久破坏，所以外界的影响无论是自然的，还是人为的作用，都必须限制在某一极限范围之内才能维持生态的可持续性。

实现矿业的可持续发展离不开矿产资源、生态环境以及矿业经济等各方面的可持续发展。矿业的可持续发展受到矿产资源状况、生态环境情况、矿业科技管理水平、经济发展水平等因素的影响，这些因素与矿业的可持续发展有着紧密的联系。矿业经济的发展以矿产资源为基础，同时，良好的生态环境平衡又以矿业经济的发展为前提，但经济效益的优劣又会影响到生态环境的治理。矿业可持续发展的限制因素主要来自科技水平，它影响着经济、环境、资源的发展，其他因素的发展对科技能力、人才素质等也有一定的制约作用。因此，经济、环境和资源等因素决定了矿业可持续发展的水平和能力。据此，可以将矿业可持续发展定义为：企业在不断发展壮大的过程中，通过不断的学习和创新，持续维护企业的竞争优势，在保持企业经济效益增长的同时，统筹企业与各利益相关者，资源、环境与生态的和谐统一，实现企业的自我超越和快速发展。

6.1.1　可持续发展指导原则

人类社会的发展，尤其是20世纪工业的高速发展，在创造和美化人们生活环境的同时，也在疯狂地破坏着生存环境。因此，人与自然的和谐相处已成为21世纪人类面临的最大任务，必须要解决人类与自然环境之间的矛盾。矿业要实施可持续发展，就必须做到长远规划，资源合理分配，依靠科技进步，提高矿产资源的综合利用水平，谋求资源效益、社会效益、经济效益和环境效益的相互统一，不断满足社会对矿产资源的需求。

6.1.1.1　开发与节约并举原则

长期以来，在谈到我国的资源现状时，人们总是习惯于看“总量”而忽略“人均量”，总认为我国地大物博，矿产资源取之不尽、用之不竭。实际上我国人均占有矿产资源量仅为世界人均占有量的58%，居世界第54位，当前矿产资源面临着很严峻的形势。我国矿产资源的开发必须始终坚持“矿产资源的开发与节约并举，把节约放在首位，努力提高资源利用率；要积极推进资源利用方式从粗放向集约型转变，走出一条适合我国国情的资源节约型的经济发展路子。”贯彻合理开发和综合利用的方针，矿山企业必须坚持不懈地走集约、高效的生产经营之路，坚决关停科技含量低、规模小、粗加工、资源浪费的小矿山。充分利用现代企业管理手段，提高采选水平。改变目前矿山企业“数量多、技术含量低、规模小、粗加工”以及“采富弃贫、采优弃劣”等破坏和浪费矿产资源的现状，引导企业向集约化生产、规模型经营方向发展；通过引进先进设备和先进生产工艺，加强对共伴生矿的综合回收和充分利用。与此同时，还要对矿产品加工利用过程中产生的尾矿、粉尘进行回收，做到既节约资源又提高环保水平的双重效应。对难选多组分共存的矿产资源，采用联合选矿的方法尽可能地将各种有益组分进行分离与富集，扩大各种矿物成分的利用范围。

6.1.1.2　矿产资源与环境可持续发展原则

新中国成立以来，我国矿业发展取得了巨大成就。矿产开发总规模已居世界前列，比如煤炭、水泥、钢、磷、硫铁矿等。我国已成为世界上的主要矿业大国之一，矿业为我国的经济振兴和社会进步做出了巨大贡献。同发达国家一样，矿产资源的开发在很大程度上改变了资源地原有的生态环境，土地、森林、草地、水资源遭到严重破坏和污染，生态平衡被打破，越来越突出的生态环境问题不仅威胁到人类的生存安全，并且成为制约城市、区域经济和社会经济可持续发展的主要障碍。虽然我国逐步建立了矿山环境保护法律和法规，同时加强监督与管理，但矿山环境恶化的趋势还未得到有效的遏制。人类、社会经济的发展既需要开发利用资源，也需要良好的自然生存环境。作为国民经济与社会发展先行和基础的矿业也将面临新的机遇和挑战，一方面工业化和人口增长要求不断扩大矿产资源的有效供给，大力发展矿业；另一方面经济建设与资源、环境协调发展的压力进一步加大，矿产资源的开发利用方式、管理方式也面临着根本性的变革。这就更加迫切需要人们从我国国情和矿情出发，深入研究探索矿产资源的开发、保护并重，人类、资源、环境相协调，有利于经济社会可持续发展的矿产资源开发管理的正确之路。

6.1.1.3　科技兴矿原则

伴随着科学技术的不断发展，应用新设备、新工艺可以改善现有矿山的生产局面，进而提高整个企业的生产效率，从而确保设备在运行过程中的科学性、稳定性和安全性，进一步提高矿山企业在整个行业中的竞争力。同时，新工艺的采用在生产成本方面比传统工艺有着明显的降低，更加节能环保。对于任何一个企业来说，科技创新是其不断向前发展的内在动力，企业只有在生产的同时不断学习新技术、优化矿业结构、引进新工艺、对自身现有的生产技术进行改善，才能够在当前激烈的竞争中立足。为实现矿业的可持续发展，各国都应使用清洁生产技术，采用资源节约型以及污染物高效治理技术。与此同时，科学技术的进步有助于加深对资源消耗、人口趋势和环境恶化等问题的分析和研究，从而更好地加强环境管理，及时采取预防措施，减少矿业生产对环境的危害。

6.1.1.4 市场导向原则

正确处理行政手段和市场经济之间的关系，充分发挥市场在矿产资源配置中的基础性作用。市场在矿产资源配置中的作用主要表现为以下三个方面：

（1）市场配置可以推动矿产资源经济更有效。通过市场配置找到的矿产资源，可以获得及时开发利用，不会形成“呆”矿。开发的矿产资源可以适销对路，不会形成产品的积压。此外，通过价格和质量竞争，可以使企业的生产要素使用效率最大化，进而使整体社会资源得到最优化的配置。

（2）市场配置可以推动矿产资源经济运行更加公平。矿产资源配置和运行的公平性主要表现在取得矿产资源机会的公平和市场竞争规则的公平。在这两方面公平、公正的基础上，通过市场在矿产资源配置中的决定性作用，让有竞争实力的企业能够得到矿产资源，进而使矿产资源得到优化利用。

（3）市场配置可以推动矿产资源经济可持续发展。市场中的供给、需求和价格是会相互作用的，供求数量的对比决定了价格的高低及其变化；反之，价格的变化又使供求数量发生变动。

在供不应求时，较高的价格总是引导供应者增加供给，消费者减少需求，直到供应的数量与需求的数量基本一致；在供过于求时，较低的价格总是引导供应者减少供给，消费者增加需求，直到供求的数量相等。由此可见，这种逆向均衡调节，有助于经济的均衡发展。如果要真正通过市场及其价格来调节矿产资源的配置，必将在使用上保持可持续性。

6.1.2 可持续发展战略与目标

我国矿产资源人均储量少、禀赋差，大宗、支柱性矿产不足，矿产资源总体利用程度不高。随着我国经济的高速发展，工业化和城镇化速度的不断加快，与对能源和矿产资源持续快速增长的需求相比，矿产资源的保障程度总体不足。资源供需失衡，资源的消耗远大于生产、资源的生产远大于勘查，在这样的资源国情下，中国不仅需要立足本国市场，更需要充分利用国际国内两种资源、两个市场，主动应对矿业全球化的挑战，利用其所带来的机遇为实现我国矿产资源的安全保障与经济持续稳定发展奠定资源基础。

我国政府在“九五”期间提出的“利用两个市场、两种资源”和“走出去、引进来”的全球资源战略构想。“走出去”是指到国外进行风险地质勘查、买断矿山股权，逐步建立国外供矿基地，提高我国矿产资源的保障水平；“引进来”是指通过引进国外的资金、先进技术、装备、人才、管理经验，发现、改造或新建我国矿产资源基地，或开展矿产品贸易进口，提高国内矿产资源的供给能力。其基本思路是：立足国内，面向世界。从我国的基本国情、矿情和经济实力出发，根据比较利益原则，充分利用国内国外两种资源和两个市场，在全球范围内实现矿产资源优化配置，为我国经济社会可持续发展提供安全、经济、持续、稳定的资源保障。

多年来，中国矿业已经成为外商投资的重要领域，目前已有多家外国公司在中国投资矿业，主要分布在西部地区，涉及石油、天然气、煤炭、铁、铜、锌、金矿等多个项目，外商、港澳台商在华设立的矿业企业超过600家，许多世界排名前列的跨国企业更是将中国作为重要的发展市场。中国已经成为世界矿产品贸易大国，1991~2007年矿产品及相关能源原材料出口额由112.36亿美元增加到1995.8亿美元，增长15.8倍；进口额由126.63亿元增加到2905.2亿美元，增长20.9倍；贸易逆差由14.27亿美元增加到1252.15亿美元，增长85.7倍。改革开放以来，中国矿业取得了巨大成就，中国已经逐步成为世界矿产资源大国和矿业开发利用大国。

着眼于世界矿业产业与市场体系，中国是矿业大国，但并不等于已经成为矿业强国。除了我国矿产资源综合利用效率低下，可持续发展能力较差等外，在国际矿业市场中，我国矿山企业的市场竞争力不强，矿产品定价影响力弱，海外矿业项目的总体经济效益不明显，真正发挥效力的项目屈指可数。

鉴于国内矿产资源可持续发展面临的问题，在开发利用矿产资源时，必须做到矿产资源的可持续利用和环境保护。对于不可再生的矿产资源来说，其蕴蓄的能力是有限的，矿产资源会随着开采逐渐减少。而矿区的环境保护是一个很复杂的问题，为了能促进矿业的可持续发展，加强矿区环境保护是首要的任务。根据环境污染和破坏的长期性而言，我们需要提前采取防范措施，尽量减少矿业开发对环境的影响，这也是解决环境问题最直接、最有效的办法。

6.1.3 我国绿色矿山发展现状

绿色矿山是指在矿产资源开发全过程中，实施科学有序开采，对矿区及周边生态环境的扰动控制在可控制范围内，实现环境生态化、开采方式科学化、资源利用高效化、管理信息数字化和矿区社区和谐化的矿山。绿色矿山建设是一项复杂的系统工程，它代表着一个地区矿业开发利用总体水平和可持续发展潜力，以及维护生态环境平衡的能力。着力于科学、有序、合理的开发利用矿山资源的过程中，对其必然产生的污染、矿山地质灾害、生态破坏失衡，最大限度地予以恢复治理。绿色矿山是生态文明建设的必由之路，是新形势下转变矿山企业发展模式、提高矿山企业社会责任意识的新要求，同时也是矿业可持续发展的重要手段。

绿色矿山发展历程主要经历了以下三个阶段。

第一阶段：早在19世纪，英、美等西方国家就提出了“绿色矿山”的概念。此时“绿色矿山”的概念仅仅停留在单纯的对矿区植被的保护，以及对矿区周边环境的美化上。这一时期的“绿色矿山”要素就是环境。

第二阶段：第二次世界大战以后，经济社会急速发展，人类社会对自然资源的消耗速度前所未有，一些有识之士指出，“地球的资源，特别是能源、矿产资源等是有限的”。此时的“绿色矿山”概念已经从单纯的环境保护延伸至“资源的综合利用”。

第三阶段：当前的资源问题已经成为制约世界各国发展的重要问题，综合利用资源的课题也取得了众多进展；由于工业文明对地球的污染与破坏已经引起了全人类的重视，节能减排与环境保护成为重要话题；经济的空前发展，带来了人权的高度发展，“以人为本”已经成为全世界共同认可的基本准则；科学技术是第一生产力，全世界已经达成了“科技创新是人类发展与进步的唯一途径”这一共识。

在这样的环境下，中国提出了“科学发展观”，而中国的“绿色矿山”理念也基本成熟，包括了对矿山企业的九大方面的要求，即依法办矿、规范管理、资源综合利用、技术创新、节能减排、环境保护、土地复垦、社区和谐和企业文化。

我国绿色矿山的发展同样也经历了三个阶段。2007 年，原国土资源部在中国国际矿业大会上提出“坚持科学发展，推进绿色矿业”的发展思路，绿色矿山概念正式被提出。事实上，在此之前中国矿业联合会已成立了尾矿综合利用、绿色矿山办公室。随后，原国土资源部出台了 119 号文件《国土资源部关于贯彻落实全国矿产资源规划发展绿色矿业建设绿色矿山工作的指导意见》，其中首次明确提出了绿色矿山试点要求和管理办法。绿色矿山内涵是资源综合利用，工作核心是环境保护与社区和谐，而依法办矿、安全生产是前提条件，企业文化、规范管理是重要手段，科技创新、节能减排、土地复垦则是保障措施。这是我国绿色矿山建设的第一阶段。

《全国矿产资源规划（2008—2015 年）》中明确提出“大力发展绿色矿山，到 2020 年绿色矿山格局基本建立”的总体目标。到 2015 年，建设 600 家以上国家级绿色矿山，2015~2020 年，大中型矿山基本达到绿色矿山标准，小型矿山企业按照绿色矿山条件规范管理。这是绿色矿山建设从思想的提出到制度建立的阶段。经过绿色矿山企业申报、省厅推荐、中国矿业联合会组织评审、部里公示确认，前后经历了 4 批，经过试点评估达标的绿色矿山是我国矿山中真正的“典型”，树立了矿山先进模范。这是我国绿色矿山建设的第二阶段。

目前，我国全面进入绿色矿山建设推广实施的第三阶段，按照中央六部委《关于加快建设绿色矿山的实施意见》的文件要求在各省广泛开展，并且分别对几类矿产出台了绿色矿山国家标准。现在，矿山企业的共识是中国矿业必须走绿色发展之路，这是当前和未来社会发展的需要，是生态文明建设和美丽“中国梦”对矿业的要求；这是中国发展进入“新常态”对矿业结构调整的新要求，是企业自身发展的努力方向和标准，是企业制度和长远规划的必然选择；这也是衡量企业发展潜力的标准，是企业文化和和谐矿区的要求，是优秀矿山企业的标准和条件。

今天的绿色矿山建设已经提到矿业发展的议事日程，各级政府高度重视，企业踊跃参加。现在，我国正进入一个保护生态环境、提升质量发展的新时代。矿业企业要有社会责任，主动创建和谐矿区，由此可见我国的绿色矿山建设正朝着绿色矿业发展迈进。

虽然我国早在 2007 年就已经提出了发展绿色矿业的基本要求，但国家级绿色矿业规划尚未出台，相应的考核指标不明确。因此，我国矿山企业无法编制完善的矿山环境保护规划，缺乏总体规划和部署，不能充分发挥规划的先导作用。我国发展绿色矿山存在的问题主要包括：

（1）建设目标与现实要求差距大。截至 2015 年末，我国评选出四批共 661 家国家级绿色矿山试点单位，其中第一批 37 家，第二批 183 家，第三批 239 家，第四批 202 家。2015 年末，第一批和第二批国家级绿色矿山试点单位经过评估验收，其中 191 家矿山企业通过验收评估，获得国家级绿色矿山，其中第一批35家，第二批156家。我国661家国家级绿色矿山试点单位涉及石油及天然气、煤炭、黑色金属、有色金属、黄金、化工、非金属及建材等各类矿种，其分别为13家、237家、96家、118家、75家、59家、63家等，如图6-1所示。除了上海和天津，遍及我国的山东、河北、内蒙古、河南、湖北等29个省、自治区和直辖市。并建立了一批在资源利用、生态建设、科技创新、社区和谐等方面的典型国家级绿色矿山建设模式，在全国取得了初步建设成效。但目前我国绿色矿山的创建速度相对于我国10万多座矿山企业来说数量明显偏少，距离全面建设和整体推进还有较大差距。在当前新常态格局下，这种差距显得尤为突出，这就促使了进一步提高绿色矿山建设水平，加快实现《全国矿产资源规划（2008—2015年）》的目标，并将绿色矿山建设向全面深层次推进。

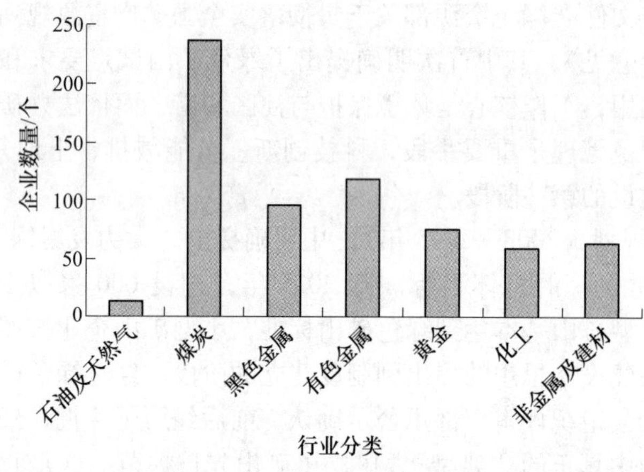

图6-1　国家级绿色矿山试点单位的行业分类及数量

（2）建设标准不完善。建立健全国家级绿色矿山标准体系，是为强化监督管理绿色矿山，推进我国矿产资源开发在综合利用、节能减排、环境保护、土地复垦等方面的技术进步，引导和规范我国矿产资源开发与建设，同时也是我国制定针对绿色矿山建设财税政策的重要抓手。目前出台的较为系统的国家级绿色矿山标准体系是由中国矿业联合会发布的，即《国家级绿色矿山试点单位验收评价指标及评分表》。该验收评价指标包括10大类，35项指标，其中仅有开采回采率、选矿回收率、选煤数量效率、科技创新投入比例、能耗指标、选矿废水重复利用率等6个定量化指标，并给出了最低标准，其余均为定性指标，没有给出定量化的标准。绿色矿山建设缺少定量化的考核指标，因而难以获得国家财税方面的政策支持，加之在绿色矿山实际应用过程中表现得较为宏观，不具体，部分条件与我国目前矿山建设水平相当，或者是国家、社会、环境对矿山建设的基本要求，不具备更优或更高性。因此，当前急需出台国家级绿色矿山标准体系，指导或引导我国矿山向更高水平迈进。

（3）配套政策不完善。在财政专项资金支持方面，截至2015年底，国家级绿色矿山及其试点单位可以获得如下几个方面的国家财政专项资金：危机矿山接替资源找矿专项资金、矿山地质环境恢复治理专项资金、矿产资源节约与综合利用专项资金、国有冶金矿山企业发展专项资金等。在资源配置方面，仅是《国土资源部关于贯彻落实全国矿产资源规划发展绿色矿业建设绿色矿山工作的指导意见》中提及在资源配置和矿业用地将给予绿色矿山企业政策倾斜。截至目前国家还未出台具体相应的政策和实施办法。在税费优惠方面，目前颁布实施《企业所得税法》《企业所得税法实施条例》《财政部国家税务总局关于调整完善资源综合利用产品及劳务增值税政策的通知》等文件，在技术创新、综合利用、节能减排、环境保护等方面税费优惠与绿色矿山建设相关。

实施财税政策和资源配置政策，可以鼓励更多矿山企业参加绿色矿山建设，然而目前专门系统针对绿色矿山建设的国家配套支持政策还不明确，造成绿色矿山建设的激励机制不完善，绿色矿山企业无法获得比非绿色矿山企业在政策支持方面的优势，在一定程度上削弱了矿山企业开展绿色矿山建设的积极性。具体表现为：

1）未设立专门支持绿色矿山建设的专项财政资金。目前绿色矿山建设可以获得的财政支持资金，是对绿色矿山建设某个方面进行的资金激励，造成了财政资金使用的碎片化。根据当前我国财政资金使用的政策，后续将很难获得国家支持。而且这些财政资金非绿色矿山试点单位也可以申请获得，获得支持后非绿色矿山试点单位仅在某个方面进行单项投入，而绿色矿山试点单位必须在绿色矿山建设的九个方面都要进行投入，但又不能获得优先财政支持，从而导致财政资金的激励机制无法最优化。

2）未针对绿色矿山建设出台具体资源优先配置的政策，使得国家级绿色矿山试点单位在申请矿业权方面没有优先地位，与在矿山建设过程中投入较少的非绿色矿山单位同台竞争。

3）税收优惠政策还存在一些不足，未形成对绿色矿山的鼓励，而对非绿色矿山的限制或惩治。例如：在资源综合利用方面，增值税优惠范围较窄，仅几种特定的综合利用方式进行退税；其次，现行资源税还未与资源回采率挂钩，导致未对难采难选低品位矿石和综合利用进行优惠；企业所得税在环境保护、节能减排等方面的优惠幅度较小，仅按照相关设备投资额度的10%递减应纳税款，同时优惠范围有限。绿色矿山建设涉及方面多，投入资金相对较大，仅仅是特定几个方面和一般的税费优惠，很难激励矿山企业开展绿色矿山建设。

（4）职能部门协同机制不完善。按照《国土资源部关于贯彻落实全国矿产资源规划发展绿色矿业建设绿色矿山工作的指导意见》，各级国土资源行政主管部门是绿色矿山建设的指导部门，各级矿业协会为组织和技术支撑部门。国土资源部负责全国绿色矿山的指导工作，中国矿业联合会负责全国绿色矿山组织和相关业务的支撑工作。虽然绿色矿山建设的主体是矿山企业，但是在建设过程中还涉及矿山所在的多个利益相关者，具体包括国土、环保、科技、安监、工信、税务、民政、社会保障等职能部门，以及矿山所在地的村集体、农民等利益相关者。由于不同职能部门对绿色矿山建设的管理目标不同，而利益相关者对绿色矿山建设的诉求不一致，各方均是寻求各自权益的最大化，缺少各个相关方协调机制，共同推进绿色矿山的建设。

6.1.4 我国绿色矿山发展对策与建议

基于我国绿色矿山的基本现状，结合当前我国矿业发展过程中存在的资源浪费、环境破坏等问题，从国土资源管理角度提出我国绿色矿山发展的对策与建议。

6.1.4.1 制定国家级绿色矿山标准体系

当前，国家级绿色矿山标准与国家对绿色矿山要求还有一定差距，急需制定国家级绿色矿山的标准体系，分矿种、分规模、分区域提出各类绿色矿山建设标准，体现出矿种类型、矿山规模、地域差异等，并能系统地规划我国整个绿色矿山建设结构，完整地表述出绿色矿山的各项建设内容，以及各个标准之间的关系和矿山行业标准的全貌。

首先将我国矿业开发区进行区划，考虑到我国地形地貌、气候、生物等矿山开发的自然条件、具有分带特征和我国地区经济社会发展的不平衡，可将我国矿业开发区大致划分7个大区，分别是东北区、华北区、东南区、西南区、中部区、西北干旱区、青藏高原区。分析各区单元的生物气候条件、土地资源、水资源等以及社会经济发展水平，确定每个区的环境承载能力以及相应的社会承载力，进而分区提出我国绿色矿山建设在节能减排、环境保护、土地复垦、社区和谐等方面相应的定量化标准。

其次将我国矿山按照矿种和规模进一步分类。目前我国矿种一般划分7大类，其分别是石油及天然气、煤炭、黑色金属、有色金属、黄金、化工、非金属及建材等。矿山开采规模划分为3大类，其分别为大型、中型和小型。针对不同矿种和不同规模的采选工艺和技术发展水平，统计分析661家国家级绿色矿山试点单位在矿产资源开发中的指标数据，同时结合国土资源部已经出台的分矿种“三率”指标，分矿种和分规模确定我国绿色矿山建设在综合利用、科技投入等方面的相应定量化标准。针对矿山企业的规范管理和企业文化等方面，分析661家国家级绿色矿山试点单位的先进典型，总结归纳出不同矿种、不同规模的矿山企业管理和文化建设模式，针对不同的建设模式提出不同的标准要求。

最后，我国绿色矿山标准体系还需反映出矿山的变化和发展趋势，即标准是动态的，随着经济社会不断发展，需不断修订，逐步提高。

6.1.4.2 推进绿色矿山单位创建

目前创建的国家级绿色矿山单位的数量与《全国矿产资源规划（2008—2015年）》制定的目标仍有一定的差距，即“到2020年，绿色矿山格局基本建立”，这就要求在以下三个方面推动绿色矿山的建设：

（1）继续推进国家级绿色矿山试点单位的创建，并积极推进省级和县市级绿色矿山试点单位的创建。同时对目前661家国家级绿色矿山试点单位进行全面评估验收，确立国家级绿色矿山的典型矿山和样板矿山，探索出一批绿色矿山建设的模式化经验和方法，便于在全国推广和借鉴。

（2）开展绿色矿业建设示范区工作，以验收确定的“国家级绿色矿山”为典型标杆矿山，辐射带动周边矿山，实现由点到面，整体推动我国绿色矿山建设。具体以县域为单位，选择原则为矿产资源储量集中、矿山分布较多、矿山开发有序、采选技术先进、管理制度规范、当地政府高度重视等，从而建设一批布局合理、集约高效、生态优良、矿地和谐、区域经济协调发展的绿色矿业建设示范区。

（3）建设绿色矿业集团，以企业内部管理推进绿色矿山建设。我国国有企业不仅对国民经济发展和经济安全起到了重要作用，同时也担负了重大政治、经济和社会责任。特别是中央企业和部分地方国有企业，主导了产业发展和技术创新。在后续工作中，选择一些拥有较多国家级绿色矿山试点单位，并主动担当矿业绿色发展责任的国有矿业集团，建设绿色矿业集团。利用企业内部统一的管理制度，实现资源合理配置和新技术新方法共享，快速推进绿色矿山的建设。

在当前新常态环境下，以绿色矿山建设为契机，逐步推动我国矿业行业的增量提质。当务之急是以绿色矿山建设作为推动矿业领域的重组、整合与优化。一是依据现行法律法规，淘汰落后产能，关闭环境和能耗不达标的矿山；二是以市场为手段，不断整合无法达标的绿色矿山，将矿产资源配置到愿意以绿色矿山为建设标准的矿山企业，做大做强区域骨干绿色矿山企业，促使区域产业的集中度不断提高。新常态下，利用绿色矿山建设作为倒逼机制，促使矿山企业不断地通过科技创新，开发和引进矿山在采、选、冶等方面的先进技术，持续降低矿山生产成本，提高矿山生产效率，并逐步掌握领先世界的采、选、冶关键技术，同时谋划初级矿产品的深加工，增加矿产品的附加值，促使矿山企业不断做大、做强、做优，实现我国矿业的绿色转型升级，早日实现绿色矿山新格局。

6.1.4.3 制定相应财税政策

国家财税政策具有引导、协调和激励功能。制定专门针对绿色矿山建设的财税政策，引导矿山企业自愿参加绿色矿山建设。首先，需要设立绿色矿山建设专项资金。该专项资金可以从国家财政一般预算中安排，也可以从国有资本经营预算中安排，鼓励地方政府也设立省级绿色矿山建设专项资金；同时加快制定绿色矿山建设标准体系，绿色矿山建设专项资金与绿色矿山建设标准体系相结合，对于达到并超过标准的矿山给予专项奖励。其次，整合现有财政相关绿色发展支持资金。根据《国务院关于印发推进财政资金统筹使用方案的通知》（国发〔2015〕35 号）精神，考虑将危机矿山接替资源找矿专项资金、矿山地质环境恢复治理专项资金、矿产资源节约与综合利用专项资金、国有冶金矿山企业发展专项资金等资金优化整合，统筹使用，并明确以绿色矿山建设标准作为申请财政资金依据，制定专门优先用于绿色矿山建设或是向绿色矿山倾斜的财政政策和规定。再者，出台并切实落实税费方面的优惠政策。在资源税方面，对于低于工业品位的矿石和难选矿石，出台减免优惠政策；鼓励矿山企业对贫、细、杂、难选矿产资源的开发和利用。完善矿产资源综合优惠税收政策具体包括：明确企业享有优惠时限，即新技术和新工艺出现后，企业享有的优惠期限终止权；定期及时对《优惠目录》进行修订，让其引导矿山企业建设绿色矿山。在所得税方面，完善企业所得税在环境保护、节能节水、安全生产等设备采购优惠政策。目前设备购置目录范围有限，绿色矿山企业在环境保护、节能减排等方面的设备基本不在目录范围之内，因此，可以根据绿色矿山建设标准，修订完善所得税优惠目录。最后，在我国矿业开发过程中，生产的产品是初级原材料，生产过程没有对矿产品增值，却与制造业一样缴纳增值税，无形增加了矿山企业的负担。应进一步扩大矿产资源综合利用产品及劳务增值税优惠范围，实时根据绿色矿山建设标准调整增值税优惠目录。

新常态下我国经济、法制、环境、社会等各个方面发生了深刻的变革。我国长期以来形成的矿业发展格局及模式已经阻碍了生态文明建设，绿色矿业是未来矿业发展的必然选择。在借鉴国外经验的基础上，结合我国实际情况，以生态文明建设为抓手，明确思路及目标，真正落实有利于发展绿色矿业的有关政策，从而改变我国现有矿业发展格局，推进绿色矿业的可持续发展。

6.2 清洁生产

清洁生产的出现是人类工业生产迅速发展的历史必然，它是将污染预防战略持续地应用于生产过程，通过不断地改善管理和技术进步，提高资源利用率，减少污染物排放，以降低对环境和人类的危害。清洁生产的核心是从源头抓起，预防为主，全过程控制，实现经济效益和环境效益的统一。

6.2.1 清洁生产的由来及定义

自工业革命到20世纪40年代以来，人类对自然资源与能源的合理利用缺乏足够的认识，对工业污染控制技术缺乏了解，以粗放型的生产方式生产工业产品，造成自然资源与能源的巨大浪费，由此引起的工业废气、废水和废渣主要靠自然环境的自身稀释和自净化能力消化。这种自然排放对污染物未加任何处理，数量也未加控制，从而引起了较为严重的环境污染。

20世纪60年代初，西方工业国家开始关注环境问题，并纷纷采用“废物处理”技术进行大规模的环境治理，即对生产中产生的各类废弃物采取一定的技术方法处理，使之达到一定的排放标准后再排入环境。这种“先污染、后治理”的“末端治理”模式虽然取得了一定的环境效果，但并没有从根本上解决经济高速发展对资源和环境造成的巨大压力，资源短缺、环境污染和生态破坏的局面日益加剧。“末端治理”的弊端日益显现，治理成本高，企业缺乏治理污染的主动性和积极性、治理难度大、存在污染转移的风险等。为此，各国政府开始关注并采取了相应的环保措施和对策，例如增大环保投资、建设污染控制和处理设施、制定污染物排放标准、实行环境立法等，以控制和改善环境污染问题。

进入20世纪80年代，人们回顾过去几十年工业生产与环境管理实践，深刻认识到“先污染、后治理”的污染防治方法不但不能解决日益严重的环境问题，反而继续造成自然资源和能源资源的巨大浪费，加重了环境污染和社会负担。因此，发达国家通过治理污染的实践，逐步认识到防治工业污染不能只依靠治理排污口的污染，必须“预防为主”，将污染物消除在生产过程之中，实行工业生产全过程控制。1989年，联合国环境规划署为促进工业可持续发展，在总结工业污染防治正、反两方面经验教训的基础上，首先提出清洁生产的概念，并制订了推行清洁生产的行动计划。1990年在第一次国际清洁生产高级研讨会上，清洁生产的定义正式提出。1992年，联合国环境与发展大会通过了《里约宣言》和《21世纪议程》，会议号召世界各国在促进经济发展的进程中，不仅要关注发展的数量和速度，而且要重视发展的质量和持久性。大会呼吁各国调整生产和消费结构，广泛应用环境无害技术和清洁生产方式，节约资源和能源，减少废物排放，实施可持续发展战略。在这次会议上，清洁生产正式写入《21世纪议程》，并成为通过预防来实现工业可持续发展的专用术语。从此，清洁生产在全球范围内逐步推行。

清洁生产是指不断采取改进设计，使用清洁的能源和原料，采用先进的工艺技术与设备，改善管理，综合利用等措施，从源头消减污染，提高资源利用效率，减少或者避免生产服务和产品使用过程中污染物的产生和排放，从而减轻或消除对人类健康和环境的危害。清洁生产的概念主要是指企业引用清洁生产技术来进行生产，加强员工对绿色生产理念的宣传和践行绿色生产意识的培养，使之在生产过程中达到低污染、低浪费、高环保的目的。

清洁生产的概念包含四层含义：一是清洁生产的目标是节约能源、降低原材料消耗、减少污染物的产生量和排放量；二是清洁生产的手段是改进工艺技术、强化企业管理，尽可能地提高资源和能源的利用率，更新设计理念，争取废物最少排放；三是清洁生产的方法是排污审计，即通过审计发现排污位置、排污原因，筛选消除或减少污染物的措施；四是清洁生产的最终目的是为了使人们拥有更好的生活环境，尽可能提高企业的经济效益。此外，清洁生产还包括废弃物的二次利用，或产生不污染环境的废弃物。通过清洁生产可以有效地保护环境，促进生态环境的健康发展。

6.2.2 清洁生产评价原则

清洁生产指标既是管理科学水平的标志，也是进行定量比较的尺度。清洁生产指标应该是指国家、地区、部门和企业根据一定的科学、技术、经济条件，在一定时期内确定的、必须要达到的具体清洁生产目标和水平。清洁生产指标应该分类清晰、层次分明、内容全面、兼具科学性、可行性、简洁性和开放性，并且应该随着经济、社会和环境的变化而变化。因此，清洁生产指标制定的具体原则如下。

6.2.2.1 客观准确评价原则

清洁生产判断评价所制订或选用的评价指标、评价模式要客观充分地反映行业及其生产工艺的状况，真实、客观、完整、科学的评价生产工艺优劣性，保证清洁生产最终评价结果的准确性、公正性以及应用指导性。比如选择污染物产生量作为评价指标，比通常采用的污染物排放量更能确切反映生产工艺的先进性，所给出的极值综合评价指数能避免个别评价指标给评价带来的错误判断。

6.2.2.2 全过程评价原则

清洁生产判断的评价指标内容不但要对工艺生产过程、产品的使用阶段进行评价，还要考虑产品本身的状况和产品消费后的环境影响，既对产品设计、生产、储存、运输、消费和处理处置整个生命周期中原材料、能源消耗和污染物产生及其毒性的全面分析和评价，还要对产品本身的清洁程度和环境经济效益进行评价，以体现清洁生产的“节能、降耗、减污增效”的思想。

6.2.2.3 定量指标和定性指标相结合原则

为了确保评价结果的准确性和科学性，必须克服主观性，建立定量性的评价模式，选取可定量化的指标，计算其结果。但评价对象的生产过程复杂且涉及面广。因此，对于不能量化的指标也可以选取定性指标，为建设单位和环保部门提供明确而实用的决策依据。采用的指标均应力求科学、合理、实用、可行。

6.2.2.4 简明综合评价原则

生产过程中所涉及的清洁生产环节很多，所制订或选用的评价指标既要能够充分表达清洁生产的丰富内涵，又要考虑到评价工作的易操作性，因而评价指标数不要过多，但能充分表达清洁生产的意义，做到简单明了，综合性强。比如对物耗、能耗进行评价，不要把每个原材料与类比项目一一列出对比，而是计算其单位产品所有原材料的消耗量。所选用的评价模式实用性要强，便于计算和比较分析。

6.2.2.5　持续改进原则

清洁生产是一个持续改进的过程，要求企业在达到现有指标的基础上向更高的目标迈进。因此，指标体系也应该相对应的体现持续改进的原则，引导企业根据自身现有的情况，选择不同的清洁生产目标，从而实现持续改进。

6.2.3　清洁生产指标体系

清洁生产指标体系是由一系列相互独立、相互联系、相互补充的单项评价活动指标组成的有机整体，它所反映的是组织或更高层面上清洁生产的综合和整体状况。一个合理的清洁生产体系可以有效地促进组织清洁生产活动的开展以及整个社会的可持续发展，因此，清洁生产指标体系具有标杆作用，是对清洁生产技术方案进行筛选的客观依据，为清洁生产绩效评价提供一个比较标准。

清洁生产指标体系应有助于比较不同地区、不同行业、不同企业清洁生产情况，评价组织开展清洁生产的状况，指导组织正确选择符合可持续发展要求的清洁生产技术。建立依据一般包括《中华人民共和国环境保护法》《中华人民共和国清洁生产促进法》《中华人民共和国水污染防治法》《中华人民共和国大气污染防治法》《中华人民共和国固体废物污染环境防治法》等。总体而言，清洁生产指标体系应当包括两个方面的内容：一是适用于不同行业的通用性标准；二是适用于某个行业的特定指标。而每一方面又由众多不同指标构成。

6.2.3.1　宏观清洁生产指标体系

宏观清洁生产指标主要用于社会和区域层面。宏观清洁生产指标由经济发展、循环经济特征、生态环境保护、绿色管理四大类指标构成。经济发展指标又分为经济发展水平指标和经济发展潜力指标；循环经济特征指标主要包括资源生产率和循环利用率；生态环境保护指标主要包括环境绩效指标、生态建设指标和生态环境改善潜力等指标；绿色管理指标主要指政策法规制度指标、管理与意识指标等。

6.2.3.2　微观清洁生产指标体系

微观清洁生产指标主要用于企业这一层面，这一层面的清洁生产指标体系可以分为定量指标和定性指标两种类型。定量指标和定性指标体系一般皆包括一级评价指标和二级评价指标，可根据行业自身特点设立多级指标。一级评价指标是指标体系中具有普适性、概括性的指标；二级评价指标是一级评价指标之下，可代表行业清洁生产特点的、具体的、可操作的、可验证的指标。一级评价指标可分为生产工艺及装备、资源能源消耗、资源综合利用、污染物产生、产品特征和清洁生产管理五个方面的指标。清洁生产定量评价程序如图 6-2 所示。

A　生产工艺及装备指标

生产工艺与装备要求指标要体现“清洁生产从源头控制污染物产生”的这一思想，选择先进的生产工艺与装备不仅能够减少对环境的污染，减少副产品的产生，还能够提高资源的利用率，同时减少废弃物的排放量。因此，生产工艺及装备指标应从有利于引导采用先进适用技术装备、促进技术改造和升级等方面提出生产工艺及装备的指标和要求，具体

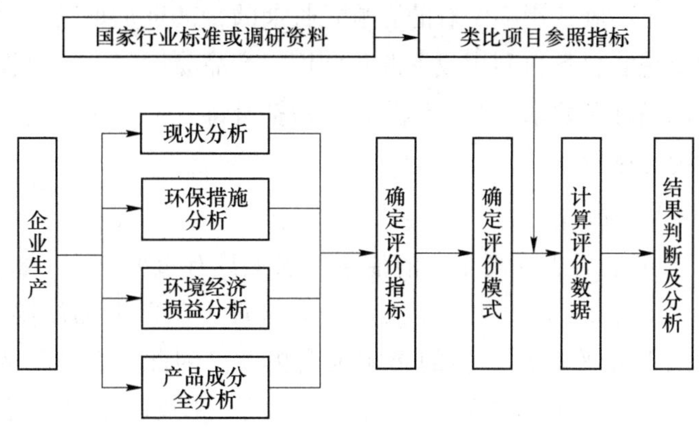

图 6-2 清洁生产定量评价程序

指标可包括装备要求、生产规模、工艺方案、主要设备参数、自动化控制水平等。

B 资源能源消耗指标

企业在生产产品的过程中，资源与能源的消耗能够从侧面反映出该企业的技术水平与生产管理水平，清洁生产的思想是节约能源、降低消耗、减少污染、增加效率。从清洁生产的角度来看，企业资源与能源的消耗对环境有一定的影响，当消耗的资源越多，对环境产生的不利影响也就越大。因此，资源能源消耗指标应从有利于减少资源能源消耗、提高资源能源利用效率方面提出资源能源消耗的指标及要求，具体指标包括单位产品综合能耗、单位产品取水量、单位产品原/辅料消耗、一次能源消耗比例等。

C 资源综合利用指标

在选矿的生产过程中会产生部分不合格的中间产品或尾矿，这些产品经处理之后能够进行二次循环利用。废弃物的回收利用指标能够反映企业在生产的最后环节对环境影响的控制程度，因此，资源综合利用指标应从有利于废物或副产品再利用、资源化利用和高值化利用等方面提出资源综合利用指标及要求，具体指标工业用水回用率、工业固体废物综合利用率等。

D 污染物产生指标

污染物的产生指标是清洁生产中的重要指标，与环境效益紧密相连，污染物产生的指标越高，说明对环境的影响越大，企业的生产工艺及技术水平越不乐观。对污染物的排放进行有效的控制，减少对环境的污染是清洁生产的基本要求，比如选矿废水主要包含一些悬浮物、油类物质、有机药剂，这些废水若不经过处理直接排放不仅会浪费大量的水资源，还会污染矿区的地下水体，破坏矿区生态平衡。因此，污染物产生指标应从源头上减少污染物的产生和有毒有害物质的替代等方面提出污染物产生指标及要求，具体指标包括单位产品废水产生量、单位产品化学需氧量、单位产品二氧化硫产生量、单位产品氨氮产生量、单位产品氮氧化物产生量和单位产品粉尘产生量等。

E 产品特征指标

企业在进行清洁生产后的效果能够通过产品直观地反映出来，所以在进行清洁生产时应对产品的质量进行严格把关。产品在其生命周期中，包括生产、销售、使用甚至报废的过程中都会对环境产生不利的影响。有的影响是长期的，甚至是难以消除的，因此，产品特征指标应从有利于包装材料再利用或资源化利用、产品易拆解、易回收、易降解、环境友好等方面提出产品指标及要求。其具体指标可包括有毒有害物质限量、易于回收和拆解的产品设计、产品合格率等。

F　清洁生产管理指标

改善企业的管理水平对于提高企业清洁生产水平具有重要意义。实践表明，企业的清洁生产水平与企业的管理水平息息相关，企业管理上的漏洞与缺陷可能会导致其物耗、能耗高于行业先进水平，对环境的影响也会更大。因此，在清洁生产水平评价中，管理制度通常也被纳入评价指标体系中，通过环境成本来反映企业进行清洁生产后给企业带来的经济效益。清洁生产管理指标应从有利于提高资源能源利用效率，减少污染物产生与排放等方面提出管理指标及要求，具体指标可包括清洁生产审核制度执行、清洁生产部门设置和人员配备、清洁生产管理制度、强制性清洁生产审核政策执行情况、环境管理体系认证、建设项目环保“三同时”执行情况、合同能源管理、能源管理体系实施等。

此外，在清洁生产中常会提及限定性指标。所谓限定性指标是指对节能减排有重大影响的指标，或者法律法规明确规定严格执行的指标。原则上，限定性指标主要包括：单位产品能耗限额，单位产品取水定额，有毒有害物质限量，行业特征污染物，行业准入性指标，以及二氧化硫、氮氧化物、化学需氧量、氨氮、放射性、噪声等污染物的产生量。因行业性质不同，限定性指标可根据具体情况适当调整。

根据当前各行业清洁生产技术、装备和管理水平，将二级指标的基准值分为三个等级：Ⅰ级为国际清洁生产领先水平；Ⅱ级为国内清洁生产先进水平；Ⅲ级为国内清洁生产一般水平。应根据当前行业清洁生产情况，合理确定Ⅰ级、Ⅱ级和Ⅲ级基准值。确定Ⅰ级基准值时，应参考国际清洁生产指标领先水平，以当前国内5%的企业达到该基准值要求为取值原则；确定Ⅱ级基准值时，应以当前国内20%的企业达到该基准值要求为取值原则；确定Ⅲ级基准值时，以当前国内50%的企业达到该基准值要求为取值原则。行业清洁生产评价指标体系框架参见表6-1。

表6-1　行业清洁生产评价指标体系框架

序号	一级指标	一级指标权重	二级指标	单位	二级指标权重	Ⅰ级基准值	Ⅱ级基准值	Ⅲ级基准值
1	生产工艺及装备指标		工艺类型					
2			装备设备					
3			……					
4	资源能源消耗指标		*单位产品综合能耗	tce/单位产品				
5			*单位产品综合定额	t/单位产品				
6			单位产品原辅料消耗	kg/单位产品				
7			……					

续表 6-1

序号	一级指标	一级指标权重	二级指标	单位	二级指标权重	Ⅰ级基准值	Ⅱ级基准值	Ⅲ级基准值
8	资源综合利用指标		余热余压利用率	%				
9			工业用水重复利用率	%				
10			工业固废综合利用率	%				
11			……					
12	污染物产生指标		* 单位产品废水产生量	t/单位产品				
13			* 单位产品化学需氧量产生量	t/单位产品				
14			* 单位产品二氧化硫产生量	t/单位产品				
15			* 单位产品氨氮产生量	kg/单位产品				
16			* 单位产品氮氧化物产生量	kg/单位产品				
17			……					
18	产品特征指标		* 有毒有害物质限量					
19			易于回收、拆解的产品设计					
20			……					
21	清洁生产管理指标		清洁生产审核制度执行					
22			清洁生产部门和人员匹配					
23			……					

注：带 * 的指标为限定性指标。

污染物排放超过国家或者地方规定排放标准的企业，应当按照环境保护相关法的规定治理。实施强制性清洁生产审核的企业，应当将审核结果向所在地县级以上地方人民政府负责清洁生产综合协调的部门、环境保护部门报告，并在本地区主要媒体上公布，接受公众监督，但涉及商业秘密的除外。县级以上地方人民政府有关部门应当对企业实施强制性清洁生产审核情况进行监督，必要时可以组织对企业实施清洁生产的效果进行评估验收。

6.2.4 清洁生产实践

6.2.4.1 会泽铅锌清洁生产实践

会泽铅锌矿为富氧—硫混合铅锌矿床，矿石中的主要金属矿物为方铅矿、闪锌矿及黄铁矿，其他金属矿物还有白铅矿、菱锌矿、异极矿、褐铁矿、磁黄铁矿等；脉石矿物为白云石、方解石、石英、绢云母等。矿物之间关系密切，常沿矿物周边、晶隙及内部裂隙充填、交代、包裹，矿物镶嵌，关系复杂。会泽铅锌矿经过不断的艰苦探索、继承与创新，现已形成独具减污、增效、节能、降耗的选矿清洁生产模式。

A 选矿工艺清洁

针对会泽铅锌矿复杂难选的特点，北京矿冶研究总院、北京有色金属研究总院、广州有色金属研究院、昆明冶金研究院、昆明理工大学等知名科研院所均进行过选矿攻关工作，取得了不少研究成果，并在选矿厂的升级改造及生产实践中得以应用，最终形成了2000t/d 选矿厂特有的选矿工艺。该工艺采用先硫后氧分段选别主干流程、等可浮选—优先浮选—异步浮选原则流程、多碎少磨—阶段磨矿阶段选别工艺流程等，形成了多种流程结构并存的综合选矿新工艺（见图 6-3），是复杂难选铅锌氧—硫混合矿选矿工艺的重大突破。

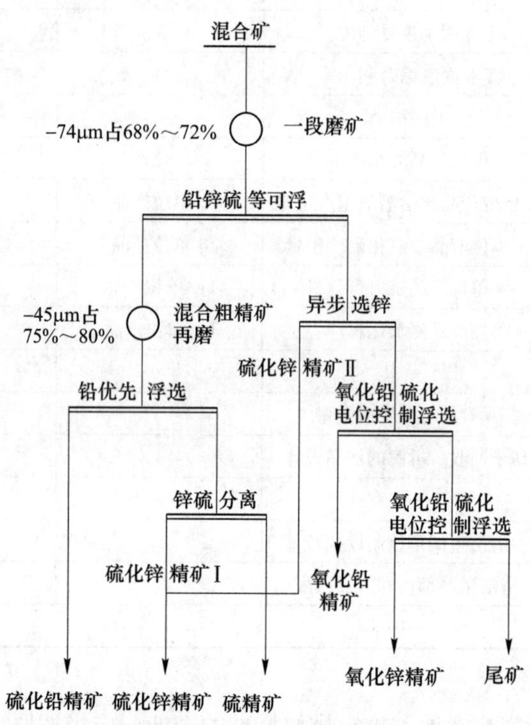

图 6-3　选矿工艺原则流程

B　资源利用高效

由于矿石复杂难选，伴生银、锗等多种有用组分，要实现矿石的高效利用，在选矿生产技术中仍存在诸多关键难题亟待解决。会泽铅锌矿采矿生产任务主要由麒麟厂、矿山厂承担，采用多分段、多采场出矿，出矿点散而多；选矿厂建设时为减少地表的破坏及降低矿区粉尘，未配套建设原矿堆场，井下采出矿石经竖井提升直接进入原矿仓，制约了配矿工作的开展，致使入选矿石性质频繁波动，影响了选矿指标。矿石的力学特征表现为软而脆，细磨极易泥化；而方铅矿、白铅矿、菱锌矿、黄铁矿等呈微细不均匀嵌布，必须细磨才能实现单体解离，故增加了微细粒级中铅、锌等金属回收难度。在铅硫分离流程中，采用石灰作为硫铁矿的抑制剂及矿浆 pH 值调整剂，石灰对银矿物的可浮性具有一定的抑制作用，使银的富集难度增大，经过不断的优化及攻关，各难点逐一解决，选矿指标得到了稳定提升。针对含锌（质量分数）19.49%、铅（质量分数）6.95%、银 59.08g/t、锗 33.17g/t 的入选原矿，获得了锌回收率 95.61%、铅回收率 86.02%、银回收率 66.05%、锗回收率 77.06%的指标。与 2015 年发布的《铅锌行业规范条件（2015）》相比，该矿在生产中取得了先进的选矿技术经济指标，获得了较好的资源利用效益，矿产资源得到了充分回收。

C 设备配置先进

会泽铅锌矿兼具硫化铅锌矿和氧化铅锌矿的特点，采用多种流程结构并存的综合选矿新工艺，因此导致工艺流程繁长、作业多及工艺控制要求高、操作难度大，增加了选矿工艺流程稳定可靠运行的难度，也给生产运行的高效、节能带来了巨大的挑战。通过引进先进的选矿设备和自动化控制技术，选矿工艺面临的难题得到了妥善的解决，并促进了选矿工艺的进步和提升。生产实践取得了较好的能源利用指标，选矿综合能耗 4.40kgce/t 原矿、耗水 3.98m^3/t 原矿、耗新水 0.38m^3/t 原矿。与 2015 年颁布的《铅锌采选业清洁生产评价指标体系》相比，节能降耗成效显著。

D 污染物资源化

会泽铅锌矿已历经半个多世纪的开发利用，期间一直贯彻执行环境保护、资源综合利用优先的矿产资源开发利用模式。虽所处区域地形、水系、气候等特殊，但时至今日，会泽铅锌矿尚未发生任何生态破坏、环境污染等重大环境问题。尤其近年来，经过不断地研究攻关与技术创新，矿山构建了以选矿尾砂膏体胶结充填零堆存、选矿废水处理回用零外排为核心的污染物资源化利用技术（见图 6-4），有效消除了选矿尾砂、选矿废水对环境的影响，实现了选矿的无废清洁生产。

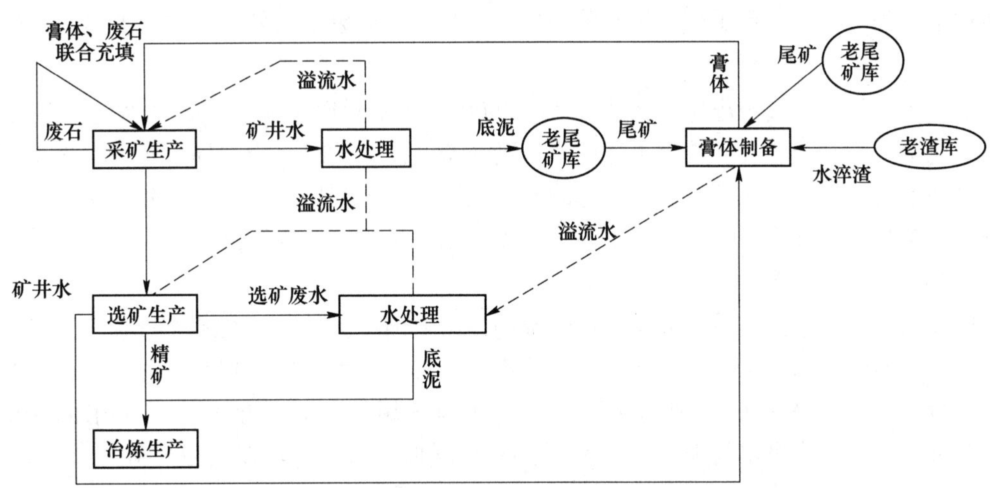

图 6-4 会泽铅锌矿废弃物的处理及回用的清洁生产工艺流程

在废弃物的处理及回用中，产生的废水处理底泥、膏体制备溢流水为新生高危污染物，其处理利用彻底消除后续潜在的污染。膏体充填后不会对地下水质引起污染，并具有吸附作用，使井下水中的重金属含量下降，可改善水质，其用于井下充填是符合国家对于地下充填安全和环保标准的。

会泽铅锌矿选矿厂坚持贯彻实施清洁生产和节能减排，提高了资源利用率，降低了能源消耗，杜绝了污染物排放，改善了生态环境，创造了较好的资源效益、环境效益、经济效益和社会效益，真正使企业走上了可持续发展和循环经济之路，对其他选矿厂的建设及生产具有一定的借鉴意义。

6.2.4.2 铜绿山矿选矿清洁、高效生产实践

铜绿山矿选矿日处理量 2500~4000t，选矿采用硫化浮选法选铜，浮尾用磁选回收铁。

多年来，依靠科技进步，坚持技术创新，积极开展多项试验研究，大力推广应用新设备、新药剂等新技术，不断完善，优化选矿工艺流程，通过技术改造，矿产资源综合利用率逐步提高，选矿过程逐步实现了清洁生产。

A 回用生产过程废水

铜绿山选矿厂每天总用水量为 13700~21945m^3，精矿产品及尾矿充填等带走 4692~7508m^3，最终产出选矿废水量 9008~14437m^3。通过选别后排放的废水含有大量的悬浮物，比如 Cu^{2+}、Fe^{3+}、Zn^{2+}等重金属离子和残留的选矿药剂，外排将会污染环境。

为了减轻选矿废水对环境的污染，充分合理利用回水，对选矿废水的治理和回用技术进行了各方面的探索，最后确定选矿过程废水分段分点使用对生产指标无影响，即生产过程废水直接返回到选别作业，铜、铁溢流水返回磨矿作业，实现了选矿过程废水的零排放，既节约了选矿生产成本，又解决了选矿生产废水对环境的影响。

B 循环利用尾矿废水

铜绿山选矿厂年处理矿量约 120 万吨，每年约 600 万立方米废水经尾矿库自然沉淀合格后外排至大冶湖。为了对尾矿水进行综合利用，弥补外湖泵站生产供水的不足，缓解生产用水供需矛盾，减少选矿厂新水量，降低生产成本和环保费用。选矿厂对尾矿水回用方案通过论证和技改，实现了部分尾水的回用，减少了尾矿废水的外排，保护了生态环境。

C 处理利用选矿尾矿

铜绿山选矿厂每天产出尾矿约为 1812~2900t，尾矿除原生矿+37μm 粒级用于分级尾矿胶结充填外，其余均排矿堆存于尾矿库，既浪费资源，同时又影响周边环境。选矿厂为了解决井下充填材料的来源及胶结充填的成本问题，充分利用选矿新尾矿和老尾矿，并对尾砂充填系统进行升级改造，形成了井下充填的采充平衡，实现了全尾砂的综合利用。

D 清洁应用混合药剂

铜绿山矿以原生矿为主，采用浮选法选铜，需要消耗大量的黄药和 2 号油，用量越大带入尾矿的残留药剂就越多，特别是 2 号油不易降解，会直接影响到回水的利用，同时也会给环境带来极大的威胁。现场实践发现，在药剂用量一致的前提下，采用的 MB 和 MOS-2 可使铜的回收率提高 1%，2 号油的用量可降低 50%，对环保极为有利。

E 应用新型高效设备

清洁、高效、节能设备的应用是选矿厂一直追寻的目标。为了充分利用新型高效的选矿设备，铜绿山选矿厂对现有的过滤设备、浓缩设备进行了全面改造，采用 KS-45 陶瓷过滤机、TT-45 陶瓷过滤机替换了老式的外滤式真空过滤机。通过近 3~4 年的生产实践表明，陶瓷过滤机过滤效果好，与真空外滤机相比，过滤效率提高 0. 026t/(m^3 · h)，出厂水分低至 2. 99%，年节约电耗约 7. 91×10^{5}kW · h。因此，陶瓷过滤机在铜绿山选矿厂的应用表明，陶瓷过滤机是清洁高效的。

F 改造选矿流程

铜绿山选矿流程的改造包括破碎流程和浮选流程两个部分。

a 破碎流程的改造

铜绿山矿破碎系统分氧化矿破碎流程和原生矿破碎流程。氧化矿破碎流程有自磨流程和三段一闭路流程；原生矿破碎流程为三段一闭路流程。自磨流程为一段粗碎进自磨矿仓。氧化矿和原生矿破碎流程平行布置。随着露采矿源枯竭，自磨流程断断续续开车，氧化矿三段一闭路流程基本处于闲置状态，主要依靠原生矿的三段一闭路流程生产。原生矿破碎流程由于供矿质量差，含水含泥量高，入料粒度大，加上设备老化等因素的影响，使得流程开车时间长，流程小时处理量低，碎矿最终产品粒度大，直接影响后续工序。

为了解决上述问题，自 2007 年起，选矿厂就对碎矿流程进行改造，在不更换设备的情况下，充分利用氧化矿的破碎系统，安装活动闸门，将原来的破碎流程由三段一闭路改为四段一闭路—预先筛分（含井下一段粗碎）。实践证明，流程小时处理量增加了 69. 21t/h，提高了产能。2009 年 4 月又在四段破碎的基础上进行探索，发现第三段破碎和第四段破碎因为设备同型，排矿口相近，又将四段破碎流程改为一段粗碎、一段中碎、一段闭路的细碎流程，如图 6-5 所示。通过生产指标比较，认为三段两闭路破碎流程较前面流程更加合理，与四段破碎流程指标相比，小时处理量又增加 37. 6t/h。大大缩短了流程开车时间，降低了工人的劳动强度。

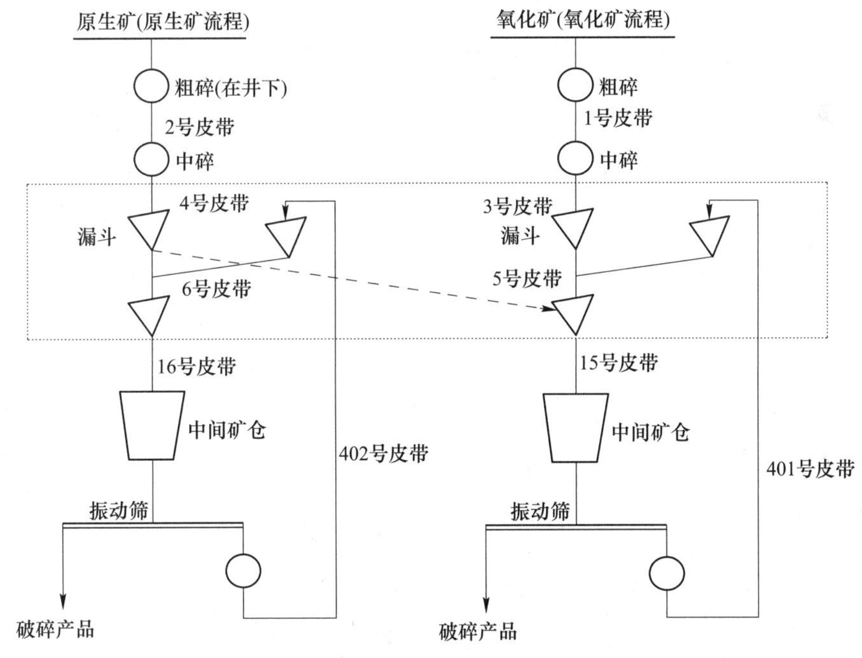

图 6-5　原生矿破碎三段二闭路流程

b　浮选流程的改造

在 2002 年前，铜绿山矿浮选系列为 6 个系列：1 号、2 号选氧化矿，3 号~6 号选原生矿。1 号~3 号系列浮选机在 2002 年以前均进行过改造，4 号~6 号系列仍然使用的是建厂初期安装的 5A 浮选机，设备严重老化，故障多、维修频繁，且作业流程长，返回点多，不易操作。3 号、4 号浮选系列和 5 号、6 号浮选系列分别于 2002 年底和 2004 年底进行了改造，3 号和 4 号合并为一个系列，5 号和 6 号合并一个系列。改造除了更新大型的、先进的浮选机外，还针对铜绿山矿原生矿性质简化了浮选流程，设计了二粗二扫一精作业，一粗改为快速浮选作业的灵活流程。改造后，浮选作业补加水量节约 50%，原来仅 3 号系列浮选补加水量 44. 9t/h，现浮选作业补加水量仅为 43. 85t/h，在原矿品位相近的情况下，铜精矿品位提高 1.23%，铜回收率提高 0.87%。

铜绿山选矿厂通过一系列的技术改造，选矿生产工艺技术逐步提高。废水的综合利用，实现废水的资源化，使生产用水和环境污染得到显著改善；全尾砂的充填方案使尾矿固体废渣得到了完全综合利用，实现了选厂尾矿的零排放；对选矿原生矿破碎流程及浮选流程的优化升级改造，高效地回收了有价金属，既节约了生产成本，又取得了显著的环境与经济效益。

思　考　题

6-1　简述矿业可持续发展的重要性。

6-2　我国绿色矿山的发展现状是什么？

6-3　简述我国绿色矿山发展对策与建议。

6-4　何为清洁生产？

7 环境保护法律体系及管理

企业是在环境中生存与发展的有机体。企业作为环境中生存与发展的组织并非简单、被动、客观地适应环境，还具有自身的主观能动性，即企业可在一定范围内对环境因素做出选择，同时企业又可在一定范围内创造或影响环境。

7.1 矿产资源政策及环境保护法律体系

7.1.1 矿产资源政策

矿产资源是国民经济建设与社会发展的重要物质基础，人类的社会经济活动就是不断地开发利用自然资源，以满足自身日益增长的物质文化需要的过程。矿产资源政策是政府为实现矿产资源发展目标而制订的行为准则，其基本的内涵大多随着一个国家的政治主张和经济发展目标的需要而有所不同。矿产资源政策涉及矿产资源开发利用的各个环节，比如矿产勘查、开发、加工、消费、回收等过程，因此，我国矿产资源政策是指关于矿产资源勘查、开采利用、保护和保障社会经济发展对矿产资源的当前和长远的需要，以及矿产资源的可持续利用的政府决策。其根本目的是保证矿业为社会经济发展提供足够的矿产资源，并促进一国矿业在市场上具有竞争力。改革开放以来，在党和国家一系列方针政策支持下，我国的矿产勘查开发事业取得了很大成绩。按照以经济建设为中心，坚持改革开放的路线和方针，根据国民经济发展规划目标的要求和国内外矿产资源形势，在总结新中国成立以来各个时期矿产资源政策实践经验的基础上，国家对矿产资源勘查、开发、利用和管理的方针政策进行了调整和充实，提出了一系列维护国有矿产资源，促进矿产资源勘查、资源综合利用和加强矿产资源保护的方针政策，初步形成了适应社会主义市场经济体制的矿产资源政策框架。

7.1.1.1 矿产资源勘查政策

矿产资源勘查政策包括坚持“保证基础、加强详查、对口勘探”的原则，严格控制勘探，大力加强区域地质调查和普查工作；调整地质勘查区域布局，重点加强能源矿产、贵金属矿产和铜、铁矿产的勘查；建立专项勘查基金（有偿基金），加强重点矿产和重点地区的地质勘查工作；开辟多种资金渠道，加强矿产勘查；引入市场机制，推进地勘成果有偿使用。

7.1.1.2 矿产资源开发政策

国家在矿产资源开发利用上，鼓励对石油、天然气、煤、金、铜等矿产资源以及为农业服务和出口创汇的非金属矿产特别是建材非金属矿产的投资，鼓励地方政府投资开发矿产资源，鼓励投资者到中西部地区勘查开发各种所有制形式的矿山企业。国家保障依法设立的各类矿山企业开采矿产资源的合法权益，国有矿山企业是开采资源的主体，国家保障国有矿业经济的巩固和发展，并对集体矿山企业、私营矿山企业实行扶持、引导和管理的政策，允许外商依法投资勘查、开采矿产资源，保障其合法权益，并适当放开产品价格。

7.1.1.3　矿产资源综合利用政策

中国已探明的矿产资源中有相当数量品质较低、目前技术经济条件下尚难利用的资源，对这些资源的开发利用是解决中国矿产资源供应问题的一条重要途径。中国政府鼓励通过加强矿产资源集中区的基础设施建设，改善矿山建设外部条件，利用高新技术，降低开发成本等措施，使经济可利用性差的资源加快转化为经济可利用的资源。开展资源综合利用是中国矿产资源勘查、开发的一项重大技术经济政策。中国对矿产资源实行综合勘查、综合评价、综合开发、综合利用。鼓励和支持矿山企业开发利用低品位难选冶资源、替代资源和二次资源，扩大资源供应来源，降低生产成本；鼓励矿山企业开展“三废”（废渣、废气、废液）综合利用的科技攻关和技术改造，鼓励对废旧金属及二次资源的回收利用，积极开发非传统矿产资源。为此，我国矿产资源综合利用政策的重点在于，鼓励企业积极开展资源综合利用，对综合利用资源的生产和建设，实行优惠政策；对充分回收和合理利用固体废弃物的企业或个人，在经济上、技术上提供优惠和帮助；鼓励节能、节材、节水，降低能耗、材耗、水耗，鼓励工业用水无废循环利用。

7.1.1.4　矿产资源保护政策

合理利用和保护有限的矿产资源应是我国可持续发展的理性选择。从社会发展过程看，在工业革命以前的农业社会，社会生产投入的物质要素是土地资源和水资源，强调数量的多寡和扩大开发的可能。工业革命以来，随着工业化城镇化的发展，社会生产物质投入变为土地资源、水资源、矿产资源等，工业化扩大了自然资源利用的广度和深度。工业化、城镇化的高速发展时期构成了对矿产资源的刚性需求，而实现工业化是一国从贫穷走向强大的必经之路。我国是发展中国家，由于人口众多使得对资源的需求前所未有，因此，合理利用和保护矿产资源对我国的可持续发展是重要的举措。

矿产资源保护政策包括：设立国家规定实行保护性开采的特定矿种和国家规划矿区制度；依法治理整顿矿业秩序；建立“三率”考核和年度检查制度等，比如《中华人民共和国矿产资源法》明确规定：“国家保障矿产资源的合理开发利用，禁止任何组织或者个人利用任何手段侵占或者破坏矿产资源，各级人民政府必须加强矿产资源的保护工作。”

7.1.1.5　利用两种资源、建立两个市场的政策

国内主要矿产（特别是能源矿产）难以满足国民经济长远发展需要的实际。因此，要保证国家资源安全，就必须充分利用国外资源的战略，积极参与国际资源竞争。其方法有：

（1）建立中国的跨国矿业公司，开展境外矿产风险勘查开发，扩大资源占有份额，通过取得勘查权而进一步获取开采权，首先向发展中国家投资勘查开发。

（2）根据国际海洋法公约，抢注公海资源的勘查权，取得资源开发权。

（3）积极参与产权层面上的国际矿业竞争，通过收购国外矿业资本获取相关矿业权利。

（4）稳步开展矿产品的进出口业务。国内优势矿的出口应当与短缺矿进口策略相互结合，以取得最优利益。政策明确鼓励、允许、限制和禁止外商投资的矿种及矿产开发利用

项目；鼓励国内企业到国外进行矿产勘查开发；适度进口矿产品和原材料；限制部分矿产品出口；不鼓励国内紧缺的大宗资源性产品出口，逐步减少初级产品和能耗高的产品出口。

7.1.1.6 矿产资源储备政策

《国土资源“十一五”规划纲要》中明确提出，将建立政府和企业共同出资的矿产品储备机制，初步形成国家能源与重要矿产资源、矿产品与大中型探明矿产地战略储备体系。早在2008年，新一轮《全国矿产资源规划》中提出矿产地战略储备的目标和任务，到2020年要完成重要矿产地储备40~50处，建立10~20处特殊煤种和稀缺煤种井田储备，建立10~30处钨、锑、稀土等保护性开采特定矿种的矿产地储备。2009年，又以稀土和煤炭为重点，启动了矿产地战略储备试点方案的研究。因此，矿产资源储备政策就是要求建立生产消费资料储备制度。

实行以上矿产资源政策，基本满足了改革开放以来矿产勘查开发工作的要求，对矿产勘查开发工作起到了积极的促进作用。但也应该清醒看到，面对改革开放不断深化，社会主义市场经济需要进一步建立和完善的要求，面对经济日趋全球化和我国贯彻可持续发展方针所涉及的种种问题，我国的矿产资源政策结构还需进一步调整，内容还需进一步完善。

7.1.2 环境保护法律体系

环境保护法律体系是我国法律系统的重要组成部分，在环境保护事业发展的过程中起着推动和保障作用。为此，必须健全和完善我国的环境保护法律体系。这既是环境保护的硬性约束，也是依法治国方略的体现。

我国环境保护法律体系是由不同类别、不同层次、结构合理有序，既有分工又互相协调的一系列法律、法规、规章构成的调整环境保护法律关系的法律系统，如图7-1所示。

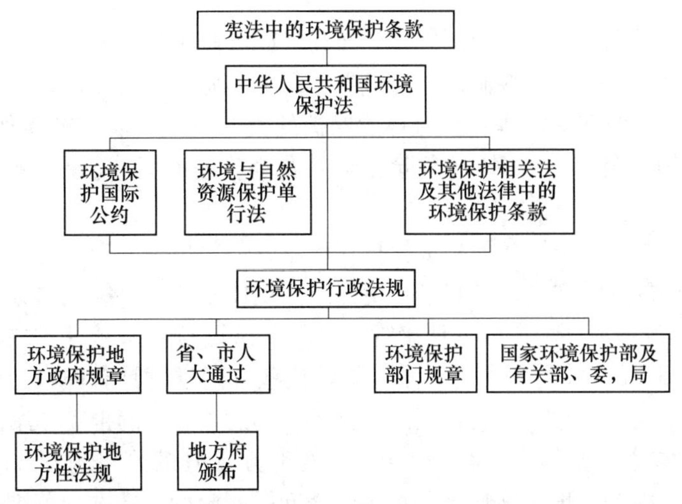

图7-1 中国环境保护法律体系结构图

《中华人民共和国宪法》（以下简称《宪法》）是中华人民共和国的根本大法，由全国人民代表大会制定，拥有最高法律效力。宪法关于环境保护的规定是环境法体系的基础，是各项环境法律、法规、规范性文件的最高立法依据。从内容上看，宪法中的有关条款一般是规定国家在环境保护方面的职责、国家应采取的污染防治和保护自然环境的基本对策、环境立法权限划分以及公民在环境保护方面的权利和义务。《宪法》第 26 条规定："国家保护和改善生活环境和生态环境，防治污染和其他公害。国家组织和鼓励植树造林，保护树木。"明确了防治环境污染和生态破坏、维护生态平衡，加强环境保护的国家职责和基本国策。第 9 条规定："矿藏、水流、森林、山岭、草原、荒地、滩涂等自然资源，都属于国家所有，即全民所有；由法律规定属于集体所有的森林和山岭、草原、荒地、滩涂除外。国家保障自然资源的合理利用，保护珍贵的动物和植物。禁止任何组织或者个人用任何手段侵占或者破坏自然资源。"第 10 条规定："城市的土地属于国家所有。农村和城市郊区的土地，除由法律规定属于国家所有的以外，属于集体所有；宅基地和自留地、自留山也属于集体所有。"第 22 条规定："国家保护名胜古迹、珍贵文物和其他重要历史文化遗产。"这些条款分别对自然环境资源、土地资源、历史文化资源等合理利用和保护方面做了明确的规定。《宪法》的上述各项规定，为我国的环境保护活动和环境立法提供了指导原则和立法依据。

环境与自然资源保护单行法由人大常委会制定，是针对特定的环境要素、污染防治对象以及环境管理的具体事项制定的单项法律法规。它以宪法和环境保护基本法为依据，可操作性强，是进行环境管理、处理环境纠纷的直接依据，也是相关主体主张环境权利和承担环境义务的具体行为准则。目前，我国环境与自然资源保护单行法在环境保护法律法规体系中数量最多，占有重要的地位，主要包括《水污染防治法》《大气污染防治法》《环境噪声污染防治法》《固体废物污染环境防治法》《放射性污染防治法》《土地管理法》《城市规划法》《矿产资源法》《水法》《森林法》《草原法》《渔业法》《防洪法》《煤炭法》《节约能源法》《可再生能源法》《野生动物保护法》《水土保持法》《防震减灾法》《防沙治沙法》等。

环境保护行政法规是由国务院制定并公布或经国务院批准、有关主管部门公布的环境保护规范性文件。根据法律授权制定的环境保护法的实施细则或条例，比如《中华人民共和国水污染防治法实施细则》等；针对环境保护的某个领域而制定的条例、规定和办法，比如《放射性废物安全管理条例》《危险化学品安全管理条例》《建设项目环境保护管理条例》等。

环境保护部门规章是指国务院环境保护行政主管部门单独发布或与国务院有关部门联合发布的环境保护规范性文件，是我国环境保护法规体系的有机组成部分，比如《国家危险废物名录》《建设项目环境影响后评价管理办法（试行）》《环境保护主管部门实施按日连续处罚办法》《环境保护行政处罚办法》等。这些部门规章具有国家行政强制力，而且针对性和操作性都较强，对于环境管理法制化建设起到了重要的推动作用。

环境保护地方性法规及规章是享有立法权的地方权力机关和地方政府机关依据《宪法》和相关法律，根据当地实际情况和特定环境问题制定的，在本地范围内实施，具有较强的可操作性，突出了区域性特点，有利于因地制宜地加强环境管理，是我国环境保护法规体系的组成部分。国家已制定的法律法规，各地可以结合地方实际情况加以具体化。国家尚未制定的法律法规，各地可根据环境管理的实际需要，制定地方法规及规章予以调整。目前我国各地都存在着大量的环境保护地方性法规及规章，比如《云南省环境保护条例》（2004 年修订）、《云南省水污染防治工作方案》等。

环境保护相关法包含特别方面环境管理法、环境标准法、环境责任和程序法等，比如《环境影响评价法》《循环经济促进法》《清洁生产促进法》等。由于环境与资源保护的广泛性，在其他部门法中包括不少关于环境与资源保护的法律规范，比如《民法》《刑法》《经济法》《劳动法》等。

环境保护国际公约是为了保障国家在国际环境关系中所享有的合法权益和履行所承诺的国际义务、进行环境保护领域的国际合作所制定的，是我国环境法体系中的重要组成部分，由全国人大常委会或国务院批准，如《控制危险废物越境转移及其处置巴塞尔公约》《保护臭氧层维也纳公约》《联合国气候变化框架公约》《生物多样性公约》《巴塞尔公约》等。我国《宪法》中明确规定，经过我国批准加入的国际条约、公约和议定书，与国内法同具法律效力；《中华人民共和国环境保护法》中规定，如遇国际条约与国内环境法有不同规定时，应优先适用国际条约的规定，但我国声明保留的条款除外。

7.2 环境保护政策及制度

我国从自身的发展和其他国家的经验中，已逐步认识了经济发展与环境保护的关系，走上了经济、社会与环境保护协调发展的道路，建立了与自己的基本国情和经济发展水平相适应、经济承受能力允许的环境保护战略、政策和制度体系。

7.2.1 我国环境保护政策

为了保护环境，我国政府从 20 世纪 70 年代就开始出台针对环境保护的一系列政策，比如 1973 年国务院召开首次全国环境保护会议，制定了《关于保护和改善环境的若干规定》（实行方案），确立了“全面规划，合理布局，综合利用，化害为利，依靠群众，大家动手，保护环境，造福人民”的基本工作方针。1983 年在国务院第二次全国环境保护会议上，规定把环境保护政策作为我国的一项基本国策，要求贯彻“经济建设、城乡建设、环境建设同步规划、同步实施、同步发展，实现经济效益、社会效益、环境效益相统一”的战略指导方针。在“三十二字”方针、基本国策和“三同步”“三统一”指引下，我国初步形成了完备的环境保护政策体系。

经过 30 多年的不断探索和实践，我国的环境保护政策已经为我国的环境保护事业做出了重大贡献，初步形成了一套有中国特色的以环境管理政策、环境经济政策、环境技术政策、环境产业政策和环境国际合作与交流政策为主的环境保护政策体系。

7.2.1.1 环境管理政策

环境管理政策是指有关环境行政管理事务的政策和法律。我国的环境管理政策主要包括“预防为主、防治结合”“谁污染谁负担”和“强化环境管理”三大政策。

“预防为主、防治结合”强调将环境保护纳入国民经济与社会发展、企业发展计划及年度计划，纳入城镇化发展战略，纳入我国的教育事业中去。为防止产生新的污染源，出台了《建设项目环境保护管理办法》（1986 年）和《建设项目环境保护管理程序》（1990 年），对新建、改建、扩建项目实行环境影响评价制度和“三同时”制度；为使末端治理转向源头控制和全过程控制，推行排污申报登记和排污许可证制度，1988 年出台了《水污染物排放许可证管理暂行办法》。《中华人民共和国环境保护法》第五条明确规定："国家鼓励环境保护科学教育事业的发展"；《中国环境与发展十大对策》规定："加强环境教育，不断提高全民族的环境意识""宣传环境保护方针、政策、法规和好坏典型"，这些都是"预防为主、防治结合"的环境管理政策的代表。

"谁污染谁负担"强调实施环境收费政策。对浪费资源、污染严重、影响人们身体健康的企业实行限期治理，对生产能力和工艺相对落后的企业实行强制淘汰，以及结合企业自身技术改造防治工业污染等，实行排污许可制度，对超标排放污染物收取排污费，明确了污染者治理、恢复和保护环境的责任。

强化环境管理包括建立环境行政管理机制（包括管理组织、行政协调）、环境行政管理制度，完善环境行政管理手段和措施等，例如《中华人民共和国水污染防治法》和《中华人民共和国环境噪声污染防治法》都明文规定："环境影响报告书中，应当有该建设项目所在地单位和居民的意见。"

7.2.1.2 环境经济政策

环境经济政策是指运用经济手段，特别是价格杠杆来解决环境污染、生态破坏等问题，开展环境保护工作的相关政策，主要内容包括征收排污费、生态环境补偿费、资源税（费），环境保护经济优惠政策（如资源综合利用优惠政策、低息和优惠信贷政策、价格优惠政策、利税豁免政策），环境保护投资政策以及建立健全环境资源市场政策等。

目前，我国的许多环境保护相关法律、法规和政策都有环境经济政策的内容。比如为了制止和约束自然资源开发和利用过程中损害生态环境的行为，促进生态环境保护和生态破坏地区的生态恢复，国家规定了"谁开发谁保护、谁破坏谁恢复、谁利用谁补偿"原则，现在我国已有 17 个省、自治区、直辖市的 145 个地、市、县开展了征收生态补偿费工作；为了减少环境污染，2002 年国务院发布的《排污费征收使用管理条例》明确规定：按照《大气污染防治法》《海洋环境保护法》《水污染防治法》和《固体废物污染环境防治法》等法律的规定，向排放污染物的企事业单位，按照排放污染物的浓度和数量，依据收费标准征收排污费，收费范围主要包括污水、废气、固体废物、噪声、放射性等五大类。据《环境统计年鉴》数据显示，2005 年我国排污费征收总额达到 123.2 亿元。

7.2.1.3 环境技术政策

环境技术政策主要包括防治环境污染、防治生态破坏、合理开发利用自然资源、城乡区域环境综合整治和清洁生产等方面的技术原则、途径、方向、手段和要求等。从污染源来区分，环境保护技术政策可分为水污染防治技术政策、大气污染防治技术政策、固体废弃物污染防治技术政策和放射性污染防治技术政策等。

我国的许多环境保护法律、法规和环境保护政策都有环境技术政策的具体内容，例如《中华人民共和国环境保护法》第五条、第二十五条对"加强环境保护科学技术的研究和开发，提高环境保护科学技术水平""采用经济合理的废弃物综合利用技术和污染物处理技术"做了明确规定；《中国环境与发展十大对策》对"实行可持续发展战略""大力推进科技进步，加强环境科学研究，积极发展环境保护事业""创建清洁文明工厂"等做了明确规定。

"十五"期间，我国还先后组织实施了《重大环境问题对策与关键支撑技术研究》《全球环境变化对策与支撑技术研究》《水安全保障技术研究》《三峡库区生态环境安全及生态经济系统重建关键技术研究与示范》《中国可持续发展信息共享系统的研究开发》等一批重点攻关项目。2006 年，国家环境保护总局发布的《关于增强环境科技创新能力的若干意见》也明确提出："实施环境科技创新工程，搭建环境科技创新平台。"

7.2.1.4　环境产业政策

我国在产业政策制定和产业结构调整中，将环境保护产业列入优先发展的领域，大力引导和扶持，强调依靠科技进步推进环境保护产业发展，建立环境保护产业的质量标准体系和价格标准体系。加强质量监督工作，引进和消化国外先进的污染防治技术和高效的治理装备，积极参加国外环境治理工程和生态环境保护工程招标，努力开拓国际市场，主要的环境产业政策有：《国务院办公厅关于积极发展环境保护产业的若干意见》（1990 年）、《国务院环境保护委员会关于促进环境保护产业发展的若干措施》（1992 年）、《国家经贸委关于加快发展环境保护产业意见》（2001 年）。为了降低能耗、减少污染物的排放，1994 年国务院发布了汽车工业产业政策；2003 年中央各部委联合下发《关于加快推行清洁生产的意见》明确规定："各级投资管理部门在制定和实施国家重点投资计划和地方投资计划时，要把节能、节水、综合利用，提高资源利用率，预防工业污染等清洁生产项目列为重点，加大投资力度。积极引导企业按照清洁生产的要求，加大资金投入，调整产品结构，努力降低污染物的产生和排放。鼓励和吸引社会资金及银行贷款投入企业，实施清洁生产。"

随着经济全球化形势的不断深入和发展，特别是我国加入世界贸易组织后，我国的环境保护政策也与时俱进，形成了环境国际合作与交流政策、环境贸易政策，包括外商投资政策、货物进出口环境管理政策、废物进口环境管理政策和技术进出口环境管理政策等，如 1990 年国务院环境保护委员会通过《中国关于全球环境问题立场》。

7.2.2　我国环境保护制度

新中国成立以来相当长时期内，人们并没有意识到环境问题的重要性，但是环境问题不以人的意志为转移。忽视环境保护，人类社会必将为自身的发展而付出惨重代价。随着环境问题的凸现，国务院于 1973 年成立了环境保护领导小组及其办公室，在全国开始"三废"治理和环境保护教育，这是我国环境保护工作的开始。经过 40 多年的发展，我国的环境保护制度已经形成了一套完整的体系，具体包括八项制度，即"环境影响评价制度""三同时制度""排污收费制度""环境保护目标责任制度""城市环境综合整治定量考核制度""排污申请登记与许可证制度""限期治理制度"和"集中控制制度"。

7.2.2.1　环境影响评价制度

在 1973 年提出了环境影响评价的概念，1979 年颁布的《环境保护法（试行）》使环境影响评价制度化、法律化。1981 年发布的《基本建设项目环境保护管理办法》专门对环境影响评价的基本内容和程序做了规定。1986 年颁布了《建设项目环境保护管理办法》，进一步明确了环境影响评价的范围、内容、管理权限和责任。1989 年颁布正式《环境保护法》，该法规定："建设污染环境的项目，必须遵守国家有关建设项目环境保护管理的规定。建设项目的环境影响报告书，必须对建设项目产生的污染和对环境的影响做出评价，规定防治措施，经项目主管部门预审并依照规定的程序报环境保护行政主管部门批准。环境影响报告书经批准后，计划部门方可批准建设项目设计任务书。”1998 年，国务院颁布了《建设项目环境保护管理条例》，进一步提高了环境影响评价制度的立法规格，同时环境影响评价的适用范围、评价时机、审批程序、法律责任等方面做了修改。1999 年 3 月国家环境保护总局颁布《建设项目环境影响评价资格证书管理办法》，使我国环境影响评价走上了专业化的道路。2003 年 9 月颁布实施的《环境影响评价法》完善了我国环境影响评价制度。

环境影响评价制度，是贯彻预防为主的原则、防止新污染、保护生态环境的一项重要法律制度，是实现经济建设、城乡建设和环境建设同步发展的主要法律手段。通过环境影响评价，可以为建设项目合理选址提供依据，防止由于布局不合理给环境带来难以消除的损害；通过环境影响评价，可以调查清楚周围环境的现状，预测建设项目对环境影响的范围、程度和趋势，提出有针对性的环境保护措施。环境影响评价还可以为建设项目的环境管理提供科学依据。环境影响评价又称环境质量预断评价，是指在进行建设活动之前，对建设项目的选址、设计和建成投产使用后，可能对周围环境产生的不良影响进行调查、预测和评定，提出防治措施，为防止和养活环境损害而制定的最佳方案。

7.2.2.2　“三同时”制度

“三同时”制度是指新建、改建、扩建项目、技术改造项目以及区域性开发建设项目的污染防治设施必须与主体工程同时设计、同时施工、同时投产的制度，即建设项目正式开工前，建设单位必须向环境保护行政主管部门提交初步设计的环境保护方案，落实环境污染和生态破坏的防治措施，落实环境保护设施的投资估算。环境保护方案经审批后，方可纳入施工计划并投入施工。建设项目主体工程竣工后，需要进行试生产，配套建设的环境保护设施必须与主体工程同时投入试运行。建设项目竣工后，建设单位应当向环境保护行政主管部门申请审批该建设项目的环境影响报告书，以便竣工验收。环境保护设施竣工验收与主体工程竣工验收同时进行。

“三同时”制度从源头上消除了选矿厂项目可能造成伤亡事故和职业病的危险因素，保护职工的安全健康，保障新工程项目正常投产使用，防止事故损失，避免因安全问题引起返工或采取弥补措施造成不必要的投入。“三同时”制度的建立，是防止新工程项目带病投产运行，确保物的本质安全的有效的法律制度。“三同时”制度和安全卫生预评价制度结合起来实行，是贯彻“预防为主”方针的具体体现。两者结合起来实施可使新项目做到更合理，最大限度地消除和减少潜在的危害，真正做到防患于未然。

7.2.2.3　排污收费制度

排污收费是我国环境管理工作中最早提出并普遍实行的基本制度之一，是指一切向环境排放污染物的单位和个体生产经营者，按照国家的规定和标准，缴纳一定费用的制度。1979 年 9 月，第五届全国人大常委会第十一次会议原则通过的《中华人民共和国环境保护法（试行)》第十八条规定：“超过国家规定的标准排放污染物，要按照排放污染物的数量和浓度，根据规定收取排污费。”从法律上确立了中国的排污收费制度。截止到 1981 年底，全国有 27 个省、自治区、直辖市开展了排污收费的试点工作。1982 年、1988 年颁布的《征收排污费暂行办法》《污染源治理专项基金有偿使用暂行办法》(《征收排污费暂行办法》《污染源治理专项基金有偿使用暂行办法》的颁布)，标志着中国排污收费制度的正式建立。1996 年颁布的《环境监理工作制度》和《环境监理工作程序》进一步明确了我国的排污收费工作制度和工作程序。2003 年国务院颁布实施《排污费征收管理条例》，我国全面实行总量排污收费，它的实施成为排污收费制度建立的新纪元。

我国从 1982 年开始全面推行排污收费制度到现在，全国（除中国台湾地区外）各地普遍开展了征收排污费工作。目前，我国征收排污的项目有污水、废气、固废、噪声、放射性废物等五大类 113 项。

7.2.2.4 环境保护目标责任制

环境保护目标责任制，概括地说就是确定环境保护的单个目标、确定实现这一目标的具体措施，签订协议、做好考核、明确责任，保障措施得以落实、目标得以实现，也即是通过签订责任书的形式，具体落实地方各级人民政府和有污染的单位对环境质量负责的行政管理制度。这一制度明确了一个区域、一个部门及至一个单位环境保护的主要责任者和责任范围，理顺了各级政府和各个部门在环境保护方面的关系，从而使改善环境质量的任务能够得到层层落实，这是我国环境保护体制的一项重大改革。

该制度在具体操作上，主要是上级政府或其委托的部门，根据本地区环境总体目标，结合实际情况制定若干具体目标和配套措施，分解到所辖地方政府、部门或者单位，并签订责任书。同时，将责任书公开，接受社会监督。自环境保护目标责任制推行以来，对于理顺环境管理体制，明确政府环境管理责任，克服环境管理工作中存在的推诿乱象起到了积极的作用，从整体上推进了我国区域性的环境污染防治和生态保护事业的发展。

7.2.2.5 城市环境综合整治定量考核制度

城市环境综合定量考核，是我国在总结近年来开展城市环境综合整治实践经验的基础上形成的一项重要制度，它是通过定量考核对城市政府在推行城市环境综合整治中的活动予以管理和调整的一项环境监督管理制度。

我国从 1989 年起开始在全国开展城市环境综合整治定量考核工作，考核范围包括大气环境保护、水环境保护、噪声控制、固体废弃物处置和绿化五个方面共 20 项指标。政府应根据实际情况制定环境综合整治目标，每年考核一次并将考核结果上报。上级单位应对考核工作进行指导、监督和考评，将每年的考核结果向社会公布，并将结果抄报国务院环境保护委员会。实践证明，城市环境综合整治定量考核大大促进了城市的环境建设、污染治理、市政建设、公园绿化，对提高城市环境质量的认识、推动环境综合整治工作的开展、促进城市环境保护目标的实现起到了积极作用。

7.2.2.6 排污申报登记与排污许可证制度

排污申报登记与排污许可证制度之所以出台，一方面是环境管理工作的实践要求，另一方面也有其法律依据。在 1989 年颁布的《中华人民共和国环境保护法》第二十七条中规定："排放污染物的企业事业单位，必须依照国务院环境保护行政主管部门的规定申报登记。"《水污染防治法》第十四条规定："直接或者间接向水体排放污染物的企业事业单位，应当按照国务院环境保护部门的规定，向所在地的环境保护部门申报登记拥有的污染物排放设施、处理设施和在正常作业条件下排放污染物的种类、数量和浓度，并提供防治水污染方面的有关技术资料。”

排污申报登记制度，是指凡是向环境排放污染物的单位，必须按规定程序向环境保护行政主管部门申报登记所拥有的排污设施、污染物处理设施及正常作业情况下排污的种类、数量和浓度的一项特殊的行政管理制度。排污申报登记是实行排污许可证制度的基础。排污许可证制度是指向环境排放污染物的单位，按照国家有关规定向环境保护行政主管部门申请领取向环境排放污染物的许可证，经批准发证后，按照排污许可证所规定的条件排放污染物的制度。它是以改善环境质量为目标，以污染总量控制为基础，规定排污单位许可排放污染物的种类、数量、浓度、方式等的一项新的环境管理制度。我国目前推行的是水污染物排放许可证制度。

7.2.2.7　限期治理制度

随着环境保护问题越来越受到社会各界的关注，我国相关的环境立法也在不断完善，而限期治理制度就是根据我国国情建立起来的一项具有中国特色的环境法律制度，毋庸置疑，这项制度对于我国环境保护事业有着巨大的贡献，它有效地防止了我国城市和农村地区很大一部分环境污染事件的发生。

限期治理制度是针对污染严重的企业，由法定国家机关规定在一定期限内完成治理任务的一项强制性环境保护制度。在实践中，严重污染的界限很难确定，若仅依靠治理机关的裁量不太合理；另一方面，限期治理的对象是造成严重污染的企业，其结果一定要有严重污染，在污染企业与污染结果之间也很难确认，一旦不容易证明就很难把危害结果归因于企业的排污行为。若出现了严重结果再去治理，这种末端治理方式只能起到一定的补救作用，而环境治理更应侧重于事前预防，只有这样才能更好地保护环境。限期治理制度给予了企业自由选择的空间，要求企业在一定的期限内完成治理任务。企业可以根据实际情况最大限度地保证自身治理效率，更好地实现环境效益。

7.2.2.8　污染集中控制制度

污染集中控制制度是从我国环境管理实践中总结出来的，它是在一个特定的范围内，为保护环境所建立的集中治理设施和所采用的管理措施，是强化环境管理的一项重要手段。污染集中控制，应以改善区域环境质量为目的，依据污染防治规划，按照污染物的性质、种类和所处的地理位置，以集中治理为主，用最小的代价取得最佳效果。

多年的实践证明，我国的污染治理的根本目的不是去追求单个污染源的处理率和达标率，而应当是谋求整个环境质量的改善，同时讲求经济效益，以尽可能小的投入获取尽可能大的效益。

7.3　我国环境管理

自党的十一届三中全会把管理提高到与经济和科学技术同等重要的地位，环境管理也得到了应有的重视。1980 年 2 月，在山西省太原市召开了中国环境管理、环境经济、环境法学学会成立大会，1982 年 12 月 31 日至 1983 年 1 月 7 日，在北京召开的第二次全国环境保护会议，把强化环境管理确定为我国三大环境政策之一。改革开放以来，环境管理作为一门学科和环境保护的一个重要领域得到了迅速发展，特别是 1992 年联合国环境与发展大会之后，我国的环境管理发生了三大转变，即：由末端控制走向源头控制，也就是由末端环境管理转变为全过程环境管理；由以浓度控制为基础转变为以总量控制为基础的环境管理；由以行政管理为主走向法制化、制度化、程序化的环境管理。

7.3.1 环境管理的发展趋势

在四五十年代，当环境问题第一次高潮来临的时候，公害事件震惊世界，人们开始重视环境保护，工业发达国家被动地进行污染治理。污染已经产生了再去治理（包括无害化处理和对排出的“三废”综合利用），是在生产过程的末端进行污染控制，这是同人类经济活动、生产过程所产生的结果做斗争。运用法律、经济、行政、技术等手段去促进（或强制）对人类的经济活动（特别是工业生产）已经产生的污染进行治理，是被动的末端环境管理。这种先污染后治理的老路，使世界各国付出惨痛的代价。

1975 年发达国家总结了自 1950 年以来 25 年的教训，在鹿特丹召开的欧洲经济会议上明确提出，以生态为对象制定环境经济规划是解决发达国家环境问题的技术途径，即要在制定经济规划、执行经济规划、检查调整经济规划的全过程都要以生态为对象，重视环境保护的重要性，这充分说明了先污染后治理，对污染进行末端控制，不能从根本上解决环境问题，必须要同产生污染的原因做斗争，进行源头控制。对经济活动的全过程按环境保护的要求进行控制，这是发达国家从环境保护工作实践中得出的重要结论。

我国的环境保护工作起步较晚，环境管理起步严重滞后，直到 80 年代初才从指导思想上真正明确了绝不能走先污染后治理的老路，经济与环境必须协调发展，环境保护的着重点应是同产生污染造成生态破坏的原因做斗争，而不是着重于产生污染以后再去治理，同“结果”做斗争进行末端控制。在此基础上，1983 年 12 月 31 日，在北京召开的第二次全国环境保护会议上确定了经济建设、城乡建设和环境建设同步规划、同步实施、同步发展的战略方针，以及预防为主、强化环境管理等重大环境政策，并提出建立以合理开发利用资源为核心的环境管理战略，这次全国环境保护会议从方针和环境管理的战略上确立了源头控制的指导思想。

90 年代，世界进入可持续发展时代，实施可持续发展战略已成为世界各国的共识。在新的形势下，环境原则已成为经济决策和工业生产等经济活动的重要原则。我国于 1993 年召开了第二次全国工业污染防治会议，结合中国工业污染防治历程，充分肯定了推行清洁生产对工业污染以预防为主进行全过程控制，是转变工业发展模式，促进经济与环境协调发展的必由之路，要求工业界和环保界转变工业污染防治的观念，在建设现代化企业的过程中建立符合形势要求的环境管理体系和有效的环境管理运行机制。

1996 年国务院对《国家环境保护“九五”计划和 2010 年远景目标》做了批复，在这项《国家环境保护规划》中，对工业污染防治要求实施全国主要污染物排放总量控制，有效削减污染物的产生量与排放量，新建项目不仅必须达标排放，还要争取做到以新带老和总量减少、结合企业技术进步、积极推行清洁生产等。1998 年，国家环境保护总局制定了《全国环境保护工作（1998—2002）纲要》，提出建立环境与发展综合决策制度，明确要求污染防治要从末端治理向源头和全过程控制、从浓度控制向浓度和总量控制相结合、从单纯治理向调整产业产品结构和合理布局转变，严格控制新污染，加强新、改、扩建项目的环境管理，切实做到增产不增污和增产减污，促进经济增长方式的重大转变。从 1983 年第二次全国环境保护会议到现在，我国完成了从末端控制到源头控制的认识和实践的转变。源头控制虽还有很长的路要走，但却是人们总结经验教训后做出的正确选择，是历史发展的必然。源头控制可以理解为控制环境问题产生的根源，即人类经济活动、社会行为的整体和全过程，所以源头控制也可称为全过程控制。

工业污染源的全过程控制着重消除产生污染的根源，涉及绿色产品设计技术和绿色加工工艺、设备与装置，组成“绿色产品设计—绿色加工工艺、设备与装置—绿色产品的清洁工业生产”系统，并建立相应的全过程环境管理体系及有效的环境管理运行机制。绿色产品设计技术要求在产品设计中就考虑到使用的原材料、元器件和生产物资是无污染的，并要保证在其后的生产、使用和用后处理中不仅不造成环境污染，而且还能提高资源的利用率，绿色加工工艺、设备与装置，要求在工艺生产流程中经过设备、装置的加工不产生损害环境的有害因素。绿色产品是要求企业的最终产品质量完全达到绿色产品设计的要求，进入市场的产品和包装材料是无污染的并便于回收与利用。工业环境系统全过程控制如图 7-2 所示。

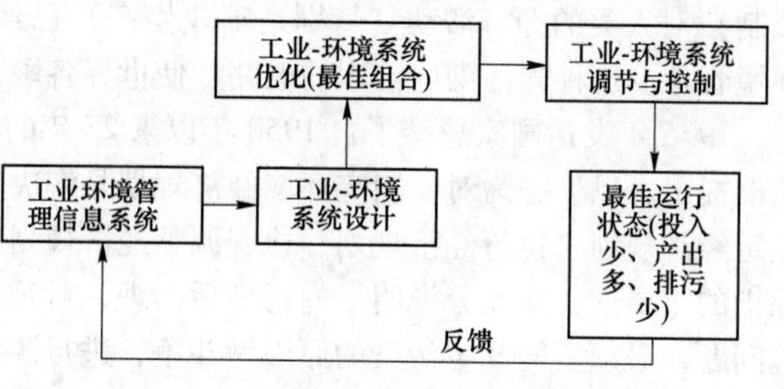

图 7-2 工业环境系统全过程控制示意图

7.3.2 企业环境违法风险及要求

矿山企业应自觉遵守环境保护法律法规，否则存在相关法律后果的风险。表 7-1 总结了某一个建设项目从建设前期、环境影响评价阶段、建设施工期及项目经营过程等几个阶段的主要环境法律风险示例、违法依据及守法要求。

表 7-1 建设项目各阶段主要环境违规违法后果、守法要求及法律法规依据

阶段	违规违法后果	守法要求	法律法规依据
建设前期	建设项目类型及其选址、布局、规模等不符合环境保护法律法规和相关法定规划无法开展后续环评及报批工作	应当遵守“三线一单”（生态红线、环境质量底线、资源利用上线、环境准入负面清单）的规定，符合环境质量改善目标和依法开展的相关规划及规划环评的总体要求	《环境保护法》第 29 条，《建设项目环境保护管理条例》（2017 年 7 月修订）第 11 条
环境影响评价阶段	建设单位未依法备案建设项目环境影响登记表——责令备案，罚款	依法备案建设项目环境影响登记表	《环境影响评价法》第 31 条
	征求公众意见，信息公开不合规——责令公开，罚款，并予以公告，环评报告不予批准等	正确对待社会监督，征求公众意见应符合《环境影响评价法》《环境保护公众参与办法》	《环境保护公众参与办法》第 4~9 条，《企业事业单位环境信息公开办法》第 16 条

续表 7-1

阶段	违规违法后果	守法要求	法律法规依据
环境影响评价阶段	环评报告未提出有效污染防治措施或基础资料数据明显不实，内容存在重大缺陷、遗漏，或者环境影响评价结论不明确、不合理环保行政主管部门不予批准环评报告；对直接负责的主管人员和其他直接责任人员依法给予行政处分，构成犯罪的，依法追究刑事责任	环评报告及材料要真实、合法、完整	《建设项目环境保护管理条例》（2017 年 7 月修订）第 11 条，《环境影响评价法》第 29 条
项目建设阶段	未批先建——责令停止建设，处以罚款，并可以责令恢复原状	依法编制环评报告，在开工建设前依法报批，未依法审批或者审查后未予批准的，不得开工建设	《环境保护法》第 61 条，《环境影响评价法》第 31 条，《建设项目环境保护管理条例》（2017 年 7 月修订）第 9 条
	建设项目的性质、规模、地点、采用的生产工艺或者防治污染、防止生态破坏的措施发生重大变动的；或环境影响评价文件自批准之日起超过五年，方决定该项目开工建设的——责令停止建设，罚款，责令恢复原状；对建设单位直接负责的主管人员和其他直接责任人员，依法给予行政处分	应当重新报批建设项目的环境影响评价文件或重新审核	《环境影响评价法》第 24、31 条，《建设项目环境保护管理条例》（2017 年 7 月修订）第 21 条
	环保设施未“三同时”停止建设，并处罚款；责令限期改正、罚款；造成重大环境污染或者生态破坏的，责令停止生产或者使用，或者责令关闭	环保设施“三同时”	《环境保护法》第 41 条，《建设项目环境保护管理条例》（2017 年 7 月修订）第 23 条
	施工期超标排放——限期改正，罚款；逾期仍未达到要求的，停工整顿	严格按照环评报告书及批复的要求，加强施工期管理，达标排放	《大气污染防治法》第 99 条、《噪声污染防治法》第 30 条等
项目经营阶段	在项目建设、运行过程中产生不符合经审批的环境影响评价文件的情形的——责成建设单位进行环境影响的后评价，采取改进措施	在项目建设、运行过程中要符合经审批的环境影响评价文件的情形，否则应当组织环境影响的后评价，采取改进措施，并报原环境影响评价文件审批部门和建设项目审批部门备案	《环境影响评价法》第 27 条
	违反排污申报登记制度——责令改正，处以罚款	合法合规申报产生和排放的污染物	《大气污染防治法》第 123 条、《固体废物污染环境防治法》第 68 条、《环境噪声污染防治法》第 49 条

续表 7-1

阶段	违规违法后果	守法要求	法律法规依据
项目经营阶段	违反排污许可证制度——责令停止排污，责令改正，拒不执行的，行政拘留责任人员	按照排污许可证的要求排放污染物；未取得排污许可证的，不得排放污染物	《环境保护法》第63条
	不正常运行防治污染设施——责令限期改正；逾期不改正的，处以罚款；停产停业，查封扣押等；拘留直接负责的主管人员和责任人员，构成犯罪追究刑事责任	合法正常运行污染防治设施，加大环保投入	《环境保护法》第63条，《水污染防治法》第83条
	违反污染源自动监控管理及监测制度——责令限期改正；逾期不改正的，罚款；责令停产整治；拘留直接负责的主管人员和其他直接责任人员	遵守污染源自动监控管理及监测制度	《水污染防治法》第82条；《环境保护法》第63条
	排放的污染物超标或者超过总量控制指标——责令其采取限制生产、停产整治等措施；情节严重的，责令停业、关闭；构成犯罪追究刑事责任	加大环保投入，达标排放	《环境保护法》第60条
	不按照规定制定水污染事故的应急方案或水污染事故发生后，未及时启动水污染事故的应急方案，采取有关应急措施——责令改正，情节严重的，处以罚款	规范应急管理和应急预案备案	《水污染防治法》第93条
	违反现场检查制度——责令改正，处以罚款	正确对待环境监管，积极配合现场检查，如实提供相关信息，外部监督压力促内部治理	《水污染防治法》第81条、《大气污染防治法》第98条、《固体废物污染环境防治法》第70条、《环境噪声污染防治法》第55条
	发生污染事故承担侵权责任，民事责任或刑事责任	加强环境管理，保护生态环境，改变经营理念，积极承担环境责任，熟悉相关法律体系	《环境保护法》第64条，《中华人民共和国侵权责任法》《诉讼法》《刑法》
	被责令改正，拒不改正——按日连续处罚，拘留直接负责的主管人员和其他直接责任人员	及时改正，及时汇报	《环境保护法》第59条

7.3.3 典型矿山企业环境违法案例

7.3.3.1 云南小江重大环境污染事件

A 事件概况

云南省昆明市东川区，开采铜矿历史悠久，中华人民共和国成立后，这里成为云南重要的工矿区。长江支流小江流经此处，汇入金沙江。2013 年，有媒体拍到灰白色的小江水像牛奶般源源不断地汇入金沙江。两江交汇处，呈现分明的“双色水”，并最终融为一起，向下游奔流而去。小江水已被严重污染，成为沿岸村民口中的“牛奶河”！而里面白色黏稠的尾矿水正是来自沿岸大大小小数十家矿业企业。

B 事件原因

调查得知，确认导致小江出现白色的原因是上游企业尾矿库的上清液沉淀时间不够或直接外排所致，受污染的小江流域涉及选矿企业 45 家。通过走访涉案企业了解发现，某企业从采集的原矿经过破碎进入浮选池，通过加入硫化钠等物质，提炼含铜矿石，再进行干燥脱水。含铜矿的碳酸岩原料，经破碎粉磨、分级、加选矿药剂浮选后，会形成灰白色尾矿浆。由计算可知，产出 1t 铜精矿需要 4t 水，会产生 2~3t 废水。废水原计划统一汇入尾矿库进行处理，再循环回用于生产，不允许直接排放。实际企业由于沉淀时间不够或直接排入小江。

C 处理结果

“牛奶河”事件给部分群众造成了一定的财产损失和生产生活的不便，给民众造成了心理担忧，给社会带来了极大的不良影响。“牛奶河”污染事件曝光后，东川区对汤丹片区 45 家选矿企业进行拉网式排查。经查有 5 家选矿企业存在私设暗管排污等违法行为。2013 年 11 月 18 日，寻甸县人民法院对此案做出一审判决，昆明 3 家被告单位均构成环境污染罪，被处予 50 万元至 75 万元不等的罚金，8 名责任人中有 5 人被处缓刑，1 人免予刑事处罚。

7.3.3.2 紫金矿业重大突发环境事件

A 事件概况

2010 年 7 月 3 日凌晨，位于紫金山铜矿的排洪涵洞排出大量含铜酸性溶液进入汀江。当天下午，受持续强降雨的影响，铜矿湿法厂溶液池区域内地下水位迅速抬升至污水池底部标高以上，造成上下压力不平衡，形成剪切作用，污水池防渗膜多处开裂，污水池池水与池底排水系统混合后进入集渗观察回抽井，污水倒流至 227 排洪洞进入汀江，汀江流域和位于永定区境内的棉花滩库区出现了大面积的死鱼和鱼中毒浮起现象。据初步统计，仅棉花滩库区死鱼和鱼中毒约达 378 万斤。

B 事件原因

紫金山铜矿泄漏含铜酸性废水，造成汀江紫金山金铜矿湿法厂下游水体污染和下游养殖鱼类大量死亡。此次事件是一起由于企业污水池防渗膜破裂导致污水大量渗漏后，通过人为设置的非法通道溢流至汀江而引发的重大突发环境事件，因此，环保部核查认定：紫金山铜矿湿法厂“7·3”泄露污染事件是一起由于企业违规设计、施工，导致溶液池质量差，加之超能力生产和相关部门监察不力，以及受近期降雨影响，致使大量含铜酸性溶液泄露并通过认为非法打通的排洪洞外溢至汀江而引发的重大环境污染责任事件。

C 处理结果

《刑法》规定：犯罪时具有社会危害性的应依照相应条款受到刑事惩罚。在环境保护领域中，社会危害行为是指严重污染或破坏环境，造成或者可能造成公私财产重大损失或者人身伤亡严重后果的行为。新罗区人民法院 2011 年 1 月 30 日下达的一审判决书中，以重大环境污染事故罪对紫金矿业集团股份有限公司紫金山金铜矿判处罚金 3000 万元人民币，同时判处涉案人员 3 年到 3 年 6 个月不等的有期徒刑，并处罚金。

7.3.3.3 广西龙江河镉污染事件

A 事件概况

2012 年 1 月 7 日，渔民发现自己养鱼的网箱里青竹鱼死了几十条；1 月 12 日，拉浪渔业队发现所有网箱里的鱼开始成批死亡；1 月 15 日，河池境内共有不同体长规格的 133 万尾鱼苗死亡，成鱼死亡 4 万公斤左右。河池市环保局调查发现，龙江河宜州区怀远镇河段水质出现异常，龙江河拉浪电站坝首前 200 米处，镉含量超《地表水环境质量标准》Ⅲ类标准约 80 倍，直接危及下游沿江群众的饮水安全。

B 事件原因

调查发现，此次镉污染事件主要涉及河池市金城江区鸿泉立德粉材料厂和广西河池金河矿冶有限公司两家企业。河池市金城江区鸿泉立德粉材料厂 2009 年转手后不挂牌闭门生产，将原来的生产工艺擅自变更。没有建设污染防治设施，利用溶洞恶意排放高浓度镉污染物的废水，造成龙江河镉污染事故。广西河池金河矿冶有限公司锌铟车间浸出净化三工段铜镉渣酸浸液发生泄漏，泄漏的强酸性高浓度含镉液（pH 值小于 3，镉浓度最高 12000mg/L）违法经雨排系统排入溶洞后，再通过明渠进入市政管网，因前几日污水处理厂泵站停电，致使酸性含镉液体在五桥泵站溢入龙江河，与鸿泉厂形成的污染团叠加，加重了龙江河镉污染，是造成此次镉污染事件的次要因素。

C 处理结果

广西河池市金城江区法院、大化县法院于 2013 年 7 月 16 日对 2012 年初发生在广西河池市境内的龙江河镉污染事件的相关企业及责任人做出了一审判决。法院认为，金河矿业股份有限公司违反国家规定，非法排放有毒物质重金属镉，严重污染环境，严重威胁沿河民众的饮水安全和身体健康，后果特别严重，其行为已触犯刑法，构成污染环境罪。相关人员未严格贯彻执行国家对企业污染镉排放的新标准，造成金河公司冶化厂违法将含镉量超标的生产污水排放入岩洞流入龙江河，造成严重污染环境，后果特别严重，构成污染环境罪。判广西金河矿业股份有限公司犯污染环境罪判处罚金人民币 100 万元。判金河矿业股份有限公司原相关责任人 3 年到 3 年 6 个月不等的有期徒刑，并处罚金。广西河池市金城江区法院对龙江镉污染事件责任污染源企业之一的河池市金城江区鸿泉立德粉材料厂相关负责人共 7 人判处 3 年至 5 年不等的有期徒刑。

思 考 题

7-1 矿产资源勘查政策包括哪些内容?

7-2 环境保护法律体系包括哪几部分?

7-3 简述我国的环境保护制度。

7-4 工业污染源的全过程控制着重体现在哪些方面?

下篇

选矿厂安全工程

8 选矿厂安全生产基础知识

8.1 概　　述

8.1.1 矿山类别及安全生产形势

8.1.1.1 *矿山类别*

A *按煤矿山与非煤矿山性质分类*

矿山一般分为煤矿山和非煤矿山，非煤矿山包括金属矿山和非金属矿山。金属矿主要包括有色金属矿，比如铜、锡、锌、镍、钴、钨、钼、汞等；黑色金属矿，比如铁、锰、铬、钒、钛等；贵金属矿，比如铂、铑、金、银等；轻金属矿产，比如铝、镁等；稀有金属矿，比如锂、铍、稀土等。非金属矿主要是指在经济上有用的某种非金属元素，或可直接利用矿物、岩石的某种化学、物理或工艺性质的矿产资源，比如金刚石、石墨、水晶、刚玉、石棉、云母、石膏、萤石、花岗岩、盐矿、磷矿等。

B *按矿山规模分类*

一般指矿山选矿厂的日处理矿石量。通常根据国家对此种矿产的需求程度及矿区的自然经济地理条件等在设计中所确定的矿山生产能力。根据国家计委、国家建委、财政部1978 年 4 月颁布的《关于基本建设项目和大中型划分标准的规定》，一般矿山建设规模的类型划分见表 8-1。

表 8-1　矿山规模分类一览表

矿山类别		规模/$t \cdot d^{-1}$			
		特大型矿山	大型	中型	小型
有色金属矿山	露天矿山	$>1.0\times10^7$	$1.0\times10^7 \sim 1.0\times10^6$	$1.0\times10^6 \sim 3.0\times10^5$	$<3.0\times10^5$
	地下矿山	$>2.0\times10^6$	$2.0\times10^6 \sim 1.0\times10^6$	$1.0\times10^6 \sim 2.0\times10^5$	$<2.0\times10^5$
黑色金属矿山	露天矿山	$>1.0\times10^7$	$1.0\times10^7 \sim 2.0\times10^6$	$2.0\times10^6 \sim 6.0\times10^5$	$<6.0\times10^5$
	地下矿山	$>3.0\times10^6$	$3.0\times10^6 \sim 2.0\times10^6$	$2.0\times10^6 \sim 6.0\times10^5$	$<6.0\times10^5$

续表 8-1

矿山类别		规模/t·d^{-1}			
		特大型矿山	大型	中型	小型
化工矿山	磷矿	—	>1.0×10^6	1.0×10^6~3.0×10^5	—
	硫铁矿	—	>1.0×10^6	1.0×10^6~2.0×10^5	—

C　按矿山服务年限分类

矿山服务年限是矿产资源经济评价、矿山所在矿区资源危机程度与资源潜力评价的重要指标。当矿床的工业储量一定时，年（日）产量过大或过小都会使矿山寿命过短或过长，从而影响到矿山企业的经济效益。因此，根据市场需求、矿床规模和企业的经济效益，一般以最佳经济效益来确定矿山建设规模后的开采服务年限，即最佳经济合理服务年限。一般矿山服务年限见表 8-2。

表 8-2　一般矿山服务年限/年

矿山规模	特大型	大型	中型	小型
服务年限	>30	>25	>20	>10

8.1.1.2　非煤矿山安全生产形势

截至 2017 年底，全国共有非煤矿山 44998 座，其中金属非金属矿山 37845 座，石油天然气企业 2912 个，其他矿山 383 座，不实施许可矿山 3858 座，详见表 8-3。

表 8-3　全国非煤矿山基本情况

矿山类型许可情况	金属非金属矿山/座	石油天然气企业/个	其他矿山/座	不实施许可矿山/座
持证矿山	25016	2902	306	—
在建矿山	5968	3	20	3858
许可过期矿山	6861	7	57	—
小计	37845	2912	383	—
合计	—	—	—	44998

全国各类金属非金属矿山共计 37845 座。按开采方式分类，地下矿山 8838 座，占 23.4%；露天矿山 29007 座，占 76.6%。按开采规模分类，大型矿山 1710 座，占 4.5%；中型矿山 2979 座，占 7.9%；小型矿山 33156 座，占 87.6%，详见表 8-4。

表 8-4　全国金属非金属矿山基本情况

类型规模	地下矿山		露天矿山		合计	
	数量	占比/%	数量	占比/%	数量	占比/%
大型	386	1.0	1324	3.5	1710	4.5
中型	977	2.6	2002	5.3	2979	7.9
小型	7475	19.8	25681	67.9	33156	87.6
总计	8838	23.4	29007	76.6	37845	100.0

2017 年，全国非煤矿山共发生各类生产安全事故 407 起、死亡 484 人，同比减少 54

起、41 人，分别下降 11.7%和 7.8%。2013～2017 年事故总量及其变化趋势如图 8-1 所示。其中较大事故 15 起、死亡 63 人，没有发生重特大事故。

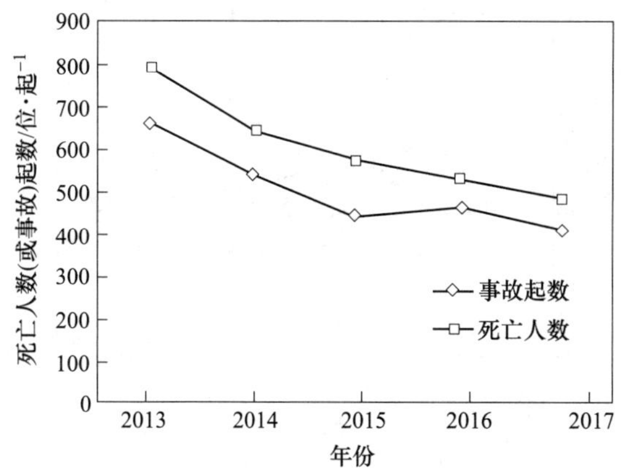

图 8-1　2013～2017 年事故总量及变化趋势

2013～2017 年事故死亡人数前十位的地区依次是云南、辽宁、广西、湖南、湖北、内蒙古、江西、四川、陕西、新疆。2017 年，上述地区共发生事故 259 起、死亡 288 人，分别占当年全国非煤矿山事故总量的 63.6%和 59.5%，2017 年事故总量和死亡人数比 2013 年有较大幅度的下降。上述地区 2013～2017 年事故起数和死亡人数变化趋势如图 8-2 和图 8-3 所示。

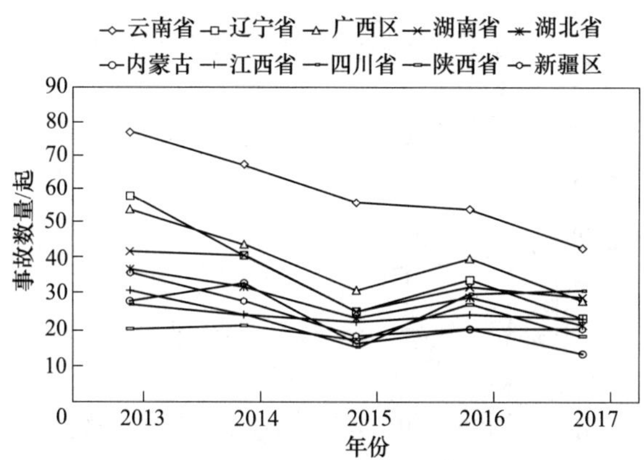

图 8-2　2013～2017 年事故总量前十地区变化趋势

由图 8-2 和图 8-3 可知，各矿山企业在认真贯彻全国安全生产工作会议精神的基础上，紧紧围绕遏制重特大事故发生这一目标，牢牢把握非煤矿山重特大事故发生的规律，坚持目标导向和问题导向，以全面深化非煤矿山安全生产改革创新为动力，以推进非煤矿山安全风险分级管控和隐患排查治理双重预防性工作机制建设为依托，以抓住易引发较大及重大事故发生的薄弱环节为突破口，从提升企业安全监管能力和本质安全入手，全面加强安全生产责任制、安全法治、源头管控制度、企业安全管理制度、安全保障制度建设，确保改革意见目标任务和国家安全监管总局党组的各项工作部署落地生根，全面完成非煤矿山安全生产各项工作任务，非煤矿山安全生产形势持续稳定好转。

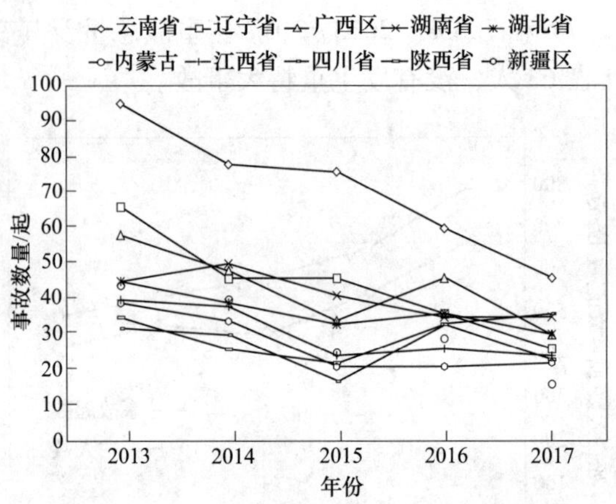

图 8-3 2013~2017 年事故死亡人数前十地区变化趋势

8.1.1.3 采选业安全生产形势

2017 年，有色金属矿采选业事故总量最多，共发生事故 154 起、死亡 186 人，分别占总数的 37.8%和 38.4%，同比分别增加 10 起、27 人，上升 6.9%和 17.0%；其次为非金属矿采选业，共发生事故 145 起、死亡 159 人，分别占总数的 35.6%和 32.9%，同比分别减少 78 起、103 人，下降 35.0%和 39.3%；第三为黑色金属矿采选业，发生事故 75 起、死亡 104 人，分别占总数的 18.4%和 21.5%，同比分别增加 26 起、50 人，上升 53.1%和 92.6%。2013~2017 年采选业事故起数和死亡人数变化趋势分别如图 8-4 和图 8-5 所示。

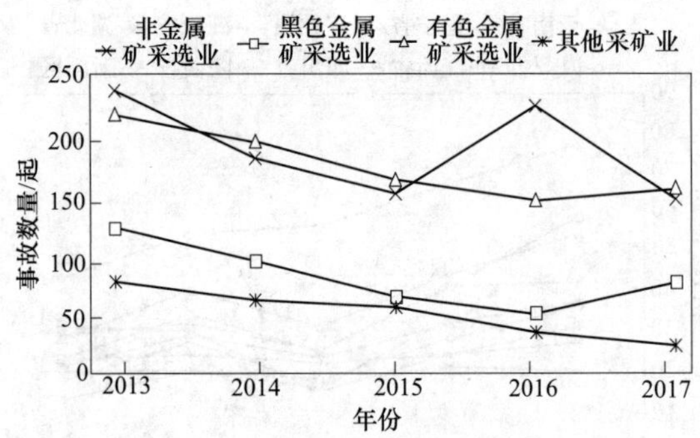

图 8-4 2013~2017 年采选业事故总量变化趋势

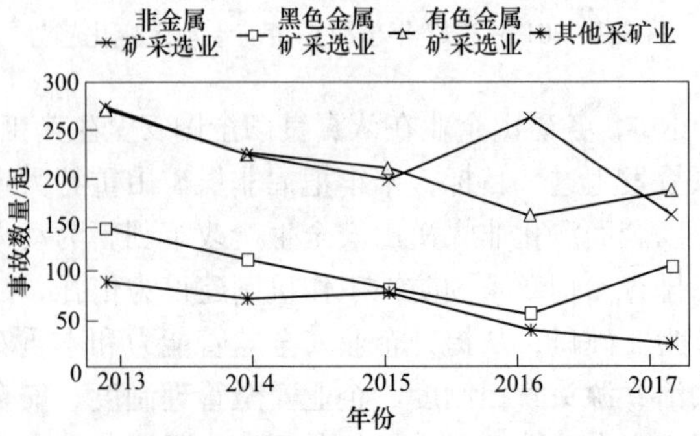

图 8-5 2013~2017 年采选业事故死亡人数变化趋势

由图 8-4 和图 8-5 可知，近年来采选业的安全生产形势趋于好转，尤其是在 2013 年到 2015 年间，黑色金属采选业、有色金属采选业、非金属采选业无论是事故总量还是死亡人数都呈现出逐年下降的趋势。到 2016 年以后事故总量和死亡人数有所增加，这可能与企业员工思想意识懒散、领导管理松懈有关。但在国家安全技术监督局的领导和监管下，我国采选业的安全生产形势已呈现出良好的发展势头，只要企业管理人员、技术人员及员工共同加强安全防范意识，严把安全关，企业的安全生产事故一定会逐渐减少。

8.1.2　选矿厂安全生产工作存在的主要问题及对策

为了严防安全生产事故，加强安全生产监督管理，最大限度地防止和减少安全生产事故的发生，确保人民群众的生命和财产安全，促进经济发展，近年来出台了多部法律法规，如《矿山安全生产法》《重大事故行政领导责任追究制》《中华人民共和国安全生产法》等。国家已经将安全生产监督管理局升格为国务院直属机构，这正是国家高度重视安全生产工作的集中体现，从而使安全生产工作的地位得到了进一步的巩固。

8.1.2.1　选矿安全生产工作存在的主要问题

不可否认，当前我国选矿厂的安全生产工作形势依然十分严峻，安全事故时有发生，严重威胁到选矿厂员工的生命财产安全，在很大程度上妨碍了企业的快速发展。我们必须清醒地认识到安全生产工作还存在着诸多不足之处。

A　企业各级人员的安全生产意识有待提升

安全生产意识就是“安全”工作在企业人员头脑中所处的位置。是否真正把安全工作放在了第一的位置上。调查显示，社会中单纯重视企业经济效益、轻视安全生产工作的现象还在一定范围内存在。国家要求生产经营单位必须严格遵守《中华人民共和国安全生产法》和其他有关安全生产的法律、法规，特别是《重大事故行政领导责任追究制度》的出台就是针对部分不重视安全工作、安全意识不强的领导者，督促其树立牢固的安全责任意识来保证企业的安全。加强安全生产管理，建立、健全安全生产责任制度，完善安全生产条件，确保安全生产是企业必须履行的义务，生产经营单位的主要负责人对本单位的安全生产工作全面负责。生产经营单位的从业人员有依法获得安全生产保障的权利，并应当依法履行安全生产方面的义务。

由于部分企业存在安全意识不强的观念，导致安全事故频繁发生，特别是在少数民营等非公有制多种经济成分的企业中，安全生产组织不健全、安全生产规章制度不完善、安全生产管理网络覆盖面不足等问题比较突出。企业重视眼前经济效益、轻视甚至忽略安全投入的现象仍然存在，这种思想是发生事故的根本原因。

不重视安全工作还表现在企业进行减人增效方面。首先裁减的是安全部门，安全工作出现空白或者由缺乏安全知识、不能深入生产开展安全工作的人员担任安全管理工作，这种不尊重安全工作科学性的做法显然违背了安全工作的客观规律。

B　安全生产管理工作不规范，缺乏高效的安全运行机制

规范安全管理工作，落实安全生产责任制是安全生产工作的核心。生产经营单位的主要负责人对本单位的安全生产工作全面负责，加强日常安全生产管理是消除安全隐患、预防事故发生的有力保障。日常的安全生产管理包括各种安全生产检查、安全生产教育培

训、开展安全生产活动等内容。由于安全检查不及时、不到位，各种安全隐患以不同形式长期存在于生产作业环境之中，这些安全隐患时刻威胁着作业人员的生命安全和企业的财产安全。

选矿厂中的临时工、合同工一般都较多，个别企业甚至出现了特种作业人员持证上岗率较低的现象，习惯性违章现象极为普遍，这种现象导致了人为因素诱发安全生产事故概率的大幅上升。加之部分企业无基层岗位安全员或安全员文化基础较差，没有良好的跟踪记录习惯，交接班时没有安全记录，从而导致安全生产计划不能认真履行。这些习惯性的违章行为都是安全运行机制失效的具体体现，难以适应选矿厂快速发展和安全生产的需要。

C　机械设备和相关技术落后

要保证选矿厂的安全生产，机械设备和操作技术是关键。随着矿石品位的逐渐“贫、细、杂、泥”化，矿石选别难度逐渐加大，这对机械设备和操作技术提出了更高的要求。然而，许多选矿厂没有做好机械设备的维修和保养等工作，部分设备，尤其是大型设备由于成本等原因，也没能及时更新，导致机械设备和技术相对落后，在很大程度上影响了选矿厂安全生产工作的顺利开展。

D　安全教育培训不严格

安全监督管理部门进行的各种安全教育培训和企业中开展的各种安全学习教育工作是保证安全管理者和操作者具有相应资质和技能的重要手段。安全管理制度要求企业法人、主管安全的副职及安全技术干部都必须持证上岗，生产岗位上的各个特种作业人员更是必须做到持证上岗，企业新员工上岗前同样需要进行三级安全教育。由于安全认识上存在问题，有些企业不能认真对待这项工作，不是缺少必需的安全认证、安全培训，就是应付了事，这种态度和现状导致了企业安全管理人员和特种作业人员的持证上岗率不能完全保证100%，有证的操作者其技术水平含金量也大打折扣，从而使得人为失误导致安全事故概率增加。

E　安全监管体制不健全，监管监察力量较为薄弱

目前，受多方面因素影响，地方各级政府普遍存在着安全监管力量薄弱、人员配备不足、设施设备条件差等现象，一定程度上影响了安全生产监管监察效能。其原因主要包括：

(1) 安全监管机构编制性质与监管执法职能不匹配。部分省区的地级、县级安监机构编制性质不一，有的是行政编制，有的是事业编制，对执法资质带来一定影响；有的市、县未成立执法大队，严重影响了安全监察执法。

(2) 部分基层安监部门人员专业素质较低，难以做到尽职尽责、公正、公平、公开履职，有的还存在着行政不作为现象。

(3) 安监装备水平差，这是基层安监机构普遍存在的问题。基于多方面原因，基层安监部门的办公设施、交通车辆、检测检验设备等配备不齐，安监执法人员没能配备专门的个人防护用品，乡镇安监站电脑、打印机等必备的办公设备十分缺乏。

(4) 部门联合工作机制不够完善，在监管监察、专项整治、督查督办、日常指导等方面还存在不到位的地方。

F　安全监管法制建设应进一步加强，法规标准体系有待完善

目前，随着经济的高速发展，安全生产法规标准在实际运用中已不能完全满足和适应现实安全生产监管监察工作的需求，急需根据目前的情况进行修订和完善，使之更具操作性和针对性。比如：《中华人民共和国安全生产法》某些条款规定过于原则，与实际生产执法差别较大；安全生产许可证发放条件对不同规模、类型的企业考虑不足；对尾矿库周边环境要求不明确等；部分地区制定的行业标准过低。这些都不利于选矿厂技术进步和安全生产水平的提高。

8.1.2.2　选矿厂安全技术生产的对策与措施

为了保证选矿厂的安全生产，应编制安全技术措施与计划，其核心是安全，即以工程技术手段解决安全问题，预防事故的发生，减少事故的伤害和损失。安全技术措施与计划是安全生产计划十分重要的一项工作，是选矿厂有计划地改善劳动条件的重要工具，是防止安全事故及预防职业病的一项重要措施，也是提高选矿厂生产效率的关键。

A　制定完善的管理体制

首先，国家应出台有针对性的法律法规，使安全管理有据可循；其次，企业对于选矿厂各系统的设计要规范，避免出现因节省成本而减少安全设备的现象；最后，要强化选矿厂管理，各司其职，不可玩忽职守，对存在的安全隐患必须及时处理。

B　建立健全安全管理法律法规

目前，国家已经出台了一系列安全生产法律法规和相关制度。因此，选矿厂应当结合相关法律法规，不断完善相关制度，将安全生产与日常监督管理工作相结合，完善安全生产监督管理体系，建立与监管工作相适应的监管队伍和工作机制，构建安全生产的长效机制。

构建安全生产的长效机制包括五个方面的主要内容，其分别为：构建完善的领导决策机制、构建有效的责任落实机制、构建正常的运行保障机制、构建灵敏的预警监控机制和构建有力的科技创新机制。领导决策机制是长效机制的首要内容，没有完善的领导决策机制，构建长效机制将成为空谈。安全生产工作的核心是责任，关键在落实，构建安全生产责任制落实机制应做到责任主体明晰化、责任内容具体化、监督考评规范化、落实情况公开化和责任追究制度化。运行保障机制是指长效机制应符合健全、有效、有力的基本要求。健全是指各种资源与要素的投入必须要有正常与规范的渠道；有效是指资源与要素的投入必须是最急需的领域，能产生应有的效果和效益；有力是指投入的资源与要素要随着经济的发展和安全生产工作任务的增加有所变化。预警监控机制是现实长效机制调节与反馈功能的基本载体，这也是提高安全生产工作针对性与主动性的前提条件。科技创新是选矿厂实现本质安全、政府提高安全监管水平的重要手段，一个国家或地区的安全科技水平包括安全相关产业的发展状况、技术水平、关键领域的技术开发与应用状况、安全科研机构的技术开发与创新能力等，它是构成、评价和衡量一个国家或地区安全生产总体水平的重要因素之一。

C　推广先进技术，提升机械化水平

推广先进生产技术、不断提升机械化水平不仅能够从根本上提升选矿厂安全生产水平，还能对安全问题进行有效解决，确保安全生产。因此，针对选矿厂可采用自动化、智

能化的机械生产方式，推动企业生产向着规模化方向发展；政府相关部门应当加强交流与合作，通过各种方式进行资金的筹集，以此实现选矿厂的安全改造。同时，政府还要充分发挥监督管理职能，坚决打击安全生产条件不达标的选矿厂。

D 加强安全教育和培训

国家在安全生产法中就已经明确了“安全第一、预防为主、综合治理”的方针，在实际工作中，要切实加强安全生产教育培训工作，不走过场，不流于形式，在安全培训教育的同时也要注重听取现场作业人员对施工过程中遇到问题的反馈，增强培训的针对性、实用性和可操作性，通过积极有效的双向交流沟通，提高作业人员在培训教育过程中的主动性，从而更好地发挥安全培训教育的作用，提高作业人员的安全意识，并形成上下联动，全员抓安全的局面，让广大作业人员在内心深处由被动的“要我安全”转化为主动的“我要安全”。只有加速安全人才的培养，才能使之立足于企业的安全生产，利用系统安全科学技术手段来预测、分析企业安全状况、系统预防机制、个体防护体系及安全技术研究等工作。因此，加大安全专业人才的培养将成为我国安全事业的发展基础。

E 明确职责，落实责任制

把安全工作不打折扣地贯彻落实到位，就要把责任严格落实到人，多举措并举、充分调动各方人员的积极性，在安全生产工作上真正做到横向到边、纵向到底、不留死角；对发现的各类安全事故隐患，应当及时向项目负责人和安全生产管理机构报告，对违章指挥、违章操作的，应当立即制止；不断改善安全生产条件，确保生产时时刻刻有监管，每项整改有落实，各个环节都在掌控之中。

在新时代背景下，我国在经济发展上有了巨大的成就，然而在当今经济全球化的大环境中，各行各业都在努力提高各自的业务能力及技术要求。首先要解决的就是安全生产问题，选矿厂要切实从基础工作抓起，坚持安全生产确认制、作业票制、培训制及原始记录管理制等，进一步健全安全生产管理机构，加强对选矿厂主要负责人和安全生产管理人员的安全知识培训，落实和完善各项安全生产管理制度，健全各岗位操作规程，规范操作，不断提高安全生产管理水平。

8.2 选矿厂安全生产保障体系及预防措施

8.2.1 选矿厂安全生产保障体系

选矿厂安全生产保障体系包括选矿厂建设项目安全设施“三同时”制度、安全生产许可证制度、安全生产投入与劳动保障制度、安全生产监控与应急救援制度、矿山建设项目安全论证和安全评价制度、选矿厂安全生产管理制度等。

8.2.1.1 选矿厂建设项目安全设施“三同时”制度

新建、改建和扩建的工程项目，必须经历设计、施工验收到投入使用的过程。与建设工程项目配套的安全设施，作为工程项目的一部分，是非常重要的一部分，也应具备此过程。但由于众多因素的影响，致使很多建设工程项目完成后，安全设施不完善，造成生产经营单位不具备起码的安全生产基本条件，导致安全事故频频发生。因此，《安全生产法》第二十四条规定：“生产经营单位新建、改建、扩建工程项目（统称建设项目）的安全设施，必须与主体工程同时设计、同时施工、同时投入生产和使用。安全设施投资应当纳入建设项目概算。”

“三同时”是生产经营单位安全生产的重要保障措施。同时设计：要求工程设计单位在编制建设项目初步设计文件时，同时设计其中的安全设施部分，保证安全设施设计按照有关规定得到落实。对初步设计文件进行审查时，应由安全生产监督管理部门审查其中的安全设施设计内容，审查通过后，才能形成安全设施设计文件。根据有关规定，安全设施设计未经审查批准的，不得施工。同时施工：要求建设施工单位在对建设工程项目施工时，必须同时建设安全设计工程。建设施工单位不得先建设完成主体工程，后建设安全设施工程，或者有意减掉安全设施工程，只完成主体工程，留在以后补充完成安全设施工程。同时投入生产或者使用，要求主体工程在投入生产或者使用时，安全设施工程必须同时投入生产或者使用。安全设施工程没有投入生产或者使用的，主体工程不得投入生产或者使用。安全设施工程一经投入生产或者使用，不得擅自闲置或者拆除，确属闲置设备而且必须拆除时，必须征得有关主管部门的同意。

建设项目安全“三同时”流程图如图 8-6 所示。

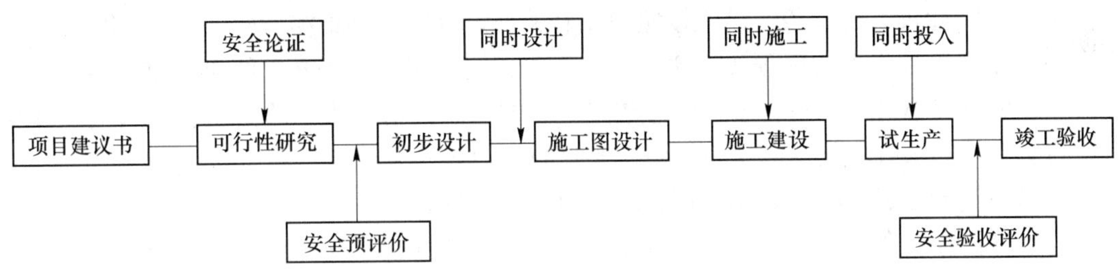

图 8-6　建设项目安全“三同时”流程图

8.2.1.2　安全生产许可证制度

生产经营单位想要安全生产，必须具备一些基本的安全生产条件，这是保障安全生产的前提和基础。只有具备了安全生产的基本条件，生产经营单位发生安全生产的事故才可能降到最低。

为了严格规范安全生产条件，进一步加强和完善安全生产监督管理，防止和减少生产安全事故，根据《中华人民共和国安全生产法》的有关规定，2004 年 1 月 13 日正式发布了《安全生产许可证条例》，其核心是依法建立安全生产行政许可制度，从基本安全生产条件着手，对矿山企业、建筑施工企业和危险化学品、民爆器材生产企业等高危行业实施安全准入，从源头上杜绝不具备安全基本生产条件的企业进入生产领域，并对企业日常生产活动实施动态监管。

依据《安全生产许可证条例》，矿山企业必须依照相关规定取得安全生产许可证，才能从事相应的生产活动；未取得安全生产许可证的企业，不得从事生产活动。

国家安全生产监督管理总局 2015 年 7 月 1 日颁布施行的《非煤矿矿山企业安全生产许可证实施办法》对金属非金属矿山企业安全生产许可证的颁发管理工作做了明确规定。

A　安全生产许可证的申请和颁发

非煤矿矿山企业安全生产许可证的颁发管理工作实行企业申请、两级发证、属地监管的原则。非煤矿矿山企业取得安全生产许可证，应当具备下列安全生产条件：

（1）建立健全主要负责人、分管负责人、安全生产管理人员、职能部门、岗位安全生产责任制；制定安全检查制度、职业危害预防制度、安全教育培训制度、生产安全事故管理制度、重大危险源监控和重大隐患整改制度、设备安全管理制度、安全生产档案管理制度、安全生产奖惩制度等规章制度；制定作业安全规程和各工种操作规程。

（2）安全投入符合安全生产要求，依照国家有关规定足额提取安全生产费用。

（3）设置安全生产管理机构，或者配备专职安全生产管理人员。

（4）主要负责人和安全生产管理人员经安全生产监督管理部门考核合格，取得安全资格证书；特种作业人员经有关业务主管部门考核合格，取得特种作业操作资格证书；其他从业人员依照规定接受安全生产教育和培训，并经考试合格。

（5）依法参加工伤保险，为从业人员缴纳保险费。

（6）制定防治职业危害的具体措施，并为从业人员配备符合国家标准或者行业标准的劳动防护用品。

（7）新建、改建、扩建工程项目依法进行安全评价，其安全设施经验收合格。

（8）危险性较大的设备、设施按照国家有关规定进行定期检测检验。

（9）制定事故应急救援预案，建立事故应急救援组织，配备必要的应急救援器材、设备；生产规模较小可以不建立事故应急救援组织的，应当指定兼职的应急救援人员，并与邻近的矿山救护队或者其他应急救援组织签订救护协议。

（10）符合有关国家标准、行业标准规定的其他条件。

经审查符合安全生产条件的矿山企业，安全生产许可证颁发管理机关向企业及其所属各独立生产系统分别颁发安全生产许可证。

B 安全生产许可证的有效期

安全生产许可证的有效期为3年。安全生产许可证有效期满后需要延期的，非煤矿矿山企业应当在安全生产许可证有效期届满前3个月向原安全生产许可证颁发管理机关申请办理延期手续。

C 安全生产许可证的变更

非煤矿矿山企业在安全生产许可证有效期内有下列情形之一的，应当自工商营业执照变更之日起30个工作日内向原安全生产许可证颁发管理机关申请变更安全生产许可证。具体包括变更单位名称、变更主要负责人、变更单位地址、变更经营类型、变更许可范围。

D 安全生产许可证的管理

非煤矿矿山企业取得安全生产许可证后，应当加强日常安全生产管理，不得降低安全生产条件，并接受所在地县级以上安全生产监督管理部门的监督检查。非煤矿矿山企业不得转让、冒用、买卖、出租、出借或者使用伪造的安全生产许可证。非煤矿矿山企业发现在安全生产许可证有效期内采矿许可证到期失效的，应当在采矿许可证到期前15日内向原安全生产许可证颁发管理机关报告，并交回安全生产许可证正本和副本。

8.2.1.3 安全生产投入与劳动保障制度

安全生产投入与劳动保障制度包括：安全生产和相关保险等费用，即完善、改造和维护安全防护设备设施费用；安全生产教育培训和配备劳动防护用品费用；安全评价、重大危险源监控、事故隐患评估和整改费用；设备设施安全性能检测检验费用；应急救援器材、装备的配备及应急救援演练费用；安全标志及标识费用；职业危害防治、职业危害因素检测、监测和职业健康体检费用；保险费用（如员工工伤保险或安全生产责任保险）；其他与安全生产直接相关的物品或者活动费用。

8.2.1.4 安全生产监控与应急救援制度

安全生产监控与应急救援制度包括：对选矿厂区内的作业环境安全条件和危险性较大的设备进行定期检测检验，有预防事故的安全技术保障措施；对选矿厂周边地质条件、选矿厂各作业工段、药剂库、尾矿库等易发生事故的场所、设施（设备），有档案登记、检测评估报告和监控措施；制订中毒窒息、机械伤害、高处坠落、触电等各种事故的应急救援预案以及成立事故应急救援组织，配足必要的应急救援器材、设施（设备），指定专职（或兼职）的应急救援人员，并与毗邻的事故应急救援组织签订救援协议。

8.2.1.5 矿山建设项目安全论证和安全评价制度

矿山的生产和储存活动，危险因素较多、危险性较大，是事故多发的领域，一旦发生事故，不仅会给本单位从业人员的生命安全及财产造成损害，还可能殃及周围群众的生命和财产安全。为了确保安全生产，减少矿山开采和危险物品生产、储存活动的事故，将其危险因素降到最低，就必须在单位开办之初，对其建设项目的安全情况进行充分的研究论证、综合评价，保证安全生产经营具有可靠的物质基础。

矿山建设项目不同于其他生产经营建设项目，具有更大的危险性，因此应对其有更高的安全技术要求。有关安全生产法律、行政法规明确规定对矿山、危险物品建设项目要进行安全条件论证和安全评价。当矿山建设项目和用于生产、储存危险物品建设项目的安全条件论证和安全评价，涉及的内容很多，比如水文、地质条件分析，厂址的选择、技术可行性等，是一个系统性工作。《安全生产法》第二十五条规定：“矿山建设项目和用于生产、储存危险物品的建设项目，应当分别按照国家有关规定进行安全条件论证和安全评价。”按照“三同时”的要求，矿山建设项目和用于生产、储存危险物品建设项目的安全设施设计，应当按照国家有关规定报经有关部门审查，并按照批准的设计施工，审查部门及其负责审查的人员对审查结果负责。未经审查批准的，不得进行施工。建设项目安全设施的设计人、设计单位应当对安全设施设计负责。

安全评价是探明系统危险、寻求安全对策的一种非常有效的方法和技术，也是安全系统工程的一个重要组成部分。其目的在于建立必要的安全预防措施前，掌握生产（或配套）系统内可能存在的危险种类、危险程度和危险后果，并对其进行定量、定性的分析，从而提出有效的危险控制措施。安全评价主要包括安全预评价、安全现状评价、安全验收评价和专项安全评价。

安全预评价是在建设项目可行性研究阶段、工业园区规划阶段或生产经营活动组织实施之前，根据相关的基础资料，辨识与分析建设项目、工业园区、生产经营活动潜在的危险、有害因素，确定其与安全生产法律法规、标准、行政规章、规范的符合性，预测发生事故的可能性及其严重程度，提出科学、合理、可行的安全对策措施建议，做出安全评价结论的活动。

安全现状评价是针对生产经营活动中、工业园区的事故风险、安全管理等情况，辨识与分析其存在的危险、有害因素，审查确定其与安全生产法律法规、规章、标准、规范要求的符合性，预测发生事故或造成职业危害的可能性及其严重程度，提出科学、合理、可行的安全对策措施建议，做出安全现状评价结论的活动。

安全验收评价是在建设项目竣工后，正式生产运行前或工业园区建设完成后，通过检查建设项目安全设施与主体工程同时设计、同时施工、同时投入生产和使用的情况，或工业园区内的安全设施、设备、装置投入生产和使用的情况，检查安全生产管理措施到位情况，检查安全生产规章制度健全情况，检查事故应急救援预案建立情况，审查确定建设项目、工业园区建设满足安全生产法律法规、标准、规范要求的符合性，从整体上确定建设项目、工业园区的运行状况和安全管理情况，做出安全验收评价结论的活动。

专项安全评价是针对某一项活动或场所，以及一个特定的行业、产品、生产方式、生产工艺或生产装置等存在的危险、有害因素进行的安全评价，目的是查找其存在的危险、有害因素，确定其程度，并提出合理可行的安全对策措施及建议。它是根据政府有关管理部门的要求进行的，是对专项安全问题进行的专题安全分析评价，比如危险化学品专项安全评价，非煤矿山专项安全评价等。如果生产经营单位是生产或储存、销售剧毒化学品的企业，评价所形成的安全专项评价报告则是上级主管部门批准其获得或保持生产经营营业执照所要求的文件之一。

8.2.1.6 *选矿厂安全生产管理制度*

企业是安全生产的主体，也是做好安全生产工作的基础。而企业要做好安全生产工作，就必须围绕人、机、物、环境建立安全生产自我教育、自我改善、自我约束机制，提高自身的安全防护意识。因此，对企业而言，在生产过程中，必须坚持“生产与安全有机结合与统一”“谁主管谁负责”“三同时”“四不放过”和“安全生产、人人有责”等原则。

换句话说，安全生产管理人员在确保企业安全生产的同时，必须确保员工的生命与财产安全，结合企业各个部门的实际情况制订本部门、本单位的安全生产责任，并严格执行，发生事故同等追究主管人员的责任。“三同时”原则强调企业在新建、改建、扩建工程项目时，安全卫生设施和措施必须与生产设施同时设计、同时施工、同时投入使用。“四不放过”原则是指企业一旦发生事故，无论是否造成人员伤亡，在处理过程中必须遵循“四不放过”原则，即：对发生的事故原因分析不清不放过；事故责任人未受到严肃处理不放过；广大职工未受到教育不放过；没有落实安全防范措施不放过。实施这条原则，既是为了对已发生的事故找出原因，吸取教训，采取措施，同时也是为了更好地防止事故再次发生。坚持“四不放过”原则，就是防止事故再次发生而言，同样体现了“预防为主”的理念。安全生产是一个综合性工作，领导者的指挥、决策稍有失误，操作者在工作中稍有疏忽都可能酿成重大事故，因此，在生产过程中必须强调“安全生产，人人有责”。在充分调动和发挥专职安全技术人员和安全管理人员的同时，应充分调动和发挥全体职工的安全生产主动性和积极性。在思想工作和大力宣传安全生产事关企业和职工切身利益的基础上，通过建立健全各级安全生产责任制、岗位安全技术操作规程等安全生产的制度，把安全与生产从组织领导上统一起来，提高全员安全生产意识，实现“全员、全过程、全方位、全时段”的安全管理和监督。依靠全体职工重视安全生产，提高警惕，认真检查，发现隐患，及时排除，从而实现安全生产。

8.2.1.7　安全生产检查制度

企业在生产过程中，除了坚持以上原则，不断开展安全生产检查也非常重要。安全检查是消除隐患、防止事故、改善劳动条件的重要手段，也是选矿厂安全生产管理工作的一项重要内容。通过安全检查可以及时发现选矿厂生产过程中的危险因素及事故隐患和管理上的缺陷，以便有计划地采取措施，保证安全生产。

A　安全生产检查的内容

安全生产检查的内容包括思想认识、规章制度、管理制度及隐患整改落实情况及事故处理情况等，并严格做到全面检查与专项检查相结合，自查与互查、抽查相结合。

查思想主要是检查各级领导对安全生产的思想认识情况，以及贯彻落实“安全第一，预防为主”方针和“三同时”等有关情况；查制度主要是检查选矿厂中各项规章制度的制定和贯彻执行情况；查管理主要是检查各工段、班组的日常安全管理工作的进行情况，检查生产现场、工作场所、设备设施、防护装置等是否符合安全生产的基本要求；查隐患和整改主要是检查选矿厂是否存在重大危险源、重大危险源的监控和事故隐患整改落实情况；查事故处理主要是检查选矿厂对事故是否及时报告、认真调查及严肃处理。

B　安全生产检查的形式

安全生产检查可分为：

（1）日常检查。日常检查也称经常性的、普遍性的检查。班组每班次都应在班前、班后进行安全生产检查，对本班的检查项目应制定检查表，按照检查表的要求规范进行。专职安全人员的日常检查应该有计划，针对重点部位周期性地进行。

（2）定期检查。主管部门每年必须定期对其所管辖的选矿厂至少检查一次。定期检查不能走过场，一定要深入现场，解决实际问题。

（3）专业性检查。由选矿厂的职能部门负责组织有关专业人员和安全管理人员进行的专业或专项安全检查。这种检查专业性强，力量集中，利于发现问题和处理问题。

（4）专题安全检查。针对某一个安全问题进行的安全检查，比如防火检查、“三同时”落实情况的检查、安措费及使用情况的检查等。

（5）季节性检查。根据季节特点为保障安全生产的特殊要求所进行的检查，比如夏季多雨，要提前检查防洪防汛设备，加强检查沟渠是否通畅；秋冬季天气干燥，要加强防火检查。

（6）节假日前后的安全检查。节假日前后的安全检查包括节假日前进行安全综合检查，落实节假日期间的安全管理及联络、值班等要求，节假日后要进行遵章守纪的检查等。

（7）不定期检查。不定期检查是指在新、改、扩建工程试生产前以及装置、机器设备开工和停工前、恢复生产前进行的安全检查。

C　安全生产检查的基本要求

安全生产检查的基本要求包括：

（1）不同形式的安全检查要采用不同的方法进行检查。安全生产大检查，应由企业领导挂帅，有关职能部门及专业人员组成检查组，发动群众深入基层，紧紧依靠职工，坚持领导与群众相结合的原则，组织好检查工作。安全检查可以通过现场实际检查，召开汇报会、座谈会、调查会以及个别谈心、查阅资料等形式，了解不安全因素、生产操作中的异常现象等方法进行。

（2）做好检查的各项准备工作。其中包括思想、业务知识、法规政策和物资准备等。

（3）明确检查的目的和要求。既要严格要求，又要防止一刀切，要从实际出发，分清主、次矛盾，力求实效。

（4）把自查与互查有机结合起来，基层以自查为主，企业内相应部门间要互相检查，取长补短，相互学习和借鉴。

（5）坚持查改结合。检查不是目的，只是一种手段，整改才是最终目的，一时难以整改的，要采取切实有效的防范措施。

（6）建立安全检查网络、危险源分级检查管理制度。

（7）安全检查要按安全检查表法进行，实行安全检查的规范化、标准化。在制定安全检查表时，应根据检查表的用途和目的具体确定安全检查表的种类。安全检查表的主要种类有设计用安全检查表、厂级安全检查表、车间安全检查表、班组及岗位安全检查表、专业安全检查表等。

（8）建立检查档案。结合安全检查表的实施，逐步建立健全检查档案，收集基本数据，掌握基本安全状况，实现事故隐患及危险点的动态管理，为及时消除隐患提供数据，同时也为以后的安全检查及隐患整改奠定基础。

D 安全生产检查表

目前，安全生产检查表是选矿厂安全检查的主要方式，结合系统工程分解和综合的原理，事先把检查对象加以剖析，把大系统分割成若干个小的子系统，然后确定检查项目，查出存在的不安全因素，以正面提问的方式，将检查项目按系统或子系统的顺序编制成表，以便进行检查。安全检查表不是检查项目的一本流水账，也不是所有问题的罗列，而是通过分析、筛选、简化，发现问题、查找问题的一种工具。针对性强，富有实效，对分析系统的安全状况有较好的指导作用，因而得到了广泛应用。

安全检查表应以现有的《中华人民共和国矿山安全法实施条例》及矿山各类安全法规为依据，致力于检查矿山生产过程中的各种安全事故隐患。

安全检查分析（SCL）评价表是企业危害因素辨识和风险评价全过程的记录，企业应将辨识情况分别填入“检查项目”“标准”和“现有安全控制措施”，并参照填写“不符合标准的情况及后果”。其中“检查项目”“标准”“不符合标准的情况及后果”和“现有安全控制措施”是安全检查表必不可少的内容，其次对风险分析、判定等级和风险控制进行补充完善。

根据风险分析方法的不同，安全检查可采用表 8-5（简称 LEC 分析法）和表 8-6（简称 LS 分析法）两种记录表格。

选矿厂项目设计的好坏，会直接影响到今后的生产与安全。因此，从设计开始，就应该把安全工程考虑进去，否则，若等设计完成后再进行安全方面的补充，不仅会浪费大量的资金，而且也收不到预期的效果。

表 8-5 作业条件危险性分析法

(记录受控号) 单位： 区域/工艺过程：装置/设备/设施： No：

序号	检查项目	标准	不符合标准的情况及后果	现有安全控制措施	L	E	C	D	风险等级	建议改进措施	备注
1											
2											

注：L—发生事故的可能性大小（Liable）；E—人体暴露在这种危险环境中的频繁程度（Equency；C—一旦发生事故会造成的损失后果（Consequence）；$D=LEC$—危险性。按规定标准给 L、E、C 分别打分，取三组分值的平均值作为 L、E、C 的计算分值，用计算的危险性分值（D）来评价作业条件的危险等级。

表 8-6 风险矩阵危险性分析法

(记录受控号) 单位： 区域/工艺过程：装置/设备/设施： No：

序号	检查项目	标准	不符合标准的情况及后果	现有安全控制措施	L	S	R	风险等级	建议改进措施	备注
1										
2										

注：L—危害事件发生的可能性，取偏差发生频率、安全检查、操作规程、员工胜任程度、控制措施五个方面对危害事件发生的可能性最高的最大分值作为最终 L 值；S—危害事件发生的严重程度，取人员伤亡情况、财产损失、法律法规符合性、环境破坏和对企业声誉损坏五个方面对后果影响最严重的最大分值作为最终 S 值；R—风险度值，$R=LS$。风险评价分级分为五级：$R=LS=17\sim25$：关键风险（Ⅰ级），需要立即停止作业；$R=LS=13\sim16$：重要风险（Ⅱ级），需要消减的风险；$R=LS=8\sim12$：中度风险（Ⅲ级），需要特别控制的风险；$R=LS=4\sim7$：低度风险（Ⅳ级），需要关注的风险；$R=LS=1\sim3$：轻微风险（Ⅴ级），可接受或可容许的风险。

8.2.2 选矿厂安全生产事故预防措施

安全与不安全是相对的概念。如果把安全描述为平静、正常、没有事故，那么，发生了事故一定是不安全的。这里所说的事故是指发生在生产过程中，违背人们意愿且又失去控制的事件。具体到生产活动中，事故总是要构成人体伤害或造成财产损失的。虽然人们并不希望发生任何事故，但是事故却总是在人们对危险因素认识不够、控制不力、防范不全的情况下突然发生。

从事生产活动过程中，随时随地都会遇到、接触、克服多方面的危险因素，一旦对危险因素失控，必将导致事故。探求事故成因，人、物和环境因素是事故的根本。从对人和管理两方面去探讨事故，人的不安全行为和物的不安全状态都是酿成事故的直接原因。

8.2.2.1 人的不安全行为

人的不安全行为主要是人的失误，指人的行为结果偏离了既定目标，或超出了可接受的界限，并产生了不良后果。一般而言，人的不安全行为是操作者在生产过程中发生的，会直接导致事故的发生。

从事故预防的角度可以从以下三个方面采取措施防止人的不安全行为：

(1) 控制、减少可能引起人失误的各种因素，防止出现人为操作失误。

(2) 一旦发生了人的不安全行为，确保不引起后续事故，即使人的不安全行为无害化。

(3) 在人的不安全行为引起事故的情况下，限制事故的发展，减少事故损失。

8.2.2.2 物的不安全状态

任何物体都具有不同形式、性质的能量，都有出现能量意外释放，引发事故的可能性。由于物体的能量释放而引起事故的状态，称为物的不安全状态。控制物的不安全状态主要从设计、制（建）造、使用、维护等方面消除不安全因素。比如：在工艺设计时应考虑尽量排除或减少一切有毒、有害、易燃、易爆等不安全因素对人体的影响；产品设计应充分考虑产品的可靠性和安全性。严格按照设计规程操作，坚决反对违章指挥、违章操作，坚决禁止脱岗、睡岗、超负荷运转和任意拆除安全防护设施等不良行为。

要切实做好选矿厂的安全生产工作，需要各级安全生产监督部门、所有选矿厂共同努力，进一步落实企业安全生产主体责任，建立健全各项规章制度，完善各种操作规程，加强从业人员的安全知识教育和安全操作技能培训，牢固树立遵章守纪的安全意识，坚决杜绝“三违”现象的发生；进一步加强监督管理部门的安全监管力度，及时为企业排查隐患，督促整改到位，对重大隐患长期整改不力的企业要加大执法力度，绝不手软；同时，对已发生的安全事故必须严肃事故的调查处理，按照“四不放过”的原则，认真查明事故原因，严肃处理事故相关责任人，接受事故教训并落实整改防范措施。

8.3 安全生产基本方针

安全生产基本方针是指党和国家对安全生产工作总的要求，是安全生产工作的方向。1949~2009 年，我国安全生产方针随着政治和经济的发展不断革新，从我国安全生产方针的演变过程，可以看到我国安全生产工作在不同时期的不同目标和工作原则。

8.3.1 第一阶段（1949~1983 年）：生产必须安全、安全为了生产

1952 年，时任劳动部部长的李立三根据毛泽东提出的“在实施增产节约的同时，必须注意职工的安全、健康和必不可少的福利事业；如果只注意前一方面，忘记或稍加忽视后一方面，那是错误的。”指示精神，提出了“安全生产方针”六字方针，当时并没有确定其内涵。后来，国家计委主任贾拓夫把安全生产六字方针丰富为“生产必须安全、安全为了生产”。

8.3.2 第二阶段（1984~2004 年）：安全第一，预防为主

“文化大革命”后，国家劳动总局劳动保护局局长章萍提出了在生产中贯彻安全生产方针，实际上就是贯彻“安全第一，预防为主”的思想，有利于安全生产和遏制事故的发生。1984 年，主管安全生产的劳动人事部在呈报给国务院成立全国安全生产委员会的报告中把“安全第一，预防为主”作为安全生产方针写进了报告，并得到国务院的正式认可。1987 年 1 月 26 日，劳动人事部在杭州召开会议把“安全第一，预防为主”作为劳动保护工作方针写进了我国第一部《劳动法（草案）》。从此，“安全第一，预防为主”便作为安全生产的基本方针而确立下来。

随着改革开放和经济高速发展，安全生产越来越受到重视。“安全第一”的方针被有

关法律所肯定，成为以法律强制实施的安全生产基本方针。《中华人民共和国矿山安全法》第三条规定："矿山企业必须具有保障安全生产的设施，建立、健全安全管理制度，采取有效措施改善职工劳动条件，加强矿山安全管理工作，保证安全。"2002 年，《中华人民共和国安全生产法》由第九届全国人民代表大会常务委员会第二十八次会议于 2002 年 6 月 29 日通过，自 2002 年 11 月 1 日起施行。"安全第一、预防为主"方针被列入《中华人民共和国安全生产法》。

8.3.3 第三阶段（2005 年~至今）：安全第一、预防为主、综合治理

1978 年以来，全国国有统配煤矿贯彻执行"安全第一、预防为主、综合治理、全面推进"的方针，出现了持续稳定发展的势头，产量逐年增长，安全状况有所好转。把"综合治理"补充到安全生产方针当中，始于中国共产党第十六届中央委员会第五次全体会议通过的《中共中央关于制定十一五规划的建议》。

《安全生产法》规定：安全生产管理，坚持"安全第一、预防为主、综合治理"的基本方针。

所谓"安全第一"，说的是安全与生产、效益及其他活动之间的关系，强调在从事生产经营活动中要突出抓好安全，始终不忘把安全工作与其他经济活动同时安排、同时部署，当安全工作与其他活动发生冲突与矛盾时，其他活动要服从安全，绝不能以牺牲人的生命、健康、财产损失为代价换取发展和效益。

所谓"预防为主"，是对安全第一思想的深化，从安全生产管理角度，经历了事后控制到事前预防的发展过程。预防为主必须立足基层，建立起预测、预报、预警等预防体系，以隐患排查治理和建设本质安全为目标，实现事故的预先防范机制。

将"综合治理"纳入安全生产方针，标志着对安全生产的认识上升到了一个新的台阶，是贯彻落实科学发展观的具体体现，秉承"安全发展"的理念，从遵循和适应安全生产的规律出发，综合运用法律、经济、行政等手段，人管、法管、技防等多管齐下，并充分发挥社会、职工与舆论的监督作用，从责任、制度、培训等多方面着力，形成标本兼治的新格局。

"安全第一、预防为主、综合治理"是开展安全生产管理工作总的指导方针，是一个完整的体系，相辅相成、辩证统一。安全第一是原则，预防为主是手段，综合治理是方法。安全第一是预防为主、综合治理的前提，没有安全第一的思想，预防为主就失去了思想支撑，综合治理就失去了整治依据。预防为主是实现安全第一的根本途径，只有把安全生产的重点放在建立事故预防体系上，超前采取措施，才能有效防止和减少事故，只有采取综合治理，才能实现人、机、物、环境的绝对统一，真正把安全第一、预防为主落到实处。

思 考 题

8-1 简述目前我国选矿厂存在的主要安全问题及对策。

8-2 简述选矿厂安全生产事故的预防措施。

8-3 选矿厂安全生产方针是什么？

9 选矿厂安全生产事故管理

自人类开始大规模的生产活动以来，安全生产就一直成为劳动者的基本诉求。只有安全生产，才能保证劳动者生命和财产的安全性；也只有将安全事故发生的概率和危害程度降到最低，才能保障社会的稳定与和谐发展。因此，对事故的提前预防、快速响应和有效处置是确保企业安全生产的前提。

9.1 概 述

9.1.1 安全生产管理

9.1.1.1 基本概念

A 安全

安全是指安稳而无危险的事物。安全是人类与生存环境资源的和谐相处，互相不伤害，不存在危险、危害的隐患，即指人不受伤害，物不受损失。

传统的安全认为安全和危险是两个互不相容的概念；而系统安全则认为不存在绝对的安全，安全是一种模糊数学的概念。按模糊数学的说法，危险性就是对安全的隶属度。当危险性低于某程度时，人们就认为是安全的了。

B 危险

危险是指某一系统、产品（设备）或操作的内部和外部的一种潜在状态。它是超出人的直接控制之外的某种潜在的环境条件，若发生则可能造成人员伤害、职业病、财产损失、作业环境破坏等。

危险也称为风险，危险性是来自某种个别危害而造成人的伤害和物的损失的机会，其特征在于其危险可能性的大小与安全条件和概率有关。

C 危害

危害是指可能造成人员伤亡、疾病、财产损失、工作环境破坏的根源或状态。

D 安全生产

安全生产是指企事业单位在劳动生产过程中的人身、设备和产品安全，以及交通运输安全等。也就是说，为了使劳动过程在符合安全要求的物质条件和工作秩序下进行，防止伤亡事故、设备事故及各种灾害的发生，保障劳动者的安全健康和生产、劳动过程的正常进行而采取的各种措施和从事的一切活动。其内容包括：制定劳动保护法规；采取各种安全技术和工业卫生方面的技术措施；经常开展群众性的安全教育和安全检查活动等。

E 安全管理

安全管理是以安全为目的，进行有关安全工作的方法、决策、计划、组织、指挥、协调、控制等职能，合理有效地利用人力、财力、物力、时间和信息，为达到预定的安全防范而进行的各种管理活动。

安全管理的主要内容包括安全生产和劳动保护两大方面，它是为贯彻执行国家安全生产的方针、政策、法律和法规，确保生产过程中的安全而采取的一系列组织措施。安全管理的基本任务是发现、分析和消除生产过程中的各种危险，防止发生事故和职业病，避免各种损失，保障员工的生命安全，从而推动企业生产的顺利发展，提高经济效益和社会效益服务。安全管理的目标是减少和控制危害，减少和控制事故，尽量避免生产过程中由于事故所造成的人身伤害、财产损失、环境污染以及其他损失。安全管理的基本对象是企业的员工，涉及企业中的所有人员、设备设施、物料、环境、财务、信息等各个方面，具体内容包括成立安全生产管理机构、配备安全生产管理人员、建立安全生产责任制、制定安全生产管理制度、安全生产策划、进行安全生产教育培训、建立安全生产档案等。

9.1.1.2 安全管理的理论

安全管理的理论主要包括双因素理论、强化理论、挫折理论、期望理论和公平理论。

A 双因素理论

1957 年，美国心理学家赫茨伯格提出的“激励因素—保健因素”理论（简称双因素理论），他将人的行动动机因素分为与工作的客观情况有关的保健因素和与工作有内在联系的激励因素两大类。保健因素的满足只能防止职工对工作的不满，激励因素的改善却可激发职工的积极性并产生满足感。

B 强化理论

强化理论又称为矫正理论，是由美国心理学家斯金纳提出来的。此理论强调人的行为与影响行为的环境刺激之间的关系，认为管理者可以通过不断改变环境的刺激来控制人的行为。强化包括正强化、负强化和自然消退三种类型，其中正强化是用于加强所期望的个人行为；负强化和自然消退的目的是为了减少和消除不期望发生的行为。三者相互联系、相互补充，构成了强化体系，成为一种制约或影响人行为的特殊环境因素。

在实际应用中应以正强化为主，慎重采用负强化（尤其是惩罚）手段，注意强化的时效性，同时因人制宜，采用不同的强化方式，利用信息反馈增强强化效果，以便强化机制协调运转并产生整体效应。

C 挫折理论

挫折理论主要揭示人的动机行为受阻而未能满足需要时的心理状态，并由此而导致的行为表现，力求采取措施将消极性行为转化为积极性、建设性行为。挫折的形成是由于人的认知与外界刺激因素相互作用失调所致，是一种普遍存在的心理现象，它的产生不以人的主观意志为转移。挫折感因人而异，即使客观上挫折情境类似，不同的人对挫折的感受也会有所不同，所受的打击程度也就不一样。挫折一方面可增加个体的心理承受能力、使人猛醒、吸取教训、改变目标或策略、从逆境中重新奋起；另一方面也可使人们处于不良的心理状态中，出现负向情绪反应，并采取消极的防卫方式来对付挫折情境，从而导致不安全的行为反应。

在企业安全生产活动中，应重视挫折问题，采取以下措施进行预防：

（1）帮助职工用积极的行为适应挫折，如合理调整无法实现的行动目标。

（2）改变受挫折职工对挫折情境的认识和估价，以减轻挫折感。

（3）通过培训提高职工作能力和技术水平，增加个人目标实现的可能性，减少挫折的主观因素。

（4）改变或消除易于引起职工挫折的工作环境，减少挫折的客观因素。

（5）开展心理保健和咨询，消除或减弱挫折心理压力。

D 期望理论

1964 年，佛隆提出了管理中的期望理论。此理论的基本点是：人的积极性被激发的程度，取决于他对目标价值估计的大小和判断实现此目标概率大小的乘积，用公式表示为：

$$激励水平(M)=目标效价(V)\times期望值(E) \tag{9-1}$$

式(9-1)中，目标效价是指个人对某一工作目标对自身重要性的估价；期望值是指个人对实现目标可能性大小的主观估计。一般说来，目标效价和期望值都很高时，才会有较高的激励力量；只要效价和期望值中有一项不高，目标的激励力量就不大。对于企业来说，需要的是职工在工作中的绩效；而对于职工来说，关注的则是与劳动付出有关的报酬。

期望理论明确地提出职工的激励水平与企业设置的目标效价和可实现的概率有关，这对企业采取措施调动职工的积极性具有现实的意义。首先，企业应重视安全生产目标的结果和奖酬对职工的激励作用；其次，要重视目标效价与个人需要的联系，同时要通过宣传教育引导职工认识安全生产与其切身利益的一致性，提高职工对安全生产目标及其奖酬效价的认识水平；最后，企业应通过各种方式为职工提高个人能力创造条件，以增加职工对目标的期望值。

E 公平理论

公平理论是美国心理学家 1965 年提出的，其基本要点是：人的工作积极性不仅与个人实际报酬多少有关，而且与人们对报酬的分配是否感到公平更为密切。

在企业安全管理中，应该重视公平理论所揭示的职工安全工作行为动机的激发与职工的公平感的联系，预防不公平感给职工在安全生产中带来的消极影响，与经济发展相适应，安全生产工作管理体制也要不断调整。

9.1.1.3 安全生产监督管理

安全生产监督管理包括对生产型企业、服务型企业的安全生产活动进行监督管理，是各级安全生产监督管理部门的职责。

安全生产监督管理的方式主要有国家安全生产监察和群众监督两种基本方式。

国家安全生产监察是指国家授权行政部门设立的监察机构，以国家名义并运用国家权力，对企业、事业和有关机关履行劳动保护职责执行劳动安全卫生政策和安全生产法规的情况，依法进行的监督、纠正和惩戒工作，是一种专门监督，是以国家名义依法进行的具有高度权威性、公正性的监督执法活动。长期以来，劳动安全卫生监察的行政主管是国家安全生产监督管理总局。

群众监督是我国安全法制管理的重要方面。它是在工会的统一领导下，监督企业、行政和国家有关劳动保护、安全技术、职业健康等法律、法规、条例的贯彻执行情况，参与有关部门关于安全生产和安全生产法规、政策的制定，监督企业安全技术和劳动保护经费落实和正确使用情况，对安全生产提出建议等。

9.1.2 安全生产管理的目标

安全生产管理是企业管理的重要组成部分，它是安全科学的一个分支。由前述管理的概念可以得出安全生产管理的定义，即：安全生产管理就是管理者针对生产过程中的安全问题，运用有效的资源，对企业生产进行的计划、组织、指挥、协调和控制的一系列活动，实现生产过程中人与机器设备、物料、环境的和谐，保护职工在生产过程中的安全与健康，保护国家和集体的财产不受损失，提高企业生产效率，达到安全生产的目标。也就是说，安全生产管理是以安全为目的，进行有关决策、计划组织和控制方面的活动，其基本任务是发现、分析和消除生产过程中的各种危险，防止发生事故和职业病，避免各种损失，保障职工的安全与健康，推动企业生产的顺利进行。

安全生产管理的目标是减少和控制危害、事故，尽量避免生产过程中由于事故所造成的人身伤害、财产损失环境污染以及其他损失。安全生产管理的意义是保障国家、社会的稳定、人权、可持续发展及保护环境；落实企业的安全生产责任，保证企业的正常生产，提高企业的效率、效益、信誉；保护企业员工的生命财产、健康安全。安全生产管理的类别包括安全生产法制管理、行政管理、监督检查、工艺技术管理、设备设施管理、作业环境和条件管理等。安全生产管理的基本对象是企业员工，涉及企业中的所有人员、设备设施、物料、环境、财务、信息等各个方面。安全生产管理的内容包括安全生产管理机构、安全生产管理人员、安全生产责任制、安全生产管理规章制度、安全生产策划、安全生产培训、安全生产档案等。

9.1.3 安全生产事故的类别

为了全面认识事故，对事故进行调查和处理，必须对事故进行归纳分类。由于研究的目的不同、角度不同，分类的方法也各不相同。需要指出的是，事故的分类主要是指伤亡事故，特别指企业职工的伤亡事故。根据我国有关安全法律法规、标准和管理体制以及今后防范事故的要求，目前应用比较广泛的事故分类法主要有以下几种。

9.1.3.1 按事故属性分类

按照事故属性的不同，分为自然事故、技术事故和责任事故。

A 自然事故

自然事故是指运用现代的科技手段和人类目前的力量难以预知或不可抗拒的自然因素所造成的事故，也就是人们常说的“天灾”，它属于人为能力还不能完全控制的领域，比如地震、海啸、台风、突发洪水、火山爆发、滑坡、陷落、冰雹等地球上的自然变异（包括人类活动诱发的自然变异），都是自然事故或自然灾害事故。一般而言，对这类事故目前还不能准确地进行预测、预报，或者虽然有一定程度的预报或预测，但也只限于采取一些应急措施来减少受害范围和减轻受害的程度。

需要强调指出的是，在人类生活、劳动、生产和工业设计中，如果考虑到自然因素的变化带来的危险或灾难，就不属于自然事故。当考虑自然因素之后，用目前人类的力量仍不可抗拒所造成的事故，仍属于自然事故。

B　技术事故

技术事故是指因技术设备条件不良而引发的事故。技术事故是技术设备条件造成的，因而具有不可避免性。并非所有由设备原因引起的事故都是技术事故，这是因为设备是由人操作的，同样也是由人护理的，如果设备出现障碍，操作者或者护理者应当发现而未能发现造成重大事故的，仍应以重大责任事故罪定论。只有在事故是由设备自身的原因引起并在人所不能预见或者不能避免的情况下发生的事故，才能定为技术事故。

C　责任事故

责任事故是指在生产、作业过程中违反相关安全管理规程，或者强令他人违章冒险作业而发生的伤亡事故或者造成其他严重后果的行为。

9.1.3.2　按事故严重程度分类

根据《企业职工伤亡事故报告和处理暂行规定》和《关于做好生产安全事故调查处理有关工作的通知》精神，为了便于事故的调查和处理，通常按照事故的轻重对事故进行分类。根据事故的严重程度，事故等级可分为轻伤事故、重伤事故和死亡事故三类。

A　轻伤事故

轻伤事故是指造成职工肢体伤残，或某器官功能性或器质性轻度损伤，表现为劳动能力轻度或暂时丧失的伤害。一般指受伤职工歇工（治疗）在1个工作日以上，低于104个工作日的伤害，但未达到重伤者。

B　重伤事故

重伤事故是指造成职工肢体残缺或视觉、听觉等器官受到严重损伤，一般能引起人体长期存在功能障碍的事故；或职工受伤后歇工（治疗）工作日数等于或超过105日（最多不超过6000日），劳动能力有重大损失的伤害。

C　死亡事故

死亡事故是指事故发生后立即死亡（含急性中毒死亡）或负伤后在30日以内死亡的事故（其损失工作日定为6000日，这是根据我国职工的平均退休年龄和平均死亡年龄计算出来的）。此种分类是按伤亡事故造成损失工作日的多少来衡量的，而损失工作日是指受伤害者丧失劳动能力的工作日。

死亡事故又可分为一般死亡事故、重大伤亡事故、特大伤亡事故和特别重大事故。一般死亡事故是指一次事故中死亡职工1~2人的事故；重大伤亡事故是指一次死亡3~9人（含3人）的事故；特大伤亡事故是指一次死亡10~29人的事故；特别重大事故是指一次造成30人以上死亡，或者100人以上重伤（包括急性工业中毒等），或者1亿元以上直接经济损失的事故。

根据《生产安全事故报告和调查处理条例》规定："国务院安全生产监督管理部门可以会同国务院有关部门，制定事故等级划分的补充性规定。"《生产安全事故报告和调查处理条例》中关于社会影响恶劣事故报告和调查处理的规定没有明确其事故等级，在实践中可以根据影响大小和危害程度，对照相应等级的事故进行调查处理。

9.1.3.3　按事故类别分类

按照《企业职工伤亡事故分类标准》，可将企业工伤事故分为以下20类：

（1）物体打击。物体打击是指失控物体的惯性力造成的人身伤害事故。比如落物、滚石、锤击、碎裂、崩块、砸伤等造成的伤害，但不包括爆炸而引起的物体打击。

（2）车辆伤害。车辆伤害是指企业机动车辆引起的机械伤害事故。比如机动车辆在行驶中挤、压、撞车或倾覆等事故，在车辆行驶中上下车、搭乘矿车等所引起的事故，以及车辆运输挂钩、跑车事故。

（3）机械伤害。机械伤害是指机械设备与工具引起的绞、辗、碰、割、截、切等伤害。比如工件或刀具飞出伤人，切屑伤人，手或身体被卷入，手或其他部位被刀具碰伤，被转动的机构缠、压住等。但属于车辆、起重设备的情况除外。

（4）起重伤害。起重伤害是指从事起重作业时引起的机械伤害事故，其包括各种起重作业引起的机械伤害，但不包括触电，检修时制动失灵引起的伤害，以及上下驾驶室时引起的坠落或跌倒。

（5）触电。触电是指电流流经人体，造成生理伤害的事故。适用于触电、雷击伤害，比如：人体接触带电的设备金属外壳或裸露的临时线，漏电的手持电动工具；起重设备误触高压线或感应带电；雷击伤害；触电坠落等事故。

（6）淹溺。淹溺是指因大量水经口、鼻进入肺内，造成呼吸道阻塞，发生急性缺氧而窒息死亡的事故。适用于船舶、排筏设施在航行、停泊时发生的落水事故。

（7）灼烫。灼烫是指强酸、强碱溅到人的身体引起的灼伤，或因火焰引起的烧伤，高温物体引起的烫伤，放射线引起的皮肤损伤等事故。适用于烧伤、烫伤、化学灼伤、放射性皮肤损伤等伤害，不包括电烧伤以及火灾事故引起的烧伤。

（8）火灾。火灾是指造成人身伤亡的企业火灾事故。不适用于非企业原因造成的火灾，比如居民火灾蔓延到企业，此类事故属于消防部门统计的事故。

（9）高处坠落。高处坠落是指由于重力势能差引起的伤害事故。适用于脚手架、平台、陡壁施工等高于地面的坠落，也适用于由地面踏空失足坠入洞、坑、沟、升降口、漏斗等情况，但排除其他类别为诱发条件的坠落。比如高处作业时，因触电失足坠落应定为触电事故，不能按高处坠落划分。

（10）坍塌。坍塌是指建筑物、构筑物、堆置物等倒塌以及土石塌方引起的事故。适用于因设计或施工不合理而造成的倒塌以及土方、岩石发生的塌陷事故，如建筑物倒塌，脚手架倒塌，挖掘沟、坑、洞时土石的塌方等情况，不适用于矿山冒顶片帮事故，或因爆炸、爆破引起的坍塌事故。

（11）冒顶片帮。片帮是指矿井工作面、巷道侧壁由于支护不当、压力过大造成的坍塌；顶板垮落为冒顶。二者常同时发生（简称冒顶片帮），适用于矿山、地下开采、掘进及其他坑道作业发生的坍塌事故。

（12）透水。透水是指矿山、地下开采或其他坑道作业时，意外水源带来的伤亡事故。适用于井巷与含水岩层、地下含水带、溶洞或与被淹巷道、地面水域相通时，涌水成灾的事故，不适用于地面水害事故。

（13）爆破。爆破是指施工时由爆破作业造成的伤亡事故。适用于各种爆破作业，比如采石、采矿、采煤、开山、修路、拆除建筑物等工程进行的爆破作业引起的伤亡事故。

（14）瓦斯爆炸。瓦斯爆炸是指可燃性气体瓦斯、煤尘与空气混合，形成了达到燃烧极限的混合物，接触火源时引起的化学性爆炸事故。主要适用于煤矿，同时也适用于空气不流通，瓦斯、煤尘积聚的场合。

(15) 火药爆炸。火药爆炸是指火药与炸药在生产、运输、储藏的过程中发生的爆炸事故。适用于火药与炸药在配料、运输、储藏、加工过程中，由于振动、明火、摩擦、静电等作用，或因炸药的热分解作用，储藏时间过长或因存药过多发生的化学性爆炸事故，以及熔炼金属时，废料处理不净，残存火药或炸药引起的爆炸事故。

(16) 锅炉爆炸。锅炉爆炸是指锅炉发生的物理性爆炸事故。适用于使用工作压力大于0.7个大气压（0.07MPa），以水为介质的蒸汽锅炉，但不适用于铁路机车、船舶上的锅炉以及列车电站和船舶电站的锅炉。

(17) 容器爆炸。压力容器爆炸是压力容器破裂引起的气体爆炸（即物理性爆炸），包括容器内盛装的可燃性液化气在容器破裂后，立即蒸发与周围的空气混合形成爆炸性气体混合物，遇到火源时产生的化学爆炸，也称容器的二次爆炸。

(18) 其他爆炸。凡是不属于上述爆炸的事故均列为其他爆炸事故，比如可燃性气体、可燃蒸气与空气混合形成的爆炸性气体混合物、可燃性粉尘以及可燃性纤维与空气混合形成的爆炸性气体混合物、间接形成的可燃气体与空气相混合，或者可燃蒸气与空气混合（如可燃固体、自燃物品，当其受热、水、氧化剂的作用迅速反应，分解出可燃气体或蒸气与空气混合形成爆炸性气体），遇火源爆炸的事故。

(19) 中毒和窒息。中毒和窒息是指人接触有毒物质，比如误吃有毒食物或呼吸有毒气体引起的人体急性中毒事故，或在废弃的坑道、暗井、涵洞、地下管道等不通风的地方工作因为氧气缺乏，有时会发生突然晕倒，甚至死亡的事故称为窒息。两种现象合为一种，称为中毒和窒息事故。

(20) 其他伤害。凡是不属于上述伤害的事故均称为其他伤害，比如扭伤、跌伤、冻伤、野兽咬伤、钉子扎伤等。

9.1.3.4 按伤残等级分类

根据事故受伤人员的伤残状况，将受伤人员伤残程度划分为10级，从第一级（100%）到第十级（10%），每级相差10%。

一级伤残：日常生活完全不能自理，全靠别人帮助或采用专门设施，否则生命无法维持。意识消失，各种活动均受到限制而卧床，社会交往完全丧失。

二级伤残：日常生活需要随时有人帮助。各种活动受限，仅限于床上或轮椅上的活动。不能工作，社会交往极度困难。

三级伤残：不能完全独立生活，需经常有人监护。各种活动受限，仅限于室内的活动。明显职业受限，社会交往困难。

四级伤残：日常生活能力严重受限，间或需要帮助。各种活动受限，仅限于居住范围内的活动。职业种类受限，社会交往严重受限。

五级伤残：日常生活能力部分受限，偶尔需要监护。各种活动受限，仅限于就近的活动。需要明显减轻工作，社会交往贫乏。

六级伤残：日常生活能力部分受限，但能部分代偿，条件性需要帮助。各种活动降低，不能胜任原工作，社会交往狭窄。

七级伤残：日常生活有关的活动能力严重受限，短暂活动不受限，长时间活动受限。工作时间需要明显缩短，社会交往降低。

八级伤残：日常生活有关的活动能力部分受限，远距离流动受限，断续工作，社会交往受约束。

九级伤残：日常活动能力大部分受限，工作和学习能力下降，社会交往能力大部分受限。

十级伤残：日常活动能力部分受限，工作和学习能力有所下降，社会交往能力部分受限。

9.1.3.5 按事故发生原因分类

按照事故发生的原因，可将事故分为：

（1）物质技术原因事故。物质技术原因事故是指由于物质或技术方面而引起的事故，简称物质原因事故。

（2）人为原因事故。人为原因事故是指由于人的操作、违章和违纪等方面的原因而引起的事故。

（3）管理原因事故。管理原因事故是指由于管理上的缺陷、失误、混乱和不作为等方面而引起的事故。

（4）环境原因事故。环境原因事故是指由于环境方面的因素而引起的事故。

当然，事故也可以按直接原因、间接原因对事故进行分类。直接原因是指在发生事故时直接导致事故发生的原因，包括技术原因和人为原因；间接原因就是指间接的，一般是指不能直接促成事故的原因，比如管理的、基础的、社会的等原因引起的事故，但在某种情况下管理原因也可能是事故的直接原因。

除了以上分类方法之外，还有许多种分类方法，比如按时间作业进行分类、按工段进行分类、按操作技术水平进行分类等。因此，企业或单位应当结合自己的实际情况，根据事故管理工作的需要，恰当地选择适合于企业实际情况的某种或多种事故分类方法，将事故进行科学的分类，以便找出事故发生的规律性，从而采取有效的、有针对性的措施，进行事故预测、预防或将事故危害造成的损失降低到最低程度。

9.2 安全生产事故的生命周期及特征

9.2.1 安全生产事故的生命周期

任何安全事故都有其发生、发展和消除的过程。事故的发展一般可归纳为四个阶段，即孕育阶段、生长阶段、发生阶段和恢复阶段。各个阶段的特点分述如下。

9.2.1.1 孕育阶段

在事故形成的初期，由于生产系统某些方面的缺陷，开始出现一些不安全因素，而这些不安全因素又导致其他不安全因素产生。比如企业管理缺陷导致设备采购中忽视安全性和可靠性的问题，生产工人缺乏安全知识培训的问题等，企业不安全因素会逐渐增多。在此阶段，单一的不安全因素只要处于临界状态以下，或不与其他不安全因素产生交互作用，即不会直接引发事故。比如一台处于不稳定状态的设备，如果由一个有丰富经验的技术工人来操作，工人就会利用自己的经验来调整设备的状态和自己的操作方法，从而最大限度地避免事故的出现。

9.2.1.2 生长阶段

当不安全因素逐步增多，并开始相互作用时，不安全程度加剧，不安全状态和不安全行为得以发生，形成事故隐患。事故隐患的存在及其演变和发展，是事故产生的根本原因。事故进入潜伏阶段，并处于“一触即发”的不稳定状态，一旦某些关键因素发生急变或一些新的不安全因素进入作业过程，事故即爆发。例如，一台处于不稳定状态的设备，如果由一个没有经验的新工人来操作，两种不安全因素即开始交互作用，设备的不稳定性开始加剧，事故隐患即形成。如果该操作工人又处于疲劳状态，此时出现事故的可能性就极大。

这一阶段是实施安全生产控制的关键阶段，也是实施安全生产预警管理的重要时期，通过适时监测，观察各种不安全因素及其相互关系的发展和演变状态，在不同状态下发出预警信息，并及时采取措施就可以控制不安全程度的加剧，从而避免事故的发生。比如当前述设备不稳定性达到某种临界状态之前，开始对设备进行修理；或更换一个有经验的操作人员，事故就极有可能避免。

9.2.1.3 发生阶段

当事故隐患被某些偶然事件触发时，就会发生事故，包括当事人肇事、外界物的作用和环境的影响，使事故发生，造成伤亡和经济损失。然而，事故的发生并不是简单的瞬间，事故发生以后，如果不进行及时的控制和处置，事故还会进一步发展并扩大，甚至导致一系列连锁事故的发生，直至形成灾难性后果。这一阶段的关键是要提高应急处置能力，通过快速的应急处置，控制事故的发展，避免事故扩大，同时，通过及时的救助减少事故的损失。

9.2.1.4 恢复阶段

事故平息以后，开始恢复生产。这一阶段的关键是要对事故进行评估，其内容包括收集事故的相关资料，分析事故产生的原因，总结教训，提出下一阶段的整改计划。同时，评估事故造成的损失，安置和安抚事故损失各方，及时进行相关赔付，避免引起社会不稳定。

9.2.2 安全生产事故的特征

从现代社会安全事故发生的规律来看，安全事故几乎渗透到人们生产和生活的各个方面。研究事故的性质及其发展规律，有助于减少事故的发生和带来的经济损失，提高应急管理能力。通过对事故的研究发现，事故具有以下三个重要特性或规律。

9.2.2.1 事故的因果性

事故的因果性是指一切事故的发生都是有其原因的，这些原因就是潜在的危险因素。这些危险因素有的来自人的不安全行为或管理不善，也有的来自物和环境的不安全状态。一切事故的发生都是由于各方面的原因相互作用的结果，绝对不会无缘无故地发生事故，大多数事故发生的原因都是可以找到的。事故给人们造成的直接伤害或财产损失所产生的后果是显而易见的，但比较复杂的事故，要找出究竟是何种原因，又是经过何种过程而造成这样的后果并非是一件容易的事。这是因为很多事故的形成是由于多种因素同时存在，且它们之间存在相互制约的关系。当然，有极少的事故，由于受到当今科学、技术水平的限制，可能暂时还找不出原因。但实际上，原因是客观存在的，这就是事故的因果关联性。事故的因果性关联性表明事故的发生是有规律性的。

因此，一旦事故发生后，要深入剖析事故的根源，研究事故的因果关系，根据事故发生的根本原因制定事故的防范措施，防止同类事故再次发生是非常重要的。

9.2.2.2　事故的偶然性

事故的偶然性是指事故隐患发展成为事故，是一个偶然的随机事件。事故隐患生成后，在一定的条件下，必然发展成事故，但是在何时发生、在何地出现、发展何种事故以及造成何种后果，则具有非常大的偶然性。

事故是由于客观存在的某种不安全因素（事故隐患），随着时间进程而产生某些意外情况而出现的一种现象。因此，人们常说，事故的发生是随机的（即事故具有偶然性）。事故的偶然性决定了人们不可能掌握所有事故的发展规律，杜绝所有事故的发生。例如，因果关联性所述，事故是客观存在的某种不安全因素演进或某些不安全因素共同作用的结果，是不安全因素随着时间的进程产生变化表现出来的一种现象。因此，在一定范围内，采用一定的科学理论，使用一定的科学仪器或手段，可以找出相似的规律，从外部和表面上的联系，找到决定性的内部关系。认识事故发生的规律，把事故消除在萌芽状态，变不安全条件为安全条件，化不利为有利。

9.2.2.3　事故的潜伏性

一般而言，突发事故往往都是突然发生的，但在事故发生之前有一个潜伏期。导致事故发生的因素（即“隐患或潜在危险”）早就存在，也就是说，系统存在隐患，具有危险性，只是未被发现或未受到重视而已。随着时间的推移，一旦条件成熟，被人的不安全行为或物的不安全因素触发，就会显现而酿成事故，所以安全管理中的安全检查、检测与监控，就是排查事故隐患。

尽管事故的发生是必然的，但人们可以通过采取控制措施来预防事故发生或延长事故发生的时间间隔。基于人们对过去已发生事故所积累的经验，把人作为主体，通过研究预测事故发生的时间与规律，预测精度越高，事故发生的概率就越低。但如果在未来的时间里出现了没有预测到的事故，当对事故的调整或控制不当时，就可能造成人的伤害和机械的损坏。充分认识事故的这一特性，对防止事故的发生具有积极作用，改变人们对事故的看法，教育员工树立“安全第一，预防为主”的思想，通过事故调查，探求事故发生的原因和规律，及早采取预防事故的措施，可降低事故发生的概率。

企业要减少或控制事故的发生，事故管理必须做到安全管理、安全技术、安全教育全面着手，不能片面、简单地完成任务型的分析，要系统、科学的分析问题，不仅要找出事故的直接原因，更要找出事故间接的、深层次的管理、技术和教育等方面原因。只有掌握了事故的基本特性，指导员工认识事故，了解事故，掌握事故发生的规律，制定控制事故的有效措施，才能达到真正预防事故发生的目的。

9.3　选矿厂主要危险、有害因素与安全生产事故处理

危险、有害因素是指选矿厂内客观存在的物质或能量超过临界值的设备、设施和场所

等，能对人造成伤害或对物造成突发性损害，或能影响人的身体健康、导致疾病，或对物造成慢性损害的因素，即对人、物或环境具有产生伤害的潜能。危险、有害因素辨识与分析是选矿厂安全生产评价的基础。

9.3.1 选矿厂主要危险、有害因素

选矿厂设备众多，人员复杂，潜在的危险、有害因素难于辨识。为了保障选矿厂全体员工的生命、财产安全，强化安全生产的监督与管理，辨识选矿厂存在的主要危险、有害因素十分重要。选矿厂主要危险、有害因素包括八大类。

9.3.1.1 电气危险

电气危险主要包括电气火花和电气伤害两种形式。电气危险是与电相关的，从能量的角度来说，电能失去控制将造成电气事故。按照电能的形态，电气事故可分为触电事故、雷击事故和静电事故等。

选矿厂的电气事故主要是触电事故，触电事故是由电流及其转换成其他能量造成的伤害事故，触电事故分为电击和电伤。电击是电流直接作用于人体所造成的伤害；电伤是电流转换成热能、机械能等其他形式的能量作用于人体造成的伤害。触电事故往往突然发生，在极短的时间内造成严重的后果。在选矿厂中，配电室或车间内的电气线路、电气设备等都有可能由于线路老化、漏电、静电放电、破损等原因造成电气伤害。

对于电气伤害而言，由于选矿厂的机械化程度较高，在操作配电室仪器仪表、用电设施设备时都有触电的可能，同时也可能存在带电体工作产生的放电电弧伤害人体或设备的情况。此外，雷电也可能造成仪器仪表的损坏或引起燃烧的点火源，从而导致火灾爆炸或因控制失灵产生其他的伤害事故。

9.3.1.2 机械伤害

机械伤害是机械能（动能和势能）的非正常做功、流动或转化，导致对人体的接触性伤害。机械伤害的主要伤害形式有夹挤、碰撞、剪切、切割、缠绕或卷入、戳扎或刺伤、飞出物打击和跌落等。发生机械伤害物的因素主要包括：

（1）形状和表面性能。其是指切割要素、锐边、利角部分，粗糙或过于光滑。

（2）相对位置。其是指相向运动、运动与静止物的相对距离较小。

（3）质量和稳定性。其是指在重力的影响下可能运动零部件的位能。

（4）质量和速度（加速度）。其是指可控或不可控运动中零部件的动能。

（5）机械强度。其是零件、构件的断裂或垮塌。

（6）弹性元件（弹簧）的位能。其是在压力或真空作用下液体或气体的位能。

发生机械伤害的基本类型主要有：

（1）卷缠和绞绕。引起这类伤害的是作回转运动的机械部件（如轴类零件），包括联轴节、主轴、丝杠、胶带运输机等；回转件上的凸出物和开口，如轴上的凸出键、调节螺栓或销、圆轮形状零件（链轮、齿轮、皮带轮）的轮辐、手轮上的手柄等，在运动情况下，将人的头发、饰物、肥大衣袖或下摆卷缠引起伤害。

（2）卷入和碾压。引起这类伤害的主要危险是相互配合的运动副，比如相互啮合的齿轮之间以及齿轮与齿条之间，皮带与皮带轮、链与链轮进入啮合部位的夹紧点，两个作相

对回转运动的辊子之间；滚动的旋转件引发的碾压，如轮子与轨道、车轮与路面等。

(3) 挤压、剪切和冲撞。引起这类伤害的主要是作往复直线运动的零部件，诸如相对运动的两部件之间，运动部件与静止部分之间由于安全距离不够产生的夹挤，做直线运动部件的冲撞等。运动部件的直线运动包括横向运动和垂直运动。

(4) 飞出物打击。由于发生断裂、松动、脱落或弹性位能等机械能释放，失控的物件会飞出或反弹出去，从而对人身造成的伤害。比如：轴的破坏引起装配在其上的皮带轮、飞轮、齿轮或其他运动零部件坠落或飞出；高速运动的零件破裂碎块甩出等。另外，弹性元件的位能引起的弹射，比如弹簧、皮带等的断裂；在真空、压力下的液体或气体位能引起的高压流体喷射等。

(5) 切割和擦伤。切削刀具的锋刃，零件表面的毛刺，工件或废屑的锋利飞边，机械设备的尖棱、利角和锐边以及粗糙的表面（如砂轮、毛坯）等，无论物体的状态是运动的还是静止的，这些由于形状产生的危险都可能构成伤害。

(6) 碰撞和剐蹭。机械结构上的凸出、悬挂部分（如起重机的支腿、吊杆，机床的手柄等)，长、大加工件伸出机床的部分。这些物件无论是静止的还是运动的，都可能会产生危险。

机械伤害大量表现为人体与可运动部件的接触伤害，各种形式的机械伤害、机械伤害与其他非机械伤害往往交织在一起。在进行危险源辨识时，应该从机械系统的整体性出发，考虑机器的不同状态、同一危险的不同表现形式、不同危险因素之间的联系和作用，以及显现或潜在的不同形态等。

选矿厂在生产过程中，机械伤害最容易发生的部位是胶带运输机、破碎机以及各种泵、风机与电动机的联轴器或皮带轮等旋转部件；为了确保选矿厂生产过程中的安全，各种机械传动装置，比如皮带轮、联轴器等均需要设置保护罩。因此，只要采取基本的防护措施和管理措施，不违章操作，伤害的可能性很小，但机械伤害仍是选矿厂主要的危险因素之一。

9.3.1.3 中毒和窒息

当外界化学物质进入人体后，与人体组织发生反应，引起人体发生暂时性或持久性损害的过程称为中毒。人体的呼吸过程由于某种原因受阻或异常，所产生的全身各器官组织缺氧而引起的组织细胞代谢障碍、功能紊乱和形态结构损伤的病理状态称为窒息，如选矿过程为了调节矿浆的 pH 值，一般都会使用硫酸、硝酸或盐酸。若企业员工防护不当，有可能发生中毒或窒息事故。中毒症状一般以呼吸道吸入酸的蒸汽和侵害皮肤黏膜最多，一旦触及皮肤，轻者局部发红肿痛，重者烧成水疱，周围大量充血，甚至引起皮下组织坏死，似烫伤症状，烧伤后期结成痂皮。

9.3.1.4 起重伤害

起重伤害是指选矿厂在使用起重设备的过程中由于设备故障或人员操作因素所引起的人员伤害及设备损失等。起重伤害主要包括失落事故、坠落事故和挤伤事故三类。

失落事故包括吊包、吊具、板材坯件、工具等物体掉落事故。常见的事故包括专用卡具夹物脱落、挂吊不牢、起落吊不稳、起升钢丝绳破断、吊装钢丝绳脱钩、吊物零乱或捆扎不牢、吊具损坏、挂吊位置摆动过大、设备缺陷或运行不稳等。

坠落事故多半发生在机体上的坠落、与被吊物碰落、高处设备的维护和检修以及安全检查登高作业等情况。发生此类事故的原因通常在于设备本身的缺陷、起重机的通行平台、转向用的中间平台、栏杆等防护装置不符合安全设计规范，或施工质量不好、作业人员精神不集中、操作过程确认不够、起重机及吊（辅）具没有定期检验等。

挤伤事故多发生在吊具、吊载与作业场所地面物体之间挤伤，吊载转、翻倒砸伤，被机体挤伤或与机体接触撞伤等。发生事故的原因通常是无指挥或指挥不当、操作不熟练、起落吊不稳、放吊不平、歪拉斜吊、挂吊偏重、大车小车提升同时操作、急停或限位开关等安全防护装置故障等。选矿厂中，起重设备使用频繁，应特别注意安全防范。

9.3.1.5 粉尘危害

粉尘危害是指空气中包含的固体微粒浓度过大，或含有有毒、有害固体微粒等，作业人员在正常工作中可能造成自身身体或器官的伤害。

粉尘危害对人体的伤害是非常严重的。人体吸入生产性粉尘后，可刺激呼吸道，引起鼻炎、咽炎、支气管炎等上呼吸道炎症，严重的可发展成为尘肺病。同时，生产性粉尘又可刺激皮肤，引起皮肤干燥、毛囊炎等疾病，如金属和磨料粉尘可以引起角膜损伤，导致角膜感迟钝、角膜混浊，有机粉尘（如动物性粉尘）可引起哮喘、职业性过敏肺炎等。

选矿厂原矿输送、破碎及破碎后矿石的转运、样品制备、产品装卸过程中都会产生粉尘，粉尘的飞扬可能会被人体直接吸入，因此，加强员工的自我保护意识对粉尘的防范尤为重要。

9.3.1.6 噪声伤害

噪声是一类引起人烦躁，或音量过强而危害人体健康的声音，噪声对人体的伤害有：

（1）强的噪声可以引起耳部的不适，比如耳鸣、耳痛、听力损伤。据测定，超过115dB(A）的噪声会造成耳聋。据临床医学统计，若在80dB(A）以上噪音环境中生活，造成耳聋者可达50%。

（2）噪声会使工作效率降低。研究发现，噪声超过85dB(A)，会使人感到心烦意乱，感觉到吵闹，因而无法专心工作，结果会导致工作效率降低。

（3）噪声会损害心血管。噪声是心血管疾病的危险因子，会加速心脏衰老，增加心肌梗死发病率。医学专家经人体和动物实验证明，长期接触噪声可使体内肾上腺分泌增加，从而使血压上升，在平均70dB(A）的噪声中长期生活的人，可使其心肌梗死发病率增加30%左右，特别是夜间噪音会使发病率更高。

（4）噪声还可以引起神经系统功能紊乱、精神障碍、内分泌紊乱等。高噪声的工作环境，可使人出现头晕、头痛、失眠、多梦、全身乏力、记忆力减退以及恐惧、易怒、自卑，甚至精神错乱等症状。

（5）噪声会引起视力的下降。人们只知道噪声影响听力，其实噪声还影响视力。试验表明，当噪声强度达到90dB(A）时，人的视觉细胞敏感性下降，识别弱光反应时间延长；噪声达到95dB(A）时，有40%的人瞳孔会放大，视线模糊；而噪声达到115dB(A）时，多数人的眼球对光亮度的适应都会有不同程度的减弱，所以长时间处于噪声环境中的人很容易发生眼疲劳、眼痛、眼花和流泪等现象。

在选矿厂的生产过程中，破碎机、胶带运输机、风机、除尘、磨矿、选别、干燥等设备都会产生强大的噪声，会给人体造成伤害，并可能引起二次事故。

9.3.1.7 高处坠落

高处坠落是指在高处作业过程中发生坠落造成的伤亡事故。高处作业是指凡在坠落高度基准面 2m 以上（含 2m）有可能坠落的高处进行的作业。高处作业时，被蹬踏物材质强度不够、踏空、失稳等都可能会引起高处坠落。当然，除了客观因素以外，“三违”行为也容易造成高处坠落，比如指派无登高架设作业操作资格的人员从事登高作业就很容易发生相应安全事故。据《建筑安装员工安全技术操作规程》相关规定，从事高处作业的人员要定期体检，凡患有高血压、心脏病、贫血病、癫痫病以及其他不适合从事高处作业的人员不得从事高处作业。此外，劳动防护用品缺失或破损也很容易造成高处坠落事故，主要表现为高处作业人员的安全帽、安全带、安全绳、防滑鞋等用品因破损、断裂、失去防滑功能等引起的高处坠落事故。有的单位贪图便宜，购买劳动防护用品时只认价格高低，而不管产品是否有生产许可证、产品合格证，导致员工所用的劳动防护用品本身质量就存在问题，根本起不到安全防护作用。

9.3.1.8 淹溺

淹溺俗称溺水，淹溺事故一般 4~5 分钟或 6~7 分钟就可因呼吸心跳停止而死亡。淹溺致死的原因主要包括：

（1）大量水、泥沙进入口鼻、气管和肺阻塞呼吸道而窒息。

（2）惊恐、寒冷使喉头痉挛，呼吸道梗阻而窒息。

（3）淡水淹溺，大量水分进入血液，血被稀释，出现溶血，血钾升高从而导致心室颤动引起心跳停止。

选矿厂一般都设置有对精矿和尾矿进行浓缩的浓密池，因而存在操作人员跌入造成淹溺事故的可能，为了确保操作人员的生命安全，必须采取相应的基本防护措施和管理措施，不违章操作。

选矿厂在生产过程中除了存在以上几种形式的伤害外，还可能存在原料运输、卸料过程和驾驶车辆等其他形式的伤害。

9.3.2 选矿厂安全生产事故处理

根据国家相关的法律法规以及上级部门要求，在安全事故发生后，必须迅速、及时、有效地争取时间，控制事态发展，保护现场生产人员不受伤害，财产不受损失。

9.3.2.1 选矿厂生产安全事故报告制度

《安全生产法》明确规定，生产经营单位主要负责人在事故报告和抢救中负有主要领导责任，必须履行及时、如实报告生产安全事故的法定责任。

A 安全事故报告的内容

报告的安全事故信息必须准确。事故经过要完整、详细，时间、地点、人员伤亡等关键要素要准确，各环节之间的来龙去脉、因果关系要交代清楚，信息来源及核查渠道等要明确具体。例如，事故发生后短时间内无法掌握全面情况，可按事故报告时限要求先书面报送基本情况，进一步核查了解新情况后再及时续报。所报告的信息内容主要包括：事故报告单位、报告时间、联系电话；事故信息来源、现场联系人及电话；事故发生的时间、地点；事故性质（类型）、影响范围、危害程度（伤亡损失情况）；事故背景及简要经过；应急预案启动情况；抢救进展情况及发展趋势；事故单位简况；许可持证、安全管理及其他可能与事故发生有关的情况；事故暴露的问题、初步原因分析及已经采取的措施等。

B 安全事故报告的时限

省级安全监管部门在接到或者查到符合报送标准的事故后（包括可能引发事故的预测、预警信息），须按照总局相关规定立即组织核实，编辑整理事故信息，按时限要求报至总局调度统计司。其中，特别重大事故、特大伤亡事故、重大伤亡事故，须按规定逐级上报，每级上报的时间不得超过 2 小时；对群众举报、媒体披露的事故，须立即组织调查核实，经查证属实且符合上报标准的，在 2 小时内上报事故信息；紧急情况下可先通过电话报告，再书面报告。个别情况特殊，未能在规定时限内报告的，须书面说明迟报原因。

C 安全事故报告的程序

为了规范生产安全事故的报告和调查处理，落实生产安全相关事故的防范，防止和减少生产安全事故，切实维护公司和员工的利益，杜绝瞒报、虚报生产安全事故，规范安全事故报告程序。事故发生后有关人员应当立即组织救援，控制事态，防止事故扩大，同时向本单位负责人报告；单位负责人接到报告后，应立即赶赴现场或指定区域负责人组织救援，实施应急预案，减少人员伤亡和财产损失。发生安全事故的单位，根据情节严重，事故单位负责人必须在第一时间（2 小时内）电话通知公司领导和安全主管部门。事故处理后，需及时组织调查了解事故发生的经过，并在 12 小时内将真实经过、预防整改措施以书面形式报到上级主管部门。

9.3.2.2 选矿厂生产安全事故调查处理程序

《安全生产法》规定，事故调查处理应当按照科学严谨、依法依规、实事求是、注重实效的原则，及时、准确地查清事故原因，查明事故性质和责任，总结事故教训，提出整改措施，并对事故责任者提出处理意见。事故调查处理需要根据事故的具体情况，成立事故调查组。由当地政府、安全生产监督管理部门、负有安全生产监督管理职责的有关部门、监察机关、公安机关以及工会派人组成，并邀请人民检察院参与。

生产安全事故调查处理程序主要包括调查准备、事故调查取证和事故分析三个阶段。

调查准备阶段是指接到事故报告后，安全生产监督管理部门和负有安全生产监督管理职责的有关部门按照分级管理的原则，负责人立即赶赴事故现场，组织事故救援与前期事故调查，并初步确定事故等级、类别和事故原因。

调查组牵头单位向同级呈报事故调查组请示文书。请示文书应当说明事故基本情况、拟定的调查组牵头单位、调查组组长、调查组组成单位和邀请单位。根据事故的具体情况，事故调查组由当地人民政府、安全生产监督管理部门、负有安全生产监督管理职责的相关部门、监察机关、公安机关等部门组成。

牵头单位明确主办人员，由主办人员填写《立案审批表》，并由相关领导签署审批意见，调查组牵头单位根据事故的具体情况制定事故调查工作方案，明确调查组分工、调查组工作职责、各调查组工作任务和工作要求，同时召开事故调查组会议，通报事故发生的基本情况，抢险救援情况，宣布调查工作方案，明确各调查组成员分工和任务，调查组组长对调查工作提出具体要求。

事故调查取证主要涉及事故现场勘察取证、材料取证、证人证言取证以及计算事故直接经济损失和技术鉴定五个方面。

安全生产监管部门接到事故报告后，要立即派人赶赴事故现场进行勘察，向当事人或目击者了解事故发生的经过，提取事故现场存留的有关痕迹和物证（致害物、残留物、破损部件、危险物品、有害气体等），封存与事故有关的物件，并用摄影、照相等方法予以固定。对无法搬运或事故发生单位确需立即使用的物件，由勘察人员现场认定，并由事故发生单位负责人当场签字认可后，交付事故发生单位或相关单位保管或使用。

根据现场勘察和现场取证情况，绘制事故现场有关图纸（包括事故现场示意图、剖面图、工艺图、流程图、受害者位置图等）。现场勘察完毕，向调查组提交《事故现场勘察报告》。勘察报告应当说明事故现场勘察人员、勘察时间、勘察路线，认定事故类别，附有相应的事故图纸、照片等，参与现场勘察的人员需要在勘察报告上签字认可。

现场勘察取证后，收集证明事故等级、类别和事故发生的相关事实与材料，包括事故汇报记录、伤亡人员统计表、赔偿协议、尸检报告、遗体火化记录、死亡证明、医院伤害程度证明等，以及事故发生前生产设施、设备状况，有关技术文件和规章制度及执行情况，工作环境状况，受害人和肇事者的技术状况、健康状况等。同时收集事故发生单位、相关单位和部门的文件、规章制度、报表、台账、记录、图件以及向调查组提供的书面证明。

收集有关书面证据时，调查组要求相关单位（部门）限期提供证据清单，提供复印件的，由提供单位签署“复印属实”并加盖公章，同时注明原件存放的单位（部门）。

证人证言取证涉及调查询问笔录和有关人员提供的情况说明、举报信件等。调查人员制订事故调查询问计划和询问提纲，明确调查询问对象和询问内容，对事故现场目击者、受害者、当事人和相关管理人员、负有监督管理职责的人员进行调查询问。对事故发生负有责任的人员必须调查询问，认定责任者的违法违规事实应当有 2 个以上的证人证言或其他有效证据。

取证工作完成后，按照国家标准统计事故直接经济损失。《事故直接经济损失表》须由事故单位或其主管部门盖章认可。

最后，对事故进行技术鉴定，对较大以上的生产安全事故和事故原因复杂的一般事故，事故调查组需委托具备国家规定资质的单位进行技术鉴定。承担技术鉴定的单位或专家按照相关要求，在调查组的领导下，依法认定事故发生的原因，并向调查组提交完整的《技术鉴定报告》。

事故分析包括事故原因分析、事故性质分析和事故责任分析。

事故原因分析包括直接原因分析和间接原因分析。从机械、物质（能量源和危险物质）、环境的不安全状态和人的不安全行为两个方面分析事故的直接原因，从技术、教育、管理、人的身体和精神方面等分析事故的间接原因。根据事故原因进行事故性质分析，对事故的严重程度以及是否属于责任事故或非责任事故做出认定。根据事故调查所确认的事实和直接原因、间接原因、事故性质，结合有关单位、有关人员（岗位）的职责和行为，对事故责任加以分析和判断，确定事故责任人（直接责任者、主要责任者和领导责任者）。根据事故的后果、事故责任者应负的责任、是否履行职责及认错态度等情况，对事故责任者依法提出明确的处理建议。

根据事故发生原因，向事故发生单位和相关单位提出针对性的事故防范和整改措施建议，确保有效防止同类事故的再次发生。事故现场调查完毕，事故调查组组长主持召开事故分析会，由调查组成员、事故发生单位、相关单位人员参加。会议通报事故调查情况，分析事故原因，提出防范措施等。同时，主办工作人员须填报《结案审批表》，报负责人审批，批准同意结案后，按一卷一档的原则，将调查报告，各类请示、批复文件，相关证据材料，处理落实材料，相关执法文书等整理归档。

9.3.2.3 选矿厂生产安全事故调查组织机构

根据国务院第 34 号令《特别重大事故调查程序暂行规定》和第 75 号令《企业职工伤亡事故报告和处理规定》，矿山事故的调查处理按照属地管理、分级负责的原则。

轻伤、重伤事故的调查，由矿山企业负责人或其指定人员组织生产、技术、安全等有关人员以及工会成员组成事故调查组进行调查。

一般死亡事故的调查，由企业主管部门会同企业所在地设区的市（或者相当于设区的市级）劳动部门、公安部门、工会组成事故调查组进行调查。

重大死亡事故的调查，按照企业的隶属关系由省、自治区、直辖市企业主管部门或者国务院有关主管部门会同同级劳动部门、公安部门、监察部门、工会组成事故调查组进行调查。

事故调查组在查明事故原因后，如果对事故的分析和事故责任者的处理不能取得一致意见，负责安全生产监督管理的部门有权提出结论性意见；如果仍有不同意见，应当报上级负责安全生产监督管理的部门处理；仍不能达成一致意见时，报同级人民政府裁决。充分体现生产安全事故处理的逐级上报、分级调查处理原则。

9.3.2.4 选矿厂生产安全事故调查处理规定

国家安全生产监督管理总局于 2015 年 4 月发布了《关于做好生产安全事故调查处理及有关工作的通知》，对事故的调查处理做了如下规定。

A 特大、特别重大事故调查处理工作

一次死亡 30 人以上（含 30 人）的特别重大事故和经济损失巨大、社会影响恶劣或国务院领导有明确批示的特大事故，按国家现行有关规定，由国家安全生产监督管理总局组织调查。事故调查的有关事项仍按《国务院特别重大事故调查程序暂行规定》和《企业职工伤亡事故报告和处理暂行规定》执行。事故调查报告报请国务院审批，国家安全生产监督管理总局下达结案通知。

事故发生地省、自治区、直辖市人民政府安全生产监督管理部门负责组织调查处理一次死亡 10~29 人的特大事故。事故调查结束后，省级安全监管部门要向国家安全生产监督管理总局汇报事故调查处理情况，听取国家安全生产监督管理总局意见后，将事故调查报告报请省、自治区、直辖市人民政府批复，同时报国家安全生产监督管理总局备案。煤矿特大事故的调查处理，仍按国家现行规定办理，由国家煤矿安监局批复。

B 未遂事故调查处理工作

各地区、各有关部门和单位要认真贯彻“安全第一，预防为主”的方针，加强对未遂事故的调查处理工作。凡发生社会影响较大、涉险人数 50 人以上或可能造成很大经济损失的特别重大未遂事故，以及媒体向社会披露的特大未遂事故，国务院有关部门、省级安

全监管部门和煤矿安全监察机构及中央管理的工矿商贸企业应及时将未遂事故的有关情况、处置情况、调查结论及防范措施等报国家安全监督管理总局（煤矿未遂事故报国家煤矿安监局)。安全监督管理总局主管业务司及调度中心或国家煤矿安监局将跟踪了解有关情况，督促整改措施的落实。

C 对事故调查处理情况的监督检查

各级安全监管部门要会同各级人民政府监察等有关部门采取定期检查、重点抽查等方式，加强对事故调查处理工作，尤其是对责任追究的落实情况和防范、整改措施的监督检查，及时发现问题，予以纠正。同时，要将检查结果向同级人民政府报告，对问题严重和责任追究、防范措施、整改措施不落实的，建议同级人民政府追究有关领导人员的责任。

D 事故信息的管理工作

各省（区、市）安全监管局、省级煤矿安全监察机构和国务院有关部门及中央管理的工矿商贸企业，凡发生一次死亡10人（含10人）以上事故的，要及时将事故信息报送国家安全生产监督管理总局。省级人民政府和国务院有关部门直接将事故信息报送国务院的，请同时抄送国家安全生产监督管理总局。接到事故信息报告后，由国家安全生产监督管理总局提出处理意见，并按程序上报。根据党中央、国务院领导同志的批示精神，国家安全生产监督管理总局做好贯彻落实工作，并将落实过程中的重要进展情况及时报送国务院。

E 做好事故信息的披露与报道工作

一次死亡30人以上（含30人）的特别重大事故和党中央、国务院领导同志有明确指示的特大事故以及社会影响大的未遂事故的有关信息和情况，由国家安全生产监督管理总局商议有关部门在中央新闻媒体上予以披露、报道与曝光。一次死亡30人以下（不含30人）的事故和一般未遂事故的有关信息及情况，由省级以下安全监管部门商议有关部门在当地相关新闻媒体上予以披露、报道与曝光。

F 建立、完善事故通报制度

对特别重大事故、典型的特大事故和一个月内在一个省（区、市）发生3起以上（含3起）一次死亡10~29人特大事故的，国家安全生产监督管理总局要将有关情况通报全国，并在中央新闻媒体上予以曝光。同时，向国务院有关主管部门发出督办函，督促其加强本行业的安全监管工作，控制事故的发生。凡中央企业发生一次死亡10人以上（含10人）事故的，除通报发生事故的中央企业外，要向国务院负责安全监管的有关主管部门和企业的出资人机构发出督办函，督促其加强安全监管，采取有效措施，改进安全工作。各级安全监管部门也要建立健全相关制度，及时对相关事故予以通报，督促有关方面和单位改进，同时加强安全生产工作。

G 安全生产新闻发布工作

各级安全监管部门要会同同级人民政府新闻主管部门，定期召开所在地区安全生产新闻发布会，向媒体、社会通报和发布有关安全生产情况和信息。遇有特殊或紧急情况，如发生社会影响较大的事故等，可随时召开新闻发布会。

9.4　选矿厂事故管理

事故管理是指对事故的抢救、调查、分析、研究、报告、处理、统计、建档、制订预案和采取防范措施等事故发生后的一系列工作与管理的总称。事故管理是安全管理的一项非常重要的工作，它是一项技术性和政策性非常强的工作。搞好事故管理，对于提高选矿厂的安全管理水平，防止事故的重复发生具有非常重要的作用。根据国内多年来事故管理的经验，主要内容包括：

（1）通过对发生事故中人员和财产的抢救，了解事故的发生因素，为制订事故应急救援预案提供经验，同时也对事故的防范与指导人员的逃生避难起到借鉴作用。

（2）根据事故的调查研究、统计报告和数据分析，从中掌握事故的发生情况、原因和规律，针对生产工作中的薄弱环节，有的放矢地采取避免事故的对策，防止类似事故重复发生。

（3）通过事故管理，为制定或修改有关安全生产法律、法规和标准以及安全操作规范提供科学依据、真实数据和“完整的试验资料”。

（4）通过事故管理，可以使员工受到深刻的安全教育，吸取事故教训，提高遵纪守法和按章操作的自觉性，使管理人员提高对安全生产重要性的认识，明确自己应负的责任，提高安全管理水平。

（5）通过事故的调查研究和统计分析，可以反映一个地区选矿厂的安全生产水平和工作成效，找到与类似选矿厂的差距。因此，准确统计伤亡事故是做好选矿厂安全管理工作的重要标志。

（6）通过事故的调查研究和统计分析，可以使国家或政府机关及时、准确、全面地掌握选矿厂的生产、管理状况，发现问题并做出正确决策，有利于监察、监督和管理部门开展相应工作。

选矿厂能否安全顺利完成生产计划，其技术经济指标能否在同类型企业中取得先进水平，除了它的自然条件之外，周密的计划、严格的管理、有条不紊的指挥起着决定性作用，即管理在选矿厂的生产过程中起重要作用。选矿厂的研究对象不仅限于生产技术，也不限于社会经济学，而是这两门科学的有机结合。换句话说，选矿厂的管理，既要符合生产技术的规律，又要符合社会经济的规律，并随着生产技术的发展和社会经济关系的变革发生相应的改变。由此可见，选矿厂管理是一门复杂的、综合性的学科。

选矿厂管理包括日常管理和应急管理两方面的内容。

9.4.1　选矿厂日常事故管理

选矿厂的日常管理范畴较大，归纳起来主要包括工作制度管理和生产现场管理两部分。工作制度管理是指拥有一整套切合生产实际的工作标准、行为规范、组织机构及职责分工、考核追究制度。现场管理指的是人员管理、设备管理、工艺管理等。以这些理念作为指导，加上管理过程中按照组织机构及职责分工，将管理依照层层递进的关系抓起，从基础工作做起，逐步提高管理工作的各项要求。

9.4.1.1 工作制度管理

制度是规范企业各项工作的准则，也是企业员工必须遵循的目标。因此，制度的建立关系到企业发展的方向和管理的档次，有多高的制度就有多高的管理，可以说制度是企业的灵魂。一般选矿厂在建立制度之前，首先要建立组织机构，明确各部门及每个领导的工作范畴，然后根据组织和分工制定相应的制度。需要制定的制度一般包括工作程序、工作职责、任职能力要求、安全环保制度、设备使用与管理制度、安全技术操作规程、工艺技术指标及标准、考核与奖惩制度等。

A 工作程序

工作程序是指在一项工作中有许多细节，哪些部门负有什么样的责任做一明确分工，也就是必须分清哪个部门是组织者，哪些部门是遵从者。如果出现不合格产品，就由调度组织并负责不合格产品的处理，质检部负责标识，生产部负责分析原因并制定纠正预防措施，管理部负责记录并考核。

B 工作职责

每个部门负责的工作在程序文件中已经做了规定，那么具体到部门的人员后，就有每个员工的工作职责，这样不会造成事不关己、手忙脚乱的场面，而且能各负其责，便于考核。

C 任职能力

对于每个员工的工作经验、学历、年龄、职称、品质等要有基本要求，这样可为人力资源部的招聘做参考，对没有达到要求的员工可做进一步培训。

D 安全环保制度

必须要有统一的安全管理制度、应急预案、劳动保护用品制度、所有废弃物的处置管理制度，对于各种场所的要求，比如动火物品的保管、储存、使用，有毒有害物品的保管、储存、使用，对特殊场所的要求、工作场所的安全要求以及各种工作人员工作的安全要求等。

E 设备制度

设备管理制度是对每台设备从开箱到报废履行怎样的手续和对所有设备的使用到维护的职责进行规定。设备维护保养制度对设备存在的隐患和使用状况进行描述，并规定维护和保养的部位和使用周期。设备检修制度规定大、中、小修项目及周期，计划下达的时间以及实施和验收的规程。设备检修标准规定各检修部位检修完后必须达到的标准，比如减速机的大、小齿轮的啮合度，轴向、径向的标准等。设备完好标准是指单台设备的每个部位在运行中达到怎样的程度，在停车时达到怎样的标准。设备事故责任追究制度是按照设备事故的分析程序，成立事故分析小组，得出分析结论。设备事故责任惩罚制度是根据发生事故的种类，结合分析结果，遵循“四不放过”的原则，对事故责任人进行处罚和教育。

F 物资管理制度

物资管理制度首先制定材料的分类标准，比如原材料、备品备件、定额材料、低值易耗等；其次制定原辅材料的质量标准，也就是购进的原辅材料必须是合格的，比如对于原材料，也就是矿石的品位进行规定；对于辅料，如衬板，规定其使用寿命，对于没使用到寿命的应分析并找出原因；此外，还应制定采购制度，内容包括采购程序，采购材料的质量，备品备件的及时率等都应作明确规定。

G　安全技术操作规程

所有设备的开停车都遵循着一定的顺序和规律，必须对每台设备开停车的注意事项，维护保养、润滑需要有一个明确的规定，这就是安全技术操作规程的范畴。

H　工艺技术指标标准

针对各选厂工艺流程、原矿性质的特性，制定中间产品和最终产品以及相关环节的工艺技术指标标准，使各选厂对过程产品的完成情况有一个可遵循的准则，从而保证最终产品的符合性。

I　考核与奖惩制度

各项制度的制定只能提供一个标准，但完成的程度应该与工资挂钩，做到奖勤罚懒，企业也只有做到奖惩分明，其工作才能循序渐进地提高。

9.4.1.2　生产现场管理

生产现场管理是指用科学的管理制度、标准和方法对生产现场各生产要素，包括企业员工、机器设备、工具、原材料、辅料、加工检测方法、环境、信息等进行合理有效的计划、组织、协调、控制和检测，使其处于良好的结合状态，达到优质、高效、低耗、均衡、安全、文明生产的目的。换而言之，生产现场管理是生产第一线的综合管理，也是生产管理的重要内容，是生产系统合理布置的补充和深入。

A　人员管理

人是管理中最活跃的因素，也是最难保证的环节，因此，在现场管理中，人员的管理显得尤为重要，在人员的管理中应着重注意以下四点：

(1) 人员安全意识的提高。安全包括人身安全和设备安全两个方面。在现场工作的岗位工必须在保证自己和他人安全的情况下，才能更好地完成本职工作。在保证设备安全的前提下，才能生产出合格产品。因此，安全意识的提高是人员管理的基础，岗位工有义务定时接受三级安全教育和安全技术操作规程的培训。这里所说的三级安全教育的第一级指的是矿级安全教育，第二级指的是厂级安全教育，第三级指的是班组安全教育。只有循环往复地培训，才能减少、杜绝安全事故的发生。

(2) 人员综合素质的提高。文化、思想、技能的提升是提高企业管理的前提。文化指的是人员接受事物的认知度，思想是人员对工作的热情度，技能是人员在具体工作中对规定目标实现的程度。

(3) 人员遵守制度自觉性的提高。人员在综合素质不断提高的情况下，对从事工作的标准，需要遵守的制度，有一定的热情度、认知度，以至于在熟练掌握本职工作的过程中，必然会在遵守制度方面从被动到主动，从自觉到自发。

(4) 人员在工作中协作性的提高。每位熟练掌握本职工作的员工都是独立的个体，但任何一项工作独立个体基本都无法单独完成或完成的质量不高，只有每位员工沟通良好，团结协作，才能高质量地完成工作目标，逐步提升管理水平。

B　设备管理

设备的管理包括设备档案的建立、设备的检修、设备的维护与保养、设备的巡检、设备事故的处理及设备的报废六个方面。

设备档案的建立包括每台设备的图纸及备品、备件图纸、设备台账、备品备件的计划和实际的维修周期、计划和实际的使用周期、报废台账。设备的检修包括检修计划、检修的实施和验收。检修计划包括大、中、小修计划，大修计划必须在年初制定，以便财务提留大修费用，因为设备大修的周期一般是固定的；中修计划一般在月初提出；小修计划一般和中修一起进行，只有在中修和小修项目不同时才分成中修和小修计划。无论是哪种检修，在实施前必须开检修会议，统筹安排时间、人力、物力，有组织、按计划全面地实施检修，在实施过程中必须有专人监护。检修完成后，必须有专人验收，合格后，方准试车，试车合格后才可以投入运行。设备的维护与保养指的是设备在停车状况下，发现隐患及时处理；对运行设备在不停车的状况下，对紧固件、连接件、润滑部位的正常保养；在设备停车后，对存在隐患的部位及时进行维修。设备的巡检分为一级、二级、三级巡检，一级巡检指的是操作工对运行设备的操作和检查，对于设备运行的状况和存在的隐患必须在运行记录上记录；二级巡检指的是机修工和电工对所有设备的巡检，对于设备存在的隐患在设备巡检记录上记录，并分析原因，为制定检修计划提供依据；三级巡检指的是管理人员的巡检，一般是由厂长、工段长、工程师、职能部门组织的巡检。对于每台设备有三级巡检作为保障，再辅以合理的维护，运转率一般都会很高。设备事故的处理是指设备在违章操作和使用不当，或维护检修不到位时发生的事故。这时必须采取紧急措施，把损失降到最低，逐级上报，由事故分析小组分析原因，按照制度进行教育和处罚，避免同一事故重复发生。设备的报废是指设备的使用周期到了规定的使用寿命，或由于事故导致设备无法恢复原有的性能时，按照报废制度中规定的程序，履行报废手续后，入库封存，同时上报废设备台账。

C 工艺管理

工艺指标是指根据市场和客户的需求，对产品的质量要求，以及为保证合格产品，对半成品和生产关键环节最基础的质量要求。工艺管理就是对上述质量标准实现程度的管理，一般应做到以下几点：

(1) 数据的统计与分析。数据的统计是把通过检测手段辨出的产品或半成品及关键环节的数据，按照统计规划，进行收集、整理后，以报表的形式，为数据分析提供依据。数据分析是应用数据统计资料，分析得出产品各方面的性能，从而分析影响的原因，找出解决办法，为工艺管理提供持续改进的信息。

(2) 试验结论的应用。实验室试验在选矿生产中十分重要，往往选矿的技术革新、工艺改造的理论依据都来自试验数据，因此，定期对现有生产工艺流程进行考查，从中发现问题和改进的契机，才能使选矿厂在激烈的竞争中处于不败之地。

(3) 日常检查与整改。选矿的生产连续性很强，对上下班的衔接也有很高的要求。因此，作为选矿厂的管理层，必须经常地深入现场，对上述所有环节进行检查，对发现的问题归纳汇总，及时整改。

(4) 金属物料的平衡工作。对于进出物料的金属量进行平衡计算，也是衡量选矿厂管理的一个重要指标，因此，每月或每季进行平衡计算，能够有效地杜绝选厂的跑、冒、滴、漏现象。

通过对选矿厂实施制度管理与现场管理能够很好地提高选矿厂的管理经营能力，提高全员劳动生产率，提高选矿厂的设备作业率，改进选厂的生产工艺流程，提高选矿厂的综合经济效益。

9.4.2　选矿厂应急事故管理

应急管理存在狭义和广义之分。狭义的应急管理，偏重于突发事件发生后的应急处置，在内涵上包括应急预案的建设与管理、应急资源的管理与调配、应急处置手段的建设、应急指挥体系的建设以及应急救援队伍的建设等内容。广义的应急管理是从整体上对突发事件各个发展阶段的管理，包括突发事件从孕育、生长、发生和恢复全过程所进行的预测、决策、控制、协调和指挥等活动，它是基于对突发事件的原因、过程及后果进行分析，为预防和减少突发事件的发生，降低突发事件的危害，通过实施有效的管理，有效集成社会各方面的相关资源，对突发事件进行有效预警、控制和处置的过程。

安全事故应急管理的客体是安全事故，它以广义的应急管理概念为基础，安全事故应急管理即是在安全事故整个寿命周期内，对安全事故的抢救、调查、分析、研究、报告处理、统计、建档、制定预案和采取防范措施等一系列管理活动的总称。

安全事故是安全生产领域内的突发事件，由于这些事件所处的领域不同，造成不同突发事件的发生发展规律各异，给安全事故的应急管理带来了困难。这就需要首先对容易发生重大危害事件的领域进行专业性、针对性的研究和分析，制订比较完善的应对方案，如火灾是一个突发性和危害性较大的事件，由于发生地区不同，因而相应的防治措施和处理方法也不一样，这就要求必须研究各类安全事故的发生和发展规律。安全生产事故应急管理通常包括以下几个方面的内容。

9.4.2.1　安全事故隐患的识别

安全事故是各种不安全因素交互作用的结果，因此，对安全生产过程中各种不安全因素及其关键作业点的识别，已成为预防安全事故的基础和关键。比如选矿厂经常开展的事故安全隐患排查正是基于这种基础性和关键性而开展的工作，这些工作的目标在于通过分析各种不安全性因素及其相互作用关系，把握安全事故的孕育过程，确定安全事故隐患的所在，从而有针对性地进行预防和监控。

9.4.2.2　安全事故隐患的适时监控

安全事故隐患的适时监控必须结合事故隐患的特点，采用现代化的监控技术，采集隐患的各种状态数据，并以一定的手段实现数据的传输，为数据的分析和风险状态的评估提供科学依据。

9.4.2.3　安全事故风险评估与预警

安全事故的风险评估是指通过分析已经采集到的反映事故隐患状态的各种数据，采用科学的风险评估技术，评价事故隐患发生的风险大小，划定风险等级。预警是指根据风险评估的等级，对可能出现的安全事故给出不同等级的警示。在预警管理中，要求在出现较高级别的预警时，采取相应的防范措施将风险降低到预定水平，从而提高隐患的安全程度，最大限度地避免安全事故的发生，或最大限度地降低事故带来的伤害和损失。

9.4.2.4　安全事故应急处置

对安全事故的应急处置是应急管理的核心，表现在预案规定的各种应急处置方案间进行的选择和决策，利用各种应急手段对各种应急资源的组织和利用。当安全事故出现以后，事故的各种表现形式及特征都将逐步显露出来，这就要求对事故的发展状态进行分析，对事故未来的发展趋势进行预测，根据分析结果，对各种应急响应措施做出相应的决策，其间还可能会涉及对各级政府的法律、法规、政策和条例的遵守、相关人力资源的调动以及物资的调拨等一系列的行动。

9.4.2.5　安全事故应急资源管理

安全事故应急资源包括专业应急救援人员、应急处置工具、应急救援物质和各种应急辅助工具（如通信、交通工具等）。应急资源管理不仅包括要合理储备一定品种和数量的实物应急资源，同时还涉及应急资源储备在地理位置上的合理布局、市场储备、生产能力储备与实物储备的构成，以及储备资源的日常管理等问题。

9.4.2.6　安全事故应急救援预案管理

安全事故应急救援预案是指政府或企业为降低事故发生时造成的严重危害，对当前危险源、突发性灾害事件的评价，以及以事故预测后果为依据预先制定的事故控制和抢救方案。

预案是由一系列的决策和措施组成。预案的制订是总结突发事件的处理经验，把它们作为案例记录下来，用于指导将来可能出现的一些事件。预案管理包括预案的制订、修订和完善工作，它贯穿在应急管理的全过程中。对事件的处理过程就是预案的实施和调整过程，预案管理还是对一些可能出现事件规律的分析和预测，通过研究事件之间的联系，寻找其中的一些规律特征来指导预案的制定、修订和完善。

9.4.2.7　安全事故事后处理

安全事故事后处理是在安全事故的影响减弱或结束之后，对原正常运行状态的恢复；对事故造成的损失进行评估，并对相关损失人员进行相应的赔偿、补偿或救济；对相关部门、人员的奖励和追究责任。另外还要对发生的事故及时查找原因，总结经验教训，提出改进方案或防范措施，以及预防对策，并进行归档管理。

结合选矿厂生产实际工作的特点，在安全管理时首先必须保证企业总体应急预案和措施到位，然后编制各分项的应急预案，比如机械设备伤害、高处坠落、物体打击、触电伤害、火灾事故和危险化学品泄漏事故、中毒等专项应急预案，配备相应的应急救援设备设施，加强应急预案和应急管理的培训与现场演练，才能在生产中发生上述各种安全事故时及时采取措施加以解决，避免影响选矿厂的正常生产。

思　考　题

9-1　选矿厂安全生产管理的目标是什么？

9-2　安全生产事故的特征是什么？

9-3　选矿厂主要的危险、有害因素主要包括哪些？

9-4　选矿厂的事故管理主要包括哪些方面的内容？

10 选矿厂安全教育培训

安全教育培训是选矿厂安全生产重要的基础性工作，是选矿厂提高职工安全素养和安全技能、强化安全防范意识的必要手段，也是做好安全生产工作的治本之举。企业进行安全教育培训，根本上是为了改变员工的生产观念和思维模式，拓宽企业员工的知识面，提高专业技能与专业水准。在此基础上强化员工的安全知识、岗位操作技能，从本质上提高员工的综合素质，增强安全防范意识，确立安全生产的主导地位。

10.1 概　述

10.1.1 安全教育培训的重要性和必要性

《安全生产法》第二十一条明确规定："生产经营单位应当对从业人员进行安全生产教育和培训，保证从业人员具备必要的安全生产知识，熟悉有关的安全生产规章制度和安全操作规程，掌握本岗位的安全操作技能。未经安全生产教育和培训合格的从业人员，不得上岗作业。"国家已将安全教育上升到法律法规层面，可见其重要性。

安全教育培训工作可以有效地遏止事故。违章是安全管理的一大难题，"违章作业等于自杀""领导违章指挥等于杀人"。要遏止事故，杜绝事故，必须通过开展全方位、经常性、扎实的安全教育培训，通过灌输各种各样的安全意识，逐渐在人的大脑中形成概念，才能对外界生产环境做出安全或不安全的正确判断。当前，随着科学技术的进步和体制改革的深入，新技术、新工艺和新装备不断涌现，抓好全员安全教育、增强安全意识、普及安全知识、提高安全管理和安全操作水平十分重要。统计近几年的工伤事故发现：人为因素占88%，违章作业占46%，劳保装置不齐或使用不当占20%。由此可见，防止事故的根本措施是防止人的不安全行为，大多数事故均是由于人的不安全行为引起的，而全员安全教育是预防人的不安全行为的最好办法。同时，只有开展全员安全教育，找出事故发生的规律，有针对性、重点进行安全教育，才能使全体职工形成遵章守纪的心理素质。就人的因素而言，引起工伤事故的主要心理因素除了情绪低沉和思想麻痹外，能力缺乏是一个较为突出的问题。一个人的能力与他的知识和技能密切相关，工作能力强的人，其知识、经验就越丰富，掌握的知识越多，发生事故的概率就越低；而经验不足、安全知识贫乏、技术低下、能力差往往会引发安全事故。通过安全教育与培训，使员工具备相应的安全知识与操作技能，其安全心理素质才能增强，才能从被动接受安全教育转变为主动接受安全教育。此外，对于广大职工，尤其是青年职工进行经常的、必要的、甚至强化的安全知识教育，培养遵章守纪的良好习惯，避免各类事故的出现也是非常重要的。

企业的安全生产离不开管理。只有强化基层领导的安全教育，才能推动安全管理的全面发展。要实现全面的安全管理，关键在于加强企业领导、各部门负责人及班组长等的教育培训工作，提高他们对安全生产方针的认识，增强安全生产责任制和自觉性，促使他们关心、重视安全生产，积极参与安全管理工作。有些企业只重视岗位工人的教育，而忽视企业领导、各部门负责人及班组长的安全教育。造成安全管理的漏洞，导致车间、班组或工段安全教育不能落到实处。因此，只有加强企业领导、各部门负责人及班组长的安全自觉性，才能更好地带动广大职工群众，安全教育才能起到事半功倍的效果，才能实现企业全面安全管理质的飞跃。

安全教育培训工作可以大大提高队伍的安全素质，体现全面、全员、全过程的覆盖生产现场，通过安全教育培训工作可完成“要我安全”到“我要安全”，最终实现“我会安全”本质的转变。对职工进行安全教育，是安全管理一项最基本的工作，也是确保安全生产的前提条件。只有加强安全教育培训，不断强化全员安全意识，增强全员防范意识，才能筑起牢固的安全生产思想防线，才能从根本上解决安全生产中存在的隐患。安全与生产是辩证的统一，相辅相成，安全教育既能提高经济效益，又能保障安全生产。

10.1.2 安全教育培训的对象和要求

《生产经营单位安全培训规定》明确规定：“生产经营单位从业人员，应当接受安全培训，熟悉有关安全生产规章制度和安全操作规程，具备必要的安全生产知识，掌握本岗位的安全操作技能，了解事故应急处理措施，熟悉自身在安全生产方面的权利和义务。未经安全培训合格的从业人员，不得上岗作业。”“不具备安全培训条件的生产经营单位，应当委托具备安全培训条件的机构对从业人员进行安全培训。”生产经营单位安全教育培训对象，主要包括生产经营单位主要负责人、安全生产管理人员、其他从业人员和特种作业人员四类。

10.1.2.1 生产经营单位主要负责人的安全教育培训

生产经营单位主要负责人是指对本单位生产经营负全面责任有生产经营决策权的人员。对其进行安全生产知识和管理能力的安全培训，是最基本的、也是对企业安全生产的重要保障。生产经营单位负责人具体指：有限责任公司或股份有限公司的董事长、总经理；其他生产经营单位的厂长、经理、矿长、投资人等。生产经营单位主要负责人必须按国家有关规定，经过安全生产培训，具备与本单位所从事的生产经营活动相应的安全生产知识和管理能力。危险物品的生产、经营、储存单位以及矿山、建筑施工单位的主要负责人，必须经过安全生产培训，由安全生产监督管理部门或法律、法规规定的有关主管部门考核合格并取得安全资格证书后，方可任职。

生产经营单位主要负责人安全生产管理培训时间不得少于 24 学时；每年再培训时间不得少于 8 学时。危险物品的生产、经营、储存单位及矿山、建筑施工单位的主要负责人安全资格培训时间不得少于 48 学时；每年再培训时间不得少于 16 学时。

10.1.2.2 生产经营单位安全生产管理人员的安全教育培训

生产经营单位安全生产管理人员是指在生产经营单位从事安全生产管理工作的人员，是国家有关安全生产法律、法规、方针、政策在选矿厂的具体贯彻执行者，也是本单位安全生产规章制度、作业规程的具体制定和落实者。生产经营单位安全生产管理人员具体指生产经营单位安全生产管理机构负责人及其工作人员，以及未设安全生产管理机构的专兼职安全生产管理人员等。与单位主要负责人的要求一样，他们必须按照国家的有关规定，经过安全生产培训，具备与本单位所从事的生产经营活动相应的安全生产知识和管理能力。危险物品的生产、经营、储存单位以及矿山、建筑施工单位的安全生产管理人员，必须经过安全生产培训，由安全生产监督管理部门或法律、法规规定的有关主管部门考核合格并取得安全资格证书后，方可任职。

安全生产管理人员安全生产管理培训时间不得少于24学时；每年再培训时间不得少于8学时。危险物品的生产、经营、储存单位及矿山、建筑施工单位的安全生产管理人员安全资格培训时间不得少于48学时；每年再培训时间不得少于16学时。

10.1.2.3 生产经营单位其他从业人员的安全教育培训

生产经营单位其他从业人员是指除主要负责人和安全生产管理人员以外，该单位从事生产经营各项活动的所有人员，也是生产经营活动最直接的劳动者，安全培训也不容忽视。其具体指其他负责人、管理人员、技术人员和各岗位的工人，以及临时聘用人员。

生产经营单位对新从业人员，应进行厂（矿）、车间（工段、区、队）、班组三级安全生产教育培训。新从业人员安全生产教育培训时间不得少于24学时；危险性较大的行业和岗位，教育培训时间不得少于48学时。

10.1.2.4 特种作业人员的安全教育培训

特种作业人员是从事特殊作业的操作人员，在选矿厂的安全生产过程中起着重要的作用，包括电工作业、焊接作业、厂内机动车辆驾驶、锅炉作业、起重作业、高处作业、爆破作业、密闭空间作业、压力容器作业等16种相关从业人员。

由于各工种都有其自身的特性，特种作业人员在教育培训过程中，要根据不同工种专业的特点，向职工传授该工种的专业操作技能，同时要结合该工种作业过程中经常出现的违章操作现象讲解违章操作的严重后果。因此，特种作业人员必须接受与本工种相适应的、专门的安全技术培训，经安全技术理论考核和实际操作技能考核合格，取得特种作业操作证后，方可上岗作业；未经培训，或培训考核不合格者，不得上岗作业。已按国家规定的本工种安全技术培训大纲及考核标准的要求进行教学，并接受过实际操作技能训练的职业高中、技工学校、中等专业学校毕业生，可不再进行培训，直接参加考核。

从业人员调整工作岗位或离岗一年以上重新上岗时，应进行相应的车间（工段）安全生产教育培训。生产经营单位实施新工艺、新技术或使用新设备、新材料时应对从业人员进行有针对性的安全生产教育培训。

10.1.3 安全教育培训的内容

选矿厂安全教育是安全管理的一项重要工作，其目的是提高职工的安全意识，增强职工的安全操作技能和安全管理水平，最大程度减少人身伤害事故的发生。其真正体现了“以人为本”的安全管理思想，是搞好选矿厂安全管理的有效途径。选矿厂安全教育主要包括安全思想教育、安全技术知识教育和安全技能教育三个方面的内容。

10.1.3.1 安全思想教育

安全生产的思想教育是安全教育的基础，可以提高职工安全生产的自觉性、责任心、积极性。涉及安全生产方针、政策、法制教育、典型经验及事故案例教育，提高企业各级领导和全体职工对安全生产重要意义的认识，使其在日常工作中坚定地树立“安全第一”的思想，正确处理好安全与生产的关系，确保企业安全生产。通过安全生产法制教育，使各级领导和全体职工了解和懂得国家有关安全生产的法律、法规和企业各项安全生产规章制度；使企业各级领导能够依法组织企业的经营管理，贯彻执行“安全第一，预防为主”的方针；使全体职工依法进行安全生产，依法保护自身安全与健康权益。通过典型经验和事故案例教育，人们能够了解安全生产对企业发展、个人和家庭幸福的重要作用；发生事故对企业、个人和家庭带来的巨大损失和不幸，从而坚定安全生产的信念。

对职工的安全思想教育，应贯穿于整个生产过程之中，根据不同人员、不同时间、不同问题有针对性地进行教育。目前一些企业在生产过程中坚持的班前布置安全、班中检查安全、班后总结安全的制度和职工违章离岗安全教育、工伤事故责任制复工安全教育，都是采用这种形式的安全教育。

10.1.3.2 安全技术教育

安全技术知识由生产技术知识、安全生产技术知识和专业安全生产技术知识三部分组成。

生产技术知识是人类在征服自然的斗争中所积累起来的知识、技能和经验，安全技术知识是生产技术知识的组成部分。要掌握安全技术知识，首先要掌握一般的生产技术知识，其主要内容包括企业的基本生产概况、生产技术过程、作业方法或工艺流程，与生产技术过程和作业方法相适应的各种机械设备的性能，工人在生产中积累的操作技能和经验，以及产品的构造、性能、质量和规格等。

安全生产技术知识是企业所有职工都必须具备的基本安全生产技术知识，主要内容包括：企业内的危险设备和区域及其安全防护的基本知识和注意事项；有关电气设备（动力及照明）的基本安全知识；起重机械和厂内运输有关的安全知识；生产中使用的有毒、有害原材料或可能散发有毒有害物质的安全防护基本知识；企业中一般消防制度和规则；个人防护用品的正确使用以及伤亡事故报告办法等。

专业安全生产技术知识是指某一作业的职工必须具备的、与作业相关的安全生产技术知识。专业安全生产技术知识教育比较专门和深入，它包括安全生产技术知识、工业卫生技术知识以及根据这些技术知识和经验制定的各种安全生产操作规程的教育，内容涉及锅炉、压力容器、起重机械、电气、焊接、防爆、防尘、防毒、噪声控制等。

进行安全生产技术知识教育，不仅对缺乏安全生产技术知识的人需要，对具有一定安全生产技术知识或专业安全生产技术和经验的人也是必要的。这是因为知识是无止境的，需要人们不断地学习和提高，防止片面性和局限性。事实上，有许多伤亡事故，就是只凭“经验”或麻痹大意、违章作业而引起的。所以，对具有实际知识和一定经验的人、具备一定安全生产技术知识的人也需要学习，提高他们的安全生产知识，把局部知识、经验上升到理论，使他们的知识更全面。此外，随着社会生产的不断进步，新的机器设备、新的原材料、新的技术也不断涌现，也需要有与之相适应的安全生产技术，否则就不能满足生产发展的需求，因此，对安全生产技术的学习和钻研就显得尤为重要。

10.1.3.3 安全技能教育

安全技能是指安全完成操作的技巧和能力，包括操作技能、熟练掌握操作安全设备设施的技能，以及在应急情况下进行妥善处理的技能。通过具体的操作演练，掌握安全操作技术，对提高职工的安全工作水平和实践能力具有十分重要的意义。

对作业现场的安全只靠操作人员现有的安全知识是远远不够的，同安全知识一样，还必须具备进行安全作业的实践能力。知识教育，只解决了“应知”的问题，而技能教育，着重解决“应会”，以达到人们通常说的“应知应会”的要求。这种“能力”教育，是企业安全教育的侧重点。技能与知识不同，知识主要用脑去理解，而技能要通过人体全部感官，并向手及其他器官发出指令，经过复杂的生物控制过程才能达到目的。为了使安全作业的程序形成条件反射固定下来，必须通过重复相同的操作，才能亲自掌握要领，这就要求安全技能教育的实施主要放在“现场教学”，实践中应该由本岗位最出色的操作人员在实际操作中给予个别指导并督促、监护反复进行实际操作训练，以达到熟练的要求。

仅有安全技术知识，并不等于就能够安全地从事操作，还必须把它变成安全操作的本领。安全技能包括岗位操作的重点、难点、注意事项，危急情况的应变措施，安全技能教育不仅要靠书本知识的讲授，而且还要靠演示和实训才能牢固掌握。

10.2　选矿厂安全生产教育培训的形式

安全教育培训是为企业安全生产打基础的工作，没有有效的安全教育培训，职工队伍的安全意识和安全能力就难以提高，企业的安全工作就没有保障。目前，安全教育培训工作在企业安全生产中的重要性已经凸显，已被越来越多的企业管理者所接受，各个企业都在采取不同的形式广泛开展安全教育培训工作，努力为企业的和谐稳定发展提供高素质的职工队伍保证。企业的安全生产培训教育形式多样，就选矿厂而言，其安全生产教育培训分为三级安全教育、特种作业人员安全教育和经常性安全教育三种形式。

10.2.1　三级安全生产教育培训

三级安全教育是指新入厂职员、工人的厂级安全教育、车间（工段）级安全教育和岗位（班组）级安全教育，是企业安全教育的基本形式，它能有效提高员工的安全技能和安全意识。为了能尽快了解企业的基本概况及危险因素，了解各种危险因素的危害程度及如何控制，防止各类事故的发生，有效地掌握自我保护和群体保护应具备的安全生产、工业卫生的基本常识，入厂职员、工人的三级安全教育具有十分重要的意义。

入厂级安全教育是对新入厂职员、工人在分配工作之前进行的安全教育，它可以采取企业负责安全工作的领导人做报告，由安全技术管理人员讲课，参观安全教育室，观看安全电影或录像，学习有关文件等方式，使新入厂人员了解企业的基本概况、生产任务及特点、安全状况、事故特点和主要原因，以及一般的安全技术常识，从而提高新入厂职工的安全知识水平，防止和减少各类事故的发生。入厂级安全教育培训的内容主要包括：

（1）讲解劳动保护的意义、任务、内容和重要性，使新入厂的职工树立起“安全第一”和“安全生产人人有责”的思想。

（2）介绍企业的安全概况，包括企业安全工作发展史，企业生产特点，工厂设备分布情况（重点介绍接近要害部位、特殊设备的注意事项），工厂安全生产的组织。

（3）介绍国务院颁发的《全国职工守则》《中华人民共和国劳动法》《中华人民共和

国劳动合同法》以及企业内设置的各种警告标志和信号装置等。

(4) 介绍企业典型事故案例和教训，抢险、救灾、救人常识以及工伤事故报告程序等。

车间（工段）级安全教育是新职员、工人被分配到车间后，在尚未进入岗位前进行的安全教育。安全教育一般由车间安全工作的负责人或车间安全员讲课，向新职工介绍本车间管理的组织形式、安全生产的规章制度、劳动规则和注意事项，以及该车间的设备性能特点和安全防护知识，使新职工了解车间生产情况、作业特点、危险源之所在，遵守安全事项，同时组织参观生产现场，从而加深其对安全生产的认识，获得基本的安全防护知识。车间（工段）级安全教育培训的主要内容包括：

(1) 介绍车间情况，根据车间（或设备）的特点介绍安全技术基础知识，比如选别车间的特点是选矿设备多、电气设备多、生产人员多和生产场地比较拥挤等。

(2) 介绍车间防火知识，包括防火方针，车间易燃、易爆品的基本情况，防火的要害部位及防火的特殊需要，消防用品放置地点，灭火器的性能、使用方法，车间消防组织情况，遇到火险如何处理等。

(3) 组织新工人学习安全生产文件和安全操作规程制度，并应教育新工人听从指挥，安全生产。

岗位（班组）级安全教育是新职员、工人踏上工作岗位开始工作前的具体教育，通常由班组长或班组安全员讲课，讲授本工段或本班组的安全生产概况和经验教训，介绍本岗位的安全作业规程、安全文明生产、正确使用个人防护用品，以及进行操作示范等。然后通过考试，检查对安全生产的认识程度，对生产技术常识和安全操作要点的掌握程度，并落实“以老带新”以后方可正式上岗作业。岗位（班组）级安全教育培训的主要内容包括：

(1) 本班组的生产特点、作业环境、危险区域、设备状况、消防设施等。重点介绍高温、高压、易燃易爆、有毒有害、腐蚀、高空作业等方面可能导致发生事故的危险因素，交代本班组容易出事故的部位和典型事故案例的剖析。

(2) 讲解本工种的安全操作规程和岗位责任，重点讲思想上应时刻重视安全生产，自觉遵守安全操作规程，不违章作业；爱护和正确使用机器设备和工具；介绍各种安全活动以及作业环境的安全检查和交接班制度等。

(3) 讲解如何正确使用、爱护劳动保护用品和文明生产的要求。强调防尘、防噪，女工进入车间戴好工帽，进入施工现场和登高作业，必须戴好安全帽、系好安全绳，工作场地要整洁，道路要畅通，物件堆放要整齐等。

(4) 实行安全操作示范。组织重视安全、技术熟练、富有经验的老工人进行安全操作示范，边示范、边讲解，重点讲安全操作要领，说明怎样操作是危险的，怎样操作是安全的，不遵守操作规程将会造成的严重后果。

刚进厂的新职员、工人往往由于对工作情况不熟悉，缺乏必要的工作经验和安全知识，极易酿成各类事故。三级安全教育的目的，就是使新工人和新入厂的人员，从入厂之日起逐步树立安全第一的思想，遵守安全规章制度，熟悉安全生产知识，掌握安全操作技术，提高他们的安全素质，避免和杜绝事故的发生。因此，三级安全教育是新工人和其他新调入厂的人员必修的第一课。

10.2.2 特种作业人员安全生产教育培训

特种作业人员是指从事特殊作业的操作人员，在企业的安全生产过程中起着重要的作用。相关部门对特种作业人员的安全技术培训教育和考核有着严格的规定和具体的要求，加强对特种作业人员的培训教育与考核是一件非常严肃认真的工作，它不仅能提高特种作业人员的安全技能，实现自我安全保护意识，而且对于企业实现安全生产也是必不可少的。

根据国家安全生产监督管理总局与国家煤矿安全监察局2002年颁布的《关于特种作业人员安全技术培训考核工作的意见》第二条规定："特种作业是指容易发生人员伤亡事故，对操作者本人、他人的生命健康及周围设施的安全可能造成重大危害的作业。"根据作业类别的不同，国家安监总局划分了12个类别的特种作业，包括电工作业、焊接与热切割作业、高处作业、制冷与空调作业、煤矿安全作业、金属非金属矿山安全作业、石油天然气安全作业、冶金（有色）生产安全作业、危险化学品安全作业、烟花爆竹安全作业、工地升降货梯升降作业和安全监管总局认定的其他作业。

特种设备作业人员不仅要求具备一般安全生产、使用技术知识，同时还应该熟练掌握作业安全技能装置设施，在比较紧急的情况下具备应急处理的技能。思想教育是安全生产的根基，因此在进行培训时应通过有关法律法规以及"安全第一、预防为主、综合治理"方针政策的讲授，重大事故案例的分析，促使作业人员充分意识到特种设备安全使用的重要意义，掌握事故出现的原因、过程以及规律，总结经验，吸取教训，并且通过特种设备安全培训教育，提升各级特种设备管理人员以及相关作业人员对"三落实""二有证""一检验"的认识，提升他们遵守各项安全生产规章制度的自觉性。

10.2.3 经常性安全生产教育培训

安全教育不能一劳永逸，必须经常不断地进行。随着生产技术进步、生产状况变化，新的安全知识、技能需要掌握；经过安全教育已经掌握了的知识、技能，如果不经常使用，会逐渐淡忘；已经建立起来的对安全工作的浓厚兴趣，随着时间的推移可能会逐渐淡漠；在生产任务紧急的情势下，已经树立起来的"安全第一"思想可能发生动摇，安全态度会发生变化。因此，要想保证企业安全生产，真正做到"预防为主"，对安全生产进行控制，就必须开展经常性的安全教育。

在班前会上，进行较为透彻的危险源分析，向职工讲清危险点在哪里，并将其落实到人，要有专人对工作上的危险点进行控制、监督；在班后会上，要及时总结工作中的得失和危险之处，提醒职工在以后的工作中如何注意克服。根据职工的工作岗位发放相关专业的安全操作规程，做到人手一册，要求熟记安全条款，并随时进行现场抽查提问。在技改工作中，详细制定施工方案、审批表、验收单、技术报告等，做好验收总结工作，从组织措施、技术措施、安全措施等方面予以确保，消除危险源和危险点，严把安全检查关。对于本单位发生的事故及时召开事故现场会，让职工进行讨论，分析造成事故的原因及教训，提出整改方案。让每位职工记住事故原因和教训，预防和减少事故的再次发生，认真制定并落实违反事故措施和安全技术措施计划。此外，组织职工开展安全技术交流，强化安全生产无小事思想意识，采取办墙报、写简讯、电视媒体宣传报道、散发安全相关知识和相关法律、法规知识小册子等有效形式，大力宣传安全活动的主题思想，使关爱生命的思想常驻心中。

10.3 从业人员及工会在安全生产中的权利和义务

10.3.1 从业人员在安全生产中的权利和义务

生产经营单位从业人员作为工业生产的生力军，对我国国民经济的安全健康发展起着十分重要的作用。从业人员的行为状态，直接影响着生产经营单位安全生产工作的好坏。多年的经验教训告诫人们，只有生产经营单位从业人员的权利和义务得以保证，生产经营单位和企业的伤亡事故才能减少，人民的生命和国家财产才能免遭损失。因此，对生产经营单位和企业职工在安全生产中的权利和义务以及行为准则的规定，一直以来都是生产经营单位和企业安全生产监督管理的重点。

《安全生产法》中明确规定了从业人员在安全生产过程中享有的权利和应承担的义务，从第四十四条到第四十八条详细地规定了从业人员必须遵守有关国家安全生产法律、法规和企业规章制度。同时，也规定了从业人员在安全生产过程中拥有的权利。

10.3.1.1 从业人员安全生产的基本权利

《安全生产法》等法律主要规定了各类从业人员必须享有的有关安全生产和人身安全的最重要、最基本的五项权利。

A 有安全保障、工伤保险和民事赔偿权

《安全生产法》明确赋予了从业人员享有工伤保险和获得伤亡赔偿的权利，同时规定了生产经营单位的相关义务。《安全生产法》第四十四条规定："生产经营单位与从业人员订立的劳动合同，应当载明有关保障从业人员劳动安全、防止职业危害的事项，以及依法为从业人员办理工伤社会保险的事项。生产经营单位不得以任何形式与从业人员订立协议，免除或者减轻其对从业人员因生产安全事故伤亡依法应当承担的责任。"第四十八条规定："因生产安全事故受到损害的人员，除依法享有获得工伤社会保险外，依照有关民事法律尚有获得赔偿的权利的，有权向本单位提出赔偿要求。"第四十三条规定："生产经营单位必须依法参加工伤社会保险，为从业人员缴纳保险费。"此外，法律还对生产经营单位与从业人员订立协议，免除或者减轻其对从业人员因生产安全事故伤亡依法应承担的责任的，规定该协议无效，并对生产经营单位主要负责人、个人经营的投资人处以二万元以上十万元以下的罚款。《安全生产法》的有关规定，明确了如下四个问题。

第一，从业人员依法享有工伤保险和伤亡赔偿的权利。法律规定这项权利必须以劳动合同必要条款的书面形式加以确认。没有依法载明，或者免除，减轻生产经营单位对从业人员因生产安全事故依法应承担责任的是一种非法行为，应当承担相应的法律责任。

第二，依法为从业人员缴纳工伤社会保险费和给予民事赔偿，是生产经营单位的法律义务。生产经营单位不得以任何形式免除该项义务，不得变相以抵押金、担保金等名义强制从业人员缴纳工伤社会保险费。

第三，发生生产安全事故后，从业人员首先依照劳动合同和工伤社会保险合同的约定，享有相应的赔付金。如果工伤保险金不足以补偿受害者的人身损害及经济损失的，依照有关民事法律应当给予赔偿的，从业人员或其亲属有要求生产经营单位给予赔偿的权利，生产经营单位必须履行相应的赔偿义务。否则，受害者或其亲属有向人民法院起诉和申请强制执行的权利。

第四，从业人员获得工伤社会保险赔付和民事赔偿的金额标准、领取和支付程序，必须符合法律、法规和国家的有关规定。从业人员和生产经营单位均不得自行确定标准，不得非法提高或者降低标准。

B 具有危险因素、防范措施和事故应急措施的知情权

企业的生产活动，往往存在着一些对从业人员生命和健康带有危险、危害的因素，直接接触这些危险因素的从业人员通常是生产安全事故的直接受害者。若从业人员知道并且掌握有关安全知识和应急措施，就可以消除诸多不安全的因素和隐患，将安全事故降到最低。《安全生产法》明确规定："生产经营单位从业人员有权了解其作业场所和工作岗位存在的危险因素及事故应急措施"。要保证从业人员这项权利的行使，生产经营单位就有义务事前告知有关危险因素和事故应急措施。否则，生产经营单位就侵犯了从业人员的权利，并对由此产生的后果承担相应的法律责任。

C 具有安全生产的批评、检举和控告权

企业从业人员是生产经营单位的主人，他们对安全生产情况，尤其是安全管理中的问题和事故隐患最了解、最熟悉，具有他人不能替代的作用。只有依靠他们并赋予其必要的安全生产监督权和自我保护权，才能做到预防为主，防患于未然，才能保障他们的人身安全和健康。一些生产经营单位的主要负责人不重视安全生产，对安全问题熟视无睹，不听取从业人员的正确意见和建议，使本来可以发现、及时处理的事故隐患不断扩大，导致事故和人员伤亡。《安全生产法》针对某些生产经营单位存在的不重视，甚至剥夺从业人员对安全管理监督权利的问题，规定从业人员有权对本单位的安全生产工作提出建议；有权对本单位安全生产工作中存在的问题提出批评、检举、控告。

D 具有拒绝违章指挥和强令冒险作业权

目前企业的某些生产作业是一种技术性高、专业性强的工作，任何工作环节都涉及安全生产问题。从业人员在工作期间，如果发现有人违章工作，有权及时制止。这样做不仅是为了保护自身的生命安全，而且也是为了保护其他从业人员的生命安全，保护国家财产不受损失，从而确保企业的正常生产和健康发展，任何人不得为此不听劝告或进行报复。《安全生产法》第四十六条规定："生产经营单位不得因从业人员对本单位安全生产工作提出批评、检举、控告或者拒绝违章指挥、强令冒险作业而降低其工资、福利等待遇或者解除与其订立的劳动合同。"

E 具有紧急情况下的停止作业和紧急撤离权

生产过程中由于作业条件复杂多变，工业环境差，安全隐患多，工作在此的从业人员和职工，当发现安全隐患时，应主动采取措施，尽量避免事故的发生。但是，当人力无法抗拒时，应及时报告并停止工作，进行撤离。这是生产经营单位的从业人员和企业职工自我保护的一种重要手段，任何人不得对职工采取强制命令等手段要求其继续工作。《安全生产法》第四十七条规定："从业人员发现直接危及人身安全的紧急情况时，有权停止作业或者在采取可能的应急措施后撤离作业场所。生产经营单位不得因从业人员在前款紧急

情况下停止作业或者采取紧急撤离措施而降低其工资、福利等待遇或者解除与其订立的劳动合同。”从业人员在行使这项权利的时候，必须明确以下四点。

第一，危及从业人员人身安全的紧急情况必须有确实可靠的直接根据，凭借个人猜测或者误判而实际并不属于危及人身安全的紧急情况除外，该项权利也不能滥用。

第二，紧急情况必须直接危及人身安全，间接或者可能危及人身安全的情况不应撤离，而应采取有效的处理措施。

第三，出现危及人身安全的紧急情况时，首先是停止作业，然后要采取可能的应急措施；采取应急措施无效时，再撤离作业场所。

第四，该项权利不适用于某些从事特殊职业的从业人员，比如飞行人员、船舶驾驶人员、车辆驾驶人员等，根据有关法律、国际公约和职业惯例，在发生危及人身安全的紧急情况下，他们不能撤离或者不能先行撤离从业场所或者岗位。

10.1.3.2　从业人员安全生产的基本义务

权利和义务在法律关系上是相对应而存在的，公民在法律上既是权利的主体，又是义务的主体；权利的实现需要义务的履行，义务的履行要确保权利的实现。从业人员应该遵循以下基本义务。

第一，严格遵守《安全生产法》及有关的安全生产法规、规定、条例和各种安全生产规程以及安全生产的岗位责任制，重视生产经营单位和企业在生产建设中制定的关于安全生产的各项规章、制度、作业指导书、安全操作规程。从业人员和广大劳动者的首要任务就是要认真遵守执行国家颁布的各项安全生产法律、法规及各项规程、标准，这是保证安全生产的基本要求。国家所颁布的这些法律、法规、规程等规定，都是我们国家对以往各行各业所发生的伤亡事故的经验总结。为了保证从业人员和广大职工的生命和健康，也为了保证生产经营单位和企业的顺利发展，国家制定并颁布了保证安全生产的有关安全法律、法规，生产企业的职工有责任、有义务认真贯彻执行，任何人不得以任何理由拒不执行或违章。

第二，经常检查工作地点及设备的安全状态，采取措施立即纠正已查明的违反安全规程及准则的行为。从业人员和职工必须经常检查工作地点及设备是否处于良好状态，对已发现的事故隐患或者其他不安全因素，应当立即向现场安全生产管理人员或者本单位负责人报告；接到报告的人员应当及时予以处理。只有时刻保持“安全第一”的思想，才能保证安全生产，避免事故的发生。

第三，从业人员应当接受安全生产教育和培训，掌握本职工作所需的安全生产知识，提高安全生产技能，增强事故预防和应急处理能力。同时，从业人员还应积极参加技术革新活动，提出合理化建议，不断改善劳动安全生产条件和作业环境。

10.3.2　工会在安全生产中的权利和义务

工会作为党的群团组织，是广大职工群众利益的坚定维护者，也是代表职工利益、联系企业与职工的桥梁和纽带。依法维护职工的合法权益，加强对职工在劳动过程中的安全与健康保护，是工会的基本职能。因此，工会要充分发挥职能作用，把加强职工劳动保护工作，保护职工安全与健康放到日常工作的重要位置，在企业安全生产工作中发挥积极的促进作用。

《安全生产法》第七条规定："工会依法组织职工参加本单位安全生产工作的民主管理和民主监督，维护职工在安全生产方面的合法权益。" 法律对工会在安全生产工作中的基本定位，就是依法组织职工参加管理和监督，履行维权职责。生产经营单位必须重视工会的地位和作用，吸收工会参与管理，自觉接受工会的监督，切实保护从业人员的合法权益。

10.3.2.1　工会对矿山建设项目安全设施的监督权

生产经营单位新建、改建或扩建的工程项目中的安全设施是否符合要求，是确保安全生产和从业人员人身安全和健康的重要条件。许多生产安全事故都是由于建设项目的安全设施设计、施工和投产使用存在着重大事故隐患，导致生产安全事故和从业人员伤亡。为了发挥工会在"三同时"中的作用，《安全生产法》第二十四条规定："生产建设单位新建、改建、扩建工程项目的安全设施，必须与主体工程同时设计、同时施工、同时投入生产和使用。" 第五十二条规定："工会有权对建设项目的安全设施与主体工程同时设计、同时施工、同时投入生产和使用进行监督，提出意见。" 对不符合"三同时"要求的，无论是设计阶段，还是施工和竣工验收阶段，工会都可以向生产经营单位和有关设计、施工和验收单位提出意见。相关单位对工会提出的意见，应当认真研究，并将处理意见书面通知工会。

10.3.2.2　工会对生产经营单位违反安全生产法律、法规，侵犯从业人员合法权益行为的监督权

根据《安全生产法》的规定："工会对生产经营单位违反安全生产法律、法规，侵犯从业人员合法权益的行为，有权要求纠正。" 一些生产经营单位违反安全生产法律、法规规定，侵犯从业人员合法权益的现象比较严重，比如：不向从业人员提供符合国家标准或行业标准的劳动防护用品；不对从业人员进行必要的安全生产教育和培训；不如实告知从业人员生产经营场所和工作岗位存在的危险因素和防护措施；不参加工伤保险并为从业人员缴纳保险费等。

10.3.2.3　工会发现生产经营单位违章指挥、强令冒险作业或者发现重大事故隐患的，有权提出解决的建议

违章指挥和强令冒险作业是直接导致事故的重要原因，重大事故隐患对生产经营单位的安全生产构成严重威胁。因此，工会发现违章指挥、强令冒险作业或者发现重大事故隐患时，有权向相关企业提出解决的建议。生产经营单位应当及时研究工会的意见，不得推诿，并应将处理结果通知工会。

10.3.2.4　工会有建议撤离危险场所权

工会发现危及从业人员生命安全的情况时，有权向生产经营单位建议组织从业人员撤离危险场所。生产经营单位或者现场指挥人员应当立即做出处理，对确需立即组织从业人员撤离作业场所的，立即组织执行；对尚不需要撤离从业人员，但需要采取必要安全措施的，应当及时采取保证安全的措施。

10.3.2.5　工会有生产安全事故的调查处理权

首先，工会有权依法参加事故的调查处理。这里所说的依法，是指依照《工会法》《企业职工伤亡事故报告和处理规定》《特别重大事故调查程序暂行规定》等法律、行政

法规。其次，工会有权向有关部门提出关于事故处理的意见，并可以在查清事故原因、分清事故责任的基础上，要求追究有关人员的法律责任。

在企业的生产过程中，工会可以通过各种途径，从思想上和行为上贯彻安全生产制度的执行，真正做到让安全生产落实下去。与此同时，工会要充分利用自身优势，为企业安全生产管理广泛开展行之有效的工作，全面提升员工的安全生产意识，在企业安全管理中发挥更大的作用。

思考题

10-1 简述选矿厂安全教育培训的意义。

10-2 三级安全生产教育培训的内容包括哪几个方面?

10-3 简述从业人员及工会在安全生产中的权利和义务。

11 选矿厂安全技术

11.1 机械设备安全技术

11.1.1 概述

机械设备安全技术是劳动保护科学的一项重要内容，它是研究各种机械设备本身及其在运行中产生的不安全因素和在操作过程中发生事故的规律。机械设备安全技术可以从技术角度上分析这些不安全因素的各种原因，提出改进措施，变危险为安全，变有害为无害，以达到安全生产的目的。

国务院颁布的《工厂安全卫生规程》规定："机械设备的传动带、齿轮、砂轮、电锯、接近于地面的联轴节、转轴、皮带轮和飞轮等危险部分，都要安设防护装置。""机器设备和工具都要定期检修，如果损坏，应该立即修理。"国家劳动保护法规中的这些具体规定，对机械设备安全技术提出了明确要求，也为人们做好这项工作提供了政策依据，因此必须严格贯彻执行。

选矿厂各工段都设有各种各样的机械设备，综合其安全技术现状具有以下特点：

（1）设备种类繁多，设备型号复杂，危险因素较多。

（2）自动化和半自动化程度相对较高，但总的来说，大多选矿厂的设备老旧，技术装备依然较差，从而导致安全隐患较多。

（3）原有设备的安全装置已经破损或淘汰，自制设备大都缺少安全、防护、保险或信号等装置，潜藏着一定的不安全因素，操作过程中容易发生人身伤亡事故。

11.1.2 机械设备事故发生的原因

机械设备的安全隐患可能存在于机械的设计、生产、加工、组装、调试、运输、安装、使用、维修、保养、拆卸以及报废全生命周期过程中。全生命周期中任何一个环节都可能因为各种因素的影响而产生事故。机械事故产生的原因可归结为物的不安全状态、人的不安全行为、环境的不安全因素和安全管理缺陷四个方面。

11.1.2.1 物的不安全状态

物的不安全状态是产生机械事故的直接原因，其包括机械设备本质安全性差，安全防护不全，安全保护不完善，个体防护不到位或个体防护用具存在缺陷，不能满足安全人机工作环境等。

A 机械设备本质安全性差

机械设备的设计、加工和制造需要在实现其基本功能的基础上，保证机器设备自身的安全。如果机械在设计时，没有考虑周全的安全因素，在其使用过程中必然会出现安全事故；如果在机械设计的过程中已经考虑周全了安全要素，但在制造过程中，零部件的制造没有满足设计要求，致使所设计的机器达不到安全标准，同样会造成事故。

B 安全防护不全、安全保护装置不完善

在机械设计完成后，如果从设计上不能实现本质安全要求，应增设安全保护装置（如过载保护装置、超速保护装置、过热保护装置等），并要求保护装置本身的可靠性达到使用要求，否则，可靠性低的保护装置也可能引发机械伤害事故。

C 个体防护不到位或个体防护用具存在缺陷

作业人员进入机械设备的危险区域时，必须按要求佩戴安全防护用具，比如：进入半封闭区域必须佩戴呼吸器；在高空作业时必须佩戴安全带；在可能有刮、碰、坠物作业区域必须佩戴安全帽等。操作人员按要求佩戴个人防护用具时，如果防护用具本身存在缺陷也可能引发机械伤害事故。因此，保证个人防护用具的安全可靠十分重要。

D 不符合安全人机工作要求

在人机界面及操作空间设计中，不符合安全人机工程要求，致使操作过程中出现失误而造成事故。

11.1.2.2 人的不安全行为

人作为控制、操纵机械的主体，其行为受到操作者心理、生理原因的影响，或者是操作者对机械的操作规范不清楚、安全意识不强、工作马虎大意、不清楚所操作机械的性能，都可能会出现操作失误而导致机械事故。

A 操作失误

操作失误是指由于操作者自身原因或对设备误操作引起的机械事故。

B 安全意识淡薄

在现实工作中，相当一部分人的安全意识不会因处于长期安全的工作环境中而有所提高，这些人总是存在一种侥幸心理，他们或凭着工作经验，或凭本岗位安全隐患少，或凭着多少年也未出现过安全事故。这种侥幸心理久而久之会造成安全意识的淡薄，自我防护能力的减弱。

选矿厂操作工人安全意识淡薄主要体现在拆除安全装置、手工代替工具操作等方面。由于安全意识差，片面地认为设置的安全装置会影响生产进度，因而自行拆除安全装置，导致设备在运行过程中发生机械事故。在生产或抢修过程中，操作人员有时急于完成工作，常常用手代替工具进入危险区域工作，从而造成机械伤害事故。

C 违章作业

人与机械设备的接触，必须在保证安全的前提下。如果不考虑安全问题，人进入机械危险区域常常会造成人员的伤亡，比如：着装不符合要求；在接触有棱角的工件时不戴手套；与旋转工件接触时戴手套等。

11.1.2.3 环境的不安全因素

环境的不安全因素主要包括：厂区地面湿滑；作业场所狭窄；作业场所杂乱；地面不平；梯架缺陷；地面、墙和天花板上的开口缺陷；房屋地基下沉；安全通道缺陷；厂房内安全出口缺陷；采光照明不良；作业场所空气不畅；室内温度、湿度、气压不适；给排水不良等。

环境的不安全因素没有固定的存在区域，广泛存在于设计施工不符合要求、日常维护不到位的生产、生活区域，受人为因素影响较大，同一生产区域在不同的时间段可能存在的不安全因素可能不同。

11.1.2.4 安全管理缺陷

物的不安全状态、人的不安全行为是导致机械事故发生的直接原因，安全管理缺陷则是引发事故的间接原因，也是最本质的因素。企业只有在日常工作中重视安全管理，建立健全安全管理制度和操作规范，加强人员安全培训，提高安全意识，树立“以人为本，安全第一”的安全文化理念，营造企业良好的安全文化氛围，将安全管理工作放到首位，才能从本质上有效控制、减少事故的发生。

11.1.3 机械设备安全生产规定

机械设备安全是指机械设备在设计、生产、加工、组装、调试、运输、安装、使用、维修、保养、拆卸及报废全生命周期的安全。机械设备安全技术就是要消除在机械生命全过程中存在的危险、危害因素。为规范机械设备的安全标准、避免和减少事故，国家各级标准技术委员会在借鉴相应的国际标准和欧洲标准的基础上，制定了多项机械设备安全标准，为机械设备的全生命周期安全提供了充足保障。

11.1.3.1 设计、使用安全要求

设计是机械设备产生的基础。在设计阶段完成预定功能的前提下，设计时采用的实现功能的方式、选用的机构，以保证安全作为第一前提条件，满足本质安全的设计为最佳方案。

A 机械设备本质安全要求

本质安全是指机械设备在设计阶段预先考虑的、不需要采用附加安全防护措施，就可以在预定条件下完成机器的预定功能、满足机器自身安全的要求。机械设备本身能够保证安全，不需要增设安全防护、安全保护装置的情况可以分为两种：一种是当操作失误时，机械具有保证安全的功能；另一种是当机械发生故障时，机械具有保持安全状态或具有转为安全状态的功能。实现本质安全必须做到：设计的各零部件具有足够的强度、刚度和稳定性，各部分必须满足相对可靠；人员在操作区域内，高度以操作位置为基准，2 米以内的所有传动件、回转件都必须设置防护装置；在设备运行中，防止零部件运动超限，设置可靠的限位装置；机械设备设置可靠的制动装置，并由制动装置控制超速超限；机械高速回转部件设置飞出防护，并有防止工件飞出的措施；设计机械的工作位置高于操作位置 2 米以上时，应设置栏杆、扶手、安全防护设施；设计应符合安全人机工程要求，控制装置应装在操作者能看到的整个设备的操作位置上，操作者在操作位置不能看到所控制的全部设备时，应设置紧急事故开关；设计的机械设备应考虑噪声影响，使设备运行噪声控制在规定的噪声标准内；设计时，应考虑设备产生的温度辐射在允许范围内，否则必须设置防护装置；设计设备时，应使用安全色，易发生危险的部位必须设置安全标志；设备中使用的液压、气动系统有防超压功能；设备中使用的电气元件和设备应保证安全，不能产生附加危险；设计机械设备时要考虑维护、保养的方便和安全要求。

B 加工、制造、使用安全要求

按本质安全设计的机械设备，要保证其性能可靠，必须在设备的加工制造过程中满足设计要求，同时也必须使操作者了解机械设备的性能并掌握使用方法，才能安全、正确的操作机械设备。要确保机械设备的加工、制造和使用安全，必须做到：加工的零件符合图纸要求的尺寸、精度、质量；零件之间应满足相互配合的技术要求，设备组装要保证配合关系；根据设备配套操作指南、使用说明书，操作者必须认真掌握设备的操作方法、操作规范，必须清楚操作注意事项；根据设备正常的维护保养方法，定期对设备的相应部位进行保养、检修，保证设备各部件处于正常功能范围。

11.1.3.2 维护、保养安全要求

机械设备要正常工作，除了要正确操作、使用外，还必须对设备进行日常维护、保养。维护、保养的安全要求包括设备在运输、搬运、安装、使用、拆卸时，不发生危险或伤害。机械在使用过程中，应保证日常对设备的安全检修。不同设备的运动副、传动形式、结构等都存在相应的危险区域，在检修时要保证其安全；如果设备较大，在其危险区域内检修时，人员的肢体或全身进入危险区域内工作时，必须切断电源，增设安全检修牌并由专人看管、值班，确保人员进入危险区域工作时，不会因为误启动机械而造成事故；设备保养是每天必须做的工作，除每天的保养外，还要定期对整个设备进行保养，每天必须对回转支承点加油，对其表面进行清洁润滑。在进行这些工作时要防止操作者发生碰伤、刮伤。由于有些部件在保养时，设备处于运转状态，因而要防止操作者的手进入危险区域，避免运动件伤人事故的发生；对被加工件连接、装配拆卸时；由于被加工件的质量、形状、固定方式不同，要考虑采用相应的设备或工具来完成，保证被加工件的安全；对被加工件连接、装配、拆卸时，由于被加工件的质量、形状、固定方式不同，要考虑采用相应的设备或工具来完成，保证被加工件的安全。此外，设备的工作区域应留有足够的空间，便于工作人员的进出。

11.1.3.3 安全保护装置要求

安全保护装置是指机械设备设计时不能满足安全可靠性要求必须增设的安全防护与安全保护装置。安全防护是在人与危险区域间增设安全保护屏障使人免受伤害，它是在机械设备中增设的、对机械设备的运动进行制动、限制和控制的装置，例如，超速制动限位开关等。

A 防护性要求

设计的防护装置必须满足对机械设备危险、危害因素进行有效的防护。同时，防护区域、强度、防护方法、防护用的材料均要达到安全防护的目的。

B 可靠性要求

设计的防护装置本身的可靠性要满足要求，使用的元件、器件、机器的可靠性要大于安全要求。对要求高的防护，应采用冗余技术以达到安全防护的目的。

C 连锁性要求

设计的防护装置除本身能防护外，对进入危险区域内的行动在防护的基础上，增加防护与机械运动的闭锁。当防护装置发出检测信号时，此信号同时控制机械停车，从而使机械的安全防护更加可靠。

D 隔离式防护

安全防护装置根据危险区的可封闭与不可封闭要求，对可封闭式防护，可以采用隔离式防护，把危险区域与安全区域完全隔离。隔离式防护主要分为安全防护罩、网状隔离物、防护屏等三种形式。安全防护罩的基本要求为：由于固定式防护罩是隔离安全区域与危险区域的物体。因而，固定式防护罩必须有一定强度，不能因其强度不足而造成两区的连通，从而导致事故。固定式防护其固定点应有一定固定要求，工作人员不能随意拆掉，其装配的螺栓紧固件必须使用特殊的工具才可以拆下，避免操作者因增加防护后影响其生产效率、使生产环节难度增大而擅自拆除防护，从而造成事故。非固定式防护罩在打开防护罩的情况下，机械设备处于关闭状态，防护罩关闭，机械设备不能开启。防护罩与机械运动之间留有足够的安全间隙，保证机械运动时不产生摩擦、碰撞。

此外，安全信息的使用对操作人员的安全也非常重要。安全信息包括了机械设备使用全过程的安全资料，这里的全过程主要指机械运输、吊运、安装、调整、使用、运转、清理、检查、维修过程。安全信息主要以文字、标识、信号、符号或图表等形式给使用者传递各阶段安全提醒、警告等特殊说明，用于指导使用者安全正确地使用机械设备。

11.1.4 机械设备安全生产途径

机械设备安全是指机械设备全生命周期的安全。在机械设备安全系统中，从机械的预功能实现的设计开始必须考虑实现预功能的同时要保证其本质安全。在本质安全无法实现时，要设置辅助的保护装置，利用保护装置对本质安全方面的补充，达到系统安全的目的。同样在机械的制造组装、运输、安装、使用及拆卸过程中的安全问题都属于机械安全的范畴，要达到机械安全就要从本质安全开始，对机械各部件的安全给予关注，利用安全信息、设计手段、安全保护等功能保证机械设备全生命周期的安全。

设计者在设计机械设备的预功能时，要实现预功能的原理、机构，但安全作为设计出发点，在设计中可能会遇到安全功能与实现预功能之间的矛盾，此时要把安全作为首要条件来设计。

11.1.4.1 本质安全是保证安全的首要措施

实现预功能是设计必须要达到的目的，而在实现预功能的同时保证设备的本质安全才是完善的设计方案。所设计的机械应能够满足正常工作，本身不存在危害因素；在人员误操作后机械会停止或不执行人员的操作；在机械非正常工作时，机械本身能使其转为安全状态或停止运动。满足上述要求是实现机械设备安全的目的，是机械设备本身直接的安全保护要求，也是设计者要首先要采取方法来满足的。

11.1.4.2 辅助安全保护是保证安全的重要措施

在本质安全无法实现的情况下，必须通过辅助安全保护来保证机械设备的安全。辅助安全保护应由设计者在机械设计时做好设计，不能把辅助保护留给用户，造成用户在使用设备时，由于自身的麻痹大意，或是因认为可有可无而造成保护装置的缺失，机械设备在运行中造成危险区域暴露，使进入该区域的人员受到伤害。

11.1.4.3 安全信息的使用是保证安全的指引措施

安全信息是机械设备安全的重要保证之一，安全标识、安全信号、文字、符号和图表构成安全的指引信息。通过使用安全标识，信号、符号向人员传达此机械的工作区域和危险区域，对可能造成人员及肢体危害的区域，利用安全色明确危险区域界限，提醒人们注意。安全信息起到指引性作用，其本身不能避免风险，只能对风险区域、风险程度、风险大小给出警告，指引人员保持安全的行为。

11.1.4.4　紧急预防保护装置是安全的附加预防措施

紧急预防是机械装备在遇到紧急状态时，对机械主动系统采取的强制保护，其目的是防止机械设备动能、势能、高压等危险状态的后续释放。例如，胶带运输机在有危险信号进入时，必须对主动系统进行制动。

11.1.5　机械设备安全使用要求

设备的设计仅仅是全生命周期中的一个阶段，而设备的使用阶段同样也是实现设计功能为人们完成工作的一个重要阶段。

11.1.5.1　安装使用环境要求

设备安装时，安装环境对设备是否能正常工作、安全工作影响较大。如果安装存在问题，将会造成设备存在不安全因素，也无法保证其工作的可靠性。同时，设备的工作空间、相对位置、受其他设备的影响等环境因素也是影响设备安全的一个因素。因此，设备在安装前，操作人员必须认真学习操作手册、使用说明书，使安装环境满足设计要求，保证设备正常运转。

11.1.5.2　安全管理要求

在设备使用期间，对操作人员及维护、保养人员的安全管理是保证设备正确使用的重要保证。从设备发生事故的原因分析可知，人的不安全行为、物的不安全状态、环境的不安全因素及安全管理缺陷是造成事故的四大原因，而设备在完成设计、制造后，最关键的因素是人的因素。要达到人员的安全管理要求，必须强化管理，包括技术培训操作规范学习，使操作者掌握所用机械设备的性能、工作原理，同时清楚并掌握其安全保护性能及其安全要求。

11.1.5.3　操作者安全意识

安全意识的培训不仅要从操作者入手，更应该从管理者开始，建立“安全第一”的理念。只有从管理者开始强化安全意识、重视安全管理，才能通过安全培训、安全教育、安全考核、安全检查等方法，使操作者将安全放到第一位，彻底建立起安全理念和安全意识，从而保证他们能正确、安全地操作机械设备。

11.2　电气安全技术

11.2.1　概述

根据能量转移论的观点，电气危险因素是由于电能非正常状态形成的。电气危险因素分为触电危险、电气火灾与爆炸危险、静电危险、雷电危险、射频电磁辐射危害和电气系统故障等。按照电能的形态，电气事故可分为触电事故、雷击事故、静电事故、电磁辐射事故和电气装置事故。

11.2.1.1　触电事故

触电时电流会对人体造成各种不同程度的伤害。触电事故分为两类：一类称为电击；另一类称为电伤。

电击是指电流通过人体时所造成的内部伤害。它会破坏人的心脏、呼吸及神经系统的正常工作，甚至危及生命。在低压系统通电电流不大且作用时间不长的情况下，电流可引起人的心室颤动，这是电击致死的主要原因。通过电流虽小，但时间较长的情况下，电流会造成人体窒息，从而导致死亡，绝大部分触电死亡事故都是电击造成的。日常所说的触电事故，基本上多指电击事故。

电伤是指电流的热效应、化学效应或机械效应对人体造成的伤害，伤害多见于机体的外部，往往在机体表面留下伤痕。电伤的危险程度决定于受伤面积、受伤深度、受伤部位等，形成电伤的电流通常较大。电伤包括电烧伤、电烙印、皮肤金属化、机械损伤等多种伤害。

大部分触电事故都含有电烧伤成分。电烧伤可分为电流灼伤和电弧烧伤。电流灼伤是指人体与带电体接触，电流通过人体时，因电能转换成热能引起的伤害。人体与带电体的接触面积一般都不大，且皮肤电阻又比较高，因而产生在皮肤与带电体接触部位的热量就较多。因此，使皮肤受到比体内严重得多的灼伤，电流越大、通电时间越长、电流途径的电阻越大，则电流灼伤越严重。电流灼伤一般发生在低压电气设备上。数百毫安（mA）的电流即可造成灼伤，数安（A）的电流则会形成严重的灼伤。电弧烧伤是指由弧光放电造成的烧伤，这也是最严重的电伤。电弧发生在带电体与人体之间，有电流通过人体的烧伤称为直接电弧烧伤；电弧发生在人体附近对人体形成的烧伤以及被熔化金属溅落的烫伤称为间接电弧烧伤。弧光放电时电流很大，能量也很大，电弧温度高达数千摄氏度（℃），可造成大面积的深度烧伤，严重时能将机体组织烘干、烧焦。电弧烧伤既可以发生在高压系统，也可以发生在低压系统。若发生在低压系统，通常带负荷（尤其是感性负荷）拉开裸露的闸刀开关时，产生的电弧会烧伤操作者的手部和面部；当线路发生短路、开启式熔断器熔断时，炽热的金属微粒飞溅出来会造成灼伤；因误操作引起的短路也会导致电弧烧伤等。若发生在高压系统，可能由于误操作，会产生强烈的电弧，造成严重的烧伤；人体过分接近带电体，其间距小于放电距离时，直接产生强烈的电弧，也会造成电弧烧伤，严重时会因电弧烧伤而死亡。在电烧伤事故中，大部分的事故发生在电气维修人员身上。

电烙印是指当载流导体较长时间接触人体时，因电流的化学效应和机械效应作用，接触部分的皮肤会变硬并形成圆形或椭圆形的肿块痕迹，如同烙印一般的现象。

而皮肤金属化则是由于电流或电弧作用（熔化或蒸发）产生的金属微粒渗入了人体皮肤表层而引起，使皮肤变得粗糙坚硬并呈青黑色或褐色的现象。

多数机械损伤是由于电流作用于人体，使肌肉产生非自主的剧烈收缩所造成的，其损伤包括肌腱、皮肤、血管、神经组织断裂以及关节脱位乃至骨折等。

11.2.1.2　电气火灾与爆炸事故

众所周知，电气设备运行时总是要发热的，设计正确、施工正确以及运行正常的电气设备，其温度与周围环境温度之差（即高温升）都不会超过某一范围，比如：裸导线和塑料绝缘线的高温一般不超过 70℃；橡胶绝缘线的高温一般不得超过 65℃；变压器的上层油温不得超过 85℃；电力电器外壳温度不得超过 65℃。电动机定子绕组的高温，对于所采用的 A 级、E 级或 B 级绝缘材料分别为 95℃、105℃和 110℃，定子铁芯分别是 100℃、115℃和 120℃等，也就是说，电气设备正常的发热是允许的，但当电气设备的正常运行遭到破坏后，发热量增加，温度升高，在一定条件下，就可能会引起火灾。

引起电气设备不正常运行引起的火灾事故主要包括短路、过载、接触不良和铁芯发热等情况。

发生短路时，线路中的电流增加为正常时的几倍甚至几十倍，而产生的热量又和电流的平方成正比，使得温度急剧上升，大大超过允许范围。如果温度达到可燃物的自燃点，即引起燃烧，从而导致火灾。日常生活中，短路现象经常发生，比如：电气设备的绝缘老化变质，或受到高温、潮湿或腐蚀的作用而失去绝缘能力；绝缘导线直接缠绕、钩挂在铁丝上，由于磨损或铁锈腐蚀而破坏绝缘层；设备安装不当或工作疏忽，也可能破坏电气设备的绝缘保护。此外，在安装和检修工作中，由于接线和操作的失误，也可能造成短路事故。

造成电器设备过载的原因大体有两种情况：一是设计时选用线路或设备不合理，以致在额定负载下产生过热；二是使用不合理，即线路或设备的负载超过额定值，或者连续使用时间过长，超过线路或设备的设计能力，由此造成过热可能会引发火灾。

在日常使用的电气设备中，接触部分通常是电路的薄弱环节，同时也是发生过热的一个重点部位。不可拆卸的接头连接不牢、焊接不良或接头处混有杂质，都会增加接触电阻而导致接头过热，可拆卸的接头连接不紧密或由于震动而松弛，同样也会导致接头发热，活动接头，比如闸刀开关的触头、接触器的触头、插式熔断器（插保险）的触头、插销的触头、灯泡与灯座接触处的活动触头。如果没有足够的接触电压或接触表面粗糙不平，均会导致触头过热从而引发火灾。

此外，铁心发热和散热不良也可能会引发火灾。变压器、电动机等设备的铁心，若铁心绝缘损坏或承载长时间过电压，将增加涡流损耗和磁滞损耗而使设备发热，继而引发火灾。

11.2.1.3 静电事故

静电产生于正电子和负电子的结合过程。当一个物体所带电子多余时，则称这个物体带负电；而当物体所带电子不够时，称它带正电。当一个带正电的物体和一个带负电的物体靠近时，它们就会相互吸引，它们靠得越近，吸引力就越大。在此过程中两个物体间会形成一个电场，电场力的能量被释放出来后就形成了静电。选矿厂设备都是大型用电设备，由于电磁感应等诸多因素的影响，所有设备通常都会带有静电。静电危害方式通常有：

（1）火灾或爆炸。火灾和爆炸是静电最大的危害。静电电量虽然不大，但因其电压很高很容易发生放电，产生静电火花。在具有可燃物体的作业场所，比如油品装运场所等，是由静电火花可能会引起火灾；在具有爆炸性粉尘或爆炸性气体、蒸汽的场所，比如煤粉、面粉、铝粉、氢气等，也可能会由于静电火花引起爆炸事故。

（2）电击。静电造成的电击可能发生在人体接近带静电物质的时候，也可能发生在带静电荷的人体接近接地体的时候，此刻人体所带静电可高达上万伏。静电电击的严重程度与带静电体储存的能量有关，能量越大，电击越严重。带静电体的电容越大或电压越高，则电击程度越严重。在生产工艺过程中产生的静电能量很小，所以由此引起的电击不会直接使人致命，但人体可能因电击坠落、摔倒引起二次事故。此外，电击还能引起工作人员精神紧张，影响工作。

（3）妨碍生产。静电会妨碍生产，或降低产品质量。在纺织行业，静电使纤维缠结、吸附尘土，降低纺织品质量；在印刷行业，静电使纸线不齐、不能分开，影响印刷速度和印刷质量；在感光胶片行业，静电火花使胶片感光，降低胶片质量；在粉体加工行业，静电使粉体吸附于设备上，影响粉体的过滤和输送；静电还可能引起电子元件的误操作；干扰无线电通信等。

11.2.1.4 雷电事故

雷电事故是指发生雷击时，由雷电放电而造成的事故。雷电放电具有电流大（可达数十千安至数百千安）、电压高（300~400kV）、陡度高（雷击冲击波的波首陡度可达500~1000kA/μs）、放电时间短（30~50μs）、温度高（最高可达20000℃）等特点，释放出来的能量可形成极大的破坏力。除了可能毁坏建筑设施和设备外，还可能伤及人、畜，甚至引起火灾和爆炸，造成大规模停电等。因此，电力设施、高大建筑物，特别是有火灾和爆炸危险的建筑物和工程设施，均需考虑防雷措施。

11.2.1.5 射频电磁辐射事故

电磁辐射分为电离辐射和非电离辐射。射频电磁辐射属非电离辐射，是人体能吸收的整个电磁辐射波谱中的一部分，包括长波、中波、短波、超短波和微波，频率30~300MHz。射频电磁辐射分为自然电磁辐射和人为电磁辐射。自然界的电磁辐射主要来自太阳辐射、地球电磁场（包括雷电等），辐射强度大约为10μW/cm^2，人为射频电磁辐射源主要有广播电视系统的发射塔、人造卫星通信系统的地面站、各种雷达站、高空低频电磁辐射系统的高压输电线路和变电站、利用电磁场的各种高频设备、电力机车运输线和微波炉等。人体在高频电磁场作用下吸收辐射能量，会使人的中枢神经系统、心血管系统等部位受到不同程度的伤害。

11.2.1.6 电气系统故障

电气系统故障是突遇电能在传递、分配、转换过程中失去控制而产生的。断线、短路、异常接地、漏电、电气设备或电气元件损坏、设备受电磁干扰而发生误动作等都属于电气系统故障，系统中电气线路或电气设备的故障也会导致人员伤亡及重大财产损失。电气系统故障引发的事故主要包括异常停电、异常带电和电气火灾等。异常停电是指在正常生产过程中，供电系统故障导致生产过程的突然中断，使生产陷于混乱，造成经济损失，还可能造成事故和人身伤亡。比如：吊车可能因为骤然停电而失去控制，导致人身伤亡等事故；排放有毒气体的风机因异常停电而停转，致使有毒气体超过允许浓度而危及人身安全等。异常带电是指在正常情况下不应当带电的生产设施或其中的部分意外带电（俗称“漏电”），从而造成人员伤害。适当安装相应的安全装置或防护设施，可使人员免受异常带电伤害，比如电气设备因绝缘不良产生漏电，使其金属外壳带电等情况。

11.2.2 触电事故发生的原因及规律

触电事故是多种多样的，多数是由于人体直接接触带电体，或者是设备发生故障，或者是身体过于靠近带电体等引起的。当人体在地面或其他接地导体上，人体的某一部分触及三相导线的任何一相而引起的触电事故称为单相触电。单相触电对人体的危害与电压高低，电网中性点接地方式等有关。除了单相触电外，还有两相触电，它指人体两处同时接触不同相的带电体而引起的触电事故。人体接触发生故障的电气设备，正常情况下，电气设备的外壳是不带的，但当线路故障或绝缘破损时，接触这些漏电或带电的设备外壳时，就可能会发生触电危险。

11.2.2.1　触电事故发生的原因

触电事故具有不可预见性、突发性和社会影响大等特点。受历史原因、传统观念的影响，触电事故发生后，无论责任在谁，设备归谁，公众一般认为供电企业就是第一责任人，直接影响到供电企业的形象。通过对各种触电事故的对比与分析，发现触电事故发生的原因多种多样，可概括为客观原因和主观原因两类。

A　客观原因

首先，电气设备安装不合理，多数存在装置性违章现象，比如：导线间交叉跨越距离不符合规程要求；电力线路与弱电线路同杆架设；导线与建筑物的水平或垂直距离不够；拉线不加装绝缘子；用电设备接地不良造成漏电；电灯开关未控制相线及临时用电不规范；低压用电设备进出线未包扎或未包好而裸露在外等。其次，电器设备维修、管理不及时。电气设备或电气线路短路、过载、漏电、绝缘老化、绝缘损坏、绝缘击穿、接触不良等，比如：接线不规范，相线与拉线相碰；不悬挂或悬挂间距、高度不够；大风刮断导线或洪水冲倒电杆后未及时处理；胶盖刀闸开关胶盖破损长期未更换；电动机绝缘或接线破损使外壳带电；低压接户线、进户线破损漏电等。

B　主观原因

触电事故发生的主观原因主要包括两个方面。一方面是电器工作人员由于没有执行工作票和监护制度，没有执行停电、验电、放电、装设地线、悬挂标识牌及防护等规定，比如：高压线附近违章作业；架空线断落后误碰；用手触摸胶盖破损的胶盖刀闸、导线；湿手触摸灯头、插座或私扯乱拉电线等。另一方面是电器工作人员违反操作规程。高压方面：带电拉隔离开关；进入带电区域作业时不验电、不戴绝缘手套；检查带电设备时不穿绝缘鞋；修剪树木时触碰带电导线等。低压方面：带电接临时线；带电修理电动工具、搬动用电设备；火线与中性线接反；湿手接触带电设备等。

除上述原因外，还有可能存在意想不到、偶然发生的触电事故，如雷电等。

11.2.2.2　触电事故发生的规律

由于触电事故的发生都很突然，无任何前兆，并在短时间内造成严重后果，死亡率较高。根据对触电事故的统计分析，其规律可概括为：

（1）具有明显的季节性。一年之中夏、秋两季发生触电事故较多，尤其是6~9月份，这是因为这4个月天气炎热，多雷雨，空气湿度大，这些因素降低了电气设备的绝缘性能，人体也因炎热多汗，皮肤接触电阻变小，衣着单薄，身体暴露部分较多，大大增加了触电的可能性。一旦发生触电，便有较大强度的电流通过人体，产生严重后果。另外，夏季空调电器、电风扇等降温设备用电和临时线路增多，操作人员粗心大意等因素也极易造成触电事故。

（2）具有明显的地域性。据统计分析，多年来，农村触电事故发生次数一直多于城乡接合处和城市。主要是由于农村用电条件差，设备简陋，技术水平低，管理不严。在农村，触电事故一般发生在田间地头、河沟旁，尤其是近年来野外钓鱼甩竿甩到高压线上触电、放风筝时风筝线搭到高压线上触电的事故呈上升趋势。同时，春灌、夏收、秋收期间，由于用电情况增多，临时接线、私拉乱接现象会较以往增加，也会诱发触电事故发生。而城市的触电事故，一般发生在建筑工地、室内装修等地方。

（3）误操作触电事故多。由于电器安全教育程度不够，电器安全措施不完备，致使受害者本人或他人误操作造成的触电事故较多。从触电者的年龄看，中、青年较多，这些人是电气的主要操作者，有的还缺乏电气安全知识，加之经验不足及思想麻痹等。

（4）具有明显的人群性。触电事故一般发生在儿童、青少年和中年人身上。儿童多动、好奇，特别是1~5岁的孩子，对插孔、插座等感兴趣，再加上监护不到位，容易引起儿童触电事故，而青少年和中年人一般觉得自己有一定的用电知识，存有侥幸心理，也是易触电的人群。

（5）低压设备触电事故多。导致低压设备触电事故主要有三个方面：一是低压人们接触的机会多，高压电网人们大多不容易接触，而低压电网覆盖面大，点多面广，分布于各个角落，用电设备多，因此人们触及的机会也多；二是因为低压设备简陋而且管理不严，思想麻痹，多数群众缺乏电气安全知识，据统计，低压工频电源所引起的事故占触电事故总数90%以上；三是因为人们习惯称220~380V的交流电源为“低压”，认为低压问题不大，因此重视不够，丧失警惕，容易引起触电事故。低压触电事故主要发生在远离变压器和总开关的分支线线路部分，尤其是线路的末端，即用电设备上，包括照明和动力设备等，其中属于人体直接接触正常运行带电体的直接电击者要少于间接触者，即因电气设备发生故障，人体触及意外带电体而发生触电事故的较多。

（6）单相触电事故多。单相触电事故占总触电事故的70%以上。低压系统触电事故大多数是电击造成的，按其形式可以分为三种电击，即单线电击、双线电击和跨步电压电击。单线电击是人体站立地面，手部或其他部位触及带电导体造成的电击；双线电击是人体不同部位触及对地电压不同的两相带电导体造成的电击，双线电击的危险性要大于单线电击；跨步电压电击是人的两脚处在对地电压不同的两点造成的电击。

11.2.2.3　触电事故的预防与急救

A　触电事故的预防

虽然触电事故往往突然发生，在很短时间内可能会造成严重后果，但触电事故是具有一定的规律，掌握这些规律对于安全生产和实施安全技术措施，以及其他的电气安全工作有很重要的意义。

a　管理机构和人员

由于电工是个特殊的、危险的工种，不安全因素较多。为了做好电气安全管理工作，安全技术部门应当有专人负责电气全工作，动力部门或电力部门也应有专人负责用电安全工作。在条件许可时，可以建立群众性的、横向的电工管理组织，配合安全技术部门，并在安全技术部门协助下开展工作，如可以组织电工学习相关的安全知识、进行电气安全检查和电气事故分析以及开展其他类似工作。

b 规章制度

必要而合理的规章制度是保障安全、促进生产的有效手段。安全操作规程、运行管理和维护制度及其他规章制度都与安全有直接的关系。应根据不同工种，建立各种安全操作规程，比如变电室值班安全操作规程、内外线维护检修安全操作规程、电气设备维修安全操作规程、电气试验室安全操作规程、手持电动工具安全操作规程、电焊安全操作规程、电炉安全操作规程、天车司机安全操作规程等。对于一些开关设备、临时线路、临时设备等比较容易发生触电事故的设备，应建立专人管理的责任制，特别是临时线路和临时设备，最好能结合现场情况，明确安装规定及要求、长度限制、使用期限等。为了保证检修工作，特别是为了保证高压检修工作的安全，必须坚持工作票制度、工作监护制度等。

c 安全检查

电气安全检查包括：电气设备绝缘有无破损；绝缘电阻是否合格；设备裸露带电部分是否有防护；屏护装置是否符合安全要求；安全间距是否足够；保护接零或保护接地是否正确可靠；保护装置是否符合要求；手提灯和局部照明灯电压是否是安全；安全用具和电气灭火器材是否齐全；电气设备安装是否合格；安全位置是否合理；电气连接部位是否完好；电气设备或电气线路是否过热；制度是否健全等内容。对变压器等重要电气设备要坚持巡视，并做必要的记录。对于使用中的电气设备，应定期测定其绝缘电阻。对于各种接地装置，应定期测定其接地电阻。对于安全用具、避雷器、变压器及其他一些保护电器，也应该定期检查、测定或进行耐压试验。

d 安全教育

安全教育的目的是为了使工作人员懂得用电的基本知识，认识安全用电的重要性，掌握安全用电的基本方法，从而能安全地、有效地进行工作。新进厂的工作人员要接受厂级、车间级、班组级三级安全教育。对一般职工应要求懂得电和安全用电的一般知识；对使用电气设备的生产工人除懂得一般知识外，还应懂得有关的安全操作规程；对于独立工作的电气工程人员，更应懂得电气装置在安装、使用、维护、检修过程中的安全要求。

一般而言，触电事故的共同原因是安全组织不健全和安全措施不完善，而组织措施与工作人员的主观能动性有极为密切的联系，从这方面看，组织措施比技术措施更为重要。因此，必须重视电气安全的综合措施，才能做好电气安全工作，最大限度地避免触电事故的发生。

B 触电事故的急救

触电急救的要点是动作迅速，救护得法。发现有人触电首先要尽快使触电者脱离电源，然后根据触电者的具体情况，进行相应的救治。人触电以后，会出现昏迷，甚至停止呼吸、心跳等情况。据统计，触电 1 分钟后开始救治者 90%有良好效果，6 分钟后开始救治者，10%有良好效果，而在 12 分钟后开始救治者，救活的可能性就很小了。因此，对触电事故而言，迅速采取救援措施非常关键。遇到触电事故发生时，应按照“迅速、现场、准确、坚持”的原则开展救援。

a 迅速脱离电源

人若触电，应采取正确的方法使触电者迅速脱离电源。对于低压触电事故，可采取以下方法使触电者脱离电源：

（1）如果触电地点附近有电源开关或插销，可立即拉掉开关或拔出插销，切断电源。

(2) 如果找不到电源开关或距离太远，可用有绝缘钳子或用木柄斧子断开电源线；或用木板等绝缘物插入触电者身下，以隔断流经人体的电流。

(3) 当电线搭落在触电者身上或被压在身下时，可用干燥的衣服、手套、绳索、木板、木桥等绝缘物作为工具，拉开触电者或挑开电线使触电者脱离电源。

对于高压触电者，可采用下列方法使其脱离电源：首先，立即通知有关部门停电；其次，戴上绝缘手套，穿上绝缘鞋，用相应电压等级的绝缘工具拉开开关；最后，抛掷裸金属线使线路接地，迫使保护装置动作，断开电源。注意抛掷金属线时先将金属线的一端可靠接地，然后抛掷另一端，注意抛掷的一端不可触及触电者和其他人。

b　现场急救处理

当触电者脱离电源后，必须在现场就地抢救。只有当现场对安全有威胁时，才能把触电者抬到安全地方进行抢救，但不能等把触电者长途送往医院再进行抢救。抢救触电者使其脱离电源后，应立即就近移至干燥通风场所，再根据不同情况对症救护。如果触电者伤势不重，神志清醒，但有些心慌、四肢发麻全身无力，或者触电者曾一度昏迷但已经清醒过来，这时应使触电者安静休息，不要走动，严密观察并请医生前来诊治或送往医院。如果触电者已失去知觉，但心脏跳动和呼吸还存在，应使触电者舒适、安静地平卧，周围不要围人，使空气流通，解开衣服以便呼吸。如天气寒冷，要注意保温，防止感冒或冻伤，同时，要请医生及时救治或送往医院。

c　准确地使用人工呼吸

如果触电者伤势严重，呼吸停止或心脏跳动停止，应立即施行人工呼吸和胸外挤压，并速请医生诊治或送往医院。应当注意急救要尽快地、不失时机地进行，不能等候医生到来，即使在送往医院途中，也不能终止急救。人工呼吸法是在触电者呼吸停止后应立即采用的急救方法。各种人工呼吸法，以口对口（鼻）人工呼吸效果最好，而且简单易学。施行人工呼吸时，迅速将触电者身上衣领、上衣、裤带等解开，并取出触电者口腔内异物，以免堵塞呼吸道。在抢救过程中，如果发现触电者皮肤由紫变红，瞳孔由大变小，说明抢救起到了作用；如果发现触电者嘴唇稍微开合，或眼皮活动，或嗓子有咽东西的动作，则应注意其是否有自动心脏跳动和自动呼吸。

11.2.3　电气防护技术

由于生产的特殊性，任何工矿企业各种事故时有发生，甚至造成重大人员伤亡和巨大经济损失，影响企业的正常生产与经营。因此，事故一直以来都是各企业考虑的重中之重。对于企业所发生的各种事故，虽存在不可预料的客观原因和违规作业的主观原因，但若对设备的运行规律进行分析，对设备存在的安全隐患进行整改，并有针对性地采取预防措施，各电气的安全生产运行状况将会得到极大改善。

11.2.3.1　电气安全的管理措施

电工是一个特殊工种，有着高危的特点，同时存在着很多不确定因素，这些因素都可能会导致矿山电气的安全事故。经济的快速发展带动了电气化的不断革新，这对电力方面的工作人员提出来更高的要求。同时，在施工过程中，为了能够做好电气安全管理工作，安全部门应该做好一定的施工保障措施。调查显示，企业电气安全管理中的事故，很多都是因为工作人员安全意识淡薄所致，并不在于他们水平的高低，由此说明，加强矿山电气安全管理工作十分重要。

A 加强员工的安全教育及管理

在安全教育以及技术管理方面，主要从工作人员掌握的电学知识以及认识安全用电的重要性进行管理，要求作业人员了解电气设备的安全生产知识，有关的安全规程。在独立工作中的电工，要进行电气装置的安装、使用、维护、检修，熟练掌握电工安全操作规程，掌握触电急救技能。另外，在电气资料的管理中，应注重资料的收集和保存，对于重要的设备应建立设备档案，并保存相关技术资料及运行检修记录。

B 加强电气设备的检修、试验管理

企业应定期加强对电气设备进行检修、试验，确保电气设备的安全运行。对电气设备检修、试验过程中，要求设备检修人员必须按照相关规程进行操作。若因电气设备长期运行导致故障复杂，无法按照相关规程进行检修和试验时，需要设备检修人员对其进行技术评估后再确定检修和试验方案。通常在电气设备检修过程中，为了确保在设备出现问题时能够及时排除，应对其故障现象、故障原因进行检查，才能够进行有效维修。同时，为了减少因设备故障而给企业带来的损失，在维修时要在最短的时间内完成，使其能够快速恢复正常运行。

C 加强对危险源的分析与管理

一般来说，矿山电气的基本任务是监视、分析和对操作的调整。在进行实际操作工作中，有的企业总是为了尽快完成目标和任务，忽略了基本的人身安全和设备安全，从而造成严重安全事故发生。因此，在重大的操作中或启动机器的过程中，管理人员的主要操作，应该首先对电气中可能出现的薄弱环节进行充分分析，认真对待，以便找到容易出现的隐患问题，做到重点问题和难点问题了解清楚，并能做出对策，从而提高事故的处理能力，减少事故的发生。

此外，企业各部门还应建立生产设备运行、维修、保养记录，建立各生产岗位安全教育培训制度。生产一线的操作员工，都要进行岗前培训，持证上岗，定期进行安全生产教育，增强安全意识，确保正常、安全生产。在生产管理过程中，严格执行安全监控制度、作业票制度、作业监护制度和严格检查制度。

11.2.3.2 电气安全的技术措施

电气安全的技术措施需要考虑电气绝缘、安全距离、指示或警示标志及安全电压等因素。

电气绝缘是指使用不导电的物质将带电体隔离或包裹起来，以对触电起保护作用的一种安全措施。良好的绝缘对于保证电气设备与线路的安全运行、防止人身触电事故的发生是最基本和最可靠的手段。

为防止人体触及或过分接近带电体，避免发生各种短路、火灾和爆炸事故，在人体与带电体之间、带电体与地面之间、带电体与带电体之间、带电体与其他物体和设施之间，都必须保持一定的距离，这种距离称为电气安全距离。通常，在配电线路和变电、配电装置附近工作时，应考虑线路安全距离、设备安全距离、检修安全距离和操作安全距离等。

电气线路本身具有电阻，通过电流时就会发热，产生的热量会通过电线的绝缘层散发到空气中去。如果电线发出去的热量恰好等于电流通过电线产生的热量，电线的温度就不再升高，这时的电流值就是该电线的安全载流量（又称安全电流）。一般橡皮绝缘导线，最高允许温度规定为65℃。在不同工作温度下，其不同规格的安全载流量各不相同。

此外，明显、规范的标志是确保用电安全的重要因素，能够向使用者警示所处场所的安全防护措施，指导使用者采取合理行为，预防危险，避免事故发生。《中华人民共和国安全生产法》中规定："生产经营单位应当在有较大危险因素的生产经营场所和有关设施、设备上，设置明显的安全警示标志。"

电气场所的安全标志包括禁止标志、指令标志、警告标志和提示标志四种类型。标志的构成由几何形状、安全色、对比色和图形符号色组成。《电气安全标志》GB/T 29481—2013针对用电环境的危险情况，归纳出了防止电击（触电）危害的安全标志、防止着火和爆炸危害的安全标志、防止电磁场危害的安全标志和防止电气场所安全隐患伤害的安全标志四类。

防止电击（触电）危害的安全标志包括：禁止标志，比如"禁止合闸，线路有人工作""禁止启动"；指令标志，比如"接地""必须戴防护手套""必须穿防护鞋"；警告标志，比如"当心触电"等。

防止着火和爆炸危害的安全标志包括：禁止标志，比如"禁止烟火""禁止堆放""禁止开启无线移动通信设备"；指令标志，比如"必须拔出插头"；警告标志，比如"当心火灾"。为了防止电气设备着火和爆炸事故的发生，应杜绝火源，保证设备的正常运行以及安全的外界环境。

有电的场所就会有电磁危害，人体就有可能吸收辐射能量，对人体健康造成影响。辐射有多种形式，包括电离辐射、激光、微波、紫外线辐射、磁场、弧光、裂变物质等。防止上述危害，应避免使用可以产生辐射的物品，为工作人员佩戴防护用品并辅以提醒。防止电磁场危害的安全标志包括：禁止标志，比如"禁止携带金属物品""禁止佩戴心脏起搏器者靠近"；指令标志，比如"必须穿防护服""必须佩戴遮光护目镜"；警告标志，比如"当心电离辐射""当心激光""当心微波""当心紫外线""当心磁场""当心弧光""当心裂变物质"等。

电气场所中的不安全因素还包括现场的沟、坎、坑、专用的运输通道、载货电梯、有坍塌危险的建筑物、构筑物、设备等。作业现场的沟、坎、坑中存在腐蚀、高温等危险物质，人员私自搭乘载货电梯，攀登有坍塌危险的建筑物、构筑物时，都会对人员造成伤害，应悬挂相应安全标志禁止人员的违规行为、警告人员注意场所中的危险状况并提示员工进行正确操作。防止电气场所安全隐患伤害的安全标志包括：禁止标志，比如"禁止跳下""禁止跨越""禁止乘人""禁止停留""禁止攀登"；指令标志，比如"必须戴安全帽""必须系安全带"；警告标志，比如"当心烫伤""当心坑洞""当心腐蚀""当心吊物""当心自动启动"等。

除上述规定的安全标志外，《电气安全标志》（GB/T 29481—2013）还规定了安全标志的设计要求和应用安全标志时应考虑的电气安全标志尺寸与观察距离之间的关系。

国家标准《安全电压》（GB 3805—1983）规定我国安全电压额定值的等级为42V、36V、24V、12V和6V，应根据作业场所、操作员环境、使用方式、供电方式、线路状况等因素选用。例如，特别危险环境中使用的手持电动工具应采用42V特低电压；有电击危险环境中使用的手持照明灯和局部照明灯应采用36V或24V特低电压；金属容器内、特别潮湿处等特别危险环境中使用的手持照明灯就采用12V特低电压；水下作业等场所应采用6V特低电压。

在一定的电压作用下，通过人体电流的大小与人体电阻有关系。人体电阻因人而异，与人的体质、皮肤的潮湿程度、触电电压的高低、年龄、性别以至工种职业有关系。一般在干燥而触电危险性较大的环境下，安全电压规定为24V。对于潮湿而触电危险性较大的环境（如金属容器、管道内施焊检修），安全电压规定为12V。这样，触电时通过人体的电流，可被限制在较小范围内，可在一定的程度上保障人身安全。

11.2.3.3 电气安全的防范措施

电气安全的防范措施包括直接触电防护措施、间接触电防护措施、电气作业安全措施、电气安全装置、电气安全操纵规程、电气安全用具、电气火灾消防技术、组织电气安全专业性监视检查、做好电气作业人员的治理工作、制定安全标志等。

A 直接触电防护措施

直接触电防护措施是指防止人体各个部位触及带电体的技术措施，主要包括绝缘、屏护、安全间距、设置障碍、安全电压、限制触电电流、电气联锁、漏电保护器等防护措施。其中，限制触电电流是指人体直接触电时通过电路或装置，使流经人体的电流限制在安全电流值的范围以内，这样既保证人体的安全，又使通过人体的短路电流大大减少。除了误触电气设备的带电部分外，已停电的设备突然来电，也是造成直接触电的主要原因，尤其在停电检修时，由于作业人员心理准备不足，一旦停电设备突然来电，就可能造成伤害事故。因此，即使停电检修，作业人员也必须清楚地认识到已停电的设备有突然来电的可能，也存在一定的危险性，应认真采取相应地预防及防范措施。

B 间接触电防护措施

间接触电防护措施是指电气设备、线路等出现故障时，为避免发生人身触电伤亡事故而进行的防护，主要包括保护接地、保护接零、绝缘、采用Ⅱ类绝缘电气设备、电气隔离、等电位连接、不导电环境等防护措施，其中保护接地、保护接零和绝缘是最常用的防护方法。

a 保护接地

保护接地（IT系统）是最古老的电气安全措施。保护接地也是防止间接接触电击的基本安全技术措施。前一位字母：I表示电力系统所有带电部分与地绝缘或一点经阻抗接地；T则表示电力系统一点（通常是中性点）直接接地。

IT系统的保护接地，一旦设备漏电，漏电电流就只有通过人体流入到地面，因为这个时候没有地方接地，若要形成回路，电流只能通过人体进入大地。漏电电流对系统来讲不大，但是对人体来讲是有危险的，很容易达到几十个毫安（mA），因此就要在漏电的地方接地。接地电阻通常不大于4个Ω，人体电阻为1000~3000Ω，电流一旦漏电，流到外壳上之后，通过4Ω的通路，根据这样的分流原理，人就安全了。

保护接地IT系统，由于电阻非常小，即使漏电了，人也不会有危险，而且电源不需要切断，它能够保持供电的连续，不会因为有点漏电切断电源，允许带故障2小时，从而提供了维修的时间。

b 保护接零

在 TN 系统中，N 代表系统之中的用电设备外壳接零保护，即电气设备的外壳有一套引线接到了零线，这点称为中性点，也称为零点，零点引出的一条线叫零线，人们经常所说的火线、零线中的零线便是。电气设备的外壳接了零线，即可称为零线保护系统。

TN 系统几乎是国内企业中普遍使用的系统，TN 系统的保护原理中，前面的 T 代表系统接地，后面的 N 代表设备的外壳接零，假设线路漏电，由于接了接零保护，接零的一个支线进入零线，然后回到电源，从而形成一个回路，这条回路中没有任何明显的电阻，即使有也仅是豪欧数量级，因此整个回路的电流就非常大，形成单相短路。从而促使线路上的保护元件，如熔断器跳开，进而迅速切断电源，实现短路保护。这与 IT 系统的工作原理不同，IT 系统不切断电，而 TN 系统会切断电源。

c 绝缘

使用不导电的物质将带电体隔离或包裹起来，以对触电起保护作用的一种安全措施称为绝缘。良好的绝缘对于保证电气设备与线路的安全运行，防止人身触电事故的发生是最基本的和最可靠的手段。绝缘通常可分为气体绝缘、液体绝缘和固体绝缘三类。

在实际应用中，固体绝缘的使用最为广泛、可靠。在有强电作用下，绝缘物质可能被击穿而丧失其绝缘性能。在上述三种绝缘物质中，气体绝缘物质被击穿后，一旦去掉外界因素（强电场）后即可自行恢复其固有的电气绝缘性能；而固体绝缘物质被击穿以后，则不可逆地完全丧失了其电气绝缘性能。因此，电气线路与设备的绝缘选择必须与电压等级相配合，而且须与使用环境及运行条件相适应，以保证绝缘的安全作用。

此外，由于腐蚀性气体、蒸汽、潮气、导电性粉尘以及机械操作等原因，均可能使绝缘物质的绝缘性能降低甚至破坏，而且，日光、风雨等环境因素的长期作用，也可能会使绝缘物质老化而逐渐失去绝缘性能。

C 电气作业安全措施

电气作业安全措施指为保证电气作业安全而采取的系列措施，包括技术措施和组织措施。技术措施包括直接触电防护措施、间接触电防护措施以及与其配套的电气作业安全措施、电气安全装置、电气安全操作规程、电气作业安全用具、电气火灾消防技术等。组织管理措施又分组织措施、管理措施和急救措施三种，其中组织措施主要是针对电气作业、电工值班、巡回检查等进行组织实施而制定的制度；管理措施主要有安全机构及人员设置，制定安全措施计划，进行安全检查、事故分析处理、安全督察、安全技术教育培训，制定规章制度、安全标志以及电工管理、资料档案管理等；急救措施主要是针对电气伤害进行抢救而设置的医疗机构、救护人员以及交通工具等，并经常进行紧急救护的演习和训练。

组织管理措施和技术措施是密切相关、统一而不可分割的。经验证明，虽然有完善先进的技术措施，但没有或欠缺组织管理措施，也将发生事故；反过来，只有组织管理措施，而没有或缺少技术措施，事故必然也要发生。因此，电气安全工作中，一手要抓技术，使技术手段完备，一手要抓组织管理，使其周密完善，只有这样，才能保证电气系统、设备和人身的安全。

D 电气安全装置

电气安全装置主要包括熔断器、继电器、断路器、漏电开关、防止误操作的连锁装置、报警装置及信号装置等。

E 电气安全操作规程

电气操作人员应定期进行安全技术培训、考核。各级电工必须达到机械工业部颁发的各专业电工技术等级标准和相应的安全技术水平，凭操作证操作。新从事电气工作的工人、工程技术人员和管理人员都必须进行三级安全教育和电气安全技术培训，见习或学徒期满，经考试合格发给操作证后才能进行操作。电气安全操作规程主要包括高压、低压、弱电系统设备及线路操作规程，特殊场所电气设备及线路操作规程等。

F 电气安全用具

电气安全用具是用来防止电气工作人员在工作中发生触电、电弧烧伤、高空坠落等事故的重要工具。电气安全用具通常分为绝缘安全用具和一般安全用具两大类。绝缘安全用具又分为基本安全用具和辅助安全用具。基本安全用具包括绝缘棒、绝缘夹钳、验电器等，常用的辅助安全用具包括绝缘手套、绝缘靴、绝缘站台等。基本安全用具的绝缘强度能长期承受工作电压并能在该电压等级内产生过电压时保证工作人员的人身安全。辅助安全用具的绝缘强度不能承受电气设备或线路的工作电压，只能起加强基本安全用具的保护作用，主要用来防止接触电压、跨步电压对工作人员的危害，不能直接接触高压电气设备的带电部分。

G 电气火灾消防技术

电气火灾消防技术是指电气设备着火后采用正确的灭火方法、器具和程序要求等（如灭火器）。比如在扑救尚未确定断电的电气火灾时，应选择适当的灭火器或灭火装置，否则有可能造成触电事故。在使用四氯化碳灭火器灭火时，灭火人员应站在上风侧，以防四氯化碳中毒，同时，灭火后应注意及时通风；使用二氧化碳灭火时，当浓度达到85%时，人就会感到呼吸困难，要注意防止窒息。

11.2.4 雷电危害与防护技术

雷电是一种自然现象，雷击是一种自然灾害。雷击房屋、电力线路、电力设备等设施时，会产生极高的过电压和极大的过电流。雷电放电时，可能造成：设施或设备的毁坏；造成大规模停电；造成火灾或爆炸；使电气设备绝缘击穿；使建筑物造成破坏；致人及牲畜死亡或受伤等。

11.2.4.1 雷电种类

雷电分直击雷、感应雷、球形雷三种。其中直击雷和球形雷都会对人和建筑造成危害，而电磁脉冲主要影响电子设备，受电磁感应作用所致。

A 直击雷

直击雷是带电积云接近地面至一定程度时，与地面目标之同的强烈放电。直击雷的每次放电都伴随着先导放电、主放电、余光三个阶段。从云层到地面的闪电雷击，它也包含了在50ms左右间隔之内的发生次数，也就是4次左右的独立雷击次数。第一次的雷击峰值电流大约在2×10^4A左右，而后续雷击的电流峰值则会减半，最后一次雷击很可能产生大约1.4×10^2A左右的持续电流，其持续的时间可长达数十毫秒左右。据不完全统计，在比较平坦的地形上，30m左右高的建筑物平均每年就会被击中一次；每座数10m及以上的高层建筑物，比如广播或电视塔，每年会被击中 20 次左右，每次雷击所产生的高电压达 6×10^8V 左右。如果没有避雷设备，这些建筑物很容易被摧毁。

B 感应雷

感应雷也称作雷电感应，或感应过电压，指在雷电感应过程中会产生强大的瞬间电磁场，这种强大的感应磁场，可在地面金属网络中产生感应电荷，高强度的感应电荷会形成强大的瞬间高压电场，从而对用电设备高压弧光放电，导致电气设备的烧毁。感应雷分为静电感应雷和电磁感应雷。静电感应雷是由于带电积云在架空线路导线或其他导电凸出物顶部感应出大量电荷，在带电积云与物体放电后，感应电荷失去束缚，以大电流、高电压冲击波的形式，沿线路导线或导电凸出物的传播。电磁感应雷是由于雷电放电时，巨大的冲击雷电流在周围空间产生迅速变化的强磁场，并在邻近导体上产生很高的感应电动势。据统计，每年被感应雷电击毁的用电设备事故达千万件以上。

雷电感应过电压决定于被感应导体的空间位置及其与带电积云之间的几何关系，雷电感应过电压可达数百千伏。

C 球形雷

球形雷是雷电放电时形成的发红光、橙光、白光或其他颜色光的火球。从电学角度考虑，球形雷应当是一团处在特殊状态下的带电气体。有人认为，球形雷是包有异物的水滴在极高的电场强度作用下形成的。在雷雨季节，球形雷可能从门、窗、烟囱等通道侵入室内。

此外，直击雷和感应雷都能在架空线路或在空中金属管道上产生沿线路或管道的两个方向迅速传播的雷电冲击波。

11.2.4.2 雷电危害

雷电的危害一般分为两类：一是雷直接击在建筑物上发生热效应作用和电动力作用；二是雷电的二次作用，即雷电流产生的静电感应和电磁感应。雷电的具体危害表现为：

（1）雷电流高压效应会产生高达数万伏甚至数十万伏的冲击电压。如此巨大的电压瞬间冲击电气设备，足以击穿绝缘使设备发生短路，导致燃烧、爆炸等直接灾害。

（2）雷电流高热效应会放出几十至上千安的强大电流，并产生大量热能，在雷击点的热量会很高，可导致金属熔化，引发火灾和爆炸。

（3）雷电流机械效应主要表现为被雷击物体发生爆炸、扭曲、崩溃、撕裂等现象导致财产损失和人员伤亡。

（4）雷电流静电感应可使被击物导体感生出与雷电性质相反的大量电荷。当雷电消失来不及流散时，会产生很高电压发生放电现象，从而导致火灾。

（5）雷电流电磁感应会在雷击点周围产生强大的交变电磁场，其感生出的电流可引起变电器局部过热而导致火灾。

（6）雷电波的侵入和防雷装置上的高电压对建筑物的反击作用也会引起配电装置或电气线路断路而燃烧导致火灾。

雷电危害的严重性主要表现在它具有巨大的破坏力，其特点是雷电放电电压高，闪电电流幅值大，变化快，放电时间短，闪电电流波形陡度大。雷电的破坏作用在于强大的电流、炽热的高温、猛烈的冲击波、剧变的电磁场以及强烈的电磁辐射等物理效应，给人类社会带来巨大的危害，造成人员伤亡、起火、爆炸等严重损失。雷电灾害波及面广，人类社会活动、农业、林业、牧业、建筑、电力、通信等各行各业，无一幸免。

11.2.4.3 雷电防护技术

在科技高速发展的今天，虽然人类不能完全控制雷电，但经过长期的摸索，已积累起了很多有关防雷的知识与经验，形成了一系列对防雷有效的技术与方法。其方法为：

（1）加大对工厂厂区建筑物防雷装置的安装规划设计与建设。对新建、改建、扩建建（构）筑物严格实施防雷装置图纸的设计审核、施工监督和竣工验收，严格执行防雷行政许可规定，从源头上强化防雷安全措施。同时，要定期对新建、改建的建（构）筑物组织专项检查。

（2）在实际操作中，存放易燃易爆危险品仓库内充分利用建筑物柱主筋（需经测试，并接地良好的）设置环形接地汇集排。为改进电磁、静电环境，所有与建筑物组合在一起的大尺寸金属构件、设备货架、防静电接地和金属门窗框架均应就近与接地汇集作可靠等电位连接，但第一类防雷建筑物的独立避雷针及其接地装置除外。

（3）安置接闪器。接闪器是指避雷针、避雷网、避雷带、避雷线等防雷装置直接接受雷云中放电电流的部分，以及用作接闪的金属屋面、室外塔、油罐装置的金属构件等。安装接闪器主要是为了保护工厂内建筑物、设备避免雷击放电形成电火花而引起的爆炸，接闪器由多种设施组合而成，包括独立避雷针与安装在建筑物上的避雷带。避雷针、避雷带保护范围采用“滚球”法。同时，要确保建筑物、设备处于接闪器的保护范围内。

（4）生产阶段防雷措施。首先，在生产加工、储运过程中，设备、管道、操作工具及操作人员等，有可能产生和积聚静电而造成静电危害时，应采取静电接地措施。其次，接地端子与接地支线连接，应采用下列方式：固定设备宜用螺栓连接；有振动、位移的物体，应采用挠性线连接；移动式设备及工具，应采用电瓶夹头、专用连接夹头或磁力连接器等器具连接，不应采用接地线与被接地体相缠绕的方法。第三，静电接地的连接应符合下列要求：一是当采用螺栓连接时，其金属接触面应去锈、除油污，并加防松螺帽或防松垫片；二是当采用搭接焊连接时，其搭接长度必须是扁钢宽度的两倍或圆钢直径的六倍；三是当采用电池夹头、鳄式夹钳等器具连接时，有关连接部位应去锈、除油污；四是当其他接地装置兼作静电接地时，其接地电阻值应根据该接地装置的要求确定。防雷电感应接地装置可与防静电接地装置联合设置，接地电阻按防雷电感应接地电阻确定。

雷电的预防是比较复杂的，要把理论和实际情况结合起来，才能更好地完成雷电的预防工作。

11.2.5 选矿厂电气设备安全技术

选矿厂设备电气安全是一个复杂的系统工程，贯穿于采购、检测检验、安装调试、检修、事故调查等生产全过程。为了保障选矿厂电气设备的运行安全，避免人身伤亡事故和设备事故发生，对设备电气安全系统的每一个环节都要“科学管理、时时预防”。

11.2.5.1 电气设备通用安全技术规定

进线嘴连接紧固，密封良好，并能符合以下规定：

（1）密封圈材质用邵尔硬度为45°~55°的橡胶制造，并按规定进行老化处理。

（2）接线后紧固件的紧固程度以抽拉电缆不窜动为合格，线嘴压紧应有余量，线嘴与密封圈之间应加金属垫圈。压叠式线嘴压紧电缆后的压扁量不超过电缆直径的10%。

（3）密封圈内径与电缆外径差应小于1mm。密封圈外径进线装置内径差应符合：

1）密封圈外径大于或等于20mm时密封圈外径与进线装置内径应小于或等于1mm。

2）密封圈外径大于20mm，小于60mm时密封圈外径与进线装置内径应小于或等于1.5mm。

3）密封圈外径大于60mm时密封圈外径与进线装置内径应小于或等于2.0mm；密封圈宽度应等于电缆外径的0.7倍，但必须大于10mm，厚度应大于电缆外径的0.3倍，但必须大于4mm（70mm^{2}的橡胶套电缆除外）。密封圈无破损，不得割开使用。电缆与密封圈之间不得包扎其物体。

（4）低压隔爆开关引入铠装电缆时，密封圈应全部套在电缆铅皮上。

（5）电缆护套（铅皮）穿入进线嘴长度一般5~15mm，如电缆粗穿不进时，可将穿入部分锉细（但护套与密封圈结合部位不得锉细）。

（6）低压隔爆开关空闲的进线嘴应有密封圈及厚度不小于2mm的钢垫板封堵压紧。其紧固程度：螺旋线嘴用手拧紧为合格，压叠式线嘴用手晃不动为合格，钢垫板应置于密封圈的外面，其直径与进线装置内径差应符合密封圈外径与进线装置内径间隙的有关规定，高压隔爆开关空闲的接线嘴应与线嘴法兰厚度、直径相符的钢垫板封堵压紧。其隔爆结合面的间隙应符合有关规定按外壳容积计算（0.3~0.6mm）。

（7）高压隔爆开关接线盒引入铠装电缆后，应用绝缘胶灌至电缆三叉以上。

接线装置齐全、完整、紧固，导电良好，并符合以下要求：

（1）绝缘座完整无裂纹。

（2）接线螺栓和螺母无损伤，无放电痕迹，接线零件齐全，有卡爪，弹簧垫，背帽等。

（3）接线整齐、无毛刺、卡爪不压绝缘胶皮，也不得压或接触屏蔽屋。

（4）接线盒内导线的电气间隙和爬电距离，应符合《爆炸性环境用防爆电气设备增安型电气设备“e”》（GB 38363—1983）的规定。

（5）隔爆开关的电源、负荷引入装置，不得颠倒使用。

固定电气设备应符合以下要求：

（1）设备引入（出）线的终端线头应用线鼻子或过渡接头接线。

（2）导线连接牢固可靠，接头温度不得超过导线温度。

电缆的连接除应符合《煤矿安全规程》第449条的规定外，并应符合以下要求：

（1）电缆芯线的连接严禁绑扎，应采用压接或焊接。连接后的接头电阻不应大于同长度芯线电阻的1.1倍，其抗拉强度不应小于原芯线的80%。不同材质芯线的连接应采用过渡接头，其过渡接头电阻值不应大于同长度芯线电阻值的1.3倍。

（2）高、低压铠装电缆终端应灌注绝缘材料，户内可采用环氧树脂干封，中间接线盒应灌注绝缘胶。

电气设备安全供电应符合以下要求：

（1）高、低压电气设备的短路、漏电、接地等保护装置必须符合相关用电规定。

（2）短路保护计算整定合格，动作灵敏可靠。

（3）漏电保护装置使用合格。

（4）接地螺栓符合下列标准：电气设备的金属外壳和铠装电缆接线盒的外接地螺栓应齐全完整；电气设备接线盒应设有内接地螺栓。外接地螺栓直径：容量小于或等于5kW的不小于M8；容量大于5kW至10kW不小于M10；容量大于10kW的不小于M12；通信、信号、按钮、照明灯等小型电气设备不小于M6；接地螺栓应进行电镀防锈处理。

（5）接地线应符合下列规定，接主接地极的接地母线其截面积应不小于以下规定：镀锌铁线100mm^2，扁钢25×4mm^2，铜线50mm^2；电气设备外壳同接地母线或局部接地极的连线和电缆接线盒两端的铠装。铅皮的连接接地线，其截面积应不小于铜线25mm^2；扁钢50mm^2（厚度不小于4mm）；镀锌铁线50mm^2。

（6）接地极规定，主接地极应符合下列规定：主接地极应用耐腐蚀钢板制成，其面积不小于0.75m^2，厚度不小于5mm；局部接地极应符合下列规定：局部接地极可改置于巷道水沟或其他就近的潮湿处，设置在水沟的接地极应用面积不小于0.6m^2，厚度不小于3mm的钢板或具有同等有效面积的钢管制成，并平放在水沟深处，可用直径不小于35mm，长度不小于1.5m的钢管制成，管上至少钻20个直径不小于5mm的透眼，并行垂直埋入地下。

（7）设备闭锁装置齐全可靠。

电气设备性能检测应符合以下要求：

（1）电气设备绝缘性能必须按《煤矿电气实验规程》规定的周期和项目进行试验，并符合标准。

（2）继电保护装置计算整定检验，每年进一次。

（3）对矿井电源的继电保护装置，每半年检验一次，并符合整定方案。

（4）指示回转仪表应每年检验一次，其准确等级不得低于2.5级。

（5）电源计量仪表应每半年校验一次，其准确等级不得低于1.0级。

电气设备使用应符合以下要求：

（1）高低压开关的选用应符合《煤矿安全规程》第421条的要求，与被控设备的容量应匹配，有下列情况之一者，不得评为完好设备，即：超容量、超电压等级使用者；不符合使用范围者；继电保护失灵，熔体选用不合格者；隔爆开关用小喇叭嘴引出动力线者。

（2）井下隔爆型电气设备，必须在下井前，经过指定的隔爆电气设备检查员检查出具合格证，否则一律不得评为完好设备。

电气设备安全防护应符合以下要求：

（1）机房（硐室）和电气设备一切可能危及人身安全的裸露带电部分及转动部位，均需设防护罩、防护栏，并悬挂危险警告标志。

（2）机房（硐室）、临时配电点，应备有符合规定的防火器材。

（3）机房（硐室）、临时配电点，不得存放汽油、煤油、绝缘油和其他易燃物品。用过的棉纱（破布）应存放在盖严的专用容器内，并放置在指定地点。

电气操作人员的资格和要求包括：

（1）电气作业必须经过专业培训，考试合格，持有电工作业操作证的人员担任。

（2）电气作业人员因故间断电气工作连续六个月以上者，必须重新考试合格，方能上岗工作。

（3）外单位派（借）的电气工作人员，应持有电气工作安全考核合格证。

（4）电气人员必须严格执行国家的安全作业规定。

（5）电气工作人员必须严格熟悉有关消防知识，能正确使用消防用具和设备，熟知人身触电紧急救护方法。

（6）变、配电所及电工班要根据本岗位的实际情况和季节特点，制定完善各项规章制度和相应的岗位责任制。做好预防工作和安全检查，发现问题及时消除。

（7）现场要备有安全用具、防护用具和消防器材等，并定期进行检查试验。

（8）易燃、易爆场所的电气设备和线路的运行及检修，必须按照国家有关标准执行。

（9）电气设备必须由可靠的接地（接零）、防雷和防静电设施必须完好，并定期检测。电气设备所用熔丝（片）的额定电流应与其负荷容量相适应，禁止用其他金属线代替熔丝（片）。

高压电气的安全操作规程包括：

（1）凡是高压设备停电或检修，以及主要电器设备大、中检修，高低压架空线路，都必须按照《电业局电气安全工作规定》及有关规定办理工作票及各种票证。

（2）工作票签发人必须按工作票内容一项不漏地填写清楚，若发现缺项漏填，字迹潦草难辨或有涂改者，该工作票视为无效，由车间办理技术科审批，特殊情况由主管厂长审批。

（3）检修工作人员，接到工作票以后，要认真进行查看，认为没有差错后，按要求严格执行，若不按工作票操作，造成事故，由检修人员负责。

（4）检修人员发现工作票有问题，可当面提出，请求更改，如不更正造成事故由最后指令人负责。

（5）在紧急、特殊情况（如危害人身安全或重大损失）来不及办理工作票，可由厂调度、生产厂长、主管厂长，动力车间主任口头命令或电话命令进行倒闸操作，操作人员必须做好记录备查。

电气检修的操作规程包括：

（1）凡检修的电气设备停电后，必须进行验电，验电器应符合电压等级，高压部分必须戴绝缘手套，确认无电后，打好接地线，手持红外线绝缘棒进行对地放电，放电时戴眼镜。

（2）在停电线路的刀闸手柄上，悬挂“禁止合闸，有人工作”的警告牌，在不停电部位的安全围栏外应悬挂“高压有电，禁止入内”的标志牌。

（3）对停电超过 4h 有保险器装置的关键设备应将保险拔掉。

（4）检修工作结束后，拆除接地线，人员撤离现场，交回工作票（由动力车间统一保管），摘掉警告牌后方准恢复送电。

（5）禁止带电作业，特殊情况，可经主管厂长动力车间主任许可采取安全措施后方可作业。

低压电气设备的操作规程包括：

（1）低压电气设备进行检修时，虽不执行办理工作票，但必须执行操作票，并做好使用单位操作人员与电气检修人员的交接手续（包括检修内容、要求、电气设备的现状等）。

检修完毕后，由电气检修人员填写检修记录及检修项目，检修后的状况等，需经操作人员签字认可。

（2）电气检修人员必须采取保证安全的技术措施，以防止他人误送电或突然来电的措施。

（3）安全行灯必须安全可靠，按不同场所，使用安全电压。

室内配线的操作规程包括：

（1）配线管选择，多根导线穿管时，导线截面积的总和应不超过管内截面的40%，穿线管弯曲半径应大于管直径的六倍（严禁弯曲部分用弯头代替）。

（2）不同电压等级，不同回路，强电与弱电，交流与直流的导线严禁穿同一管内，管内导线严禁有接头。

（3）所有钢管配线均应做好接地保护，配管接头处应做好接地连接线。

（4）所有配线用的钢管，每年由动力车间负责刷沥青漆一次，管内配线绝缘电阻每年测定一次（要有检测记录以备查）。

（5）变配电室内外高压部分及线路，停电工作时，必须做到：切断所有电源，操作手柄应上锁或挂标示牌；验电时应戴绝缘手套，按电压等级使用验电器，在设备两侧各相或线路各相分别验电；验明设备或线路确认无电后，即将检修设备或线路做短路接地；装设接地线，应由二人进行，先接接地端，后接导体端，拆除时顺序相反。拆、接时均应穿戴绝缘防护用品；接地线应使用截面不小于25mm的多股软裸铜线和专用线夹。严禁用缠绕的方法进行接地和短路；设备或线路检修完毕，应全面检查无误后方可拆除临时短路接地线。

防爆、防雷、接地静电的操作规程包括：

（1）防爆厂房的电气设备和线路，必须排列整齐，周围要保持清洁，严禁存放有影响安全运行，检修作业的杂物。

（2）在防爆厂房内严禁明敷绝缘导线，电缆进入室内时，必须剥去麻被。

（3）在防爆厂房内更换灯泡时，必须切除电源，不得带电更换灯泡（夜间不得更换灯泡）换灯泡后，防爆、防尘灯具的外壳应固定好，保持应有严密程度。

（4）防爆电机用钢管配线必须进入防爆接线盒内，并做好可靠接地。

（5）所有避雷器应于每年冬季拆除，按规定进行试验，次年雷雨季节前（3月15日前）投入运行。

（6）避雷针及引下线每年检查一次，并做好接地电阻测试，引下线损坏原直径的20%须更换，引下线每一年刷沥青漆一次（由动力车间负责）。

（7）防静电必须根据工艺设备、物料的有关要求做好防静电措施，并可靠接地，正常时间不得任意拆除。

（8）接地电阻在全年任何时间不由不应大于下列数值：电气设备接地电阻值小于等于4Ω；避雷针及引下线接地电阻值小于等于10Ω；防静电设施接地电阻值小于等于100Ω；测试结果要有记录，以备查。

11.2.5.2 电气设备通用安全技术要求

对检修任务进行统筹安排，保证检修的质量和安全非常重要。因此，检修前应做充分的准备，制定切实可行的实施方案。对检修过程进行认真的检查和监督，对检修后的设备进行认真的验收和试车，确保检修过程和设备运行的安全。

A 检修准备工作

检修前必须成立检修领导小组，计划、技术、供应、生产调度、安全、后勤等工作指定专人负责，负责检修项目的落实、物资准备、施工准备、劳动力准备等相关工作。

维修负责人员应根据设备检修项目要求，制定设备检修方案，落实检修人员及安全措施。同时，组织检修人员到现场交代检修项目、任务，制定专人负责整个检修作业过程的安全工作。

B 检修安全教育

检维修前必须对参加检修作业的人员进行安全教育，具体内容包括：检维修安全规章制度；检修作业现场和作业过程中可能存在或出现的不安全因素或对策；个人防护用品和用具的正确佩戴和使用；检修作业项目、人物、检维修方案和安全措施。

C 检修安全检查和措施

检修前的安全检查和措施主要包括：检查各种工器具，凡不符合作业安全要求的工器具不得使用；采取可靠的断电措施，切断检维修设备上的电器电源，并经启动复查后确定无电。在电源开关处挂上“禁止合闸”的安全标志并加锁；对检维修作业使用的防护器材、消防器材、照明设备应经专人检查，保证安全可靠，并合理放置；应对检维修队伍现场进行安全检查，保证安全无隐患；对检修使用的移动式电器工具，应配有漏电保护器装置；应检查清理检维修现场的消防通道，保证畅通无阻；夜间检维修作业应设有足够亮度的照明。

D 检修作业安全要求

检维修作业中的安全要求主要包括：参加检修作业的人员应穿戴好劳动防护用品；检修作业的各工种人员应遵守本工种安全技术规程的规定；电器设备检修应遵守电器安全工作规定；严禁扩大作业范围或转移作业地点；对安全措施不落实、作业环境不符合要求的作业人员有权拒绝作业；检修作业结束后，检修项目责任人会同有关检修人员检查检修项目是否有遗漏，工器具和材料是否遗漏在设备上；检修结束后，应及时搬走所用工器具，拆除临时电源、临时照明设备等；检修结束后，应及时清理检维修垃圾、杂物；检修结束后，应对设备进行调试，保持检修相关记录。

企业的电气安全检查工作，最好每季度进行一次，特别注意雨季前和雨季中的安全检查，发现问题及时解决。检查时应注意以下问题：

(1) 有关安全用电的规章制度是否齐全。

(2) 车间、工段、班组负责电气工作的人员是否落实。

(3) 电气设备的检查内容包括：绝缘是否损坏；绝缘电阻是否合格；裸露带电部分有无防护装置；保护接地或保护接零是否正确、可靠；保护装置是否符合要求；手提灯和局部照明灯的电压是否为安全电压，是否采取了其他安全措施；安全用具和灭火器材（用于电气起火的灭火器材）是否齐全；电气设备安装是否合格，安装位置是否合理；室内外线路是否符合安全要求。

(4) 对变压器等重要电气设备要坚持巡视。

(5) 对新安装的设备，特别是自制设备的验收工作必须要坚持原则。

（6）起重、运输设备与电气线路和电气设备的距离是否符合规定。

（7）对使用中的电气设备，应定期测试其绝缘电阻；对各种接地装置，应定期测定其接地电阻；对变压器油、安全用具、避雷器和其他保护电器，也应定期检查测定或进行耐压试验。

11.2.5.3 选矿厂电气设备安全运行技术

近年来，矿产资源的采选工作得到了长足发展，在促进相关领域发展等方面发挥着十分重要的作用。电气设备作为选矿厂不可缺少的一部分，其运行状态的好坏直接关系到企业生产经营的效益。但由于电气设备自身具有机械化等特点，在长期的运行过程中，极易出现故障，不仅影响选矿厂的经济效益，而且也违背了矿产资源利用的基本要求。因此加强对选矿厂电气设备安全运行技术的了解，能够帮助选矿厂更好地处理电气设备在运行过程中的各种故障。通过长期的实践发现，选矿厂常见的电气设备安全运行保障技术主要体现在以下几个方面。

A 中性点接地

处在运行阶段的电气设备可能会因为绝缘体的损坏或者短路等原因使金属外壳和其他金属物出现危险的对地电压，人体接触后就很容易触电。针对低压供电系统而言，在实践中可以采取两种供电方式，其分别为中性点不接地和中性点直接接地。通过将配电变压器中性点与大地连接在一起，可以避免外界因素对电气设备安全、可靠运行产生的不利影响。这两种接地方式各有所长处和不足，可适应不同环境的电气保护，进而保证电网的运行安全。针对选矿厂电气设备的运行而言，供电系统变压器电气保护一般采取中性点接地的方式，将外壳和零线连接，用单相短路触动过流保护装置，在出现电路异常时切断故障部分电源，从而消除触电危险。

B 继电保护

继电保护技术是指运行异常时进行故障部分的切除，或者防止故障范围扩大，保证系统的安全运行所应用到的电气自动保护装置，装有继电器的称为继电保护装置。为了有效解决电力系统故障，避免异常情况的出现，减少对生产工作产生的消极影响，提高选矿厂的生产效率，可以采用电气自动化装置进行保护，使之能够对电气设备出现的问题及时响应，只有这样才能保证选矿厂电气系统的安全。

C 过电流保护

电气设备运行对电流提出了明确的要求，如果超过规定的电流范围，将会出现短路、过载等问题，极易出现电气设备、线路发热等现象，从而损坏绝缘层，甚至出现火灾。鉴于此，可以采用热继电器、电磁式过电流继电器等保护装置，实现对电气装置的有效保护。当发现电气设备存在安全隐患时，及时通知技术人员，对设备故障进行排查，找出故障产生的原因，及时解决存在的安全隐患。

D 接地

在选矿厂电气设备的安全运行过程中，绝缘部分损坏可能会使金属外壳和电气设备直接接触，人体接触时，会造成触电危险。通常情况下，为避免出现触电事故的发生，常用的保护措施有接地或接零。在供电系统中，如果不带电的设备外壳和中性点的接地零线相连接，就会出现保护装置接零的情况。如果带电部分和金属设备外壳直接接触，可能会通过设备外壳对零线形成短路，导致故障的电源需要进行部分切除，以消除触电危险。

E 漏电保护

漏电保护技术是指电路在不良情况下，将电源切断来保护人身安全的一种保护措施。当电路或电气装置出现不良情况时，带电部分和地相接触会引起人身伤害或造成设备损坏，甚至出现火灾。通过电子监控，当数值出现异常情况时应及时做出应急处理，如切断电源开关，从而确保人身和财产安全。针对选矿厂电气设备的安全运行，若绝缘部分损坏，使得金属外壳与电气设备直接接触，当人体接触时，会出现触电事故，严重情况下，会危及人身安全。

F 防雷电保护

雷放电时，电流较大，温度较高。但放电时间较短，有可能会在放电瞬间出现闪光或轰鸣声，有很强的破坏力，可以毁坏建筑物，甚至将人瞬间击毙，还会造成大面积或长时间停电，毁坏电气设备的绝缘，造成严重爆炸事故，危害性比较大。防雷设备通常是建筑物防雷，采取的措施一般是使用避雷针或避雷器。使用避雷器和避雷针可保护建筑物免受雷电影响，使电力系统中超过电压的部分受到限制。一般来说，烟囱、井架、水塔和高大的建筑物及存有易燃、易爆物质的房屋都应装上避雷针。

因此，要加强选矿厂电气设备的运行安全，就必须建立健全各类电器设备的日常使用和检查、维修等制度，加大检查力度，发现问题及时处理，查出隐患及时整改，只有这样才能保证选矿厂安全生产的顺利进行。

11.2.5.4 选矿厂变配电站安全运行技术

矿山变配电站的一般要求包括：

（1）建立、健全变配电室安全生产责任制、各项运行管理制度和操作规程，主要内容上墙明示。

（2）变配电室的各种记录档案分类归档，设计、施工、竣工验收的图纸、图表等文件资料长期保存，其他记录至少保存一年。

（3）应根据变配电室的设备规模、自动化程度、操作的繁简程度和用电负荷的类别，开展从业人员的安全教育和培训，使之具备必要的安全生产知识、安全操作技能和应急救援知识。

（4）变配电室的事故应急预案必须包括设备异常、故障的现场处置方案，以及停电、触电、汛害、电气设备火灾爆炸等事故的专项应急预案，并与综合应急预案相衔接。事故应急预案的编制应符合 GB/T 29639 的有关规定，并至少每三年修订一次。

（5）每年组织不少于两次的变配电室事故应急预案演练，应急演练活动结束后应撰写应急演练总结报告，分析应急演练组织实施中发现的问题，并对应急演练效果进行评估。

矿山变配电站的配置原则包括：

（1）高压配电装置应采用具有五防功能的金属密闭开关设备：防止误分、误合断路器；防止带负荷分、合隔离开关或带负荷推入、拉出铠装移开式开关柜手车；防止带电挂接地线或合接地刀闸；防止带接地线合断路器或隔离开关；防止误入带电间隔。

（2）低压成套开关设备应使用具有 3C 认证的产品。

（3）应依据国家公布的设备性能标准逐步淘汰落后的电气设备和产品，新建变配电室不得使用淘汰的、危及生产安全的工艺和设备。

矿山变配电站的环境、安全防护要求包括：

（1）变配电室空气温度和湿度应符合 DL/T 593 和 GB/T 24274 的要求，即周围空气温度的上限不得高于 40℃，且在 24h 内其平均温度不得超过 35℃；当最高温度为 40℃时，其相对湿度不得超过 50%。在较低温度时，允许有较大的相对湿度，但在 24h 内测得的相对湿度的平均值不得超过 95%，且月相对湿度平均值不得超过 90%，同时应考虑到由于温度的变化，有可能偶尔会产生适度的凝露。

（2）变配电室变压器、高压配电装置、低压配电装置的操作区、维护通道应铺设绝缘胶垫。

（3）低压临时电源、手持式电动工具等应采用 TN-S 供电方式，并采用剩余电流动作保护装置。

（4）正常照明和应急照明系统应完好。

（5）疏散指示标志灯的持续照明时间应大于 30min。

（6）对装有有毒气体、窒息性气体的配电装置房间，在发生事故时房间内易聚集气体的部位应装设排风装置。

（7）室内变配电装置的布置应安全净距、通道与围栏等应符合 GB 50053、GB 50054、GB 50059、GB 50060 等国家标准的要求。

门、窗、安全出口的一般要求包括：

（1）出入口的门须为防火门，向外开启，并应装锁，门锁便于值班人员在紧急情况下打开。

（2）设备间与附属房间之间的门应向附属房间方向开启，高压间与低压间的门，应向低压间方向开启，配电室的中间门应采用双向开启门。

（3）长度大于 7m 的变配电室应有两个出入口，若两个出口之间的距离超过 60m，应增设一个中间安全出口。当变配电室采用多层布置时，位于楼上的变配电室至少应设一个出口通向室外的平台或通道，平台应有固定的护栏。

（4）地面变配电室的值班室门宜设有纱门，通往室外的门、窗应装有纱门且门上方应装设防雨罩。

（5）设置防雨、雪和小动物从采光窗、通风窗、门、通风管道、桥架、电缆保护管等进入室内的设施。

（6）出入口设置高度不低于 400mm 的防小动物挡板。

消防设施的一般要求包括：

（1）应设置符合 GB 50140 要求的适用电气火灾的消防设施、器材，并定期维护、检查和测试。现场消防设施、器材不应挪作他用，周围不应堆放杂物和其他设备。

（2）灭火器的定期检查、维修、报废和更新应符合如下要求：按 GB 50444 的要求，每半月对灭火器的配置和外观至少检查一次；达到 GA 95 规定的报废期限或报废条件的灭火器，应予以报废。

（3）应留出消防通道，不得堵塞或占用。

（4）安全工（器）具应配备质量合格、数量满足工作需求的安全工（器）具：绝缘安全工（器）具，比如绝缘杆、验电器、携带型短路接地线、绝缘手套、绝缘靴（鞋）

等；登高作业安全工（器）具，比如安全帽、安全带、安全绳、非金属材质梯子等；检修工具，比如螺丝刀、扳手、钢锯、电工刀、电工钳等；测量仪表，比如红外温度测试仪、万用表、钳形电流表、500V 绝缘电阻表、1000V 绝缘电阻表、2500V 绝缘电阻表等。

（5）安全工（器）具使用前应进行试验有效期的核查及外观检查，检查表面有无裂纹、划痕、毛刺、孔洞、断裂等外伤，有无老化迹象。对安全工（器）具的机械、绝缘性能产生疑问时，应追加试验，合格后方可使用。

（6）安全工（器）具应妥善保管，存放在干燥通风的场所，不允许当作其他工具使用，且不合格的安全工（器）具不得存放在工作现场。部分安全工（器）具还应符合下列要求：绝缘杆应悬挂或架在支架上，不应与墙或地面接触；绝缘手套、绝缘靴应与其他工具仪表分开存放，避免直接碰触尖锐物体；高压验电器应存放在防潮的匣内或专用袋内。

（7）安全工（器）具应统一分类编号，定置存放并登记在专用记录簿内，做到账物相符，一一对应并及时地记录安全工（器）具的检查、试验情况。

标志标识的一般要求包括：

（1）每面配电盘柜应标明路名和调度编号，双面维护的配电盘柜前和盘柜后均应标明路名和调度编号，且路名、编号应与模拟图板、自动化监控系统、运行资料等保持一致。

（2）配电装置前应标注警戒线，警戒线距配电装置不小于800mm。

（3）变配电室的出入口设置明显的安全警示标志牌。

试验、校验和清扫的一般要求包括：

（1）改造、大修后的电气设备，应在投入运行前按《电气装置安装工程电气设备交接试验标准》的要求进行交接试验，试验合格后方可投入运行。

（2）按《电力设备预防性试验规程》的试验项目和周期要求进行电气设备的预防性试验。

（3）继电保护和安全自动装置的调试、校验按《继电保护和电网安全自动装置检验规程》的规定执行，定期校验的周期应符合《高压电力用户安全用电规范》的要求。

（4）接地装置及系统定期检查、测试和维护。

（5）安全工器具的试验要求如下：绝缘安全工器具按《电业安全工作规程》的试验项目和周期等要求，进行首次使用前和使用中定期的试验，合格后方可使用；安全带、安全绳、梯子等坠落防护装备的使用期限和检测要求必须符合《坠落防护装备使用安全规范》的要求。

（6）试验、调试和校验工作必须由具有相应资质的单位和人员进行。

（7）根据设备污秽情况、负荷重要程度及负荷运行情况等安排设备的清扫检查工作，一般情况下至少应每年一次。

（8）对巡视检查、试验和校验等发现的设备隐患，必须评估隐患的危害程度，针对隐患制定措施限期进行处理。

自备应急电源的管理要求包括：

（1）自备应急电源应定期进行安全检查、预防性试验、启机试验和切换装置的切换试验，并做好记录。

（2）并网运行的生产经营单位在新装、更换接线方式、拆除或者移动闭锁装置时，应与电力调度部门签订或修订并网调度协议后并入公共电网运行。

（3）不应自行变更自备发电机接线方式。

（4）应有可靠的电气或机械闭锁装置，防止反送电，不应自行拆除闭锁装置或者使其失效。

（5）不应擅自将自备应急电源引入、转供其他用户。

地下变配电室要求：

（1）应有安全通道，安全通道和楼梯处应设逃生指示标识和应急照明装置。

（2）应设有通风散热、防潮排烟设备和事故照明装置。

（3）室内地面的最低处应设有集水坑并配有自动排水装置。

11.3 火灾事故预防技术

火灾事故是人们日常生活和生产中最常见企业的一类事故，它以危害面大、殃及面广、损失严重而令人闻之色变。对于一个选矿厂而言，火灾事故造成的危害更是不言自明，轻则使选矿厂遭受严重的经济损失，阻碍工厂的正常生产，重则可以使一个企业付之一炬。对于火灾事故我们还没有什么绝对有效的控制办法，最好的方法莫过于预防，因预防火灾事故，我们国家制定了“预防为主，防消结合”的消防方针。

11.3.1 概述

11.3.1.1 火灾事故的类型

根据《火灾分类》（GB/T 4968—2008）标准及可燃物的类型和燃烧特性，可将火灾分为：

（1）A类火灾。A类火灾是指固体物质火灾，这种物质通常具有有机物质的性质，一般在燃烧时能产生灼热的余烬，如木材、干草、煤炭、棉、毛、麻、纸张、塑料（燃烧后有灰烬）等火灾。

（2）B类火灾。B类火灾是指液体或可熔化的固体物质火灾，比如煤油、柴油、原油、甲醇、乙醇、沥青、石蜡等火灾。

（3）C类火灾。C类火灾是指气体火灾，比如煤气、天然气、甲烷、乙烷、丙烷、氢气等火灾。

（4）D类火灾。D类火灾是指金属火灾，比如钾、钠、镁、钛、锆、锂、铝镁合金等火灾。

（5）E类火灾。E类火灾是指带电火灾，比如物体带电燃烧的火灾。

（6）F类火灾。F类火灾是指烹饪器具内的烹饪物火灾，比如动植物油脂火灾。

1996年11月11日由公安部、原劳动部、国家统计局联合颁布的《火灾统计管理规定》将火灾事故分为特大火灾、重大火灾和一般火灾三类。

特大火灾事故是指造成10人以上死亡，重伤20人以上，死亡、重伤20人以上，受灾50户以上，直接财产损失100万元以上的火灾。重大火灾事故是指死亡3人以上，重伤10人以上，死亡、重伤10人以上，受灾30户以上，直接财产损失30万元以上的火灾。一般火灾事故是指不具有前列两项情形的燃烧事故。

凡在火灾和火灾扑救过程中因烧、摔、砸、炸、窒息、中毒、触电、高温辐射等原因所致的人员伤亡，列入火灾人员伤亡统计范围。其中死亡以火灾发生后7天内死亡为限，伤残统计标准按原劳动部的有关规定认定。火灾损失分直接财产损失和间接财产损失两项统计，具体计算方法按公安部的有关规定执行。

根据公安部下发的《关于调整火灾等级标准的通知》，新的火灾等级标准由原来的特大火灾、重大火灾、一般火灾三个等级调整为特别重大火灾、重大火灾、较大火灾和一般火灾四个等级。

特别重大火灾是指造成30人以上死亡，或者100人以上重伤，或者1亿元以上直接财产损失的火灾。重大火灾是指造成10人以上30人以下死亡，或者50人以上100人以下重伤，或者5000万元以上1亿元以下直接财产损失的火灾。较大火灾是指造成3人以上10人以下死亡，或者10人以上50人以下重伤，或者1000万元以上5000万元以下直接财产损失的火灾。一般火灾是指造成3人以下死亡，或者10人以下重伤，或者1000万元以下直接财产损失的火灾。

11.3.1.2 火灾事故的原因

由于选矿流程工艺复杂，厂房布置相对分散，因而火灾事故的原因各不相同，综合目前大多数选矿厂的火灾事故，主要包括以下几类：各种明火引燃易燃物或可燃物；各类油料在运输、储存和使用时引起的火灾；电器设备的绝缘损坏和性能不良引发的火灾等。

在我国非煤矿山中，火灾绝大部分都是木质支架与明火接触，电气线路、照明和电气设备的使用和管理不善。随着选矿厂机械化、自动化程度的提高，因电气原因所引起的火灾比例会不断增加，这就要求在设计和使用机电设备时，应严格遵守电气防火规程，防止因短路、过载、接触不良等原因引起火灾。引起火灾的原因，虽有自然因素，如雷击、物体自燃等，但主要还是由于违章操作、粗心大意所致。目前，选矿厂引起火灾的原因主要包括：

（1）电气设备故障。在选矿厂中，电气故障引起的火灾事故占有相当的比例，这主要是由于目前选矿厂的生产规模较大，所使用的选矿设备相应地也较大，而大型的选矿设备通常具有较大的用电负荷和较长的敷设线路，因此存在较多的潜在危险。而且如果在选择电气设备以及电缆线路时出现选型不对、本身质量问题以及安装和检修维护不当等，都可能会导致接触不良、过负荷以及漏电等问题，这是引发火灾事故的主要原因之一。此外，在电气设备的运行环境中还可能会存在温度较高、湿度较高以及粉尘较多等危险因素，这也会对电气设备和线路造成腐蚀而导致出现火灾事故。

（2）生产过程操作不当。在选矿厂的生产中，由操作不当所造成的火灾事故也比较常见。目前选矿生产正向综合化、自动化以及连续化的方向发展，工艺程序相对复杂，加之存在较多的设备操控点，使生产过程的危险指数得以增大，而且现场作业人员的安全意识一般都比较薄弱，专业技术水平和职业道德素养较低，很容易出现违反安全操作规程、操作失误或错误等问题，这也会导致设备故障以及火灾事故的发生。

（3）电气焊动火违章。在生产作业操作不当的原因中，电气焊动火违章作业的比例较高，这主要是因为在选矿厂的生产过程中开展设备的检修和维修时需要采用电焊或气焊等方式。电焊或气焊对于操作人员的专业要求较高，因此需要在持证操作的基础上进行灭火器材的配备并在专人监护下开展焊接作业，而且还要在焊接作业过程中对作业周围环境中的易燃易爆物品进行彻底清除或者隔离。但是在实际的设备检修和维修作业中，通常会由于赶工期或者图方便而没有满足上述要求，导致在焊接作业高温中产生喷溅焊渣，或者是电流经过线路上出现漏电火花以及高温现象而导致周围可燃物被引燃，从而造成火灾爆炸事故的发生。

（4）静电火花。静电火花导致的火灾事故在选矿厂的火灾事故中发生率较低。静电火花通常是由人员操作引起的，具有较高的危害性。其主要在设备运转、液体流动、气体输送以及人体运动中会产生静电，且在满足放电条件下会引燃周围的爆炸性混合气体，从而导致火灾或爆炸事故的发生。

因此，如何进一步加强选矿厂的动火作业现场安全监管和生产线电器设备故障隐患的排查管控，积极有效采取预防管控措施，是当前选矿厂消防安全工作的重点。

11.3.1.3　火灾事故的处置程序

火灾发生时，应该立即采取应急措施以防止火灾的扩大和蔓延，通常采取以下措施：

（1）为防止事故现场继续蔓延扩大，现场指挥人员通知各救援小组快速集结，快速反应履行各自职责投入灭火行动。

（2）按指挥人员要求，通信联络组向公安消防机构报火警，以及向有关部门报告，派人接应消防车辆，并随时与救援处置领导小组联系。

（3）各灭火小组在消防人员达到事故现场之前，应继续根据不同类型的火灾，采取不同的灭火方法，加强冷却，撤离周围易燃可燃物品等办法控制火势。

（4）在有可能形成有毒或窒息性气体的火灾时，应佩戴隔绝式氧气呼吸器或采取其他措施，以防救援灭火人员中毒，消防人员到达事故现场后，应听从指挥积极配合专业消防人员完成灭火任务。

（5）疏散组应通知引导各部位人员尽快疏散，尽量通知到撤离火灾现场的所有人员。在烟雾弥漫中，要用湿毛巾掩鼻，低头弯腰逃离火灾现场。

（6）火灾现场指挥人员随时保持与各小组的通信联络，根据情况可互相调配人员。

（7）进行自救灭火，抢救物资，抢救伤员等救援行动时，应注意自身安全，无能力自救时，各组人员应尽快撤离火灾现场。

11.3.2　火灾事故的扑灭与预防

11.3.2.1　火灾事故的扑灭

一旦发生火灾，应该立即采取一切可能的方法直接扑灭，并同时报告消防、救护组织，以减少人员和财产的损失。根据火灾产生的原理，灭火方法可分为：

（1）冷却法。冷却法是指降低燃烧物质的温度，消除火源，停止能量供给，使燃烧中止的灭火方法。

（2）隔离法。隔离法是指移去可燃物，把未燃烧的物质隔开，中断可燃物供给的灭火方法。

（3）窒息法。窒息法是指隔绝空气，停止供氧的灭火方法。

（4）抑制法。抑制法是指喷洒灭火剂，中断连锁反应面使火熄火的灭火方法。

在这些灭火方法中，冷却法和隔离法是最基本的灭火方法。单纯的窒息法或抑制法对扑灭初期的小火有效，但在火势较大的场合，受自然条件、灭火剂和灭火器具性能等因素限制。用窒息法、抑制法暂时扑灭了火焰之后，过一段时间窒息、抑制作用消失，可能“死灰复燃”而发生二次着火。所以，在采用窒息法或抑制法灭火的场所，还需要结合冷却和隔离措施。

根据灭火方式不同，灭火方法分为：

（1）直接灭火法。直接灭火法是指用灭火器材在火源附近直接进行灭火，是一种积极有效的灭火方法。直接灭火法一般可以采用：

1）水。水被广泛地应用于扑灭火灾，它能够降低燃烧物表面温度，特别是水分蒸发为蒸汽时冷却作用更大，水又是扑灭硝铵类炸药燃烧最有效的方法。1L 常温（25℃）的水每升高到 100℃，可以吸收 314kJ 热量，1L 水转化为蒸汽时能吸收 2635. 5kJ 的热量，而 1L 水能够生成 1700L 的水蒸气，水蒸气能够将燃烧物表面和空气中的氧隔离。足见水的冷却作用和灭火效果是很好的。为了有效地灭火，要用大量高压水流，由燃烧物周围向中心冷却。雾状水在着火区域内很快变成水蒸气，使燃烧物与氧气隔离，效果会更好。在选矿厂，可以利用消防水管、橡胶水管、喷雾器和水枪等进行灭火。

2）化学灭火器。化学灭火器包括酸碱溶液泡沫灭火器、固体干粉灭火器、溴氟甲烷灭火器和二氧化碳灭火器。

3）酸碱溶液泡沫灭火器。酸碱溶液泡沫灭火器是一种常见的灭火器，由酸性溶液（硫酸、硫酸铝）和碱性溶液（碳酸氢钠）在灭火器中相互作用，形成许多液体薄膜小气泡，气泡中充满二氧化碳气体，能降低燃烧物体的表面温度，隔绝氧气，二氧化碳有助于灭火，泡沫与水的密度比为 1∶7，体积为溶液的 7 倍，适用于扑灭固体、可燃液体的火灾，喷射距离为 8~10m，喷射持续时间为 1. 5min。

4）干粉灭火器。干粉灭火器是用二氧化碳气体的压力将干粉物质（磷酸铵粉末）喷出，二氧化碳被压缩成液体保存于灭火器中，适用于电气火灾。

灭火用的二氧化碳可以用气态的，也可以用片状的。将液体状的二氧化碳装入灭火器的钢瓶中，在压力作用下由喷射器喷出。这种灭火器不导电、毒性小，不损坏扑救对象，能渗透入难透空间，灭火效果较好，适用于易燃液体火灾。

高倍数泡沫灭火利用起泡性能很强的泡沫液，在压力水的作用下，通过喷嘴均匀喷洒到特制的发泡网上，借助于风流的吹动，使每个网孔连续不断形成气液集合的泡体。每个泡体都包裹着一定量的空气，使其原液体积成百或上千倍地膨胀——即通常所说的高倍数泡沫。其灭火原理是隔绝、降温、使火灾窒息，并能阻止火区热对流、热辐射及火灾蔓延，可以在远离火区的安全地点进行扑救工作，可扑灭大型明火火灾，灭火速度快、威力大、灭火后恢复工作容易。目前，这种灭火也是国外矿山和我国煤矿常见的一种灭火手段。

5）惰性气体灭火。惰性气体灭火是利用惰性气体的窒息性能，抑制可燃物质的燃烧、爆炸或引燃，经证明它是一种扑灭大型火灾的有效方法。

6）挖除火源。挖除火源是将燃烧物从火源地取出立即浇水冷却熄灭，这是消灭火灾最彻底的方法。但这种方法只有在火灾刚刚开始，尚未出现明火或出现明火的范围较小，人员可以接近时才能使用。

（2）隔绝灭火法。隔绝灭火法是在通往火区的所有巷道内建筑密闭墙，并用黄土、灰浆等材料堵塞巷道壁上的裂缝，填平地面塌陷区的裂缝以阻止空气进入火源，从而使火因缺氧而熄火。

（3）联合灭火法。联合灭火法是指发生火灾又不能用直接灭火法消灭时，先用密闭墙将火区密闭后再灭火的方法。

（4）均压法灭火法。均压法灭火的实质是设置调压装置或调整通风系统，以降低漏风通道两端的风压差，减少漏风量，使火区缺氧而达到熄灭的目的。

11.3.2.2 火灾事故的预防

矿山企业每年应编制防火计划，该计划的内容包括防火措施、撤出人员和抢救路线、扑灭火灾的措施以及各级人员的职责等。企业应规定专门的火灾信号，当作业现场发生火灾时，能够迅速通知各工作地点的人员及时撤出灾险区。火灾信号装置，应声光兼备。离城市 15km 以上的大、中型矿山，应成立专职消防队，小型矿山应有兼职消防队。作业现场必须配备一定数量的救护设备和器材，并定期进行训练和演习。对工人应定期进行自救培训和自救互救训练。

A 一般方法

对于地面火灾，应遵照中华人民共和国公安部关于火灾、重大火灾和特大火灾的规定进行统计报告，遵守《中华人民共和国消防条例》和当地消防机关的要求，对于各类建筑物、油库、材料场和炸药库、仓库等建立防火制度，完善防火措施，配备足够的消防器材。各厂房和建筑物之间，要建立消防通道。消防通道上不得堆积各种物料，便于消防车辆通过。矿山地面必须结合生活供水管道设计地面消防水管系统，水池的容积和管道的规格应考虑两者的用水量。

B 预防明火引起的火灾措施

为防止在厂区内引发火灾，禁止用明火或火炉直接接触的方法加热需要加热的设备或设施，也不准用明火烤热冻结的管道。厂区检修使用过的废油、棉纱、布头、油毡、蜡纸等易燃物应放入盖严的铁桶内，并及时集中处理。厂区内不准用木材生火取暖，特别在寒冬季节，更要加强明火的管理。

C 预防焊接作业引起火灾的措施

焊接前检查作业下方及周围是否有易燃易爆物，作业面是否有诸如油漆类防腐物质，如果有应事先做好妥善处理。离焊接作业点 5m 以内及下方不得有易燃物品，10m 以内不得有乙炔瓶或氧气瓶。对在临近运行的生产装置区、油罐区内焊接作业，必须砌筑防火墙；如果有高空焊接作业，还应使用石棉板或铁板予以隔离，防止火星飞溅。不得在储存汽油、煤油等易燃物品的容器上进行焊接作业；不得带压焊接压力容器。焊接管子时，管子两端应当打开，附近不得有易燃物品。比如在生产、储运过易燃易爆介质的容器、设备或管道上施焊，焊接前必须检查与其连通的设备、管道是否关闭或用盲板封堵隔断，并按规定对其进行吹扫、清洗、置换、取样化验，经分析合格后方可施焊。

D 预防电气设备引起的火灾措施

据国家公安部消防局统计，2011～2017 年间，我国共发生电气火灾 59.8 万起，3631 人死亡，2289 人受伤，直接经济损失 103.2 亿余元。据应急管理部消防救援局统计，2018 年全国共接报火灾 23.7 万起，1407 人死亡，798 人受伤，直接财产损失达 36.75 亿元。分析火灾数据发现，电气火灾仍居各类火灾首位，因而，电气火灾采取针对性的防范措施，能对预防电气火灾事故起到至关重要的作用。

预防电气设备引起的火灾措施包括：

（1）提高电气工作人员的业务和安全素质，使之懂得电气装置在安装、使用、维护过程中的安全要求。对电气设备和线路设计不合理，安装不可靠的部位，应及时维护。

（2）厂房室内装设的电气线路，布线要防止绝缘层受损；线路通过可燃物要穿轻质阻燃套；房屋吊顶内的电线应采用金属管配线；穿墙线应采用塑料管防护，管两端应伸出墙面约1cm。

（3）电气线路不得超负荷使用，不可在原设计线路上任意增大负荷设备，老化线路应及时更换，移动式设备的电源线应采用合格的橡胶软线。

（4）根据电气设备的容量选用保险装置，绝不可用铜丝、铁丝等代替熔丝。

（5）使用电热设备、照明灯具和电焊，应与易燃物保持一定的安全距离，电热器使用完后应及时断电，待余热散尽再收存。

（6）设备运转时要注意电源电压的波动情况，如果电压长期不稳定，则应采用稳压设备。电动机不可缺相和过载运行。

（7）电气设备使用场所要有良好的通风和散热条件，配备一定数量的灭火器，电热设备周围及电气线路下方不得堆放易燃物品。

11.3.3 消防设施与消防器材

消防设施是指建筑物内的火灾自动报警系统、室内消火栓、室外消火栓等固定设施。自动消防设施分为电系统自动设施和水系统自动设施。电系统自动设施是在发生火灾事故时能自动报警的设备，这些设备通过在各处安装探头，然后将所有探头接入一台主机。当探头探测到有火灾迹象（如烟），在温度较高时就会把信息传递给主机，主机通过发出报警响声和显示报警原因来提醒工作人员。水系统自动设施则是在人流量和物流量较多的场所通过水管引水，在较大水压的作用下，消防水的出水处用喷淋头堵上，喷淋上的玻璃管在温度较高的情况下就会自动爆破，喷淋头就能均匀洒水，以达到灭火的目的。

消防器材是指用于灭火、防火以及火灾事故的器材，它是人类与火灾做斗争的重要武器，随着科学技术的飞速发展，多学科的相互渗透，给消防器材的更新发展带来了生机与活力。随着消防器材在火灾预防、灭火救援等消防工作领域的广泛应用，全社会预防和抗御火灾及其他灾害的整体水平显著提高，消防科技已成为推进我国消防事业发展的重要动力和保障。

11.3.3.1 消防设施

A 消防设施的种类

a 建筑防火及安全疏散设施

建筑物中的安全疏散设施，比如楼梯、疏散走道和门等，它是依据建筑物的用途、人员的数量，建筑物面积的大小和人们在火灾时的心理状态等因素综合考虑的。因此，在日常工作中，要按照国家有关消防技术规范的要求认真进行维护管理与检查，保障建筑物内人员和物资安全疏散，减少火灾所造成的人员伤亡和财产损失。

建筑物的安全疏散设施主要涉及疏散楼梯间和楼梯，防烟楼梯间前室、合用前室和疏散走道、安全出口以及应急照明和疏散指示标志、火灾广播、救生设施等。超高层建筑还应包括避难层（间）和直升机停机坪等。

b 消防给水系统

消防给水系统按消防水压要求可分为：

（1）高压消防给水系统。高压消防给水系统管网内经常维持足够高的水压，火场上不需要使用消防车或其他移动式消防水泵加压，从消火栓直接接出水带、水枪就能灭火。采用这种给水系统时，其管网内的水压，应保持生产、生活和消防用水量达到最大且水枪布置在保护范围内任何建筑物的最高处时，水枪的充实水柱不应小于10m。

（2）临时高压消防给水系统。临时高压消防给水系统管网内平时水压不高，在泵（站）房内设置高压消防水泵，一旦发生火灾，立刻启动。

（3）低压消防给水系统。低压消防给水系统管网内水压较低，火场上灭火时水枪所需要的压力由消防车或其他移动式消防水泵加压形成。采用这种给水系统时，其管网的水压保证灭火时最不利点消火栓的水压不小于10m水柱（从地面算起）。

消防给水系统按用途可分为：

（1）生活、消防合用给水系统。城镇、居住区和企事业单位广泛采用生活、消防合用给水系统。这样，管网内的水经常保持流动状态，水质不易变坏，投资小，日常检查、保养、维护方便，给水安全可靠。采用这种给水系统，当生活用水量达到最大用水量时，仍然需要保证消防用水量的需求。

（2）生产、消防合用给水系统。目前一些工矿企业依然采用生产、消防合用给水系统。若采用这种给水系统，当生产用水量达到最大用水量时，仍应保证全部消防用水量，而且要求当使用消防用水最大时不致因水压降低而影响生产，生产设备检修时也不能造成消防用水中断。由于生产用水与消防用水的水压要求往往相差很大，在使用消防用水时可能影响生产用水。另外，有些工矿企业用水又有特殊要求，所以在企业内较少采用生产、消防合用给水系统。当生产用水采用独立给水系统时，在不影响正常生产的前提下，可在生产管网上设置必要的消火栓作为消防备用水源，或将生产给水管网与消防给水管网相连，作为消防的第二水源，但生产用水转换成消防用水的阀门不应超过两个，且开启阀门的时间不应超过5min，便于及时供应火场消防用水。

（3）生活、生产和消防合用给水系统。大中城镇的给水系统基本上都是生活、生产和消防合用给水系统。采用这种给水系统有时可以节约大量投资，符合我国国民经济的发展。从维护使用方面来看，这种系统也比较安全可靠，当生活和生产用水量很大，消防用水量不大时宜采用这种给水系统。生产、生活和消防合用的给水系统，要求当生产、生活用水达到最大小时用水量时（淋浴用水量可按15%计算，浇洒及洗刷用水量可不计算在内），仍应保持室内和室外消防用水量，消防用水量按最大秒流量计算。

（4）独立的消防给水系统。当企业内生产、生活用水量较小而消防水量较大，合并在一起不经济时，或者三种用水合并在一起技术上不可行时，再或者生产用水可能被易燃、可燃液体污染时，常采用独立的消防给水系统。设置有高压带架水枪、水喷雾消防设施的消防给水系统基本上也都是独立的消防给水系统。

c 防烟、排烟设施

在建筑防火设计中，有些场合（防烟楼梯间及其前室，消防电梯前室和合用前室等）

需要设置防烟设施，防烟设施分为机械加压送风的防烟设施和可开启外窗的自然排烟设施。另外还有一些场所（如长度超过 20m 的内走道；面积超过 100m^2，且经常有人停留或可燃物较多的房间；中庭或经常有人停留或可燃物较多的地下室等）需要设置排烟设施，排烟设施可分为机械排烟设施和可开启外窗的自然排烟设施。由此可见，自然排烟是防烟和排烟设施的一种方式，实现自然排烟的唯一方式就是保证一定的可开启外窗面积。值得注意的是，可开启外窗的面积不包括门等疏散通道的开启面积。

d　自动喷水灭火系统

自动喷水灭火系统由洒水喷头、报警阀、水流报警装置（水流指示器或压力开关）等组件，以及管道、供水设施组成，并能在发生火灾时喷水的自动灭火系统。由湿式报警阀、闭式喷头、水流指示器、控制阀门、末端试水装置、管道和供水设施等组成。系统的管道内充满有压水，一旦发生火灾，喷头动作后立即喷水。

e　火灾自动报警系统

火灾自动报警系统是由触发装置、火灾报警装置、联动输出装置以及具有其他辅助功能的装置组成。该系统能在火灾初期将燃烧产生的烟雾、热量、火焰等物理量，通过火灾探测器变成电信号，传输到火灾报警控制器，并同时以声或光的形式通知疏散，控制器记录火灾发生的部位、时间等，使人们能够及时发现火灾，并及时采取有效措施，扑灭初期火灾，最大限度地减少因火灾造成的生命和财产的损失，是人们同火灾做斗争的有力工具。

f　气体灭火系统

气体灭火系统是指灭火剂以液体、液化气体或气体状态存贮于压力容器内，灭火时以气体（包括蒸汽、气雾）状态喷射作为灭火介质的灭火系统，并能在防护区空间内形成各方向均匀的气体浓度，而且至少能保持该灭火浓度达到规定要求的浸渍时间，实现扑灭该防护区的空间火灾。该系统由贮存容器、容器阀、选择阀、液体单向阀、喷嘴和阀驱动装置组成。

g　水喷雾灭火系统

水喷雾灭火系统是指由水源、供水设备、管道、雨淋阀组、过滤器和水雾喷头等组成的系统。当水以细小的雾状水滴喷射到正在燃烧的物质表面时，产生表面冷却、窒息、乳化和稀释的综合效应，实现灭火。水喷雾灭火系统具有适用范围广的优点，不仅可以提高扑灭固体火灾的灭火效率，同时由于水雾具有不会造成液体火花飞溅、电气绝缘性好的特点，在扑灭液体性火灾、电气火灾中均得到了广泛的应用。

h　低倍数泡沫灭火系统

低倍数泡沫灭火系统由消防水泵、压力式泡沫比例混合装置、低倍数空气泡沫产生器、雨淋阀及其他阀门和管件等组成，主要通过压力式比例混合装置将水与泡沫灭火剂混合后，形成一定比例的泡沫混合液，经泡沫产生器吸入空气形成泡沫，由泡沫喷口沿罐壁流下，覆盖燃烧液体，从而扑灭火灾。

i　高、中倍数泡沫灭火系统

高、中倍数泡沫灭火系统由消防水泵、压力式比例混合装置、泡沫发生器、阀门、管道等组成。尽管中、高倍数泡沫的热稳定性稍差，但发泡量大。由于泡沫易遭火焰破坏，同时也易受室外自然风的影响，此种灭火系统在单位时间内泡沫的生成量远远大于泡沫的破坏量，可以迅速充满整个燃烧空间将火焰扑灭。

g　蒸汽灭火系统

蒸汽灭火系统有固定式和半固定式两种。固定式蒸汽灭火系统为全淹没式灭火系统，一般由蒸汽源、输汽干管、支管、配汽管等组成。用于扑灭整个房间、舱室的火灾，对保护容积不大于500m^{3}的空间效果较好。半固定式蒸汽灭火系统由蒸汽源、输汽干管、支管、接口短管等组成。半固定式蒸汽灭火系统用于扑救局部火灾，利用水蒸气的机械冲击力吹散可燃气体，瞬间在火焰周围形成蒸汽层扑灭火灾。

k　移动式灭火器材

按移动方式可将灭火器分为手提式灭火器和推车式灭火器；按驱动灭火剂的动力来源可将灭火器分为储气瓶式灭火器、储压式灭火器和化学反应式灭火器；按所充装的灭火剂可将灭火器分为泡沫灭火器、干粉灭火器、卤代烷灭火器、二氧化碳灭火器、酸碱灭火器、清水灭火器等。移动式灭火器材的最大优点是不受场地限制，对小范围的火灾初期效果良好。

l　电气与通信系统

消防电气与通信系统主要由火灾报警系统、联动控制系统、广播通信系统三部分组成。火灾报警系统主要用于探测火警地点，以便联动其他相关系统并告知管理人员能及时处理。联动控制系统主要用于控制、扑灭火情；广播通信系统主要是在紧急情况下用来通知指导人群疏散。

B　消防设施的保养与维护

消防设施的保养与维护需满足以下规定：

（1）室外消火栓由于处在室外，经常受到自然和人为的损坏，所以要经常维护。

（2）室内消火栓给水系统，至少每半年要进行一次全面的检查。

（3）自动喷水灭火系统，每两个月应对水流指示器进行一次功能试验，每个季度应对报警阀进行一次功能试验。

（4）消防水泵是水消防系统的心脏，因此应每月启动运转一次，检查水泵运行是否正常，出水压力是否达到设计规定值。每年应对水消防系统进行一次模拟火警联动试验，以检验火灾发生时水消防系统是否迅速开通投入灭火作业。

（5）高、低倍数泡沫灭火系统，每半年应检查泡沫液及其贮存器、过滤器、产生泡沫的有关装置，对地下管道应至少5年检查一次。

（6）气体灭火系统，每年至少检修一次，自动检测、报警系统每年至少检查两次。

（7）火灾自动报警系统投入运行两年后，其中点型感温、感烟探测器应每隔3年由专门清洗单位全部清洗一遍，清洗后应作响应阈值及其他必要功能试验，不合格的严禁重新安装使用。

（8）灭火器应每半年检查一次，到期的应及时更换。

11.3.3.2　消防器材

A　消防器材的种类

目前，最常见的消防器材是灭火器，按驱动灭火器的压力形式可分为：

（1）贮气式灭火器。该灭火器的灭火剂是由灭火器上的贮气瓶释放的压缩气体或液化气体压力驱动的灭火器。

(2) 贮压式灭火器。该灭火器的灭火剂是由灭火器同一容器内的压缩气体或灭火蒸汽压力驱动的灭火器。

(3) 化学反应式灭火器。该灭火器的灭火剂是由灭火器内化学反应产生的气体压力驱动的灭火器。

B 消防器材的管理

为了确保发生火情时消防器材的真正效力，消防器材的管理必须依据《中华人民共和国消防条例》相关文件，尽量减少人员伤亡和财产损失。

消防器材的管理需要遵循：

(1) 所有的消防器材责任人为专职安全员，各种消防器材要做到如下要求：不准将消防器材移作他用（即“一不准”）；勤检查、勤清洁、勤维护（即“三勤”）；定人保管、定位置、定期更换药物（即“三定”）。

(2) 布置在各部门的消防器材和设施，比如灭火器、消防栓、消防水带等，非消防用途作业不得动用。严禁随意动用灭火器，如果有以上违规者，根据情节轻重程度，按照条例规定追究责任予以处罚。

(3) 如遇火险、火警或火灾，动用消防器材，事后必须归放原处，空灭火器应集中保管，不得随意乱放。

(4) 如果有关部门由于工作需要动用消防设备和灭火器，应与专职安全员取得联系，必须经得专职安全员许可，方可使用。如擅自动用，需按条例处罚，工作完毕后，物归原处。

(5) 消防器材为灭火必需设施，因此，爱护、保养消防器材是每个部门、每位员工的职责，发现有损坏或擅自动用消防设施行为者，有权进行制止。

(6) 各部门应保管好所属范围内消防设施完整和性能良好，任何人不得随意移动，周围不得任意堆放物品妨碍其使用。

C 消防器材的保养

对于消防器材的保养，需要做到：

(1) 厂区内定置定点的消防器材均由专职安全员负责统一管理保养，做到定期、定时检查，发现问题及时整改。

(2) 对于各种灭火器，专职安全员每天检查一次，检查结果记入《日常安全巡查表》。

(3) 布置在厂区内各定点的灭火器，凡在户外的，每当冬天来临前，必须认真做好防冻工作。

(4) 使用完的灭火器必须及时清洗。

(5) 厂区内的消防栓和其他灭火器材，专职安全员必须定期检查、测试其效果，确保能正常使用。

(6) 各部门、班组、办公室员工，发现消防器材有损坏、泄漏、丢失等情况时，均应自觉向专职安全员及时反映，使消防器材的保养工作成为全厂员工的义务。

(7) 灭火器使用后，应及时到有资质的维修公司检查，更换已损件，在有效期之前重新装灭火剂和驱动气体，并做好记录，以免灭火剂过期失效。

（8）消防设施若有损坏，应填写（设备维修申请单），及时报修，应由消防部门指定的维修公司进行，任何人不得擅自拆卸消防设施，维修后，应填写《消防设施维修记》，注明维修原因、费用、措施、维修人等。

（9）消防设施不足时，安全主任应填写《设备申购单》，3 万以下由总经理批准，3 万以上由总经理审批、公司财管会批准，消防设施应到当地消防部门指定厂商购买。

11.4 职业危害防护技术

11.4.1 概述

11.4.1.1 职业危害因素分类分级标准

在生产过程、劳动过程和作业环境中存在的危害从业人员身体健康的因素，统称为职业危害因素。由于不同职业危害因素固有的理化性质、致病性等都有所不同，职业危害程度也各不相同。国内现有的关于职业危害因素分级的法规、标准并不多，主要集中在毒物危害程度与体力劳动强度的分级方面（见表 11-1）。

表 11-1 职业危害因素危险的有关法规标准

标准名称	标准号或文号	制修订情况
《职业性接触毒物危害程度分级》	GB 5044—1985	1985 年制定
《高毒物品目录》	卫法监发〔2003〕142 号	2003 年颁布
《体力劳动强度分级标准》	GB 3869—1997	1983 年制定，1997 年修订
《工作场所有害因素职业接触限值》	CBZ 2—2002	2002 年制定，修订
《建设项目职业病危害分类管理办法》	卫计委令第 49 号	2002 年制定，2006 年修订
《作业场所空气中呼吸性岩尘接触浓度管理标准》	LD 40—1992	1992 年制定，修订中

职业危害因素危害程度的分级只是考虑了职业危害因素自身的危害特性，但作业人员接触职业危害因素后并不一定发生职业病，其危害程度也存在差异，也就是说，职业危害因素能否造成作业人员的损害还受到多种因素的影响，如职业危害因素的浓度或者强度、作业人员的接触时间等。为量化评定这些影响因素，给实施分级监管提供依据，自 1983 年起，原劳动部开展了一系列的职业危害作业的分级工作，并制定了相应的管理办法和配套的分级检测规程（见表 11-2）。

表 11-2 职业危害作业分级及检查规程

标准名称	标准号或文号	制修订情况
《高温作业分级标准》	GB 4200—1997	1984 年制定，1997 年修订
《生产性粉尘作业危害程度分级标准》	GB 5817—1986	1986 年制定
《有毒作业分级》	GB 12331—1990	1990 年制定，已转行标
《冷水作业分级》	GB/T 14439—1993	1993 年制定
《低温作业分级》	GBT 14440—1993	1993 年制定

续表 11-2

标准名称	标准号或文号	制修订情况
《噪声作业分级》	LD 80—1995	1995 年制定
《有毒作业分级检测规程》	LD 81—1995	1995 年制定
《高温作业分级检测规程》	LD 82—1995	1995 年制定
《体力劳动强度分级检测规程》	LD 83—1995	1995 年制定
《生产性粉尘作业危害程度分级检测规程》	LD 84—1995	1995 年制定
《矿山呼吸性粉尘危害程度分级实施方案》	劳矿字〔1993〕3 号	1993 年颁布

上述标准提出后，原劳动部在全国范围内组织开展了相关的作业分级工作，并制定了相应的分级监察规程（如《粉尘危害分级监察规定》《有毒作业危害分级监察规定》）用以指导分级管理工作，对推动作业场所职业危害的分级管理，优化职业卫生资源、提高监管效率等都发挥了重要作用。

11.4.1.2　职业危害因素及防范措施

A　职业危害因素

在现代各类工矿企业的日常生产作业过程中，处在生产一线的作业人员大多会接触到各种职业性危害因素。在常见的职业性危害因素中，主要表现为生产过程中的有害因素、劳动过程中的有害因素、工作场所环境中的有害因素三个方面。

a　生产过程中的危害因素

生产过程中的危害因素包括化学因素、物理因素和生物因素。

生产过程中的化学因素又包括工业性化学毒物和生产性粉尘两大类。不同毒性程度的化学毒物主要为各个生产工艺环节操作人员所接触的生产成品、副产品、中间体、生产原料、辅助剂、废弃物和杂质等。以下分别介绍常见的工业性化学毒物及危害和生产性粉尘及危害。

常见的工业性化学毒物及危害可分为六类：第一类是金属与类金属毒物，比如铅（Pb）、砷（As）、汞（Hg）、铬（Cr）、锰（Mn）、镉（Cr）、磷（P）等；第二类是可能引起急性中毒的刺激性气体，比如氨（NH_3）、二氧化氮（NO_2）、二氧化硫（SO_2）、氯（Cl_2）、硫酸二甲酯（$C_2H_6SO_4$）、光气（$COCl_2$）、臭氧（O_3）等，一旦中毒，人体会出现急性支气管炎、化学性肺泡炎和肺水肿等症状；第三类是可能引起缺氧而发生昏迷的窒息性毒物，比如一氧化碳（CO）、二氧化碳（CO_2）、硫化氢（H_2S）和氰化物等；第四类是具有脂溶性、亲神经性，且具有麻醉作用的有机溶剂，比如酯类、氯烃、醇类、芳香烃等（值得注意的是，氯烃可导致人的肝脏损害，苯可抑制人的骨髓造血）；第五类是能够造成血红蛋白氧化为高铁血红蛋白，其严重后果为血红蛋白失去携氧的功能，导致中毒者缺氧的物质如苯胺、硝基苯等氨基、硝基化合物；第六类毒物危害主要指作用于人的中枢神经系统方面，当发生中毒时，可使受害者发生昏迷、抽搐等现象，可导致这类中毒的毒物如氨基甲酸酯类，以及拟除虫菊酯类杀虫剂、有机磷、有机氯等。

工业生产过程中常见的生产性粉尘有无机粉尘和有机粉尘两类。无机粉尘如煤、稀土、水泥、玻璃、陶瓷、石棉、滑石、石英、石墨等无机物质，以及铅、锰、铁、锌、合金材料等金属类物质所形成的粉尘；有机粉尘如木屑、羽毛类、毛发类、棉絮、丝绒、麻纤维、谷物及糠类、茶屑、蔗渣屑、微细的化学跑冒物质、合成纤维、合成树脂等有机物所形成的粉尘。

生产过程中的物理因素主要包括异常气温条件（高温和低温环境）、异常气压条件（高压和低压环境）、机械冲击类因素（严重的振动、撞击和摩擦）、非电离辐射因素、电离辐射因素等。在此仅以异常气温条件进行阐述，在异常气温条件下作业，人的身体各部位处于紧张状态，不仅有损于身体健康，而且容易发生操作失误，造成事故，伤害自身或他人。高温条件下作业，还会损坏人的体温调节系统，进而影响水盐代谢及消化系统、神经系统和泌尿系统，如不及时救治，就可能会引起死亡。

生产过程中的生物因素是指生产过程中使用的各种原料、辅料在作业环境中都可能存在某些致病微生物和寄生虫（如炭疽杆菌、霉菌、布氏杆菌、森林脑炎病毒和真菌等），与人体接触可能引起各种不良反应。

b　劳动过程中的有害因素

劳动过程中的有害因素主要包括劳动组织与制度因素、精神状态因素、劳动强度因素和工人状态因素四个方面。

劳动组织与制度因素主要为劳动组织和制度的安排、规定等不合理。比如：连续作业时间过长，频繁加班加点导致疲劳过度；工休制度不健全或没落实等。精神状态因素是指在生产流水线上工作的装配作业工人往往长时间精力过度集中，精神过度紧张，容易产生疲劳等情况。劳动强度因素是指工人负担的劳动强度过高或劳动节奏不科学，比如编制的作业任务与作业人员的生理状况不相适应，或生产定额制定得过高，或超负荷的加班加点等，造成作业人员难以承受。工人状态因素主要是由于作业环境光线不足而引起的视力紧张，作业人员身体的个别器官如眼睛过度紧张；由于作业环境通风和调温效果不良而导致作业人员大汗淋漓、头昏脑胀等。

c　工作场所环境中的有害因素

工作场所环境中的有害因素主要是指工作场所布局、工作场所卫生和工作场所防护三个方的因素。工作场所布局因素是指工作场所布局与安排不合理，生产场所的规划设计有悖卫生标准规范，如生产厂房（库房）矮小、狭窄，车间内各生产环节的布局、衔接不合理，特别是将有毒和无毒工段安排在同一个厂房（车间）内，很容易造成污染扩散。工作场所卫生因素是指工作场所应具备的职业卫生技术设施。比如没有足够的通风换气、除湿装置或照明设施，致使空气污浊、光线阴暗，或未净化而排放的烟尘，或污水危害作业环境，危害工人健康。工作场所防护因素是指为确保工人的身体必须应具备的防护措施或设备。若在有毒、高温、强噪声等工作场所缺少防尘、防毒、防暑降温、防噪声的措施、设备，或虽有配备而不够完善、效果不佳时，很容易造成工人身体的不适。

B　职业危害防范措施

就目前我国现有的选矿厂而言，常见的职业性危害主要包括噪声、工业粉尘、二氧化硫、一氧化碳、选矿药剂、工频电场和职业紧张等，其关键控制点为球磨机、粉矿仓、胶带运输机、浮选机和螺旋分级机等岗位。随着新型选矿设备的推广应用，各种新型的职业危害因素也不容忽视，如 X 射线辐射等。

为了防止上述职业危害对职工生产过程中的安全健康造成影响，预防职业病的发生，选矿厂应当采取以下防范措施：

（1）有效地控制或尽量消除粉尘、有毒有害物质的产生，即消除或减少危害源。

（2）在生产过程中，采取适当措施降低生产过程中的粉尘、有毒有害物质的浓度。

（3）尽量采用低毒或无毒选矿药剂替代有毒有害药剂。

（4）建立健全符合卫生标准的清洁生产设施。

（5）及时做好职业卫生健康检查统计和作业环境监测等工作。

（6）经常开展安全健康卫生教育，提高职工的职业安全卫生意识和自我保护意识。

（7）严格执行安全操作规程和职业卫生制度，加强个体防护。

11.4.2　选矿厂职业危害防护技术

11.4.2.1　粉尘危害防护技术

A　粉尘的控制标准及方法

生产现场粉尘浓度，对尘肺病的发生和发展起着决定性的作用，《工业企业设计卫生标准》规定了工业企业厂界粉尘最高允许浓度值。工业企业厂界粉尘最高容许浓度见表11-3。

表 11-3　工业企业厂界粉尘最高容许浓度

物质名称	最高容许浓度①/$mg \cdot m^{-3}$
含有10%以上游离二氧化硅的粉尘②	2
石棉粉尘及含有10%以上石棉的粉尘	2
含有10%以下游离二氧化硅的滑石粉尘	4
含有10%以下游离二氧化硅的水泥粉尘	6
含有10%以下游离二氧化硅的煤尘	10
铝、氧化铝、铝合金粉尘	4
玻璃棉和矿渣棉粉尘	5
烟草及茶叶粉尘	3
其他粉尘③	10

①为作业场所总粉尘浓度；

②为含有80%以上游离二氧化硅的生产性粉尘，宜不超过$1mg/m^3$；

③为游离二氧化硅含量在10%以下，不含有毒有害的矿物质和动植物性粉尘。

目前，粉尘对人类造成的危害，特别是尘肺病尚无特效治疗，因此，预防粉尘危害，加强对粉尘作业的劳动防护管理十分重要。粉尘作业的劳动防护通常采取：

（1）一级预防。一级预防主要包括综合防尘，即改革生产工艺、生产设备，尽量将手工操作变为机械化、自动化和密闭化、遥控化操作；尽可能采用不含或含游离二氧化硅低的材料替代含游离二氧化硅高的材料；在工艺要求许可的条件下，尽可能采用湿法作业；使用个人防护用品，佩戴防尘口罩或者防尘面具，穿防尘服等防护用品，做好个人防护。定期检测，即是对作业环境的粉尘浓度实施定期检测，使作业环境的粉尘浓度达到国家标准规定的允许范围之内。

（2）二级预防。二级预防包括建立专人负责的防尘机制，制定防尘规划和各项规章制度；对新从事粉尘作业的职工，必须进行健康检查；对在职从事粉尘作业的职工，必须定期进行健康检查，发现不宜从事除尘工作的职工，要及时调离。

(3) 三级预防。三级预防主要是对已确诊为尘肺病的职工，应及时调离原工作岗位，安排合理的治疗或疗养，患者的社会保险待遇应按国家有关规定办理。

B 选矿厂防尘

为了适应矿业发展需求，需按照“三同时”原则，加强对职业卫生设施的建设，控制和预防生产性粉尘，维护职工的身心健康，切实预防职业危害。这既是选矿厂履行安全生产主体责任的体现，也是国家安全生产法律法规的强制要求。

选矿厂的防尘应重点针对产尘较大的破碎设备和运输设备，运输设备包括原矿和精矿的运输车辆，以及生产流程中运输矿石的胶带运输机。

a 破碎机防尘

破碎机工作时会产生大量扬尘，选矿厂日常生产中粉尘的产生量约为0.25%~3%，也就是说每处理100t矿石，就有0.25~3t的原料以粉尘的形式流失掉了，资源流失严重，而且这样的碎矿环境会导致大量工人产生硅肺病，严重影响工人的身体健康。为了解决选矿厂破碎机的扬尘问题，选矿厂普遍采用通风除尘措施。

破碎机常用的除尘设备有两种技术类型，分别是收尘技术和抑尘技术，前者是要将破碎筛分设备上下料口处全部密封，再使用大功率的风机进行抽取，最后将抽取的粉尘收集到一个密闭的容器内进行处理。抑尘技术，又叫粉尘治理技术，可分为散发控制技术和源头控制技术，包括密闭式除尘、过滤式除尘、电除尘、喷水或喷雾除尘等方法。

密闭式除尘又称为隔离法除尘，该方法是减少粉尘扩散最为经济、最为有效的除尘方法，也是实现通风除尘的必要条件。密闭式除尘属于被动式除尘，其原理为：把局部所产生的矿尘抑制在尽可能小的密闭空间之内，并且要求绝对密封，尽可能地减少粉尘影响的范围和空间。然而由于成本和技术原因，现实中很难达到绝对密封。为了提高除尘效果，减少通风损失，降低能耗，一般采取局部密封。比如国内大山选矿厂对筛分设备进行局部密封除尘，车间内粉尘的浓度由原来的7.3mg/m^{3}降低到了2.1mg/m^3。

虽然尘源的密闭可以极大地减少粉尘的扩散，但彻底解决粉尘污染还必须配备相应的除尘设备，从而实现清洁生产。目前常用的除尘方式为干式和湿式除尘。干式除尘包括过滤式除尘（或袋式除尘）、电除尘等；湿式除尘包括喷水（或喷雾）除尘。一般而言，喷水或喷雾虽然有一定的除尘效果，但会弄湿物料，影响产品质量，而且湿的物料对设备会造成较大磨损，此外还会产生水污染，因此需要进行污水处理。在处理净化含有腐蚀性的气态污染物时，洗涤水具有一定的腐蚀性，设备易受腐蚀，必须采取防腐措施，一般比干式除尘的操作费用高。

选矿厂破碎设备除尘一般采用密闭尘源-通风除尘的方法进行。由于除尘流程简单，机械化程度较高，可远距离控制，从而进一步减少和杜绝作业人员接触粉尘的机会。

b 运输车辆防尘

矿石运输过程中车辆扬尘是运输防尘的主要尘源。运输防尘的主要措施包括：装车前向矿石喷水，在卸矿处设喷雾装置降尘；加强道路维护，减少车辆运输过程中撒矿扬尘；矿区主要运输道路采用沥青或混凝土路面；采用机械化洒水车向路面经常洒水，或向水中添湿润剂以提高防尘效果，还可用洒水车喷洒抑尘剂降尘。抑尘剂的主要成分为吸潮剂和高分子黏结剂，其既可吸潮形成防尘层，又可改善路面质量。

c 胶带运输机防尘

胶带运输机在运行过程中粉尘的产生主要是在运输胶带和上下段胶带衔接的地方，以及向加工设备或者矿仓的投料口处。因为投料口和胶带运输机之间以及胶带运输机各工段之间都存在一定的落差，所以物料下落时，就会产生大量的粉尘。其次，胶带运输机在运行过程中，胶带会产生振动，再加上空气与物料的摩擦，都会产生很多粉尘。此外，胶带运输机的运动可能对使已沉积在设备、地面和墙面上的粉尘产生二次扬尘。这种连续性的多点扬尘都会使胶带运输作业环境中的粉尘浓度超标，是胶带运输机作业场所最严重的职业危害之一。

因此，对于选矿厂胶带运输机防尘，一般采用“源头治理、分散治理”的防治原则，实施密闭设备、喷雾降尘、通风除尘等综合防尘方案及措施。

尽管选矿厂各生产工艺过程在采取了通风防尘措施之后，粉尘浓度显著降低，接近或达到国家卫生标准，但空气中仍然有部分粉尘。操作工人长期吸入低浓度粉尘，长期积累后会危害身体健康。因此，提高工人的自我保护意识，加强个体防护，减少操作工人在粉尘环境中的暴露时间，是选矿厂劳动保护的主要工作之一。长期在粉尘污染环境中作业的操作工人，采取必要的个人防护是确保身体健康、预防尘肺病发生的主要措施。选矿厂一般采取的个人防护措施是佩戴防尘口罩，尽量减少粉尘的吸入量。此外，选矿厂要让操作工人了解噪声的危害和如何做好在噪声环境中的自我保护，这就需要相关单位定期组织职工进行相关知识的培训，同时在培训工作结束后，组织员工对知识的掌握程度进行摸底考试，确保培训效果。

多年来，我国矿山因地制宜，坚持技术和管理相结合的综合防治措施，取得了良好的防尘效果。其可用“风、水、密、护、革、管、教、查”八个字进行概括，即通风除尘、湿式作业、密闭尘源与净化、个体防护、改革工艺与设备的产尘量、科学管理、加强宣传教育和定期测定检查。

11.4.2.2 噪声危害防护技术

A 噪声的控制标准

《工业企业厂界环境噪声排放标准》（GB 2348—2008）是对《工业企业厂界噪声标准》和《工业企业厂界测量方法》的修订。该标准适用于一般工矿企业噪声排放的管理、评价与控制，它规定了四类区域的厂界噪声标准。具体排放值见表 11-4。

表 11-4 工业企业厂界环境噪声排放标准

厂界外声环境功能区类别	时段（等效声级）/dB(A)		厂界外声环境功能区类别	时段（等效声级）/dB(A)	
	昼间	夜间		昼间	夜间
0	50	40	3	65	55
1	55	45	4	70	55
2	60	50	—	—	—

B 选矿厂降噪

工业噪声污染会对人体健康造成严重危害，一般认为 40dB(A) 是人类正常的环境声音，高于这个值就有可能会产生一些危害。当噪声强度超过 100dB(A) 时，能造成听觉损伤。长期处于噪声环境中会对人的神经系统，心脑血管系统，消化及内分泌系统带来严重的影响。选矿厂噪声在碎矿与磨矿车间内一般都不低于80dB(A)，部分设备周围能够达到100dB(A)以上，即使在远离厂房一定距离，其噪声强度依然可以达到50~60dB(A)以上，对人体危害依然较大。

根据声波在介质中传播时会被吸收而减弱的规律，可结合现场生产实际从多方面实现选矿厂降噪，比如厂房地理位置、厂房建构筑物结构、厂房内部设备及个人防护等。

a　选矿厂位置的选址

根据声波衰减规律，若能将选矿厂建在一个相对密闭的山沟里，各种选矿设备的工作噪声就会被山坡的土壤或者岩石大量吸收，即能最大限度地削弱噪声对周边环境的影响。为了节约运输成本，选矿厂一般都会选在离矿山较近的位置，而矿山一般都建在山区，山区地形起伏较大，这就为选矿厂选择一个相对密闭环境提供了便利。因此在选矿厂建设初期，就应该考虑将选矿厂建在一个相对较密闭的环境，在后期选矿厂投产生产以后，选矿厂各种机械设备发出的噪声通过山坡的反射、吸收，就会对厂区外的作业人员形成有利的保护。

b　厂房建构筑物降噪

厂房建构筑物降噪可以通过隔音设计来实现，比如墙体隔声设计、门窗隔声设计等。

在进行墙体隔声设计时，可选择隔声效果较好的材料，比如采用多层复合纤维水泥板作为整个墙面的主要隔声主体。如果希望进一步加强隔声效果，还可以设置内层和外层隔声，同时也可以在内外层之间填充适量的隔声介质。由此可知，采用墙体隔声的主体就是利用现有的骨架作为整体的支撑来进行吸声处理。

除了设计墙体隔声以外，厂房建构筑物降噪还可以通过门窗隔声实现。在进行主厂房设计时，厂房内可不设置隔声窗，整体主厂区域内都由屋面的天窗进行采光，若能这样设计可以达到削弱厂区噪声的目的。但需要注意的是，天窗的设计需对其进行必要的隔声效果测试，确保其隔声效果；还有就是隔声门的设计，一些规模较小的门可以直接采用单道的隔声门，而对于一些规模较大的门则可以采用声闸式的隔声门，对于这样的隔声门要求两道门之间能够进行必要的吸声处理和防火功能。

c　设备降噪

很多设备发出的噪声都是因为维护不到而引起的。比如一些机械设备固定不牢、设备连接处或底座安装不稳、转动类设备壳体内进入杂物等，都可能引起设备的噪声，因此经常紧固设备连接处的螺栓、清理机体内的杂物，对设备的噪声具有一定的作用。此外，在设备周围设置降噪板进行吸声也是降低设备噪声的一个重要方面，比如在噪音较大的设备周围设置一道泡沫熟料或者木质围栏，在不影响设备散热的前提下对设备进行覆盖等，都能起到很好的降噪效果。

d　个人防护降噪

长期工作在厂区或附近的工作人员，必须加强自身的防护。由于工作原因，必须直接暴露在噪声区的工人可以通过佩戴耳塞来隔绝外界的噪声；对于仅仅需要在现场监控的人员，可以在厂房内设置有观测窗口的隔音工作室，让工作人员进入里边进行监控，降低噪声对工作人员的伤害。

选矿厂的噪声污染对选矿厂管理及工作人员的健康危害是十分明显的，因此如何对选矿厂降噪也将成为选矿厂建设的关注重点。在建设初期做好选矿厂的降噪措施，比在建成后再做降噪处理能获得更好的防护效果。

11.4.2.3　药剂危害防护技术

选矿过程包括矿石的准备作业、矿石的选别作业和精尾矿的处理三道工序。在分离、富集有价金属的过程中，需要加入各种类型的调整剂、捕收剂等。其中大多数为有毒、有害的物质，比如氰化物、砷化物、重铬酸盐、烷基黄药、苯酚、苯胺、烃、烯、醚、酮、醛等。这些物质随着选矿废水的排放或尾矿库等形式进入环境，在水体、大气和土壤中迁移转化，形成二次污染，对生态环境和人畜造成严重影响。

A　选矿药剂种类

选矿药剂是指在浮游选矿过程中，用来改变矿物表面物理化学性质或者创造条件调节矿物可浮性的药剂，比如铅锌矿、萤石矿等。脉石矿物主要是石英。浮游选矿过程中首先将矿石破碎并磨至有用矿物单体解离后，调成矿浆，达到有用矿物和脉石分离并富集的目的。该过程可通过优先浮选的方法进行分离和富集，黄药、乙硫氮、黑药、油酸、松油醇等化合物都是常用选矿药剂。

选矿所使用的药剂，按照功能不同，可以分为捕收剂、抑制剂、起泡剂、活化剂、分散剂、絮凝剂、pH 调整剂等多种类型。此外，湿法冶金中所用的萃取剂、萃取用基质改善剂、稀释剂以及各类无机或有机合成物同样也会对环境造成污染。其中，被列入我国水中优先控制污染物黑名单（68 种）的选矿药剂有 24 种（包括砷、铍、镉、铬、汞、镍、铊、铜、铅及其化合物）；对环境有害的化学药剂有氰化物、硫化氢、磷化氢、氟化物、砷化物、重铬酸盐、硫酸铜、硫酸锌、二硫化碳、亚硫酸、各类烷基黄药、有机磷、脂肪醇、苯胺、吡啶、烃、烯、醚、酮、醛、酯等上百种。选矿过程所需要的选矿药剂数量特别巨大，大多是在尾矿坝自然沉降，或者用简单的物理净化沉淀法后就直接排放到环境中，在对废水的治理问题上，也只是单纯的考虑 COD、BOD 等值代替有机物的污染。

B　选矿药剂的危害

对选矿药剂的研究，以前仅考虑了药剂使用带来的经济效益，并没有考虑由此将会给人类和生态环境带来的危害和影响。随着新型选矿药剂的合成，目前市场上已有数千种无机及有机化合物可作为选矿药剂使用。由于选矿药剂的大量合成，人为化学品的污染程度已呈现出逐渐增大的趋势，它们中的部分药剂会对环境产生持续性污染。这些药剂一部分是典型的持久性有机污染物（POPs）和内分泌干扰物（EDCs）等；另外一部分在产生直接污染以后，会降解、转化成其他新的二次污染物。由此可见，选矿药剂的污染已由单一污染、二次污染发展为复合污染，无疑增加了污染治理的难度。

仅在中国，矿山每年使用的无机、有机、高分子的人为化学品已达百万吨级，其中有机药剂已接近农药使用量。如此推算，全世界矿山每年人为化学品用量已在千万吨以上，其中，有机化学药剂达百万吨级。这些人为化学品，大多数未经过合理、科学的处理就进入矿山环境，再加上历年累积，必然将造成环境的巨大污染。

再者，选矿活动中产生的污染物种类多，成分复杂，并且大量的选矿药剂暴露在地表环境中，在氧气、细菌、光照等条件下，很容易发生各种不同形式的复杂反应，生成复杂的二次污染物。但目前对于矿山污染治理的研究，主要集中在一次污染物的治理阶段，认为矿山环境中的一次污染物没有了，即消除了这个污染物对于环境的影响，而忽视了它所产生的二次污染物的危害。最典型的例子就是对选矿废水中黄药的污染监测和治理，现有法规只是检测选矿废水中黄药的残留浓度，许多研究也认为，只要黄药降解了，水溶液中黄药的浓度达到了排放标准，黄药对环境的污染即消除了。但事实上，黄药分解生成CS_2，CS_2为多亲合性毒物，对神经心血管、内分泌、消化和免疫系统有毒害作用，进入大气中，易氧化生成SO_2形成酸雨，是大气中主要的硫化物污染物。还有一些药剂（如苯酚黑药、苯胺黑药），在表面光催化等条件下，会产生酚自由基和苯胺自由基，它们会通过自由基聚合形成新的带有苯酚或苯环毒性结构单元的 POPs，这也是矿山化学药剂污染控制研究新的热点和难点。

选矿药剂污染最典型、最突出、治理难度最大的就是矿山复合污染。矿山复合污染集合了多种重金属、有毒有害元素及人为化学品，并含有数量极大地具有重金属催化作用的细小矿物颗粒。而选矿厂尾矿库一般是开放式的，往往位于山区的开阔地带，这里阳光氧气充足，紫外线强。在这样的条件下，尾矿库内将发生光化学、表面光催化、光降解等一系列复杂的化学反应，形成一个复杂的复合污染体系。这种复合污染体系，并不是机械的加合，而是多种污染物相互交叉、相互作用、相互反应而形成的一个多层次、累加的污染体系。它不仅加剧了有机人为化学品的污染作用，更加改变了重金属离子的迁移与转化规律，使其污染程度复杂化。

因此，选矿生产过程中使用的选矿药剂对生态环境有着很大的影响，它的污染过程十分复杂，既有直接影响，也有间接影响。此外，有些药剂之间还存在交互作用后产生危害的情况，如丙烯腈与乙腈共同存在于生物机体内时，其毒性将增加一倍。

选矿药剂对环境造成污染的原因有：

（1）选矿药剂本身具有毒性，属于有毒有害有机物，比如黄药类、硫酸锌、硫化物、氰化物、重铬酸钾（钠）等，这些有毒有害的选矿药剂可直接对人体和生态环境产生污染与危害。当黄药浓度为 0.05mg/L 时，可感觉到刺鼻的臭味；松醇油、黑药在水中含量超过 0.001mg/L 时，能产生异味，给鱼类的正常生长和繁殖带来影响。

（2）选矿药剂本身无毒，但有腐蚀性，如盐酸、硫酸、氢氧化钠等，可以以溶解状态进入环境，导致水体中 pH 值发生改变，破坏环境的生态平衡。这不仅会给生物的生长带来危害，还对农作物产生腐蚀作用，改变和破坏土壤的性质，影响农作物的生产。更为严重的是溶解矿石中的重金属，以溶解状态进入水体，会产生范围更广的危害。

（3）选矿药剂本身无毒害作用，但这些药剂的使用与排放增加了水中的有机化合物，降低了水中的溶解氧，从而使自然水中的生物耗氧量、化学耗氧量大大增加。还有一些选矿药剂随废水排入缓慢流动的湖泊、水库、内海等水域，由于这些药剂中含有生物营养元素氮、磷、藻类等，浮游生物就会因得到大量的营养而繁殖，于是会在水面上形成密集的“水花”或“红潮”。当藻类死亡和腐败时，会引起水中的氧大量减少，生物化学需氧量增加，使水质恶化，水生生物大量死亡，造成水体的“富营养化”。这样的水体要使其恢复需要相当长的时间。

（4）分散剂的加入而引起的危害。在矿物浮选过程中，矿石被磨细，矿浆中含有大量细小的有机和无机粉末，当加入分散剂（如水玻璃、碳酸钠等）后，由于分散剂的作用，这些有机和无机的细小粉末呈悬浮态进入水体中，长时间不能沉降，不仅破坏水体的外观，还会沉积于水底，影响河流湖泊生态系统。若环境适宜，悬浮物中的有毒有害物质也会随之释放，引起二次污染。

（5）选矿药剂的二次污染和复合污染。选矿药剂污染在光降解条件下，会产生二次污染物，甚至全球性污染转移的二次污染链。在含硫捕收剂降解时，还会形成大量带功能团的小分子有机物，它们汇入矿山性复合污染，加大这个污染体系中选矿药剂及选矿药剂与重金属复合污染的迁移与危害区域。选矿药剂多为重金属的络合剂或螯合剂，它们络合铜、镉、汞、锰、铅、铬等有害重金属，形成复合污染，改变重金属的迁移过程，加大重金属迁移距离，油溶性复合污染加速重金属进入生物链的过程。这种复合污染将对地球有机金属化学产生影响，将为有机重金属化合物提供大量重金属与活性有机体，有可能加大有毒、有害有机金属化合物的形成区域与范围。

C　选矿药剂危害的防治

国外十分重视新型选矿药剂的开发研制，不断有新药剂问世，其发展趋势是研制高选择性、高效低毒或无毒、低污染或无污染的新药剂。西北矿冶研究院为解决选矿药剂的污染问题，从 2002 年起开始展开高效低毒环保型捕收剂开发研究工作，其中“高效低毒选冶药剂合成技术”获 2008 国家技术研究发展计划资助。该项目从浮选药剂定量构效关系入手，运用分子设计理论的最新成果，在同一反应器里对三个以上简单易得的原料，通过自由基催化合反应、多组分液相反应等绿色合成技术，合成的整合型系列药剂分子中有两个以上的活性官能团，能与多种过渡金属元素形成稳定的多元软酸软碱反馈键配位螯合物。实验室样品经选矿探索性试验表明：该类产品对锌、镍等有色金属元素及金、银、铂族元素捕收性强，选择性好，用量少，且有较好的起泡性，同时选矿药剂对生态环境也具有毒性低，生物降解性好，工艺过程无“三废”产生等诸多优点，有利于实现选矿药剂的清洁生产和减少应用企业对环境的二次污染。

关注选矿药剂对生态环境的污染，应该采取相应的治理措施。如果只治理不控制，那将需要大量的基建投资及治理费用，况且有许多污染物还没有成熟的工艺治理技术，如果治理的同时，充分考虑污染物的排放并加以控制，将会收到保持生态环境不受污染的良好效果。其有效的治理措施有：

（1）研制高效低毒或无毒的选矿药剂，是防止选矿药剂对环境污染的一个根本性措施。近年来提倡的无氰选矿工艺，基本上解决了氰化物的危害。再比如钛铁矿的选矿，原来采用硅氟酸钠作为浮选剂，尾矿水中含氟达 97mg/L，近来有改用异羟肟酸作捕收剂，同样获得较好的选别指标，又可消除氟污染。因此，在对选矿药剂的研制时，除了衡量其经济与技术效果外，还要做出对环境影响的评价。

（2）采用易分解的选矿药剂，尽量减少药剂用量，使外排的选矿废水在尾矿池内有充分的停留时间。这样不仅可以使那些悬浮物及其夹杂的重金属等有毒有害物得到充分沉降，而且对于易分解的物质效果更好。

（3）充分利用选矿回水。选矿废水中含有大量残余的选矿药剂，选矿废水的循环利用，可以解决选矿废水污染环境、处理成本高、废水中药剂成分利用率低等问题。选矿废水的回收利用，既节省了选矿药剂，又节省了新水的补给，同时也利于保护环境。

（4）从选矿方法上解决选矿药剂的污染。近代选矿理论的发展，有用矿物的选别不仅局限于浮选，其发展的趋势是多种选矿方法的联合流程，特别是化学选矿的发展，将选矿与冶炼结合起来。有研究表明，化学选矿对保护环境不受污染是有效的，能不用浮选就能选别的矿石尽量不用浮选，要么用联合流程，这样也可以减少选矿药剂进入环境带来的污染。

（5）建立选矿药剂的准入制度。目前，我国选矿药剂还无有毒、有害化学品登记制度。多数以代号出现，大多数选矿厂药剂不公开其化学组成，对选矿药剂中有毒、有害物的品种、种类、含量等均不清楚。要从根本上解决选矿药剂的污染及复合污染问题，首先要抓源头，就要对有毒有害的选矿药剂进入选矿厂加以控制，而不是产生污染、二次污染和复合污染以后才加以治理。

11.4.2.4 防暑与防寒技术

A 高温作业及其危害

高温作业是指工业企业和服务行业工作地点具有生产性热源，其气温等于或高于本地区夏季室外通风设计计算温度2℃的作业。高温作业分级标准是劳动保护工作科学管理的一项基础标准，是判定生产车间内工人高温作业危害程度的根据。应用这一标准，便于有重点、有计划地改善工人的劳动环境，提高劳动生产率。根据《高温作业分级》（GB 4200—1984）国家标准，高温作业按夏季室外通风设计计算温度低于或高于30℃分为两类，每类按劳动时间率和室内外温差分为四个等级（见表11-5）。

表 11-5 高温作业分级

接触高温作业时间/min	WBGT 指数/℃									
	25~26	27~28	29~30	31~32	33~34	35~36	37~38	39~40	41~42	≥43
≤120	Ⅰ	Ⅰ	Ⅰ	Ⅰ	Ⅱ	Ⅱ	Ⅱ	Ⅲ	Ⅲ	Ⅲ
121~240	Ⅰ	Ⅰ	Ⅱ	Ⅱ	Ⅲ	Ⅲ	Ⅳ	Ⅳ	—	—
241~360	Ⅱ	Ⅱ	Ⅲ	Ⅲ	Ⅳ	Ⅳ	—	—	—	—
≥361	Ⅲ	Ⅲ	Ⅳ	Ⅳ	—	—	—	—	—	—

正常人体温能恒定在37℃左右，这是通过下丘脑体温调节中枢的作用，使产热与散热取得平衡的结果。当周围环境温度超过皮肤温度时，散热主要靠出汗，以及皮肤和肺泡表面的蒸发。人体的散热还可通过血流循环，将深部组织的热量带至上皮和下皮组织，通过扩张的皮肤血管散热，因此经过皮肤血管的血流越多，散热就越多。如果产热大于散热或散热受阻，体内有过量热蓄积，即产生高热中暑。

中暑按病情轻重可分为先兆中暑、轻度中暑和重度中暑。重度中暑包括高热中暑和衰竭中暑。

a 先兆中暑

在高温环境下中，中暑者会出现头晕、眼花、耳鸣、恶心、胸闷、心悸、无力、口渴、大汗、注意力不集中、四肢发麻等症状。此时体温正常或稍高，一般不超过37.5℃。此为中暑的先兆表现，若及时采取措施如迅速离开高温现场等，多能阻止中暑的发展。

b 轻度中暑

除有先兆中暑表现外，还有面色潮红或苍白、恶心、呕吐、气短、大汗、皮肤热或湿冷、脉搏细弱、心率增快、血压下降等呼吸、循环衰竭的早期表现，此时体温超过38℃。

对轻度中暑者，可按照先兆中暑进行处理，比如有循环衰竭预兆时，可静脉滴注5%葡萄糖生理盐水，补充水和盐的损失。

c 重度中暑

对高热中暑者，应采取紧急措施进行抢救，对高热昏迷者的治疗，应以迅速进行降温为主。对循环衰竭者和热痉挛者的治疗，应以纠正水、电解质平衡紊乱，防治休克为主。

高温作业很容易使人体内热量积聚，出现中暑。所谓职业性中暑是指在高温和热辐射作用下，人体体温调节功能紊乱，从而引起以中枢神经系统和循环系统障碍为主要表现的急性疾病。轻者出现发热、头晕、恶心、呕吐；重者可有头痛剧烈、昏迷，甚至引起死亡。

B 低温作业及其危害

低温作业是指在寒冷季节从事室外及室内无采暖的作业，或在冷藏设备的低温条件下以及在极区的作业。

在低温环境中，机体散热加快，可引起身体各系统一系列生理变化，重者可造成局部性或全身性损伤，比如冻伤或冻僵，甚至引起死亡。低温作业人员的作业能力，会随温度的下降而明显下降。比如：手皮肤温度降到15.5℃时，操作功能开始受影响；降到10~12℃时，触觉明显减弱；降到8℃时，即使是粗糙作业（涉及触觉敏感性的）也会感到困难；降到4~5℃时，几乎完全失去触觉和知觉。即使未导致体温过低，冷暴露对脑功能也有一定影响，会出现注意力不集中、反应时间延长、作业失误率增多，甚至产生幻觉，同时对心血管系统、呼吸系统也有一定影响。

低温对人体的危害表现为冷伤，冷伤可分为全身性冷伤和局部性冷伤两类。人体在低温环境暴露时间不长时，能依靠温度调节系统，使人体深部温度保持稳定。但暴露时间较长时，中心体温逐渐降低，就会出现一系列的低温症状，比如出现呼吸和心率加快、颤抖等，继而出现头痛等不适反应。当中心体温降到30~33℃时，肌肉由颤抖变为僵直，失去产热的作用。长期在低温高湿条件下劳动，易引起肌痛、肌炎、神经痛、神经炎、腰痛和风湿性疾患等。

C 高温防暑技术

高温防暑技术首先要设计合理的工艺过程，改进生产设备和操作方法，改善工作条件，配备防护设施、设备，比如隔热措施、通风降温措施等。其次，要加强个人防护，采用结实、耐热、透气性好的织物制作工作服作为个人防护用品，并根据不同的作业需求，供给工作帽、防护眼镜、防护面罩等，比如高炉作业工种，须佩带隔热面罩和通风性能良好的防热服。再者，还需要加强职业卫生保健和健康监护。从预防的角度出发，要做好高温作业人员的就业前和入暑前的体检，凡有心血管病，中枢神经系统疾病，消化系统疾病等高温禁忌症者，不宜从事高温作业。最后，还要制定合理的劳动休息制度。根据生产特点和具体条件，在保证工作质量的同时，适当调整夏季高温作业劳动和休息制度，增加休息和减轻劳动强度，减少高温时段作业。比如：实行小换班，增加工间休息次数，延长午休时间，适当提早上午工作时间和推迟下午工作时间，尽量避开高温时段作业等，对家远的工人，可安排在厂区临时宿舍休息等。

D 低温防寒技术

一般室内低温作业的防寒技术主要包括对低温环境的人工调节和对个人的防护。比如通过人工调节，采用暖气、隔冷和炉火等办法，调节室内气温使之保持在人体可耐的范围内。室外低温作业的个人防护，一般是穿合适的防寒服装。衣服的防寒效果，不仅受其材料的影响，还与衣服的厚度和形状有很大关系。采用衣服内通热气或热水的办法，可以大大地提高抗寒能力；但它的缺点是不能离开供应暖气或暖水的设备太远。

此外，低温作业、冷水作业还要尽可能实现自动化、机械化，避免或减少人员低温作业和冷水作业，若必须采用人工低温作业，则必须控制低温、冷水作业时间。在冬季寒冷作业场所，要有防寒采暖设备，露天作业要设防风棚、取暖棚。冷库附近要设置更衣室、休息室，保证作业工人有足够的休息次数和休息时间，有条件的最好让作业后的工人洗个热水浴。

11.5　尾矿库安全技术

11.5.1　概述

尾矿库作为各类金属与非金属矿山生产不可缺少的重要构筑物。从安全上看，它又是一个人为生产形成的高位泥石流危险源，一旦失事，必将对选矿厂及下游人民的生命财产造成难以弥补的损失。因此，尾矿库的安全稳定性将会大大影响矿山企业的发展与生存。然而，随着时间的不断推移，尾矿库将会存放越来越多的尾矿，随之而来的风险隐患也会愈加显著。管理不当或遇恶劣天气、地震等特殊情况，都会对尾矿库产生一系列的不利影响。

11.5.2　尾矿库的危害类型

尾矿库的危害主要包括尾矿库渗漏、尾矿库裂缝、尾矿库管涌、尾矿库滑坡、尾矿库洪水漫坝及尾矿库溃坝六种类型。

11.5.2.1　*尾矿库渗漏*

尾矿坝坝体及坝基的渗漏有正常渗流和异常渗流之分。正常渗流有利于尾矿坝坝体及坝前干滩的固结，从而有利于提高坝的整体稳定性。异常渗漏则是有害的，非正常渗流（渗漏）导致渗流出口处坝体产生流土、冲刷及管涌多种形式的破坏，严重的可导致垮坝事故。

A　*坝体渗漏*

出现原因有：土坝坝体单薄，边坡太陡，渗水从滤水体以上逸出；复式断面土坝的黏土防渗体设计断面不足或与下游坝体缺乏良好的过渡层，使防渗体破坏而漏水；埋设于坝体内的压力管道强度不够或管道埋置于不同性质的地基，地基处理不当，管身断裂；有压水流通过裂缝沿管壁或坝体薄弱部位流出，管身未设截流环；坝后滤水体排水效果不良；对于下游可能出现的洪水倒灌防护不足，在泄洪时滤水体被淤塞失效，迫使坝体下游浸润线升高，渗水从坡面溢出等。

土坝分层填筑时，土层太厚，碾压不透致使每层填土上部密实，下部疏松，库内放矿后形成水平渗水带；土料含沙砾太多，渗透系数大；没有严格按要求控制及调整填筑土料的含水量，致使碾压达不到设计要求的密实度；在分段进行填筑时，由于土层厚薄不同，上升速度不一，相邻两段的接合部位可能出现欠压的松土带；料场土料的取土与坝体填筑的部位分布不合理，致使浸润线与设计不符，渗水从坝坡溢出；冬季施工中，对碾压后的冻土层未彻底处理，或把大量冻土块填在坝内；坝后滤水体施工时，沙石料质量不好，级配不合理，或滤层材料铺设混乱，致滤水体失效，坝体浸润线升高等。

B　坝基渗漏

对坝址的地质勘探工作做得不够；设计时未能采取有效的防渗措施，比如坝前水平铺盖的长度或厚度不足，垂直防渗墙深度不够；黏土铺盖与透水沙砾石地基之间无有效的滤层，铺盖在渗水压力作用下破坏；对天然铺盖了解不够，薄弱部位未做处理等。

水平铺盖或垂直防渗设施施工质量差；施工管理不善，在库内任意挖坑取土，天然铺盖被破坏；岩基的强风化层及破碎带未处理或截水墙未按设计要求施工；岩基上部的冲积层未按设计要求清理等。

坝前干滩裸露暴晒而开裂，尾矿库放水等从裂缝渗透；对防渗设施养护维修不善，下游逐渐出现沼泽化，甚至形成管涌；在坝后任意取土，影响地基的渗透稳定等。

C　接触渗漏

造成接触渗漏的主要原因有：

(1) 基础清理不好，未做接合槽或做得不彻底。

(2) 土坝两端与山坡接合部分的坡面过陡，而且清基不彻底或未做防渗漏墙。

(3) 涵管等构筑物与坝体接触处，因施工条件不好，回填夯实质量差，或未设截流环（墙）及其他止水措施，造成渗流等。

D　绕坝渗漏

造成绕坝渗漏的主要原因有：

(1) 与土坝两端连接的岸坡属条形山或覆盖层单薄的山坡而且有透水层。

(2) 山坡的岩石破碎，节理发育，或有断层通过。

(3) 因施工取土或库内存水后由于风浪的淘刷，岸坡的天然铺盖被破坏。

(4) 溶洞以及生物洞穴或植物根茎腐烂后形成的孔洞等。

11.5.2.2　尾矿库裂缝

裂缝是一种尾矿坝较为常见的病患，某些细小的横向裂缝有可能发展成为坝体的集中渗漏通道，有的纵向裂缝也可能是坝体发生滑坡的预兆，应予以充分重视。土坝裂缝是较为常见的现象，有的裂缝在坝体表面就可以看到，有的隐藏在坝体内部，要开挖检查才能发现。裂缝宽度最窄的不到1mm，宽的可达数十厘米，甚至更大。裂缝长度短的不到1m，长的数十米，甚至更长。裂缝的深度有的不到1m，有的深达坝基。裂缝的走向有的是平行坝轴线的纵缝，有的是垂直坝轴线的横缝，有的是大致水平的水平缝，还有的是倾斜的裂缝。

裂缝的成因，主要是由于坝基承载能力不均衡、坝体施工质量差、坝身结构及断面尺寸设计不当或其他因素等所引起。有的裂缝是由单一因素所造成，有的则是多种因素所形成。

11.5.2.3　尾矿库管涌

管涌是渗透变形的另一种形式，它是指在渗流作用下土体中的细颗粒在粗颗粒形成的孔隙道中发生移动并被带走的现象。管涌的形成主要决定于土本身的性质，对于某些土，即使在很大的水力坡降下也不会出现管涌现象，而对于另一些土（如缺乏中间粒径的沙砾料）却在不大的水力坡降下就可能发生管涌。尾矿库管涌是坝身或坝基内的土壤颗粒被渗流带走的现象。管涌发生时，若不及时处理，空洞会在很短的时间内扩大，从而导致尾矿坝坍塌。

11.5.2.4　尾矿库滑坡

尾矿库滑坡是指尾矿坝斜坡上的土体或者岩体在重力作用下，沿着一定的软弱面或者软弱带，整体地或者分散地顺坡向下滑动的自然现象。

在勘探时没有查明坝基基础有淤泥层或其他高压缩性软土层，未能采取相应的措施；没有避开位于坝脚附近的渊潭或水塘，筑坝后由于坝脚沉陷过大而引起滑坡；坝端岩石破碎、节理发育，未采取适当的防渗措施，产生绕坝渗流，使局部坝体饱和，引起滑坡。

在碾压土坝施工中，由于铺土太厚，碾压不实，或含水量不合要求，干重度没有达到设计标准；抢筑临时拦洪断面和合拢断面，边坡过陡，填筑质量差；冬季施工时没有采取适当措施，以致形成冻土层，在解冻或蓄水后，库水入渗形成软弱夹层；采用风化程度不同的残积土筑坝时，将黏性土填在土坝下部，而上部又填了透水性较大的土料，放矿后，背水坡上部湿润饱和；尾矿堆积坝与初期坝二者之间或各期堆积坝坝体之间没有结合好，在渗水饱和后，造成滑坡等。

强烈地震引起土坝滑坡；持续的特大暴雨，使坝坡土体饱和，或风浪淘刷，使护坡遭破坏，致坝坡形成陡坡以及在土坝附近爆破或者在坝体上部堆有物料等人为因素。

在高水位时期、发生强烈地震后、持续特大暴雨和台风袭击以及回春解冻之际应进行详细检查，从裂缝的形状、裂缝的发展规律、位移观测资料、浸润线观测分析和孔隙水压力观测成果等方面进行滑坡的判断。

11.5.2.5　尾矿库洪水漫坝

尾矿坝多为散粒结构，洪水漫过坝顶时，由水流产生的剪应力和对颗粒的拉拽力作用造成溃坝事故。造成洪水漫坝的主要因素有水文资料短缺造成防洪设计标准偏低、泄洪能力不足、安全超高不足等。此外，施工质量、运行管理也直接影响着尾矿坝的抗洪能力。

11.5.2.6　尾矿库溃坝

尾矿库内存储的尾矿具有很大的势能，一旦尾矿坝发生溃坝事故，大量尾矿顺势而出，危及下游人员、财产和环境安全。尾矿坝溃坝的实质是坝体失稳，坝体要经受筑坝期正常高水位的渗透压力、坝体自重、坝体及坝基中孔隙压力、最高洪水位有可能形成的稳定渗透压力和地震惯性力等载荷作用，当坝体强度不能承受载荷作用时则将失稳。影响尾矿坝稳定性的因素很多，导致尾矿坝溃坝的主要原因有渗透破坏、地震液化和洪水漫顶等。

11.5.3　尾矿库危害的防治

尾矿库危害的防治主要针对尾矿库的危害进行，主要包括尾矿库渗漏的防治、尾矿库裂缝的防治、尾矿库渗漏的防治、尾矿库管涌的防治、尾矿库滑坡的防治、尾矿库洪水漫坝的防治及尾矿库溃坝的防治。

11.5.3.1 尾矿库渗漏的防治

尾矿库渗漏的防治方法主要包括垫层、渗流障和渗漏返回系统三种。

A 垫层

为了防止渗漏和使渗漏量最小，从而使污染物释放最小，在地下水保护要求严格、选矿厂废水中毒性组分浓度较高的场合，常采用垫层作为渗漏控制的最后策略。垫层系统的特点是：任何一种垫层的成本都比较高，但如果条件适宜，垫层抗渗效果非常好。这主要是因为垫层在地表铺设，可以在控制条件下施工和检查，与渗流障系统和渗流返回系统相比，它不受地下条件的限制，不需考虑地下土壤、岩石性质或地下水条件，可以在任何充分干的地面上进行正常的施工。而渗流障系统和渗流返回系统的效果和施工的可行性完全决定于下部不透水层的存在和所穿过土层的性质，但垫层必须具有耐废水化学腐蚀和各种物理破裂的性能。

实际上，垫层都会发生一定程度的渗漏，即便是合理设计、规范施工的垫层，也不能保证在整个作业期间起到所设计的作用，或者达到"零排放"。可能发生泄漏的主要原因包括：

(1) 合成薄膜经由缺口和接缝发生渗漏。

(2) 黏土垫层如果在尾矿排放之前缩干，可能产生收缩裂缝。

(3) 断裂作用可能增大天然地质垫层的渗透率。

(4) 垫层必须有足够的柔性，使之经受住应力破坏（在饱和尾矿 30m 深处，总应力约为 600kPa）。

根据垫层材料，垫层可分为三类，其分别为尾矿泥垫层、黏土垫层和合成垫层（包括合成橡胶膜、热性塑胶膜、喷射膜、沥青混凝土）。

B 渗流障

渗流障包括截流沟、泥浆墙和注浆幕，渗流障的使用条件包括：尾矿坝设有不透水心墙，而且渗流障要与心墙很好连接，显然，在没有心墙条件下，透水的旋流沙或矿山废石所筑的坝不宜采用渗流障。因此，要求上升坝的渗流障必须与初期坝同时施工，将渗流障埋设在下游型坝的上游段、中心线型坝的中心段。渗流障一般不适于上游型坝，因为它没有、也不可能有不透水心墙。事实上，透水基础对上游型坝稳定性具有有利的影响，阻止基础渗流可能引起坝内水面升高。渗流障起到使渗流侧向运动的作用，因此，只有当透水基础地层下覆连续的不透水地层时，渗流障才能充分有效。为了显著地减少渗漏量，渗流障必须穿过透水基础地层达到不透水地层。

C 渗漏返回系统

渗漏返回系统是将渗漏出坝外的废水汇集起来再返回尾矿库，从而消除或减少地下水中污染物迁移。返回系统作业有两种基本形式，其分别为集水沟和集水井。它们的工作原理相同，即作为渗漏控制的第一道防线，在尾矿坝下游把渗漏废水集中起来，再泵回沉淀池。

集水沟可以单独使用，也可辅助其他渗漏控制措施一起使用。一般情况下，沿坝下游坡脚附近开挖集水沟，再将渗漏水汇集到池中泵回尾矿库。其适用条件相似于截流沟，下覆连续的较浅的透水层，集水沟挖穿透水层到达不透水层。由于不要求坝体中设置不透水心墙，集水沟可用于透水的上游型坝、下游型坝或中心线型坝。沟内设置反滤层，以防止发生管涌现象。

集水井是沿坝下游打一排水井，截流受污染的渗漏水，从井内抽出，泵回尾矿库，井深应足以拦截污染渗流。集水井很昂贵，一般不为尾矿库渗漏控制所选用，但可作为补救措施，防止已污染的含水层进一步被破坏。

11.5.3.2 *尾矿库裂缝的防治*

裂缝的种类很多，如果不了解裂缝的性质，就不能正确地处理。特别是滑动性裂缝和非滑动性裂缝，一定要认真予以辨别，应根据裂缝的特征进行判断。滑坡裂缝与沉陷裂缝的发展过程不同，滑坡裂缝初期发展较慢而后期突然加快，而沉陷裂缝的发展过程则是缓慢的，发展到一定程度停止。只有通过系统的检查观测和分析研究才能正确判断裂缝的性质。

内部裂缝一般可结合坝基、坝体情况进行分析判断。以下现象都可能预示产生内部裂缝：当库水位升到某一高程时，在无外界影响的情况下，渗漏量突然增加的，个别坝段沉陷、位移量比较大的，个别测压管水位比同断面的其他测压管水位低很多，浸润线呈现反常情况的，注水试验测定其渗透系数大大超过坝体其他部位的；当库水位升到某一高程时，测压管水位突然升高的，钻探时孔口无回水或钻杆突然掉落的，相邻坝段沉陷率（单位坝高的沉陷量）相差悬殊的。

发现裂缝后都应采取临时防护措施，以防止雨水或冰冻加剧裂缝的扩展。对于滑动性裂缝的处理，应结合坝顶稳定性分析统一考虑；对于非滑动性裂缝，采用开挖回填是处理裂缝比较彻底的方法，适用于不太深的表层裂缝及防渗部位的裂缝；对坝内裂缝、非滑动性很深的表面裂缝，由于开挖回填处理工程量过大，可采取灌浆处理，一般采用重力灌浆或压力灌浆方法。浆液通常为黏土泥浆，在浸润线以下部位，可掺入一部分水泥，制成黏土水泥浆，以促其硬化。对于中等深度的裂缝，因库水位较高，不宜全部采用开挖回填办法处理的部位或开挖困难的部位，可采用开挖回填与灌浆相结合的方法进行处理。裂缝的上部采用开挖回填法，下部采用灌浆法处理，先沿裂缝开挖至一定深度（一般为 2m 左右）即可进行回填，在回填时按上述布孔原则，预埋灌浆管，然后对下部裂缝进行灌浆处理。

11.5.3.3 *尾矿库管涌的防治*

管涌是尾矿坝坝基在较大渗透压力作用下而产生的险情，可采用降低内外水头差、减少渗透压力或用滤料导渗等措施进行处理。尾矿库管涌的防治通常包括滤水围井、蓄水减渗和塘内压渗三种方法。

A *滤水围井*

在地基好、管涌影响范围不大的情况下可抢筑滤水围井。在管涌口沙环的外围，用土袋围一个不太高的围井，然后用滤料分层铺压，其顺序是自下而上分别填 0.2~0.3m 厚的粗沙、砾石、碎石、块石，一般情况下可用三级分配。滤料最好清洗，不含杂质，级配应符合要求，或用土工织物代替沙石滤层，上部直接堆放块石或砾石。围井内的涌水，在上部用管引出，如果险处水势太猛，第一层粗沙被喷出，可先以碎石或小块石减小水势，然后再按级配填筑；或铺设土工织物，如果遇填料下沉，可以继续填沙石料，直至稳定。若发现井壁渗水，应在原井壁外侧再包以土袋，中间填土夯实。

B　蓄水减渗

险情面积较大，地形适合而附近又有土料时，可在其周围填筑土埂或用土工织物包裹，以形成水池，蓄存渗水，利用池内水位升高，减少内外水头差，控制险情发展。

C　塘内压渗

若坝后渊塘、积水坑、渠道、河床内积水水位较低，且发现水中有不断翻花或间断翻花等管涌现象时，不要任意降低积水位，可用芦苇秆和竹子做成竹帘、竹箔、苇箔（或荆篱）围在险处周围，然后在围圈内填放滤料，以控制险情的发展。如果需要处理的管涌范围较大，而沙、石、土料又可解决时，可先向水内抛铺粗沙或砾石一层，厚15~30cm，然后再铺压卵石或块石，做成透水压渗台；或用柳枝秸料等做成15~30cm厚的柴排（尺寸可根据材料的情况而定），柴排上铺草垫厚5~10cm，然后再在上面铺沙袋或块石，使柴排潜埋在水内（或用土工布直接铺放），亦可控制险情的发展。

11.5.3.4　*尾矿库滑坡的防治*

防止滑坡的发生应尽可能消除促成滑坡的因素。注意做好经常性的维护工作，防止或减轻外界因素对坝坡稳定的影响。当发现有滑坡征兆或有滑动趋势但尚未坍塌时，应及时采取有效措施进行抢护，防止险情恶化；一旦发生滑坡，则应采取可靠的处理措施，恢复并补强坝坡，提高其抗滑能力。

滑坡抢护的基本原则是：上部减载，下部压重。即在主裂缝部位进行削坡，而在坝脚部位进行压坡。抢护过程中尽可能降低库水位，沿滑动体和附近的坡面上开沟导渗，使渗透水能够很快排出。若滑动裂缝达到坝脚，应该首先采取压重固脚的措施。因土坝渗漏而引起的背水坡滑坡，应同时在迎水坡进行抛土防渗。

因坝身填土碾压不实，浸润线过高而造成的背水坡滑坡，一般应以上游防渗为主，辅以下游压坡、导渗和放缓坝坡，以达到稳定坝坡的目的。在压坡体的底部一般可设双向水平滤层，并与原坝脚滤水体相连接，其厚度一般为80~150cm。滤层上部的压坡体一般用沙、石料填筑，在缺少沙石料时，亦可用土料分层回填压实。

对于滑坡体上部已松动的土体，应彻底挖除，然后按坝坡线分层回填夯实，并做好护坡。

坝体有软弱夹层或抗剪强度较低且背水坡较陡而造成的滑坡，首先应降低库水位，如果清除夹层有困难，则以放缓坝坡为主，辅以在坝脚排水压重的方法处理。地基存在淤泥层、湿陷性黄土层或液化等不良地质条件，施工时又没有清除或清除不彻底而引起的滑坡，处理的重点是清除不良的地质条件，并进行固脚防滑。因排水设施堵塞而引起的背水坡滑坡，主要是恢复排水设施效能，筑压重台固脚。

处理滑坡时应注意，开挖回填工作应分段进行，并保持允许的开挖边坡。开挖中，对于松土与稀泥都必须彻底清除。填土应严格掌握施工质量、土料的含水量和干重度必须符合设计要求，新旧二体的结合面应刨毛，以利接合。对于水中填土坝，在处理滑坡阶段进行填土时，最好不要采用碾压施工，以免因原坝体固结沉陷而断裂。滑坡主裂缝一般不宜采取灌浆方法处理。

滑坡处理前，应严格防止雨水渗入裂缝内，可用塑性薄膜、沥青油毡或油布等加以覆盖。同时还应在裂缝上方修截水沟，以拦截和引走坝面的积水。

11.5.3.5 *尾矿库洪水漫坝的防治*

尾矿坝多为散粒结构，如果洪水漫顶就会迅速冲出决口，造成溃坝事故。当排水设施已全部使用，水位仍继续上升，根据水情预报可能出现险情时，应抢筑子堤，增加挡水高度。

在堤顶不宽、土质较差的情况下，可用土袋抢筑子堤。在铺第一层土袋前，要清理堤坝顶的杂物并耙松表土。用草袋、编织袋、麻袋或蒲包等装土七成左右，将袋口缝紧，铺于子堤的迎水面。铺砌时，袋口应向背水侧互相搭接，用脚踩实，要求上下层袋缝必须错开。待铺叠至预计水位以上时，再在土袋背水面填土夯实。填土的背水坡度不得陡于1∶1。

在缺土、浪大、堤顶较窄的场合下，可采用单层木板或埽捆子堤。其具体做法是：先在堤顶距上游边缘约0.5~1.0m处打小木桩一排，木桩长15~2.0m，入土0.5~1.0m；桩距1.0m；再在木桩的背水侧用钉子、铅丝将单层木板或预制埽捆（长2~3m，直径约0.3m）钉牢，然后在后面填土。

当出现超过设计标准的特大洪水时，应在抢筑子堤的同时，报请上级批准，采取非常措施加强排洪，降低库水位。比如选定单薄山脊或基岩较好的副坝炸出缺口排洪，开放上游河道预先选定的分洪口分洪或打开排水井正常水位以下的多层窗口加大排水能力（这样做可能会排出库内部分悬浮矿泥），以确保主坝坝体的安全。严禁任意在主坝坝顶上开沟泄洪。

对尾矿坝坝顶受风浪冲击而决口的抢护，可采取防浪措施处理。用草袋或麻袋装土（或沙）约70%，放置在波浪上下波动的部位，袋口用绳缝合，并互相叠压成鱼鳞状。当风浪较小时，还可采用柴排防浪。用柳枝、芦苇或其他秸秆扎成直径为0.5~0.8m的柴枕长10~30m，枕的中心卷入两根5~7m的竹缆做芯子，枕的纵向每0.6~1.0m用铅丝捆扎。在堤顶或背水坡钉木桩，用麻绳或竹缆把柴枕连在桩上，然后推放到迎水坡波浪拍击的地段。可根据水位的涨落，松紧绳缆，使柴排浮在水面上。

挂树防浪是砍下枝叶繁茂的灌木，使树梢向下放入水中，并用块石或沙袋压住；其树干用铅丝、麻绳或竹缆连接于堤坝顶的桩上。木桩直径0.1~0.15m、长1.0~1.5m，布置形式可为单桩、双桩或梅花桩等。

11.5.3.6 *尾矿库溃坝的防治*

A *渗透破坏*

水的存在增加了滑坡体的重量，渗透力的存在增加了坡体下滑力，所以水的作用会引起坡体下滑力的增加。降雨造成的地表径流和库水会冲刷和切割坝坡，形成裂隙或断口，降低坝体稳定性。同时，水在坝体内的流动引起的冲刷和渗流作用也会降低坝体的稳定性。

尾矿坝的稳定问题不同于一般的边坡稳定问题，在渗流作用下的尾矿强度指标有明显的降低。由于堆积坝加高是在初期坝高的基础之上进行的，随着坝顶标高的增加，库容增加，浸润线抬高而尾矿浸润范围增大，坝体的安全系数减小，溃坝的可能性增加。与天然土类相比，尾矿是一种特殊的散粒状物质，有其特殊的物理和化学性质，它的颗粒表面凹凸不平，内部有孔洞，密度小，级配均匀。尾矿沉积层的密度低，饱和不排水条件下的抗剪强度低。另外，尾矿无黏性，允许渗透压降小，在渗流作用下极易发生管涌等形式的破坏。因此，找出浸润线的高低与尾矿库安全系数之间的关系，对坝体加高工程和安全稳定性具有重要意义。

B　地震液化

构成坝体的尾矿在地震作用下颗粒重新排列，被压密而孔隙率减小，颗粒的接触应力部分转移给孔隙水，当孔隙水压力超过原有静水压力并与有效应力相等时，动力抗剪强度完全丧失，变成黏滞液体，这种现象称地震液化，地震液化会导致坝体失稳破坏。

影响坝体地震液化的因素很多，主要有尾矿的物理性质、坝体埋藏状况和地震动载荷情况等。尾矿颗粒的排列结构稳定和胶结状况良好、粒径大和相对密度大，则抗液化能力高，较难发生液化；覆盖的有效压力越大，排水条件越好，液化的可能性越小；地震震动的频率越高，震动持续的时间越长，越容易引起液化。此外，对于液化的抵抗能力在正弦波作用时最小，震动方向接近尾矿的内摩擦角时抗剪强度最低，最容易引起液化。

地震应力引起的坝体内部剪应力增大是影响尾矿坝稳定性的另一重要因素。不考虑水对边坡稳定性的影响，将地震看成影响和控制边坡稳定的主要动力因素，由此产生的位移、位移速度和位移加速度同地震过程中地震加速度的变化有着密切的联系。

C　洪水漫顶

洪水主要考虑降雨、融雪或两者共同作用引起的极端事件。洪水可以两种方式危及尾矿库，通过提供过大的入库水量，漫坝而引起坝破坏；或者通过坝址侵蚀，引起坝面损坏或最终破坏。洪水的主要威胁是漫坝的危险，最好是通过合理选择尾矿库址实现入库水量控制；也可以考虑在库内蓄积洪水，即尾矿库无论何时都以充足的容积接受设计洪水流入量，而上升坝仍保持适当的超高。另外一种排水方法是根据库基地形、尾矿坝升高和排洪需求，在库内预设一系列排水井，各排水井通过库底基础的排水涵洞排出洪水。

有些地区，地形制约实际坝高和尾矿库容积，并兼有高降雨量和高负荷选矿废水排放量，使得尾矿库不能蓄积洪水量。在此情况下，唯一的选择是在选矿废水排入尾矿库之前进行水处理，以防混入洪水后造成污染危险。

思　考　题

11-1　简述机械设备发生事故的原因及途径。

11-2　触电事故发生的规律是什么？

11-3　简述火灾事故的预防措施。

11-4　选矿厂的职业危害主要包括哪几方面？

11-5　如何防治尾矿库的安全？

12 选矿厂安全生产标准化

选矿厂安全生产标准化是指通过建立安全生产责任制，制定安全管理制度和操作规程，排查治理隐患和监控重大危险源，建立预防机制，规范生产行为，使各生产环节符合有关安全生产法律法规和标准规范的要求，人、机、物、环境处于良好的生产状态并持续改进，不断加强企业安全生产规范化建设。它涵盖了选矿厂安全生产工作的全局，从建立规章制度、改善设备设施状况、规范从业人员行为等方面提出了具体要求，是企业实现管理标准化、现场标准化、操作标准化的基本要求和衡量尺度；是企业夯实管理基础、提高设备本质安全程度、加强人员安全意识、落实企业安全生产主体责任、建设安全生产长效机制的有效途径；是安全生产理论创新的重要内容；是科学发展、安全发展战略的基础性工作；是创新安全监管体制的重要内容。

12.1 安全生产标准化

12.1.1 概述

2004 年，《国务院关于进一步加强安全生产工作的决定》提出了在全国所有的工矿、商贸、交通、建筑施工等企业开展安全质量标准化活动的要求，煤矿、非煤矿山、危险化学品、烟花爆竹、冶金、机械等行业、领域均开展了安全标准化建设工作。

2010 年，为了全面规范各行业企业安全生产标准化建设工作，使企业安全生产标准化建设工作进一步规范化、系统化、科学化、标准化，做到有据可依，有章可循，在总结相关行业企业开展安全生产标准化工作的基础上，结合我国国情及企业安全生产工作的共性要求和特点，国家安全生产监督管理总局制定了安全生产行业标准《企业安全生产标准化基本规范》（AQ/T 9006—2010），对开展安全生产标准化建设的核心思想、基本内容形式要求、考评办法等方面进行了规范，成为各行业企业制定安全生产标准化标准、实施安全生产标准化建设的基本要求和核心依据，对达标分级等考评办法进行了统一规定。这一规定的出台，使我国安全生产标准化建设工作进入了一个新的发展时期。

2011 年，《国务院办公厅关于继续深化“安全生产年”活动的通知》（国办发〔2011〕11 号）中提出“有序推进企业安全标准化达标升级”。在工矿、商贸和交通运输企业广泛开展以“企业达标升级”为主要内容的安全生产标准化创建活动，着力推进岗位达标、专业达标和企业达标，组织对企业安全生产状况进行安全标准化分级考核评价，评价结果向社会公开，并向银行业，证券业、保险业、担保业等主管部门通报，作为企业信用评级的重要参考依据。各有关部门要加快制定完善有关标准，分类指导，分步实施，促进企业安全基础不断强化。

《国务院安委会关于深入开展企业安全生产标准化建设的指导意见》（安委〔2011〕4 号）

中要求“在工矿商贸和交通运输行业（领域）深入开展安全生产标准化建设，重点突出煤矿、非煤矿山、交通运输、建筑施工、危险化学品、烟花爆竹、民用爆炸物品、冶金等行业。”

《国务院关于坚持科学发展安全发展促进安全生产形势持续稳定好转的意见》（国发〔2011〕40号）中要求“推进安全生产标准化建设。在工矿、商贸和交通运输行业领域普遍开展岗位达标、专业达标和企业达标建设，对在规定期限内未实现达标的企业，要依据有关规定暂扣其生产许可证、安全生产许可证，责令停产整顿；对整改逾期仍未达标的，要依法予以关闭。”

2012年，《国务院办公厅关于继续深入扎实开展“安全生产年”活动的通知》（国办发〔2012〕14号）中，要求“着力推进企业安全生产达标创建，加快制定和完善重点行业领域、重点企业安全生产的标准规范，以工矿商贸和交通运输行业领域为主攻方向，全面推进安全生产标准化达标工程建设，对一级企业要重点抓巩固、二级企业着力抓提升、三级企业督促抓改进，对不达标的企业要限期抓整顿，经整改仍不达标的要责令关闭退出，促进企业安全条件明显改善、管理水平明显提高。”2012年11月5日，国家安全监管总局下发了《关于加强金属非金属矿山选矿厂安全生产工作的通知》（安监总管〔2012〕134号），将选矿厂安全生产标准化建设工作纳入金属非金属矿山安全生产标准化建设体系，整体部署、全面推进。选矿厂安全生产标准化分为一级、二级、三级共3个等级（其中一级为最高），按照相应的评分办法进行评审，确定达标等级。文件要求，2013年底前选矿厂要全部达到安全生产标准化三级以上水平。

企业安全生产标准化建设工作，是落实企业安全生产主体责任，强化企业安全生产基础工作，改善安全生产条件，提高管理水平，预防事故的重要手段，对保障职工群众生命财产安全有着重要的作用和意义。

首先，安全生产标准化是落实企业安全生产主体责任的重要途径，国家有关安全生产法律法规政策明确要求，要严格企业安全管理，全面开展安全达标企业是安全生产的责任主体，也是安全生产标准化建设的主体，要通过加强企业每个岗位和环节的安全生产标准化建设，不断提高安全管理水平，促进企业安全生产主体责任落实到位。

其次，安全生产标准化是强化企业安全生产基础工作的长效制度。安全生产标准化建设涵盖了增强人员安全素质、提高装备设施水平，改善作业环境、强化岗位责任落实等各个方面，是一项长期的、基础性的系统工程，有利于全面促进企业提高安全生产保障水平。

再次，安全生产标准化是政府实施安全生产分类指导、分级监管的重要依据。实施安全生产标准化建设考评，将企业划分为不同等级，能够客观真实地反映出各地区企业安全生产状况和不同安全生产水平的企业数量，为加强安全监管提供有效的基础数据。

最后，安全生产标准化是有效防范事故发生的重要手段，深入开展安全生产标准化建设，能够进一步规范从业人员的安全行为，提高机械化和信息化水平，促进现场各类隐患的排查治理，推进安全生产长效机制建设，有效防范和坚决遏制事故发生，促进全国安全生产状况持续稳定好转。

12.1.2　安全生产标准化内容

选矿厂安全生产标准化的主要内容包括：

（1）安全生产组织保障。

（2）风险管理。

（3）安全教育与培训。

（4）生产工艺系统安全管理。

（5）机电安全管理。

（6）作业现场安全管理。

（7）职业卫生管理。

（8）检查。

（9）应急管理。

（10）事故、事件报告、调查与分析。

（11）绩效测量与评价。

12.1.3　安全生产标准化创建步骤和评定原则

选矿厂安全生产标准化的创建过程包括准备阶段、策划阶段、实施与运行阶段、监督与评价阶段和改进与提高阶段。

安全标准化评定原则如下：

（1）安全标准化评定指标包括标准化得分、评审年度内重伤生产安全事故。

（2）标准化得分采用百分制。标准化评审得分总分为3000分，最终标准化得分换算成百分制。其换算公式为：

$$\text{标准化得分(百分制)}=\frac{\text{标准化评审得分}}{3000\times 100} \tag{12-1}$$

（3）本评分办法用标准化得分和安全绩效两个指标确定选矿厂安全生产标准化等级。将选矿厂安全标准化评定为三个等级，其中一级最高。评定指标见表12-1。

表12-1　选矿厂安全标准化评定等级

评审等级	标准化得分	安全绩效
一级	≥90	评审年度内未发生人员重伤及以上生产安全事故
二级	≥75	评审年度内重伤人员在1人（含1人）以下
三级	≥60	评审年度内重伤人员在2人（含2人）以下

（4）选矿厂安全生产标准化的评审工作每3年至少进行一次。

（5）选矿厂安全生产标准化等级有效期为3年，在有效期内，一级企业、二级企业、三级企业相应发生生产安全事故重伤1人（含1人）、2人（含2人）、3人（含3人）以上的，取消其安全生产标准化等级，经整改合格后，可重新进行评审。

12.2 安全生产标准化评定标准

12.2.1 评定说明

为规范全国选矿厂安全生产标准化评审工作，合理确定评审等级，根据《金属非金属矿山安全标准化规范导则》（AQ 2007.1—2006）、《选矿厂安全生产标准化评分办法》（安监总厅管〔2013〕152号文）、《选矿安全规程》（GB 18152—2000）的有关规定，借鉴先进的评估方法和评审经验，结合国内金属非金属矿山的实际情况制定本评定标准。本标准使用标准化得分来确定金属非金属矿山安全标准化的评定结果。

选矿厂的安全生产标准化系统由11个元素组成。这些元素又划分为若干子元素，每一个子元素详细规定了若干问题，这些问题都与提高企业安全绩效，保障安全生产条件，降低作业人员和财产损害的风险等密切相关。

根据11个元素和相关子元素在安全标准化建设中的作用和对安全绩效的贡献，本评定标准为其赋予了不同的分值。同时，根据系统原理和持续改进的要求，对每个子元素的分值又按照策划、执行、符合和绩效四个方面分别赋予不同的权重。将子元素所得的分值相加，即得到每个元素的分值，最后将11个元素所得分值相加，便得到选矿厂安全标准化系统的分值。各分值分配明细见表12-2。

表12-2 元素分值明细表

序号	元素	分值
1	安全生产组织保障	500
2	风险管理	280
3	安全教育与培训	160
4	生产工艺系统安全管理	300
5	机电安全管理	300
6	作业现场安全管理	400
7	职业卫生管理	200
8	检查	400
9	应急管理	200
10	事故、事件报告、调查与分析	140
11	绩效测量与评价	120
总 分		3000

各子元素按照策划、执行、符合和绩效四个方面分配权重明细得分见表12-3。

表12-3 四个方面权重分配明细表

序号	项目名称	各项目权重/%
1	元素的策划与资源、标准及程序的准备	10
2	系统、标准与程序的执行	20
3	对建立的系统、标准及程序的符合程度	30
4	安全生产绩效	40
5	合计	100

12.2.2　评定标准

12.2.2.1　安全生产组织保障

安全生产组织保障共有500分，其包括：

(1) 目标（50分）
1）策划（5分）
2）执行（10分）
3）符合（15分）
4）绩效（20分）
(2) 安全生产法律法规与其他要求（60分）
1）需求识别与获取（20分）
(a) 策划（2分）
(b) 执行（4分）
(c) 符合（6分）
(d) 绩效（8分）
2）融入（20分）
(a) 策划（2分）
(b) 执行（4分）
(c) 符合（6分）
(d) 绩效（8分）
3）评审与更新（20分）
(a) 策划（2分）
(b) 执行（4分）
(c) 符合（6分）
(d) 绩效（8分）
(3) 安全机构设置与人员任命（60分）
1）策划（6分）
2）执行（12分）
3）符合（18分）
4）绩效（24分）
(4) 安全生产责任制（60分）
1）策划（6分）
2）执行（12分）
3）符合（18分）
4）绩效（24分）
(5) 文件与资料控制（50分）
1）策划（5分）
2）执行（10分）
3）符合（15分）

4）绩效（20分）

（6）外部联系与内部沟通（50分）

1）策划（5分）

2）执行（10分）

3）符合（15分）

4）绩效（20分）

（7）供应商和承包商管理（50分）

1）策划（5分）

2）执行（10分）

3）符合（15分）

4）绩效（20分）

（8）安全投入和工伤保险（80分）

1）安全投入（40分）

（a）策划（4分）

（b）执行（8分）

（c）符合（12分）

（d）绩效（16分）

2）工伤保险（或安全生产责任险）（40分）

（a）策划（4分）

（b）执行（8分）

（c）符合（12分）

（d）绩效（16分）

（9）员工参与（40分）

1）策划（4分）

2）执行（8分）

3）符合（12分）

4）绩效（16分）

12.2.2.2　风险管理

风险管理共有280分，其包括：

（1）危险源辨识与评价要求（80分）

1）策划（8分）

2）执行（16分）

3）符合（24分）

4）绩效（32分）

（2）风险评价（100分）

1）策划（10分）

2）执行（20分）

3）符合（30分）

4）绩效（40分）

（3）关键任务识别与控制（100 分）

1）策划（10 分）

2）执行（20 分）

3）符合（30 分）

4）绩效（40 分）

12.2.2.3　安全教育培训

安全教育培训共有 160 分，其包括：

（1）员工安全意识（60 分）

1）策划（6 分）

2）执行（12 分）

3）符合（18 分）

4）绩效（24 分）

（2）培训（100 分）

1）策划（10 分）

2）执行（20 分）

3）符合（30 分）

4）绩效（40 分）

12.2.2.4　生产工艺系统安全管理

生产工艺系统安全管理共有 300 分，其包括：

（1）选矿工艺（180 分）

1）策划（18 分）

2）执行（36 分）

3）符合（54 分）

4）绩效（72 分）

（2）变化管理（120 分）

1）策划（12 分）

2）执行（24 分）

3）符合（36 分）

4）绩效（48 分）

12.2.2.5　机电安全管理

机电安全管理共有 300 分，其包括：

（1）基本要求（120 分）

1）策划（12 分）

2）执行（24 分）

3）符合（36 分）

4）绩效（48 分）

（2）设备设施维修（180 分）

1）策划（18 分）

2）执行（36分）
3）符合（54分）
4）绩效（72分）

12.2.2.6　作业现场安全管理

作业现场安全管理共有400分，其包括：
（1）作业环境（120分）
1）策划（12分）
2）执行（24分）
3）符合（36分）
4）绩效（48分）
（2）作业过程（200分）
1）策划（20分）
2）执行（40分）
3）符合（60分）
4）绩效（80分）
（3）劳动防护用品（80分）
1）策划（8分）
2）执行（16分）
3）符合（24分）
4）绩效（32分）

12.2.2.7　职业卫生管理

职业卫生管理共有200分，其包括：
（1）健康监护（60分）
1）策划（6分）
2）执行（12分）
3）符合（18分）
4）绩效（24分）
（2）职业病危害控制（80分）
1）策划（8分）
2）执行（16分）
3）符合（24分）
4）绩效（32分）
（3）职业卫生监测（60分）
1）策划（6分）
2）执行（12分）
3）符合（18分）
4）绩效（24分）

12.2.2.8　检查（400分）

（1）一般要求（60分）

1）策划（6分）
2）执行（12分）
3）符合（18分）
4）绩效（24分）
（2）巡回检查（70分）
1）策划（7分）
2）执行（14分）
3）符合（21分）
4）绩效（28分）
（3）例行检查（70分）
1）策划（7分）
2）执行（14分）
3）符合（21分）
4）绩效（28分）
（4）专业检查（90分）
1）策划（9分）
2）执行（18分）
3）符合（27分）
4）绩效（36分）
（5）综合检查（70分）
1）策划（7分）
2）执行（14分）
3）符合（21分）
4）绩效（28分）
（6）纠正和预防措施（40分）
1）策划（4分）
2）执行（8分）
3）符合（12分）
4）绩效（16分）

12.2.2.9　应急管理（200分）

（1）应急准备（40分）
1）策划（4分）
2）执行（8分）
3）符合（12分）
4）绩效（16分）
（2）应急预案（40分）
1）策划（4分）
2）执行（8分）
3）符合（12分）

4）绩效（16分）

（3）应急响应（40分）

1）策划（4分）

2）执行（8分）

3）符合（12分）

4）绩效（16分）

（4）应急保障（40分）

1）策划（4分）

2）执行（8分）

3）符合（12分）

4）绩效（16分）

（5）应急评审与改进（40分）

1）策划（4分）

2）执行（8分）

3）符合（12分）

4）绩效（16分）

12.2.2.10 事故、事件报告、调查与分析（140分）

（1）报告（30分）

1）策划（3分）

2）执行（6分）

3）符合（9分）

4）绩效（12分）

（2）调查（50分）

1）策划（5分）

2）执行（10分）

3）符合（15分）

4）绩效（20分）

（3）统计与分析（30分）

1）策划（3分）

2）执行（6分）

3）符合（9分）

4）绩效（12分）

（4）事故、事件回顾（30分）

1）策划（3分）

2）执行（6分）

3）符合（9分）

4）绩效（12分）

12.2.2.11 绩效测量与评价（120分）

（1）绩效测量（60分）

1）策划（6分）

2）执行（12分）

3）符合（18分）

4）绩效（24分）

（2）系统评价（60分）

1）策划（6分）

2）执行（12分）

3）符合（18分）

4）绩效（24分）

12.2.3 选矿厂安全生产标准化各子元素评价要求

12.2.3.1 安全生产组织保障

为落实选矿厂安全生产目标与指标，针对选矿厂安全生产目标与指标的设定、沟通与回顾等，同时指导选矿厂安全生产目标与指标的管理与监测、考评，选矿厂应制定相应的《选矿厂安全生产目标与指标管理制度》。

选矿厂每年年初应制定目标的实施计划，确保实施，并对目标的完成情况进行监测，每半年对目标的完成情况进行考核总结，年终进行考核奖惩。每年根据选矿厂内外部条件的变化进行修订。目标与指标的设立主要包括在岗员工接受安全教育率、安全设施、设备完好率、安全隐患整改率、尾矿废水回水利用率、职业危害场所检测合格率及重伤（含重伤）以上人身伤害事故、重大设备事故、重大火灾爆炸事等。

选矿厂每年组织员工参加安全教育培训活动，宣传有关国家安全生产的法律法规。各级人员均应了解和遵守安全法律法规要求，自觉遵守有关安全法律法规。培训结束后，公司选矿厂对员工的培训内容进行考核，及时了解各级人员的安全生产法律法规意识。

选矿厂须安全生产法律法规的要求设置专职的安全管理人员。特殊职位任命人员主要包括安全生产标准化达标创建领导小组组长、安全生产标准化达标创建小组成员、消防负责人、事故调查员、急救员、职业健康专员、标准化系统内部评审员等。

A 安全生产责任管理制度

选矿厂实行厂长负责制，下设副厂长、科长、安全员及生产班组。各岗位作业人员均制定有安全生产责任制。安全科在责任制下达后，组织专项学习，使所有人员对自己岗位的责任制充分理解，并能遵照执行。关键人员的责任制要上墙公示，各岗位和人员要保证责任制贯彻落实。选矿厂（或公司）每年年初对责任制进行评审和修订。

B 文件与资料管理制度

选矿厂的安全生产标准化管理系统文件包括安全生产标准化管理手册、程序文件、管理制度、岗位责任制、岗位操作规程、应急救援预案、员工安全手册等。

安全科负责编制《文件和资料控制程序》和《安全记录控制程序》并负责记录的控制。对主要的安全生产过程、时间、活动建立安全记录，并符合以下要求：内容真实、准确、清晰；填写及时、签署完整；编号清晰、标识明确；易于识别与检索；完整反映相应过程；明确保存期限。

C　外部联系与内部沟通制度

选矿厂的信息沟通主要包括外部联系和内部沟通两种方式。

外部联系负责部门主要为安全科，安全科及时同外界（政府有关部门、附近村镇等）就相关的安全问题进行沟通和联系。如果遇见重大安全事项，要及时以书面的形式与其沟通和协调。

内部沟通可以通过以下四种方式实现：

（1）选矿厂制定《合理化建议制度》，听取员工和相关方的意见和建议。在选矿厂内部设置意见箱，收集员工关心的问题。

（2）选矿厂采取会议、展示牌等方式进行沟通，每月定期召开安全事项讨论会，安环部负责选矿厂内信息沟通协调。

（3）标准化主要负责人每月与员工就安全问题进行沟通，对于发现的安全隐患及时处理。

（4）选矿厂确认有关安全要求、目标及其完成情况等，并在不同部门、岗位之间进行信息传递和沟通。

D　供应商与承包商管理制度

制定选矿厂《供应商与承包商的选择、评价管理制度》，选择、评价符合要求的供应商，以确保供应商的能力满足本选矿厂的基本要求，选矿厂对供应商的供应过程实施全过程控制。

E　安全投入和工伤保险制度

公司主要负责人确保选矿厂安全生产所需的投入，并对因投入不足所导致的后果负责。选矿厂按照《企业安全生产费用提取和使用管理办法》（财企〔2012〕16号）规定提取安全费用，用于改善劳动条件，提高安全管理水平和安全程度。安全措施费用主要包含安全工程、安全管理、安全设备、劳动防护用品、安全标志及标识、安全奖励、安全教育培训、工伤保险、应急设备设施、事故预防、工伤保险等。

F　员工参与制度

建立选矿厂《员工权益保障制度》，确保员工关心的问题得到积极响应，尤其是保障员工在安全异常的情况下拒绝工作而不会受到惩罚等权益。选矿厂确保员工或员工代表参与安全活动，并在公司设置意见箱，及时收集、反馈员工关注的安全事项。

12.2.3.2　风险管理

制定选矿厂《危险源辨识与风险评价制度》，让员工参与本岗位的危险源辨识和风险评价过程，并通过培训和会议等方式，使选矿厂所有员工明确厂区（或工段）的危险源以及预防和控制措施。

12.2.3.3　安全教育与培训

制定选矿厂《安全教育培训制度》，利用各种视听资料提高全员的安全意识，为提升员工安全意识提供充足的资源，建立深层次意识培训需求的机制。培训计划内容包括：新员工安全意识培训、工作现场特定安全意识培训、复岗安全意识培训、管理层安全管理职责意识培训。

12.2.3.4 生产工艺系统安全管理

为了加强选矿厂现场管理秩序，规范选矿厂员工工作行为，选矿厂应制定《选矿工艺管理制度》，其主要内容包括矿石破碎与筛分、磨矿与分级、选别、尾矿储存与输送管理制度及工艺要求。比如：选矿设备、设施和工序应符合设计要求；各工序之间的处理能力应相互匹配；周边安全距离应符合相关规定及要求等。

12.2.3.5 机电安全管理

制定选矿厂《设备设施管理制度》，明确设备设施采购计划、设备设施采购过程、安装（建设）过程、调试过程、验收过程、使用（维护）过程、设备设施报废过程等，达到选矿设备设施的安全、规范管理。

12.2.3.6 作业现场安全管理

选矿厂应根据现场实际情况制定《作业现场安全管理制度》，并确保以下基本要求。

A 厂区建设基本要求

厂区建设基本要求包括：

（1）选矿厂厂房、库房、站房、地下室的安全出口应符合《选矿安全规程》（GB 18152—2000）的要求。

（2）建构筑物之间的防火间距和消防车道的布置，应符合《建筑设计防火规范》（GBJ 16—1987）的有关规定。存放易燃易爆物品的仓库，应布置在建筑物最小风频方向的上风侧；建构筑物和大型设备，应设置消防设备和消防器材。

（3）主要操作、维护通道应有足够的宽度、高度。

（4）高度超过 0.6m 的平台，周围应设栏杆；平台上的孔洞应设栏杆或盖板；必要时，平台边缘应设安全防护板。

（5）有职业病危害的场所应设危害告知标识，在职业病危害严重的场所应设置独立操作间或休息间。

（6）作业现场的工器具、材料、备件等摆放整齐，无跑、冒、滴、漏现象；矿石破碎、输送等粉尘浓度较大场所采取防尘措施。

B 危险化学品要求

危险化学品要求包括：

（1）作业人员应对使用化学药品的理化性质等详细了解。

（2）放射源和射线装置，应有明显的标志和防护措施，并定期检测。

（3）药品（剂）储存、使用与管理应符合《选矿安全规程》（GB 18152—2000）的要求。

C 通风与照明要求

通风与照明要求包括：

（1）需要通风的场所应采取强制通风、换气措施。

（2）光线不足或夜间作业的场所要有足够的照明。

D 安全标志要求

安全标志要求包括：

（1）按照法律法规与其他要求、选矿厂风险的特点，辨识需设置安全标志的地点和场所。

（2）选矿厂根据可能发生的事故类型，设置相应的、符合《矿山安全标志》（GB 14161）要求的安全标志。

（3）选矿厂建立安全标志管理档案。已经安放的安全标志，未经管理部门许可，不应任意拆除或移动。

（4）厂区人行安全通道、危险区域应悬挂安全警示标志。

E　作业过程要求

依据风险评价建立下列作业过程的安全操作规程：

（1）破碎与筛分；磨矿与分级、选别作业、脱水、尾矿输送、运输与起重、电气安全、除尘、自动化、矿石运输及其他。

（2）企业应建立交接班制度。

（3）发现潜在的或已发生的危及作业人员安全的状况，在交接班时应交代清楚，并做好记录。

（4）进入作业现场之前，应按规定佩带个体防护用品。

（5）作业前应首先检查作业场所和设备、设施的安全状况，发现异常及时处理；按操作规程要求进行作业。

破碎与筛分的要求包括停车处理固定格筛卡矿、粗破碎机棚矿（囤矿或过铁卡矿）以及进入机体检查处理故障时，应遵守长度只限到作业点的安全带、设专人监护、进入机体前，预先处理矿槽壁上附着的矿块或有可能脱落的浮渣等。

磨矿与分级的要求包括磨矿机两侧和轴瓦侧面，应有防护栏杆。磨矿机运转时，人员不应在运转筒体两侧和下部逗留或工作；并应经常观察人孔门是否严密，严防磨矿介质飞出伤人。封闭磨矿机人孔时，应确认磨矿机内无人，方可封闭。检修、更换磨矿机衬板时，应事先固定滚筒，并确认机体内无脱落物，通风换气充分，温度适宜，方可进人。起重机的钩头不应进入机体内。处理磨矿机漏浆或紧固筒体螺钉时，应固定滚筒；若磨矿机严重偏心，应首先消除偏心，然后进行处理。球磨机“胀肚”时，应立即停止给料，然后按“前水闭，后水加，提高分级浓度降返砂”的原则处理。用专门的钢斗给球磨机加球时，斗内钢球面应低于斗的上沿；用电磁盘给球磨机加球时，吸盘下方不应有人；不应用布袋吊运钢球。棒磨机添加磨矿介质，应停车进行。采用装棒机添加介质时，应事先检查装棒机的各部件，确认完好，方可进行。装棒机应有专人操作，应与起重机密切配合，并由专人指挥。磨矿机停车超过 8h 以上或检修更换衬板完毕，在无微拖设施的情况下，开车之前应用起重机盘车，盘车钢丝绳应事先经过检查；不应利用主电动机盘车。检查泥勺机的勺嘴磨损情况时，作业人员应站在勺嘴运转方向的侧面，不应站在正面。处理分级设备的返砂槽堵塞时，不应攀登在分级机、振动筛或其他设备上进行。清除分级设备溢流除渣篦上的木屑等废渣时，不应站在除渣篦子上进行。

选别作业包括重选作业、磁选作业和浮选作业。重选作业要求离心选矿机运转时，不应将头伸入转筒观察。调整给矿鸭嘴、洗涤喷嘴及卸矿水喷嘴的位置和角度，应停车进行。离心选矿机的给矿漏斗箱及电磁阀出现堵塞故障时，应用三角折梯处理。跳汰机床层应每周清理一次，清除筛板、筛孔上的杂物，并检查筛板及其固定情况。磁选作业要求调整干选磁滑轮下料分料板时，作业人员应站在磁滑轮侧面进行，以防矿物迸出伤人。干选磁滑轮的皮带与滚筒之间进入矿块或其他物体时，应在他人监护下进行处理；不应在磁滑轮运转的情况下用铁棍、铁管或其他工具清除。强磁选机运转前，应将一切可能被磁力吸引的杂物清除干净；铁棍、手锤等能被磁力吸引的物体，不应带到设备周围。浮选作业要求在开动浮选设备时，应确认机内无人、无障碍物。运行中的浮选槽，应防止掉入铁件等杂物或影响运转的其他障碍物。更换浮选机的三角带，应停车进行。三角带松动时，不应用棍棒去压或用铁丝去钩三角带。更换机械搅拌式浮选机的搅拌器，应用钢丝绳吊运，不应用三角带、磨绳吊运。不应跨在矿浆搅拌槽体上作业。溅到槽壁端面的矿泥，应经常用水冲洗干净。浮选机进浆管、回砂管、排矿管和闸阀等，应保持完好、畅通和灵活，发现堵塞、磨损应及时处理。浮选机槽体因磨损漏矿浆或搅拌器发生故障必须停车检修时，应将槽内矿浆放空，并用水冲洗干净。浮选机突然停电跳闸时，应立即切断电源开关，同时通知球磨停止给矿。配药间应单独设置，并应设通风装置。人工破碎固体药剂时，正面不得有人。采用有毒药剂或有异味药剂的浮选工艺，或工艺过程产生大量蒸汽的，应设通风换气装置。

脱水作业要求过滤机保持均匀给矿，分矿箱和管路应畅通。夜间检查周边传动式浓缩机中心盘或开关流槽闸板，应有良好照明，并在他人监护下进行。浓缩机停机之前，应停止给矿，并继续输出矿浆一定时间；恢复正常运行之前，应注意防止浓缩机超负荷运行。须浓缩而未经浓缩的尾矿浆，除非事故处理需要，不得任意送往泵站和尾矿库。浓缩池的来矿流槽进口和溢流槽出口的格栅、挡板装置及排矿管（槽、沟）等易发生尾矿沉积的部位，应定期冲洗清理。

尾矿输送作业要求砂泵站（特别是高压砂泵站）应设必要的监测仪表，容积式的砂泵站应设超压保护装置。静水压力较高的泵站应在砂泵单向阀后设置安全阀或防水锤。事故尾矿池应定期清理，经常保持足够的贮存容积。事故尾矿溢流不得任意外排，确需临时外排时，应经有关部门批准。间接串联或远距离直接串联的尾矿输送系统上的逆止阀及其他安全防护装置应经常检查和维护，确保完好有效。矿浆仓来矿处设置的格栅和仓内设置的水位指示装置，应经常冲洗清理与维护。尾矿输送管、槽、沟、渠、洞，应固定专人分班巡视检查和维护管理，防止发生淤积、堵塞、爆管、喷浆、渗漏、坍塌等事故；发现事故应及时处理，对排放的矿浆应妥善处理。金属管道应定期检查壁厚，并进行维护，防止发生漏矿事故。

矿仓及给矿机作业要求卸矿设备或卸矿车内及周围无人、无障碍物，方可卸矿；检修卸矿设备或卸矿车时，应有可靠的安全措施；空车自溜运行，应有可靠的阻车装置；采用自卸汽车卸矿，应设坚固的挡墙，挡墙高度不应小于轮胎直径的2/5。槽式给矿机堵塞捅矿时应站在设备一侧的安全位置，避免矿石滚出伤人。下矿仓检查供矿、矿位情况及排除故障时，应系好安全带（其长度只限到作业点），不应站在矿石斜面上，且应有人监护，必要时下部应停止排矿。

带式输送机作业应遵守《带式输送机安全规范》（GB 14784—1993）的有关规定，经过安全技术培训，持证上岗。带式输送机运行时人员不应乘坐、跨越、钻爬带式输送机，不应运送规定物料以外的其他物料；不应从运行中的带式输送机上用手捡矿石（手选皮带除外）；清除输送带、传动轮和改向轮上的杂物时应及时停车。

车辆运输作业应遵守《工业企业厂内运输安全规程》（GB 4387）的有关规定。机动车驾驶人员应经过安全技术培训考核，持证上岗。实习人员驾驶机动车，操作信号以及进行行车作业等，应在正式值乘、值班人员监护下进行。雾天及粉尘浓度较大时，应开亮警示灯行驶；视线不清时，应减速行驶；在弯道、坡道上和接班出车时，不应超车。装卸时，驾驶员不应将头和手臂伸出驾驶室外，不应检查维护车辆。在厂区和车间行驶，应遵循规定的道路，不应从传送带、工程脚手架和低垂的电线下通过。不应超重、超长、超宽、超高装运，装载物品应捆绑稳妥牢固。载货汽车不应客货混装。

起重作业人员应经过安全技术培训考核，持证上岗。在有可能发生起重机构件挤撞事故的区域内作业，应事先与有关人员联系，并做好监护。操作起重机时，若雾太浓，视线不清或信号不明，均应停止作业；不应斜拉斜吊、拖拉物体、吊拔埋在地下且起重量不明的物体；起吊用的钢丝绳应与固定铁卡规格一致，并应按起重要求确定铁卡的使用数量；被吊物体不应从人员上方通过；不应利用极限位置限制器停车；起重机工作时，吊钩与滑轮之间应保持一定的距离，防止过卷；在同一轨道上有多台起重机运行时，相邻两台起重机的突出部位的最小水平距离应不小于 2m；两层起重机同时作业时，下层应服从上层；吊运物体时不应调整制动器，制动垫磨损不正常或磨损超过一半应立即更换；起重机吊钩达到最低位置时，卷筒上的钢丝绳应不少于三圈。

药品（剂）储运、使用与管理作业的要求包括使用有毒、易燃、易爆、易挥发、麻醉性和有刺激性气味的药品，应事先了解其化学性质、使用方法和注意事项，并掌握操作方法。开瓶口应朝向无人处，以防药品迸溅伤人。对剧毒、刺激性和麻醉性以及挥发性的药品，应在通风条件良好的通风橱内操作。取用有毒或剧毒液体药品时，应使用移液管，不应用口直接吸取。加热或配制易燃、易爆药品时，应在安全地点进行；使用有毒、剧毒药品时，操作结束，应立即将器皿冲洗干净，擦净试验台。在搬运、使用强酸、强碱时，应两人进行，同时应用专用的架子或车辆进行搬运，并应放置牢固，不应肩扛、背驮或徒手提运。搬运前应检查所使用的工具、材料，如有损坏不应使用。

电气作业人员应经过专门的安全技术培训考核，持证上岗。工作时，应穿戴防护用品和使用防护用具。修理、调试电气设备和线路，应由电气作业人员进行。供电设备和线路的停电和送电，应严格执行操作票制度。在断电的线路上作业，应事先对拉下的电源开关把手加锁或设专人看护，并悬挂“有人作业，不准送电”的标志牌；用验电器验明无电，并在所有可能来电线路的各端装接地线，方可进行作业。

12.2.3.7 职业卫生管理要求

选矿厂应建立《健康保护制度》，并任命具有相应能力的人员负责健康监护管理工作，明确规定职业卫生管理人员的匹配及其资质要求，医疗、健康设施及服务要求，药品及相关物品的控制要求，职业危害的控制要求，职业卫生监测要求，传染病的预防和控制要求等。

12.2.3.8 检查、处理与应急要求

选矿厂应制定《安全检查制度》，确保所进行的安全检查覆盖矿山所有作业场所、活动、设备、设施、人员和管理。并明确检查内容、检查频率、检查范围和检查人员的相关要求。

12.2.3.9 应急管理要求

选矿厂应制定《应急管理及响应制度》，并明确应急事件认定要求，应急预案编写要求，应急装置配置要求，应急事件演习和应急预案评审与更新要求。

12.2.3.10　事故、事件报告与调查要求

选矿厂应制定《事故、事件报告制度》，明确事故、事件定义，事故、事件类别，报告范围，报告时间，报告方式，事故、时间的响应程序等内容。

12.2.3.11　绩效测量与评价要求

选矿厂应制定《安全绩效监测和测量制度》，其内容应涵盖安全目标，安全事故和事件，安全措施及安全生产标准化系统的持续改进情况等。

12.2.4　选矿厂安全生产标准化准则

12.2.4.1　生产厂房工艺布置的一般规定

生产厂房的工艺布置首先需要确定厂房的布置和设备布置，车间工艺布置要做到生产流程顺畅、简洁、紧凑，尽量缩短运输距离，充分考虑设备操作、维护和施工、安装及其他在专业布置方面的要求，车间工艺布置设计是以工艺专业为指导，并在其他专业如总图、土建、电气等的密切配合下进行的。

生产厂房工艺布置的具体要求包括：

（1）厂房布置应做到投资省、建设快、生产维修方便，符合安全环保及节能要求。

（2）厂房布置应结合工程地质条件，合理利用地形，力求紧凑，缩短物料运程，不宜反向运输。

（3）破碎、筛分与干选厂房宜布置在主厂房主导风向的下风向，磨矿、选别、过滤厂房宜台阶式布置。

（4）供水、供电、供热及压缩空气等设施应靠近主要使用地点。

（5）各种管线在技术允许的前提下应共桥、共沟、共架布置。

（6）在工艺厂房布置时，应规划辅助专业建筑物的布置。

12.2.4.2　生产车间设备配置的一般规定

生产车间设备配置就是将车间内的各种设备按照工艺流程要求加以定位，除了主机设备外，还包括辅助设备、工艺管道和检修设备。主要设备要与厂房建筑的主要柱、网相对定位，设备与设备之间也要相对定位，设备布置主要取决于生产流程、设备安装和操作检修的需要，同时也要考虑其他专业对布置的要求。

生产车间设备配置的具体要求包括：

（1）厂房内空间布置应留有各种管道及电缆桥（吊）架的位置。主要操作通道地面不宜有管道通过。

（2）各层平台间的净空高度不应小于2m。

（3）各平台吊装孔尺寸应大于被吊装部件外形尺寸300mm，吊装孔应设栏杆或活动盖板加活动栏杆。

（4）厂房大门尺寸应大于设备及运输车辆的外形尺寸400~500mm，特大型设备可不设专用大门，预留安装孔洞，设备安装后再封闭。

（5）起重机的轨面高度应保证吊起设备部件底面与其他设备间净空不小于400mm，吊钩极限位置应保证其垂直工作，进操作室的平台标高宜低于操作室底面200mm。地面操作的起重机应有通畅无阻的操作通道。

（6）湿式作业或灰尘较大的各层平台应具备冲洗条件，冲洗的污水通过导流系统排入厂内排污系统或回收系统。

（7）当矿石粒度小于350mm时，卸料车下料矿仓口应设篦条和胶带密封，在操作卸料车一侧，每个仓应设ϕ800mm带盖板及直梯的人孔和ϕ300mm带盖板的观察孔，矿仓内应设照明设备。

（8）地下带式输送机通廊与地面交界处应设通行便门。

（9）主要车间宜设卫生间。操作室、更衣室应设洗手盆。

（10）噪音大的主要车间宜设隔音操作室。

（11）厂房内通道宽度应符合：主要通道应为1.5~2.0m；局部操作通道应为1.2~2.0m；维修通道不应小于1.0m；带式输送机通廊宽度应符合国家现行有关标准的规定。

（12）手选带式输送机宽度不应超过1400mm，带速应小于0.25m/s，倾角应小于12°，操作点间距宜为1.5m，带宽大于800mm的应采用双侧操作。

（13）走梯倾角宜为45°。

（14）走梯、通道、人行便门的出入口不应设在车辆频繁通行地段。

12.2.4.3　*破碎筛分车间配置的一般规定*

破碎筛分车间配置的一般规定包括：

（1）粗破碎采用颚式破碎机或500mm旋回破碎机时，宜采用给矿机连续给矿。采用900mm和大于900mm旋回破碎机时，宜采用挤满给矿。

（2）700mm旋回破碎机可采用给矿机连续给矿或挤满给矿。

（3）当矿石种类多，需要分别处理时，破碎筛分宜采用双系统配置。

（4）在旋回破碎机的检修场地和圆锥破碎机的厂房内，应依据设备台数设有竖直存放锥体的孔洞或支架。

（5）地下破碎设备布置的空间、跨距在满足生产要求的前提下，应紧凑布置，合理布置设备运输通道及通风、除尘和排污设施的位置。

（6）筛分车间宜单独设置厂房。中、细破碎的破碎机不宜重叠布置。

（7）控制室宜设在便于观察主要工艺设备的位置。

（8）当带式输送机穿过检修场地或操作通道时，应设带式输送机的跨越走梯。

（9）破碎、筛分车间的检修场地长度应符合表12-4的规定。国外设备应按国内设备相应规格执行。

表12-4　破碎、筛分车间检修场地长度表

设备名称	设备规格/mm	台数	检修场地长度/m
旋回破碎机	500~700	1~2	6~12
	900~1400	1~2	18~30
颚式破碎机	(400×600)~(900×1200)	1~2	6
	(1200×1500)~(1500×2100)	1~2	12
圆锥破碎机	ϕ900~ϕ1750	1~2	6~12
	ϕ1750~ϕ2200	2~4	12~24
振动筛	(1500×3600)~(2400×6000)	2~6	6~18

12.2.4.4　磨矿选别车间配置的一般规定

磨矿选别车间配置的一般规定包括：

（1）磨矿机给矿带式输送机长度和角度应满足计量装置安装的要求。

（2）磨矿跨厂房应为单层结构，磨机应落地布置。

（3）磨矿介质（钢球、钢棒）储存池内壁应衬枕木，磨矿介质储量应为7~10d用量。不同规格的磨矿介质应分仓存放。

（4）磨矿间检修场地内宜设废球仓，其位置应方便废球外运。

（5）磨矿介质宜采用机械添加。

（6）磨矿选别厂房中的值班室应采取隔声措施。

（7）大型磨机配用专用的更换衬板机械手时，应在厂房内留出机械手工作场地和停放场地；磨机更换衬板时，衬板的搬运宜由叉车来完成。

（8）使用有毒、有异味药剂或工艺过程产生大量蒸汽的车间，应设通风换气装置。

（9）寒冷地区磨矿选别厂房的采暖温度不宜低于15℃。

（10）磨矿跨地坪应保持5%~10%的坡度，选别跨地坪坡度不应小于3%。

（11）对封闭式浮选厂房，鼓风机宜设置在单独厂房内，大型鼓风机应设专门的检修设施。

（12）选别跨地沟坡度宜为3%~5%，宽度不应小于300mm，沟顶应设活动防护篦板。

（13）磨矿选别厂房内矿浆自流槽及管道坡度，应按物料粒度、密度和浓度确定。

（14）各层操作平台应具备冲洗条件。平台、孔洞边应设不低于10mm高的挡水堰，平台冲洗污水应有组织排放。

（15）泵池的矿浆储存时间不宜小于3min，并设高压冲洗水管和液位调节水管。

（16）排污泵坑应设冲洗沉砂的高压水龙头、液位控制启停装置，泵坑进浆口处应设格栅。

12.2.4.5　精矿脱水车间配置的一般规定

精矿脱水车间配置的一般规定包括：

（1）选用弱磁选机作为浓缩设备时，宜与过滤机组成机组。

（2）精矿矿浆宜自流给入浓缩机。

（3）选用斜板浓密箱浓缩时，设备应靠近过滤间。

（4）浓缩池底部排矿口不应少于两个，并应设高压冲洗水。

（5）地下浓缩池到泵站通廊的净空高度不得小于2.2m，宽度应符合通行和维修管道的要求，通廊地坪坡度不应小于5%，并应设通风、排水设施。

（6）浓缩池溢流槽出口应安装隔渣筛网，浮选精矿浓缩在溢流堰内侧应设泡沫挡板。

（7）浓缩池池壁顶面与地面高差不宜小于800mm。

（8）当采用陶瓷过滤机时，应有酸洗剂的存储与输送的设施。

（9）所有地沟的坡度不应小于3%。

（10）过滤机应有检修放矿、溢流回收设施，并输送至过滤前的浓缩作业。

（11）鼓风管网宜采用并联方式。

12.2.4.6　辅助生产设备/设施配置的一般规定

储矿设施的一般规定包括：

（1）采用铁路运输时，装车线长度不宜小于36m。

（2）每台抓斗起重机运行距离不宜少于24m。

（3）受冲击、磨损的矿仓壁应衬以耐磨材料。

（4）块矿的仓壁角不宜小于45°，粉矿多或含泥多的黏性矿石壁倾角不宜小于60°，精矿仓壁倾角不宜小于70°。

（5）矿石粒度大于200mm的矿仓卸矿口，小边的宽度应大于最大粒度的3倍；小于200mm时，卸矿口窄边宽度应大于最大粒度的4倍。

给料、排料及物料运输设施的一般规定包括：

（1）原料粒度大于350mm时，大、中型选矿厂宜采用重型板式给矿机，宽度宜为最大粒度的2~2.5倍，宜水平布置，必须上倾布置时，倾角应小于12°，头尾部应有检修设施。

（2）原料粒度小于350mm时，宜采用宽度为最大粒度的2~2.5倍的重型板式给矿机或宽度为最大粒度4~5倍的重型胶带给矿机或槽式给矿机；矿石含水少，流动性较好时，宜采用振动给料机。

（3）粒度小于30mm，流动性较好的矿石，可采用摆式给矿机、振动给矿机或电动给料器矿石较黏、流动性差的宜采用圆盘给料机，矿仓口直径应为圆盘直径的3/5，并应有一定数量的调速器。

（4）地下破碎的重型板式给料机上部应设指状闸门。

（5）高强度、大功率带式输送机应采用液力耦合器等慢速启动装置。

（6）物料粒度为350~0mm时，带式输送机的倾角宜为14°；物料粒度为75~12mm时，带式输送机的倾角宜为16°；物料粒度为75~0mm时，带式输送机的倾角宜为18°；物料粒度为12~0mm时，带式输送机的倾角宜为19°；输送物料为过滤产品时，带式输送机的倾角宜为20°；倾斜向下输送时，倾角不宜大于上述规定的80%。

检修设施的一般规定包括：

（1）检修起重机的吨位应满足起吊最重零部件或难以拆卸装配件的要求。不考虑整体设备安装需要。

（2）起重吨位大于10t时，应选用桥式起重机；电动桥式起重机宜选用带操作室型。

（3）厂房长且设备种类及数量多时，可在同一跨间、同一吊车轨道上布置两台相同或不同吨位的起重机。

（4）大中型选矿厂应在检修场地或附近设小型设备维修站。

（5）检修真空泵、鼓风机、渣浆泵等用的起重设备宜选用电动葫芦。确定起重吨位可不计入电机及其底座重量。

药剂设施的一般规定包括：

（1）药剂仓库应设置在运输方便的位置，并应靠近药剂制备间。

（2）药剂贮存、制备和使用各环节应设有安全保护措施。

（3）依据药剂性质不同，药剂仓库应进行通风、防火、防晒、防腐、防潮设计。

（4）不同品种的药剂应分别堆放。

（5）剧毒药剂、强酸、强碱等必须单独存放，且必须有安全措施。

（6）药剂贮存时间应依据药剂供应点远近、交通运输情况和用药量多少决定，不宜少于15d。

（7）药剂制备宜在独立场地进行，也可设置在药剂仓库内。

（8）药剂贮存槽应设有液面控制装置。

（9）腐蚀性药剂的稀释应采用专用的稀释、散热设备。

自动控制、检测与计量的一般规定包括：

（1）大、中型选矿厂应有较高的自动化水平。中、小型选矿厂可采用局部自动控制方式。特大型选矿厂应采用三电一体化的计算机控制系统。所有的过程检测参数和设备运转状态均应纳入计算机控制系统。主要工艺过程应实行自动控制和调节。

（2）选矿厂的破碎筛分系统开停车宜集中连锁控制，系统复杂、设备较多时宜采用程序控制。

（3）大、中型选矿厂磨矿给矿宜采用恒定给矿和磨矿产品浓度与粒度的自动控制。

（4）自动化水平要求较高的大、中型选矿厂应设主控室对主工艺系统进行操作、监视、控制、报警和管理。关键部位可采用电视监视系统。

（5）各种检测与计量仪表应符合安装要求。

试验室与化验室的一般规定包括：

（1）选矿厂应设置试验室和化验室，对简单矿石的小型选矿厂可不设置试验室。

（2）试验室的规模应与选矿厂规模、处理的矿石性质、选矿方法和工艺流程的复杂程度相适应。

（3）试验室可按工序分室布置，并应具有较好的通风、除尘、采光、照明、排污等设施。

（4）试验室和化验室宜分开设置。

（5）化验室宜存放少量短期内需用的化学药品，大量药品的贮存应另设置药品库。

（6）药品库及需要使用化学药剂的房间应有防腐、防火、防晒、防潮设计。

12.2.4.7 安全与环保的一般规定

劳动安全的一般规定包括：

（1）选矿厂厂址选择和总平面布置应符合国家现行有关安全的规定。

（2）选矿厂厂房和工艺设备配置应符合国家现行有关安全生产的要求，并应有完善的安全防护设施。

（3）选矿厂药剂库、药剂制备间、化验室设计应有相应的防毒、防腐蚀、防爆等措施。

（4）选矿厂带有放射源的设施设计，应严格执行国家现行有关放射性同位素射线装置的安全和防护规定。

工业卫生的一般规定包括：

（1）选矿厂作业场所防尘与防毒，应以防为主，并应采取综合治理措施，粉尘和有害物质浓度应达到国家现行规定的卫生限制要求。

（2）选矿厂作业场所噪声与振动危害控制应以防为主，防治结合，噪声声级和振动强度应达到国家现行有关卫生限制要求的规定。

（3）选矿厂工艺设计应有防暑降温或防冻避寒措施。

（4）依据选矿厂生产特点和实际需要，应设置必要的工业卫生辅助设施。

环境保护的一般规定包括：

（1）选矿工艺设计应减少物料的转运次数并降低转运落差，并应减少扬尘点和扬尘量。主要产尘点应设相应的防尘和除尘设施。

（2）选矿工艺设计时应选用耗水少的工艺和低毒、低腐蚀或无毒、无腐蚀的浮选药剂。

（3）选矿厂产生的尾矿严禁排入江、河、湖、海。

（4）选择设备时宜选用低噪声设备，高噪声设备应采取降低噪声措施，厂界噪声值应符合国家现行的相关标准要求。

12.2.4.8 作业现场的“5S”管理

选矿厂作业现场的“5S”管理包括整理、整顿、清扫、清洁及自律五个方面的内容。

A 整理

整理是对生产场所的物品按需要和不需要分开，并清除不需要的物品。区分物品需要与不需要的原则是，凡生产活动所必需的物品和生产过程中的产品均为需要物品，如机器设备、工具、各种原材料、辅助材料以及成品、半成品。这些以外的物品都是不需要的物品，如生产过程中产生的垃圾和边角料等。对垃圾和边角料等所有不需要的物品都应及时清除。对于垃圾应在车间之外确定存放地点，封闭遮盖并及时清运。对边角料则应确定适当存放地点并设置容器。不同的边角料应分别存放，以便回收利用。

整理的目的是要腾出空间并充分利用空间，防止误用无关的物料，塑造安全、方便、文明、清爽的工作环境。

整理的方法主要包括：

（1）分类并清除不需要的东西。现场物料分类的方法很多，最常用的是按物料使用的频率来分类，可以按一日或一周为单位计算使用频率，按频率大小顺序决定哪些是应该清除的物料，划定保留物料安置的区域。

（2）用拍照的方法确认整理的效果。将未整理的现场情况和整理以后的现场情况拍照，对照整理前后的情况，效果就会一目了然。

（3）保管和保存。整理出来的物料，有“保管”和“保存”两种处理方法。属于短时间存放的物料称为“保管”，属于长期存放的物料称为“保存”。一般对于使用量较大、使用频率较高的物料，宜保管在生产现场或操作岗位较近的地方，便于取用。对使用量较小，使用频率低的物料，则可远离现场放入仓库或不固定场所保存。无论保管还是保存的物料，其有危险性质的物料均应放在固定的且专用的场所保管或保存。

（4）整理结果的标志。完成整理后，为使需要的物料能立即取到，可使用标牌或图表信息予以标志。标牌内容要简明扼要说明物料名称、分类数量存放位置或使用单位等，让人一看就明白。

B 整顿

整顿就是把需要的物品以适当的方式放在合适的位置，以便使用。应根据作业方法、物品性质、特点和使用频率等情况进行整顿。

整顿的主要目的是要使工作场所物件醒目，作业时节省寻找物料的时间，清除过多的积压物料，减少危险因素，创造安全、整齐、有序的工作环境。

整顿的方法主要包括：

（1）发现存在的问题。首先，对现场的每件物料都要明确是什么物料，在哪儿，在什么时间，由谁使用或保管，从中发现物料定置摆放是否合理的问题，特别是影响安全生产的危险源点等。接着是对问题追根究源，不仅依据现有的资料，还要追溯到以前的情况，一旦了解了问题的实质，就立即明确整顿改进的方向。

（2）合理设计，合理布局。生产现场物料的方便取放，要充分考虑人流（安全检查路线、巡视路线、保养设备的顺序、工作经过的路线、搬运的路线等）安全合理，尽量减少危害因素的影响程度或避开危险范围等；物流要做到物料取用最方便、最小途径、最小代价、最小风险程度等；信息流要做到最方便、最容易被现场人员得到、识别和应用。

（3）做好整顿的后处理。危害辨识、评价的结果和风险控制的要求、法律法规要求及物料的性质，是整顿首先应该考虑的因素，避免整顿产生新的危害。整顿后的结果应该用适当的方式、方法向现场人员明示，如绘制现场布局图或定置图、设置明示牌、指示牌等。充分考虑整顿可能引起的作业程序、作业文件或其他方面变化的情况，提前有应对的措施，避免混乱，合理处置不需要物料，避免浪费。

C 清扫

清扫的着眼点不仅要把工作场所打扫得整齐清洁，而且在清扫时要检查各项设施、工具、机器是否在正常状态。要明确每位员工负责清扫的范围、明确清扫的要求和在清扫时如何检查各项设备设施的状态等。

清扫的目的是清除现场不利于安全生产、不利于产品质量、不利于员工身体健康的废弃物、灰尘、垃圾，创造安全、舒适的工作环境，保证设备良好运行，减少对员工健康的不良影响。“清扫”要制度化、经常化，每个人都从自己身边做起，然后再拓展到现场的每一个角落。

清扫一般分五个阶段来实施。第一阶段：将地面、墙壁和窗户打扫干净；第二阶段：划出表示整顿位置的区域和界限；第三阶段：将可能产生污染的污染源清理干净；第四阶段：对设备进行清扫、润滑、检修；第五阶段：制定生产现场清扫规范和管理制度并实施。

D 清洁

清洁就是干净无污垢，清洁的要求就是任何时候都要维护工作场所的整洁。整理、整顿清扫的结果是形成清洁的工作环境。

所有人员都要清楚自己在清洁活动中承担什么职责和任务，该干什么，该什么时间干，该怎样干，该干到什么程度，干好了怎样，干不好又怎样等，应该有个规定来明确规定现场员工的责任和任务，并通过定期检查考核，激发员工的积极性，推动这项活动健康发展。

E 自律

开展自律活动，主要目的在于培养职工有自觉遵守和执行工厂各项规定的良好习惯，自愿实施整理、整顿、清扫、清洁活动，高标准、严要求维护现场环境的安全、文明、整洁、有序。“自律”是前四个“S”得以持续、自觉、有序地开展下去的保障。

自律包含的内容很多，但最基本的是良好习惯和行为的养成，做到按章办事和自我规范行为，进而延伸到仪表美、行为美。在培养职工自律时不妨使用一些灵活的工具或形式，如录像、照片、图表、简报或醒目的标语、板报和其他形式的宣传报道等。

思　考　题

12-1　选矿厂安全生产标准化主要包括哪几个方面？

12-2　选矿厂安全生产标准化的评定原则是什么？

12-3　选矿厂安全生产标准评定的步骤是什么？

13 选矿厂安全评价

为了确保安全生产，选矿厂的生产、储存活动，危险因素较多、危险性较大，是事故多发的领域，一旦发生事故，不仅会给本单位从业人员的生命安全及财产造成损害，还可能殃及周围群众的生命和财产安全。要减少选矿厂生产、储存、运输活动中的事故，将其危险因素降到最低，就必须在单位开办之初，对其建设项目的安全情况进行充分的研究论证、综合评价，保证安全生产经营具有可靠的基础。

13.1 安全评价

13.1.1 概述

选矿厂建设项目与其他生产经营建设项目一样，具有一定的危险性，对其应有一定的安全技术要求。有关安全生产法律、行政法规明确规定对矿山、危险物品建设项目要进行安全条件论证和安全评价。当矿山（包括选矿厂）建设项目和用于生产、储存危险物品建设项目的安全条件论证和安全评价，涉及的内容很多。比如水文、地质条件分析，厂址的选择、技术可行分析等是一个系统性工作。

《安全生产法》中规定的“安全条件论证”，是指根据矿山建设项目的特点和技术要求，对矿山建设项目是否能够具备法律、法规和安全规程规定的安全生产条件进行综合的分析、研究、判断，为有关部门审批矿山建设项目提供必要的依据；“安全评价”也称“危险评价”“风险评价”，是指用于生产、储存危险物品的建设项目能否保证投入使用后的安全，在识别、分析和评估后，提出结论性的意见。所谓识别，是指对建设项目或者生产经营单位存在的危险因素或者有害因素进行辨认、区别，哪些是危险因素或者有害因素；所谓分析，是指采用定性分析或者定量分析的方式对存在的危险因素或有害因素进行收集、汇总和分析，分析方法主要包括检查表综合评价法、故障类型影响致命度分析法、事故树分析法、指数法和评点法等；所谓评估，是指根据定性分析和定量分析结果，对建设项目或者生产经营单位进行综合评价。

2004 年国家安全生产监督管理局颁发的第 9 号令《非煤矿山企业安全生产许可证实施办法》中第五条规定：“非煤矿山企业安全要取得安全生产许可证，必须具备的条件之一是矿山企业必须依法进行安全评价。”理想的安全评价包括危险性确认和危险性评价两个方面，而危险性评价中的允许范围，就是这里所说的社会允许危险标准，如图 13－1 所示。

13.1.2 安全评价程序

安全评价工作程序包括前期准备、危险有害因素的辨识与分析、评价单元的划分、评

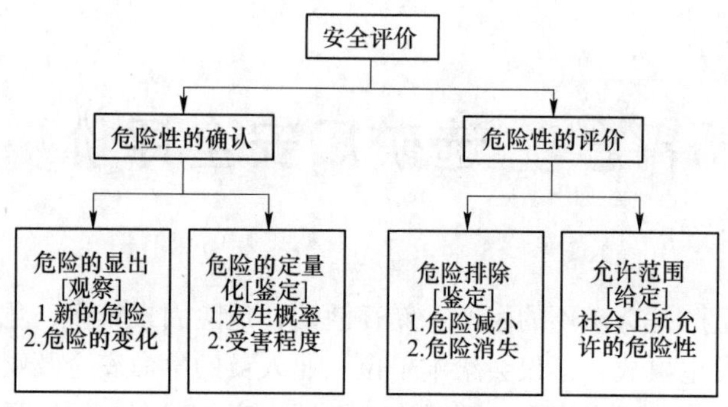

图 13-1 安全评价方框图

价方法的选择、定性定量评价、提出安全对策措施建议、形成安全评价结论及编制安全评价报告八个步骤，如图 13-2 所示。

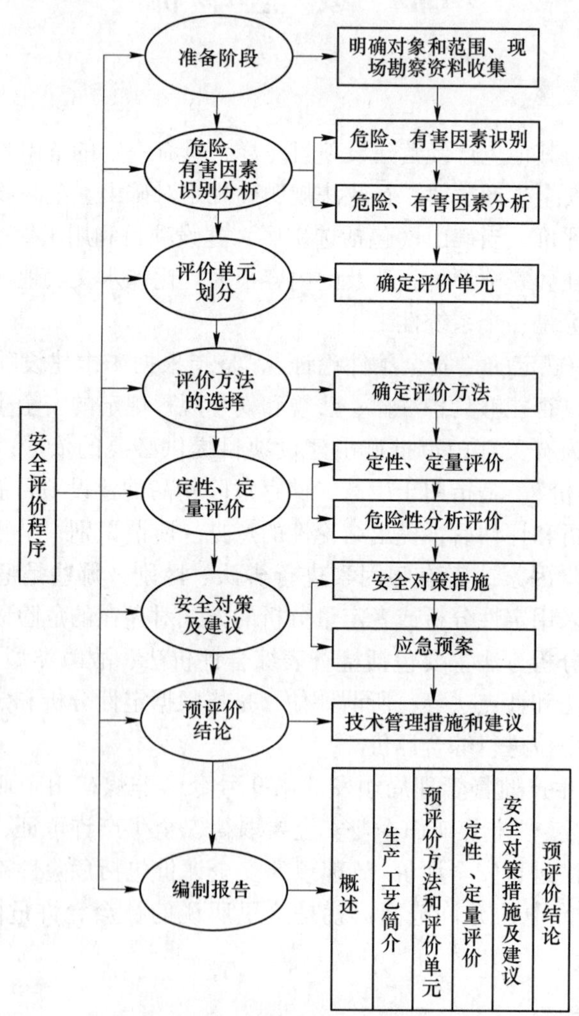

图 13-2 安全评价程序图

13.1.2.1 前期准备工作

明确评价对象和范围，收集国内外相关法律和标准，了解同类工程的事故状况，现场查勘评价对象的地理、气象条件及社会环境情况，收集有关工程资料，组建课题组及签订评价合同等。

13.1.2.2 编制评价大纲

大纲是评价工作过程总的方案设计，主要包括辨识、分析危险和有害因素，按照科学性、针对性和可操作性原则选择评价方法，确定评价单元，提出安全对策主要思路。评价大纲可以确保计划进度，明确工作范围，可有效地避免返工。评价工作内容主要包括工程概况，主要危险有害因素分析，评价单元的划分、评价方法的选择，安全对策措施主要思路和评价工作计划进度等。

13.1.2.3 评审评价大纲

评价大纲编制后，应组织有关专家、建设单位、设计单位，采取会审的方式对评价大纲进行评审，由专家组提出书面评审意见。根据《安全预评价导则》（AQ 8002—2007）、《安全评价通则》等的要求，专家组必须具有权威性、合理性和适合性。评审要点包括：评价目的是否明确；主要危险有害因素的分析是否确切、符合客观实际；评价单元的划分和评价方法的选择是否科学、合理、适用；评价深度是否能满足评价的要求等。

13.1.2.4 编制评审报告

根据评审通过的评价大纲进行现场调研，查阅、整理资料，数据统计，并对分析结果进行对比，编写评价报告。评价报告应重点编写危险、有害因素的定性、定量评价，安全对策措施、建议及评价结论。

13.1.2.5 审定安全评价报告

根据所评价的设备、设施或场地的地理、气候、工程建设方案、工艺流程、设备、设施等，分析可能发生的事故类型和事故发生的原因。在上述危险、有害因素分析的基础上，结合项目建设的实际特点，划分评价单元。根据评价目的和评价对象的复杂程度选择具体的评价方法。对事故发生的可能性和严重程度进行定性或定量评价，同时进行危险性分析，以确定管理的重点。对建设项目内在的危险有害因素和建设项目可能发生的各类事故，对建设项目周边单位生产、经营活动或者居民生活的影响进行评价。根据定性或定量评价结果，提出应采取的工程技术对策措施和安全管理对策措施，包括应急救援预案。最后，结合各单元的评价结果，整合后给出建设项目从安全生产角度是否符合国家有关法律、法规及技术标准的结论。

13.1.2.6 修改和完善安全评价报告

按照《安全预评价导则》《安全评价通则》等的要求，结合专家组的意见修改、完善安全评价报告。

13.1.3 安全评价方法

安全评价方法的分类标准较多，通常包括评价结果量化程度分类法、评价推理过程分类法、针对系统性质分类法和安全评价要达到的目的分类法等，目前的安全评价主要采用评价结果量化程度分类法。按照安全评价结果的量化程度，安全评价方法可分为定性安全评价方法和定量安全评价方法。

定性安全评价方法主要是根据经验和直观判断能力对生产系统的工艺、设备、设施、环境、人员和管理等方面的状况进行定性分析。评价结果是定性指标，比如是否达到了某项安全指标、事故类别和导致事故发生的因素等。属于定性安全评价方法的有安全检查表法、专家现场询问观察法、因素图分析法、事故引发和发展分析法、作业条件危险性评价法（LEC 法）、故障类型和影响分析法及危险可操作性研究法等。

定量安全评价方法是在大量分析实验结果和事故统计资料基础上获得的指标或规律（数学模型），对生产系统的工艺、设备、设施、环境、人员和管理等方面的状况进行定量的计算。评价结果是定量指标，比如事故发生的概率、事故的伤害（或破坏）范围、定量的危险性、事故致因因素的事故关联度或重要度等。按照安全评价给出的定量结果类别的不同，定量安全评价方法还可以分为概率风险评价法、伤害（或破坏）范围评价法和危险指数评价法。

概率风险评价法是根据事故的基本致因因素的事故发生概率，应用数理统计中的概率分析方法，求取事故基本致因因素的关联度（或重要度）或整个评价系统的事故发生概率的安全评价方法。故障类型及影响分析、事故树分析、逻辑树分析、概率理论分析、马尔可夫模型分析、模糊矩阵法、统计图表分析法等都可以由基本致因因素的事故发生概率计算整个评价系统的事故发生概率。

伤害（或破坏）范围评价法是根据事故的数学模型，应用数学方法，求取事故对人员的伤害范围或对物体的破坏范围的安全评价方法。液体泄漏模型、气体泄漏模型、气体绝热扩散模型、池火火焰与辐射强度评价模型、火球爆炸伤害模型、爆炸冲击波超压伤害模型、毒物泄漏扩散模型和锅炉爆炸伤害 TNT 当量法都属于伤害（或破坏）范围评价法。

危险指数评价法是应用系统的事故危险指数模型，根据系统及其物质、设备（设施）和工艺的基本性质和状态。采用推算的办法，逐步给出事故的可能损失、引起事故发生或使事故扩大的设备、事故的危险性以及采取安全措施的有效性的安全评价方法。常用的危险指数评价法包括：道化学公司火灾、爆炸危险指数评价法；蒙德火灾爆炸毒性指数评价法；易燃、易爆、有毒重大危险源评价法等。

按照安全评价的逻辑推理过程，安全评价方法可分为归纳推理评价法和演绎推理评价法。归纳推理评价法是从事故原因推论结果的评价方法，即从最基本的危险、有害因素开始，逐渐分析导致事故发生的直接因素，最终分析到可能的事故。演绎推理评价法是从结果推论原因的评价方法，即从事故开始，推论导致事故发生的直接因素，再分析与直接因素相关的间接因素，最终分析和查找出致使事故发生的最基本危险、有害因素。

按照安全评价要达到的目的，安全评价方法可分为事故致因因素安全评价方法、危险性分级安全评价方法和事故后果安全评价方法。事故致因因素安全评价方法是采用逻辑推理的方法，由事故推论最基本的危险、有害因素或由最基本的危险、有害因素推论事故的评价法。该类方法适用于识别系统的危险、有害因素和分析事故，属于定性安全评价法。危险性分级安全评价方法是通过定性或定量分析给出系统危险性的安全评价方法，该类方法可以是定性安全评价法，也可以是定量安全评价法。事故后果安全评价方法可以直接给出定量的事故后果，给出的事故后果可以是系统事故发生的概率、事故的伤害（或破坏）范围、事故的损失或定量的系统危险性等。

此外，按照评价对象的不同，安全评价方法可分为设备（设施或工艺）故障率评价法、人员失误率评价法、物质系数评价法、系统危险性评价法等。

13.2 安全评价分类

根据工程、系统生命周期和评价的目的，将安全评价分为安全预评价、安全现状评价、安全验收评价和专项安全评价等四类。

13.2.1 安全预评价

安全预评价以拟建项目作为研究对象，根据建设项目可行性研究报告提供的生产工艺过程、使用和产出的物质、主要设备和操作条件等，研究系统固有的危险及有害因素，应用系统安全工程的方法，对系统的危险性和危害程度进行定性、定量分析，确定系统的危险、有害因素及其危险、危害程度；针对主要危险、有害因素及其可能产生的危险、危害后果提出消除、预防和降低的对策措施，拟提高建设项目的本质安全程度，最大程度保证项目实现安全生产，达到事故最低、损失最小和安全投资效益最优的目的。同时，对采取措施后的系统是否能满足规定的安全要求进行评价，得出建设项目应如何设计、管理才能达到安全指标要求的结论。总而言之，安全预评价是一种有目的的行为，它是在研究事故和危害为什么会发生、怎样发生和如何防止发生这些问题的基础上，回答建设项目依据设计方案建成后的安全性如何、是否能达到安全标准的要求及如何达到安全标准、安全保障体系的可靠性如何等至关重要的问题。

安全预评价的核心是对系统存在的危险、有害因素进行定性、定量分析，即针对特定的系统范围，对发生事故、危害的可能性及其危险、危害的严重程度进行评价。在进行安全预评价时，应用有关标准（安全评价标准）进行对比，分析、说明系统的安全性。采取何种先进技术、管理措施，使各子系统及建设项目整体达到安全标准的基本要求，这也是安全预评价的最终目的。

13.2.1.1 安全预评价内容

安全预评价的内容包括：

（1）前期准备工作。明确评价对象和评价范围；组建评价组；收集国内外相关法律法规、标准、行政规章、规范；收集并分析评价对象的基础资料、相关事故案例对类比工程进行实地调查等。

（2）危险有害因素辨识和分析。辨识和分析各种评价对象可能存在的各种危险、有害因素，分析危险、有害因素发生作用的途径及其变化规律。

（3）评价单元的划分。在划分评价单元时应充分考虑安全预评价的特点，以自然条件、基本工艺条件、危险和有害因素分布及状况、便于实施评价为原则进行。

（4）评价方法的选择。根据评价的目的、要求和评价对象的特点、工艺、功能或活动分布，选择科学、合理、适用的定性、定量评价方法。对危险、有害因素导致事故发生的可能性及其严重程度进行评价。对于不同的评价单元，可根据评价的需要和单元特征选择不同的评价方法。

（5）提出安全技术对策与措施。为保障评价对象建成或实施后能安全运行，应从评价对象的总图布置、功能分布、工艺流程、设施、设备、装置等方面提出安全技术对策与措施；从评价对象的组织机构设置、人员管理、物料管理、应急救援管理等方面提出安全管理对策与措施。

（6）评价结论。概括评价结果，给出评价对象在评价时的条件下与国家有关法律法规、标准、行政规章、规范的符合性结论，给出危险、有害因素引发各类事故的可能性及其严重程度的预测性结论，明确评价对象建成或实施后能否安全运行的结论。

13.2.1.2 安全预评价需要提交的备案资料

监管处对企业提交的《非煤矿矿山建设项目安全预评价报告》，根据专家的评审意见，针对非煤矿山建设项目的整改情况以及评价机构对报告的修改及复查情况，组织有关人员对申请材料进行初步审查和复审，提出初步审查意见和复审意见，确定备案意见。对同意备案的建设项目，加盖“三同时”专用章，并通知申办单位前来领取非煤矿山安全预评价报告备案表；对不予备案的建设项目，由监管处出具不予备案告知书。

受理建设单位建设项目安全预评价报告备案时，应提交的备案资料包括非煤矿矿山安全预评价报告评审申请表、安全预评价报告、安全评价机构资质证书、著录项、企业法人营业执照、项目立项批复、安全评价委托书、选址意见书、可行性研究报告、可行性研究报告审查意见、地灾备案表、法律、行政法规、规章规定的其他文件、资料。

13.2.2 安全现状评价

安全现状评价是在系统生命周期内的生产运行期，通过对生产经营单位的生产设施、设备、装置实际运行状况及管理状况的调查、分析，运用安全系统工程的方法，进行危险、有害因素的识别及其危险度的评价。查找该系统生产运行中存在的事故隐患并判定其危险程度，提出可行的安全对策措施及建议，做出安全现状评价结论的活动，使系统在生产运行期内的安全风险控制在安全、合理的程度内。

安全现状评价既适用于生产经营单位的评价，也适用于某一特定的生产方式、生产工艺、生产装置或作业场所的评价。

13.2.2.1 安全现状评价内容

安全现状评价是针对某一生产经营单位总体或局部的生产经营活动现状进行的全面评价，因而要求所收集的信息资料全面，评价方法合适，给出量化的安全状态参数值，对可能造成重大事故的安全隐患，应采用相应的数学模型进行事故模拟，预测极端情况下的事故损失及发生概率。

安全现状评价的内容包括：

（1）前期准备工作。项目单位简介、项目概况（地理位置及自然条件、工艺过程、生产、运行现状等）、项目委托约定的评价范围、评价依据（包括法规、标准、规范及项目的有关事故分析与重大事故的模拟文件等）、组建评价组等。

（2）评价程序和评价方法的选择。说明针对主要危险、有害因素和生产特点选用的评价程序和评价方法。

（3）危险性预先分析。其包括工艺流程、工艺参数、控制方式、操作条件、物料种类与理化特性、工艺布置、总图位置、公用工程的内容，运用选定的分析方法对生产中存在的危险、危害隐患逐一分析。

（4）危险度与危险指数分析。根据危险、有害因素分析的结果和确定的评价单元、评价要素，参照有关资料和数据，用选定的评价方法进行定量分析。

（5）事故分析与重大事故模拟。结合现场调查结果，以及同行或同类生产的事故案例分析、统计其发生的原因和概率，运用相应的数学模型进行重大事故模拟。

（6）提出安全技术对策与措施。综合评价结果，提出相应的对策与措施，并按照风险程度的高低进行解决方案的排序。

（7）评价结论。明确指出项目安全状态水平，并简要说明。

安全现状评价主要是针对企业现状开展的综合性评价，评价目前的安全生产条件是否满足国家现行有关法律法规、标准规范的要求，是对企业安全生产状况的全面综合反映，也就是企业的横向全面条件的综合评价，体现的是企业安全生产条件“横向剖面”评价，可以让企业对本单位的安全现状有一总体把握。同时，生产经营单位将安全现状评价的结果纳入生产经营单位事故隐患整改计划和安全管理制度，并按计划加以实施和检查，用于指导企业的安全生产。

13.2.2.2 安全现状评价需要提交的备案资料

安全现状评价资料的备案申报一般由被评价单位的经办人员直接到安监部门办理。如果有特殊情况须由安全评价机构评价人员代办报备的，必须提交评价单位的代办委托书。受理评价单位的安全现状评价报告备案时，应提交的资料有非煤矿矿山安全现状评价报告评审申请表、安全现状评价报告、安全隐患问题整改落实情况报告、安全评价人员现场影响资料、安全评价机构资质证书、著录项、企业法人营业执照、项目立项批复、安全评价委托书、安全主要负责人证书、安全管理人员证书、特种工操作证书、特种设备（锅炉、压力容器、起重设备、压力管道、电梯等）使用登记证及检验报告、消防工程验收合格意见书、事故应急预案、应急演练记录、工伤保险或意外伤害险缴费证明、法律、行政法规、规章规定的其他文件、资料。

13.2.3 安全验收评价

安全验收评价是在建设项目竣工后正式生产运行前，通过检查建设项目安全设施与主体工程同时设计、同时施工、同时投入生产和使用情况的安全设施、设备、装置投入生产和使用的情况。检查安全生产管理措施到位情况，检查安全生产规章制度健全情况，检查事故应急救援预案建立情况。审查确定建设项目满足安全生产法律法规、标准、规范要求的符合性，从整体上确定建设项目的运行状况和安全管理情况，以安全验收评价报告的形式做出安全验收评价结论的活动。

安全验收评价报告是安全验收评价工作过程形成的成果。安全验收评价报告的内容应能反映两方面的义务：一是为企业服务，帮助企业查出安全隐患，落实整改措施以达到安全要求；二是为政府安全生产监督管理部门服务，提供建设项目安全验收的依据。通过安全验收评价可以查出设计中的缺陷和不足，及早采取改进和预防措施，提高生产项目的安全水平。

13.2.3.1 安全验收评价内容

安全验收评价首先必须明确评价对象及其评价范围，组建评价组，再收集国内外相关法律法规、标准、规章、规范等，审查企业的安全预评价报告、初步设计文件、施工图、工程监理报告，各项安全设施、设备、装置检测报告、交工报告、现场勘察记录、检测记录、查验特种设备使用、特殊作业、从业许可证等，以及企业典型事故案例、事故应急预案及演练报告、安全管理制度台账、各类从业人员安全培训落实情况等基础资料。

安全验收评价属于符合性评价，主要是针对企业建设项目在竣工、试生产正常后的安全生产条件进行评价，主要包括设计文件的符合性评价、标准规范的符合性评价和“三同时”的符合性评价三部分内容。

设计文件的符合性评价主要针对建设项目是否严格按照设计的要求进行施工建设，即设计文件的符合性评价。一方面评价建设项目设计文件对国家法律法规、标准规范的符合性；另一方面评价建设项目对设计文件的符合性，这是安全验收评价的重要内容，也是安全验收评价区别于安全现状评价的重要内容。标准规范的符合性评价主要针对建设项目对国家法律法规、标准规范的符合性评价。评价建设项目的建设是否符合国家有关法律法规以及标准规范的要求。“三同时”的符合性评价即国家对“三建项目”（即新建、改建、扩建项目）在安全生产方面有“三同时”的严格要求，即建设项目的安全设施必须与主体工程同时设计、同时施工、同时投入生产和使用。安全验收评价作为建设项目建设过程中安全生产方面的一个重要程序，自然要对建设项目执行“三同时”进行审查和评价。评价建设项目对“三同时”要求的具体执行情况，是否符合“三同时”的有关要求。“三同时”的符合性评价也是安全验收评价和安全现状评价的一个明显的区别。

13.2.3.2　安全验收评价需要提交的备案资料

安全验收评价资料的备案申报一般由建设单位负责人到当地质量监督部门办理，再逐级上报。受理安全验收评价报告备案时，应提交的资料包括非煤矿矿山安全验收评价报告评审申请表、安全验收评价报告、安全隐患问题整改落实情况报告、安全评价人员现场影响资料、安全评价机构资质证书、选址意见书、建设用地规划许可证和建设工程规划许可证、可研审查意见、安全主要负责人证书、安全管理人员证书、特种工操作证书、特种设备（锅炉、压力容器、起重设备、压力管道、电梯等）使用登记证及检验报告、预评价备案文件（安全设施设计专篇备案文件）、工伤保险或意外伤害险缴费证明、建设项目试生产（使用）方案备案告知书、防雷设施安全监测报告和合格证、消防工程验收合格意见书、事故应急预案、法律、行政法规、规章规定的其他文件、资料。

13.2.4　专项安全评价

专项安全评价是针对某一项活动或场所，如一个特定的行业、产品、生产方式、生产工艺或生产装置等，存在的危险、有害因素进行安全评价，查找其存在的危险、有害因素，确定其程度并提出合理可行的安全对策措施及建议。

选矿厂相关的专项评价主要包括危险化学品（选矿试剂）和尾矿库。

13.2.4.1　危险化学品专项安全评价

危险化学品主要是指具有燃烧、爆炸、腐蚀、毒害等性质，并会对人体、环境、相关设施设备造成危害的剧毒性化学品或其他类型化学品。而根据我国所制定的《化学品分类和危险性公示通则》（GB 13690—2009）中的相关内容，将危险化学品根据其性质的不同，主要分成了以下三大类别：

（1）对健康造成影响的危险化学品。对人体健康会造成严重影响的危险化学品包括严重性眼刺激及眼损伤性、皮肤刺激及腐蚀性、急性毒性化学品、致癌性、吸入危险性、生殖毒性、呼吸或皮肤过敏等的危险化学品。

（2）对环境造成影响的危险化学品。对环境造成影响主要体现在对水生环境造成的危害，如危险化学品对短期接触它的生物体造成伤害的固有性质，对水生生物产生有害影响的实质或潜在性质。

（3）具有理化性质的危险化学品。具有理化危险性质的化学品主要包括有易燃、易爆气体（该气体指温度在20℃和101.3kP标准压力下，与空气有易燃范围的气体）、易燃液体及固体、自燃液体、爆炸物、压力下气体、氧化性气体与液体、固体、易燃气溶胶、金属腐蚀剂、有机过氧化物等。

2002年国务院颁布的《危险化学品安全管理条例》和《中华人民共和国安全生产法》，分别对危险化学品专项安全评价做了明确规定：新建、改建、扩建项目应进行危险化学品安全预评价；对生产、储存危险化学品装置应进行安全现状评价。针对危险化学品对人们的健康与生命安全、生态环境、经济等方面造成的严重影响，应该对危险化学品的特征进行综合、全面性分析，并采取科学、合理、有效的危险化学品专项安全评价模式对其进行评价，才能为化学品安全防范与管理提供有利的条件。

为保证危险化学品专项安全评价的合理与有效，相关人员应该于评价前期做好相应准备工作，具体如下：

（1）收集国内、国外对危险化学品定义，经营方面法律法规，并对危险化学品生产、经营、使用企业的基本信息进行全面性了解。

（2）在进行危险化学品专项安全评价前，对相关企业的生产与营业执照进行核查，确保企业生产经营的正规性，并具备生产、经营与使用危险化学品的资格。

（3）如果该企业属于新创办的企业，必须核对其是否有授权批准生产与经营危险化学品的文件，如果是新的危险化学品生产经营项目，必须具备竣工验收的获批文件。

（4）根据我国所制订的危险化学品规范，对相关经营企业递交的《危险化学品经营单位基本情况表》与实际情况展开核对与分析，保证递交资料的真实、可靠与准确性。

在对相关企业的生产、经营现状进行综合、详细、全面、深入了解之后，再采取有效性措施对重大的危险化学品源进行识别与鉴定。在实际的危险化学品识别鉴定工作中，可根据《危险货物品名表》（GB 12268—2005），将其主要分为易燃物质、爆炸性物质、活性化学物质以及有毒有害物质四大类。对危险化学品的临界量进行专项判断与确认，等于或超过临界量时，则可判断为具有重大危险的化学品，而生产区与储存区危险化学品的重大危险界定方式是相同的，但在实际的界定过程中，基于对环境稳定性的充分考虑，大多数安全评价均认为储存区的危险临界值要大于生产区的临界值。

国际惯例，各国对于危险化学品的评价临界值存在一定程度的差异，而我国在进行评价时，则应该遵循我国社会体系的发展特点以及相应的技术水平、安全管理能力等方面综合分析，设立出较为科学、准确、合理的危险化学品临界值。同时，结合《安全检查表》等相应的制度规章，从危险化学品的生产、存储、使用、管理、人员等方面展开周密、定量、定性的评价与分析。具体设计到以下几个方面：

（1）根据标准的要求，各企业的危险化学品应该放置在专有的仓库之中，在经营场所不能放置任何种类、任何剂量的危险化学品。

（2）对危险化学品的安全防范与管理体系的完整性、完善性进行评价，并评估相关企业是否具备全面的防火、用火、废弃危化品处理等制度。

（3）评价相关企业是否有合理、规范的安全保障机构，生产经营人员是否有相应的安全保障，与危险化学品生产、经营、使用相关的人员是否经过专业的培训与指导，其操作技术与相关知识的了解是否全面。

对危险化学品进行专项安全评价，其主要目的是希望能够大力降低危险化学品的潜在风险，规避其对人员及财产安全造成的影响。因此，在对其进行专项评价的基础上，最后阶段还需做好危险化学品源的控制与管理工作。根据评价结果中存在的问题，建立或完善重大危险源相关的安全管理体系，并利用相关的规章制度，对危险化学品的生产、经营与使用展开管控，使危险化学品能够在降低危害的情况下得到合理的应用。

13.2.4.2　*尾矿库安全评价*

尾矿库是保证选矿厂持续生产正常进行的重要设施，也是矿山生产中不可或缺的组成部分。作为矿产大国，我国尾矿库具有数量多、占地面积大和管理不完善等特点，与此同时还存在着尾砂排量大、综合利用率低的问题。尾矿库所造成的土地资源的浪费、周边环境污染，尤其是安全事故频发成为尾矿库国内外研究中亟须解决的问题。若出现尾矿坝安全事故，将会造成重大人员伤亡和经济损失，社会负面影响巨大。

依据《尾矿库安全监督管理规定》（2011 修订），尾矿库安全评价属专项安全评价，包括建设期间的安全预评价和验收安全评价，生产运行期的安全现状综合评价及闭库时的安全评价。尾矿库安全评价体系通常分为 5 个单元，尾矿库安全管理单元、尾矿排放与筑坝单元、排洪系统单元、水力输送系统单元和回水系统及环境保护单元。尾矿库安全评价内容包括：

（1）尾矿坝稳定性安全评价。尾矿坝稳定性安全评价包括尾矿坝（库）的地质情况、尾矿颗粒组成情况、尾矿物理力学特性、坝体结构构造的情况、坝体沉陷、裂缝、坍塌及位移情况、坝面渗流破坏情况（包括管涌、流土等现象）、尾矿堆积坝安全超高和沉积干滩长度、尾矿堆积坝坝坡比及坝面防护情况、坝内排渗设施效果及坝体浸润线观测情况、尾矿坝各种安全监测设施评价、尾矿坝静力、动力和渗流稳定性评价。

（2）尾矿库防洪能力安全评价。尾矿库防洪能力安全评价包括尾矿库防洪标准、尾矿库调洪与排洪能力情况、排洪构筑物完好程度及可靠性情况。

（3）尾矿水力输送系统安全评价。尾矿水力输送系统安全评价包括浓缩池的安全评价、尾矿管槽（包括输送管槽及分散管槽）输送能力及其环境条件的安全评价及砂泵站的安全评价。

（4）尾矿回水系统安全评价。尾矿回水系统安全评价包括回水泵站的安全评价、回水管道的安全评价和回水水量平衡评价。

（5）尾矿水处理系统及环境保护安全评价。尾矿水处理系统安全评价包括水质安全评价和截渗设施的安全评价。尾矿库安全现状评价的目的是查找出尾矿库建设运行过程中存在或可能出现的危险因素，提出科学、合理、可行的安全技术调整方案与安全管理对策，以消除危险因素，使尾矿库达到安全运行的目的。

思 考 题

13-1 选矿厂的安全评价主要包括哪几方面?

13-2 安全评价的程序是什么?

13-3 安全评价的方法是什么?

13-4 安全评价主要包括哪四类，它们之间有何异同?

14 安全生产法律法规

安全生产法律法规是我国法律法规的重要组成部分，是开展各项安全生产工作的基本依据。安全生产法律法规内容丰富，涉及面广，有国家立法机关制定的法律，也有国务院及其所属的部、委发布的行政法规、决定、命令、指示、规章以及地方性法规等。认真学习、自觉贯彻落实这些法律法规，是全社会完善市场经济体制的必然要求，也是生产经营单位搞好安全管理的内在需求。

14.1 概　　述

14.1.1 安全生产法律体系的概念

法律的概念有广义与狭义之分。广义的法律是指国家按照统治阶级的利益和意志制定或者认可，并由国家强制力保证其实施的行为规范的总和；狭义的法律是指具体的法律规范，包括宪法、法律、法令、行政法规、地方性法规、行政规章等各种成文法和不成文法。制定法律的目的在于维护有利于统治阶级的社会关系和社会秩序。成文法律是指国家机关依照一定程序制定的、以规范性文件的形式表现出来的法律，这些法律具有直接的法律效力。

安全生产法律体系是指我国全部现行的、不同的安全生产法律法规形成的有机联系的统一整体，既包括作为整个安全生产法律法规基础的宪法，又包括行政法律法规、技术法律法规和程序法律法规。

14.1.2 安全生产法律体系的特征

安全生产法律体系具有以下三大特征：

（1）法律规范的调整对象和阶级意志具有统一性。国家所有的安全生产立法，体现了工人阶级领导下的最广大的人民群众的最根本利益。不论安全生产法律规范有何种内容和形式，它们所调整的安全生产领域的社会关系，都要统一服从和服务于社会主义的生产关系、阶级关系，紧密围绕着“三个代表”重要思想、执政为民和基本人权保护而进行。

（2）法律规范的内容和形式具有多样性。安全生产贯穿于生产经营活动的各个行业、领域，各种社会关系非常复杂。这就需要针对不同生产经营单位的不同特点，针对各种突出的安全生产问题，制定各种内容不同、形式不同的安全生产法律规范，调整各级人民政府、各类生产经营单位、公民之间在安全生产领域中产生的社会关系。

（3）法律规范的相互关系具有系统性。安全生产法律体系是由母系统与若干个子系统共同组成的。从具体法律规范上看，它是单个的；从法律体系上看，各个法律规范又是母体系不可分割的组成部分。安全生产法律规范的层级内容和形式虽然有所不同，但是它们之间存在着相互依存、相互联系、相互衔接、相互协调的辩证统一关系。

14.1.3 安全生产法律的作用

安全生产法律的作用归纳起来主要包括：

(1) 确保劳动者的安全健康。我国的安全生产法律法规是以搞好安全生产、工业卫生、保障职工在生产中的安全、健康为目的，不仅从管理上规定了人们的安全行为准则，也从生产上规定实现安全生产和保障职工安全健康所需的物质条件。

(2) 加强安全生产的法制化管理。安全生产法律法规是加强安全生产法制化管理的章程，明确规定了加强安全生产、安全生产管理的职责，推动了各级领导对劳动保护工作的重视。

(3) 指导和推动企业安全生产工作的开展，确保安全为了生产，生产必须安全。安全生产法律法规体现了生产正常进行所必须遵循的客观规律，对企业安全生产工作提出了明确要求。

(4) 提高生产率，保证企业经济效益的最大化，促进国家经济建设事业的快速发展。通过安全生产立法，使劳动者的安全健康有了保障，职工能够在符合安全健康要求的条件下从事劳动生产，必然会激发他们的劳动积极性和创造性，从而促使劳动生产率的大大提高。

14.2 安全生产法律体系及保障体系

14.2.1 企业安全生产法律体系

安全生产是一个系统性的综合工程，需要建立在各种基础之上，而安全生产的法规体系尤为重要。按照“安全第一，预防为主”的安全生产方针，国家制定了一系列的安全生产、劳动保护的法规。据统计，中华人民共和国成立 70 多年来，全国颁布并在用的有关安全生产、劳动保护的主要法律法规内容包括综合类、安全卫生类、三同时类、伤亡事故类、女工和未成年工保护类、职业培训考核类、特种设备类、防护用品类和检测检验类。其中以法的形式出现，对安全生产劳动保护具有十分重要作用的是《安全生产法》《矿山安全法》《劳动法》《职业病防治法》。与此同时，国家还制订和颁布了数百余项安全职业卫生方面的国家标准。根据我国立法体系的特点，以及安全生产法规调整的范围不同，安全生产法律法规体系由若干层次构成，如图 14-1 所示。

《宪法》是中华人民共和国的根本大法，拥有最高的法律效力，也是安全生产法律体系框架的最高层级。“加强劳动保护，改善劳动条件”是有关安全生产方面最高法律效力的规定。

安全生产行政法规的法律地位和效力低于有关安全生产的法律，高于地方性安全生产法规、地方政府安全生产规章。国务院制定的关于安全生产的行政法规主要有《安全生产许可证条例》《危险化学品安全管理条例》《生产安全事故报告和调查处理条例》《国务院关于特大安全事故行政责任追究的规定》等。

地方性安全生产行政法规的法律地位和效力低于有关安全生产的法律、行政法规，高

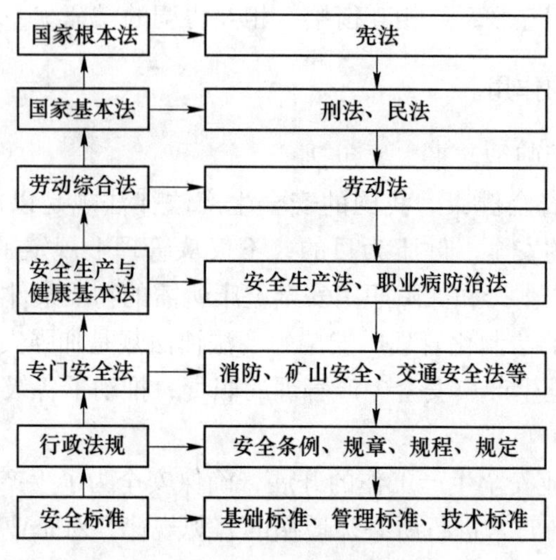

图 14-1　安全生产法律法规体系

于地方政府安全生产规章。地方性法规主要有各省、直辖市、自治区出台的《矿山安全法实施办法》《劳动安全条例》等。

国务院有关部门依照安全生产法律、行政法规的规定或国务院授权制定和发布的安全生产规章的法律地位和效力低于有关安全生产的法律、行政法规，高于地方政府安全生产规章。部门安全生产规章主要有《安全生产行业标准管理规定》《安全生产违法行为行政处罚办法》《中央企业安全生产禁令》《安全生产非法违法行为查处办法》《建设项目安全设施“三同时”监督管理暂行办法》《安全生产行政处罚自由裁量适用规则》等。

地方政府安全生产规章是最低级的安全生产立法，不得与上位法相抵触。安全生产标准法律化是我国安全生产立法的重要趋势，安全生产标准一旦成为法律规定必须执行的技术规范，就具有法律上的地位和效力。执行安全生产标准是生产经营单位的法定义务，违反法定安全生产标准的要求，同样需要承担法律责任。法定安全生产标准分为安全生产国家标准和安全生产行业标准，两者对生产经营单位都具有约束力。法定安全生产标准主要是指强制性安全生产技术规范。安全生产国家标准是指国务院标准化行政主管部门按照标准化法制定的在全国范围内适用的安全生产技术规范，如《工业企业设计卫生标准》《职业性接触毒物危害程度分级》等。安全生产行业标准是指国务院有关部门和直属机构按照标准化法制定的在安全生产领域内适用的安全生产技术规范。安全生产行业标准对同一安全生产事项的技术要求，可以高于国家安全生产标准但不得与其相抵触，如《特种作业人员安全技术培训考核管理规定》《煤矿瓦斯抽采工程设计规范》等。

14.2.2　企业安全生产保障体系

企业是生产经营活动的主体和安全生产工作的重点。能否实现安全生产，关键是生产经营单位能否具备法定的安全生产条件，保障生产经营活动的安全。《安全生产法》确立了生产经营单位安全保障制度，对生产经营活动安全实施全面的法律调整。

14.2.2.1　企业安全生产的基本条件

生产经营单位的安全生产条件是指生产经营单位在生产经营过程中，其生产经营场所、生产经营设备以及与生产经营相适应的管理组织与技术措施，应能满足生产经营的安全需要，不会导致人员伤亡，发生职业危害或者造成设备财产破坏和损失。即，满足安全生产的各种因素及其组合，具体包括“安全生产管理制度”“资质、机构与人员管理”“安全技术管理”和“设备与设施管理”等四大项内容。

企业生产必须具备法定的安全生产条件，这是实现安全生产的基本条件。《安全生产法》第16条规定，生产经营单位应当具备法律、行政法规和国家标准或者行业标准规定的安全生产条件；不具备安全生产条件的，不得从事生产经营活动。对法定安全生产基本条件的界定，应当把握以下三点。

第一，各类生产经营单位的安全条件千差万别，法律不宜也难以做出统一的规定。受行业、管理方式、规模和地区差别等因素的影响，不同生产经营单位的安全条件差异很大，各有自身的特殊性。

第二，相关安全生产立法中有关安全生产条件的规定，是生产经营单位必须遵循的行为规范。广义的安全生产立法是指调整生产经营单位安全生产活动的法律规范的总和，具体包括有关安全生产的法律、法规和标准等规范性文件。

第三，安全生产条件是生产经营活动中始终都要具备，并需不断补充完善的。

14.2.2.2 企业安全生产保障

企业安全生产保障包括安全生产资金保障、安全生产组织保障、安全生产人员保障、安全生产基础保障和安全生产管理保障五个方面的内容。

A 安全生产资金保障

企业应当具备安全生产条件所必需的资金投入，由生产经营单位的决策机构主要负责人或者个人经营的投资人予以保证，并对由于安全生产所必需的资金投入不足导致的后果承担相应的法律责任。生产经营单位的决策机构是指对生产经营单位的经营方案和投资计划等重大事项进行决策的机构，主要是指对安全生产资金投入进行决策的机构。一些民营企业投资人对企业资金投入等事项掌握最后的决策权，生产经营单位安全生产资金投入与否以及数量多少，与他们都有直接的关系。安全生产资金投入是生产经营单位生产经营活动安全进行，防止和减少生产安全事故的资金保障。当前，部分生产经营单位由于各种各样原因，安全生产资金投入严重不足，安全设施、设备陈旧，甚至带病运转，防灾抗灾能力不足，这也是造成事故多发的重要原因之一。针对这一问题，《安全生产法》特别强调，生产经营单位的决策机构、主要负责人或者个人经营的投资人对安全生产资金投入要予以保证，并对由于安全生产所必需的资金投入不足导致的后果承担责任。

安全投入用于安全设施的建设和改善，更新安全技术装备、器材、仪器、仪表、个人劳动防护用品、安全培训经费、对安全设备进行检测、维护、保养以及其他安全生产投入，必须保证生产经营单位达到法律、行政法规和国家标准或者行业标准规定的安全生产条件。

B 安全生产组织保障

企业和危险物品的生产、经营、储存单位，应当设置安全生产管理机构或者配备专职安全生产管理人员。安全生产管理机构是指生产经营单位专门负责安全生产监督管理的内设机构，其工作人员都是专职安全生产管理人员。安全生产管理机构的作用是落实国家有关安全生产法律法规，组织生产经营单位内部各种安全检查活动，负责日常安全检查，及时整改各种安全隐患，监督安全生产责任制落实等。它是生产经营单位安全生产的重要组织保证。

C 安全生产人员保障

生产经营单位的主要负责人和安全生产管理人员，必须具备与本单位所从事的生产经营活动相应的安全生产知识和管理能力；危险物品的生产、经营、存储单位以及矿山建筑施工单位的主要负责人和安全生产管理人员，应当由有关主管部门对其安全生产知识和管理能力考核合格后方可任职。

从业人员应当进行相应地安全生产教育和培训，保证他们具备必要的安全生产知识，熟悉有关安全生产规章制度和安全操作规程，掌握本岗位的安全操作技能。未经安全生产教育和培训的从业人员，不得上岗作业。随着科学技术的不断进步，各种各样的新技术、新工艺、新设备、新材料不断涌现，因此需要对从业人员进行新的安全技术和操作方法的教育和培训，以适应新的岗位作业的安全要求。生产经营单位采用新工艺、新技术、新材料或者使用新设备，必须了解、掌握其安全技术特性，采取有效的安全防护措施，并对从业人员进行专门的安全生产教育和培训。

D 安全生产基础保障

生产经营单位新建、改建、扩建工程项目的安全设施，必须与主体工程同时设计、同时施工、同时投入生产和使用，安全设施投资应当纳入建设项目概算，满足建设项目安全设施“三同时”的要求。

矿山建设项目和用于生产、储存危险物品的建设项目，应当分别按照国家有关规定进行安全条件论证和安全评价。论证建设项目的安全条件是否符合国家规定的条件。同时根据安全评价的结果，采取相应的安全防范措施，以降低风险，提高建设项目或者生产经营单位的安全可靠性。

劳动防护用品是保障从业人员人身安全与健康的重要措施，也是保障生产经营单位安全生产的基础。生产经营单位必须为从业人员提供符合国家标准或者行业标准的劳动防护用品，并监督、教育从业人员按照使用规则佩戴和使用。

此外，生产经营单位必须依法参加工伤社会保险，为从业人员缴纳足额的保险费。

E 安全生产管理保障

由于安全设备关系到人身安全和健康，《安全生产法》第 29 条明确规定：“安全设备的设计、制造、安装、使用、检测、维修、改造和报废，应当符合国家标准或者行业标准。生产经营单位必须对安全设备进行经常性维护、保养，并定期检测，保证正常运转。”

生产经营单位使用的涉及生命安全、危险性较大的特种设备，以及危险物品的容器、运输工具，必须按照国家有关规定，由专业生产单位生产，并经取得专业资质的检测、检验机构检测、检验合格，取得安全使用证或者安全标志后，方可投入使用。对严重危及生产安全的工艺、设备实行淘汰制度。生产经营单位不得使用国家明令淘汰、禁止使用的危及生产安全的工艺、设备。

对危险物品、重大危险源的管理，《安全生产法》做了明确规定：“生产、经营、运输、储存、使用危险物品或者处置废弃危险物品的，由有关主管部门依照有关法律、法规的规定和国家标准或者行业标准审批并实施监督管理。”“生产经营单位对重大危险源应当登记建档，进行定期检测、评估、监控，并制订应急预案，告知从业人员和相关人员在紧急情况下应当采取的应急措施。”

此外，生产经营单位应在存在较大危险因素的生产经营场所和有关设施、设备上，设置明显的安全警示标志。

14.2.3 安全生产违法行为责任

14.2.3.1 法律责任

但在多数场合，法律责任的含义指的是行为人做某种事或不做某种事所应承担的后果，即行为人由于违法行为、违约行为或者由于法律规定而应承受的某种不利的法律后果。法律责任与法律制裁紧密联系。法律制裁是由国家机关强制违反法定义务的人履行其应负的法律责任，即强制其付出代价。追究违法者的法律责任并对其加以制裁是保障法律实施的重要手段。不同的法律所规定的法律义务是不同的。因此，违法者的法律责任也不相同。

法律责任通常分为民事、行政和刑事法律责任。

A 民事法律责任

民事法律责任是指由于违反民事法律、违约或者由于民法规定所应承担的一种法律责任。民事法律责任的特点是民事法律责任主要是一种救济责任、民事法律责任主要是一种财产责任、民事法律责任主要是一方当事人对另一方当事人的责任。在法律允许的条件下，多数民事法律责任可以由当事人协商解决。民事法律责任包括违反合同约定的违约责任和侵权责任两大类。承担民事法律责任的方式主要有停止侵害、排除妨碍、消除危险、返还财产、恢复原状、赔偿损失、支付违约金、消除影响、恢复名誉和赔礼道歉等。

B 行政法律责任

行政法律责任是指因违反行政法律或因行政法律规定而应承担的法律责任。行政法律责任的特点是承担行政法律责任的主体是行政主体和行政相对人、产生行政法律责任的原因是行为人的行政违法行为和法律规定的特定情况、过错不是行政法律责任的构成要素、行政法律责任的承担方式多样化。行政法律责任是由国家行政机关对违反有关法律的单位和个人追究的责任，主要表现为行政处罚或者行政制裁。对各种经济组织可采取通报批评、警告、责令停产停业、暂扣或吊销许可证或执照、罚款、没收非法所得等处罚方法；对国家行政机关工作人员和经济组织的职工可采取批评、警告、记过、记大过、降级、降职撤职、留用察看、开除等处分方法；对公民和个体经营者，可采取批评、警告、责令悔过、责令停业、扣缴或者吊销营业执照和其他许可证、行政拘留等处罚方法。

C 刑事法律责任

刑事法律责任是指行为人因其行为触犯刑事法律所必须承受的、由司法机关代表国家所确定的否定性法律后果。刑事法律责任的特点是产生刑事法律责任的原因在于行为人行为的严重社会危害性；与作为刑事法律责任前提的行为的严重社会危害性相适应，刑事法律责任是犯罪人向国家所负的一种法律责任；刑事法律是追究刑事法律责任的唯一法律依据，罪刑法定；刑事法律责任是一种惩罚性责任，因而是所有法律责任中最严厉的一种；刑事法律责任主要是一种个人责任。刑事法律责任主要表现为定罪判刑和强制服刑。刑罚的种类有管制、拘役、有期徒刑、无期徒刑、死刑5种主刑和罚金、剥夺政治权利、没收财产3种附加刑。

14.2.3.2　安全生产违法行为的责任

公民、法人和其他组织违反有关安全生产的法律规定的责任，虽然有民事法律责任和刑事法律责任，但主要是行政法律责任。行政法律责任可以分为处罚性法律责任、强制执行性法律责任和补偿性法律责任。

A　行政处罚

行政处罚是主管行政机关依法惩戒公民、法人或其他组织的违法行为的行政执法行为，是对违法行为的一种制裁。行政处罚的目的在于制裁违法行为、制止和预防违法，以维护良好的经济和社会秩序。

对违反安全生产行为的行政处罚种类很多，如《矿山安全法》规定有罚款、停业整顿、停产、限期改正、吊销采矿许可证和营业执照等。《行政处罚法》规定行政处罚的种类包括警告、罚款、没收违法所得、没收非法财物、责令停产停业、暂扣或者吊销许可证、暂扣或吊销执照、行政拘留以及法律法规规定的其他行政处罚。理论上可以将行政处罚分为：

（1）申戒罚或声誉罚，如警告通报等。

（2）财产罚，如罚款、没收违法所得或没收非法财物。

（3）行为罚或能力罚。短期或长期剥夺违法者从事某种行为的能力或资格，如吊销工商营业执照。

（4）体罚或自由罚。短期剥夺公民的人身自由，如拘留等。

B　行政强制执行

行政强制执行是对不履行行政义务的公民、法人或者其他组织强迫其履行行政义务的执法行为。行政强制执法行为必须以义务人故意不履行行政义务为前提并且该行为是必须履行的。根据《行政诉讼法》的规定，行政强制执行权原则上属于法院，行政机关要强制执行时可以申请人民法院强制执行。只有在个别情况下，行政机关才有强制执行权。因此，我国实行的是以申请人民法院为行政强制执行原则，行政机关直接执行为例外的制度。

C　补偿性法律责任

在违法行为损害国家、社会公共利益时，就应该承担补救性法律责任。补救性法律责任分为恢复原状与经济赔偿两类。凡能恢复原状的，就应该恢复原状；无法恢复原状的，可以用经济赔偿。补救责任与行政处罚不同，承担补救责任并未对违法行为给予制裁。在实际工作中，必须对该违法行为同时给予罚款、责令停止作业等的处罚，才不会放纵违法行为，以保障法律的贯彻执行。

思 考 题

14-1 安全生产法律体系具有哪几个方面的特征?

14-2 企业安全生产的基本条件是什么?

14-3 企业安全生产的保障措施主要有哪些?

14-4 安全生产违法责任有哪些?

参 考 文 献

[1] 杨有亮．DW型高效湿式除尘器的性能研究与应用［D］．赣州：江西理工大学，2011.

[2] 李俊飞．包钢工业园区颗粒物总量控制研究［D］．包头：内蒙古科技大学，2013.

[3] 周维志．宝山西部铅锌银矿选矿工艺流程研究［J］．材料研究与应用，1995（1）：20-26.

[4] 晋民杰，李自贵．采选设备的工作环境分析［J］．山西机械，1997.

[5] 布登S，魏明安．传统的回收金的方法与环保及小型采金企业应注意的问题［J］．国外金属矿选矿，1997，34（9）：15-22.

[6] 李小虎．大型金属矿山环境污染及防治研究——以甘肃金川和白银为例［D］．兰州：兰州大学，2007.

[7] 萨蒂KR，杜岩．第18届国际选矿会议综述［J］．矿业工程，1993（11）：90-97.

[8] 韩张雄，倪天阳，武俊杰，等．典型金属矿山选矿药剂与重金属污染综述［J］．应用化工，2017（7）：12-15.

[9] 廖国礼．典型有色金属矿山重金属迁移规律与污染评价研究［D］．长沙：中南大学，2005.

[10] 许从寿．堆浸法提金的环境问题：矿山回访调查［J］．云南地质，1997，16（2）：207-209.

[11] 范凯．对新建黄金矿山废水污染源强度的确定［J］．中国矿业，2004（4）：21-25.

[12] 刘敏婕．对选矿废水综合利用的探讨［J］．中国钼业，1995，19（3）：43-46.

[13] 宋伟龙．复配改性絮凝剂的制备及其处理尾砂选冶废水应用研究［D］．湘潭：湘潭大学，2015.

[14] 陈雯，张立刚．复杂难选铁矿石选矿技术现状及发展趋势［J］．有色金属（选矿部分），2013（Z1）：19-23.

[15] 禚方霞，张天宇．高强度磁选机在红矿选别流程中的应用实践［C］// 第二十二届川鲁冀晋琼粤辽七省矿业学术交流会论文集（下册）．四川省金属学会，2015.

[16] 杨健，施灿海．关于尾矿库工程中几个问题的讨论［J］．城市建设理论研究，2014（15）：1-5.

[17] 孙伟，孙晨．国内选矿厂尘源分析和除尘设备概述［J］．中国矿山工程，2015，44（6）：60-65.

[18] 董知晓．国外钼选矿厂的环境保护［J］．钼业经济技术，1990（2）：62.

[19] 方欣．环境污染源分类现状分析［J］．河南预防医学杂志，2006，17（4）：238-240.

[20] 汪晴珠，许宏林．黄金选厂尾矿治理问题的探讨［J］．国外金属矿选矿，1996，33（3）：31-33.

[21] 范文田．《化工矿山技术》连续十年入选为中国科技论文统计源刊［J］．化工矿物与加工，1999（2）：43.

[22] 王维德，胡爱华．建立地下采选综合体的地球生态问题［J］．世界采矿快报，1996（8）：17-19.

[23] 程忠．胶磷矿浮选药剂对水环境的污染及其防治对策［J］．环境科学与技术，1990（2）：35-38.

[24] 张保义，石国伟，吕宪俊．金属矿山尾矿充填采空区技术的发展概况［J］．金属矿山，2009（S1）：272-275.

[25] 李勤．金属矿山尾矿在建材工业中的应用现状及展望［J］．铜业工程，2009（4）：25-28.

[26] 罗仙平，谢明辉．金属矿山选矿废水净化与资源化利用现状与研究发展方向［J］．中国矿业，2006（10）：51-56.

[27] 张金青．金尾矿的综合利用及微晶玻璃新材料技术［C］// 2002中国—南非黄金技术，设备引进暨项目融资经贸洽谈会论文集．2002.

[28] 田茂兵，唐能斌．康家湾矿选矿厂技术改造生产实践［J］．有色金属：选矿部分，2015（5）：52-55.

[29] 马凤钟，蔡人勤，刘萍．矿产资源开发利用中生态环境保护研究［J］．资源产业，1999（7）：41-44.

[30] 王娉娉．矿山环境二次污染及深层次问题探究［D］．北京：北京交通大学，2008.

[31] 李晓明，刘敬勇，梁德沛，等．矿山选矿有机化学药剂的环境污染与防治研究［J］．安徽农业科学，2009（11）：256-257，286.

[32] 陈隆玉，陈顺妹．矿物山矿协作环境论实例研究［J］．采矿技术，1992（17）：19-21.

[33] 邹艳福．矿业发达国家矿山复垦对我国的启示［J］．西部资源，2015（1）：189-191.

[34] 姚敬劬．矿业纳入循环经济的几种模式［J］．中国矿业，2004，13（6）：25-28.

[35] 袁剑雄，刘维平．国内尾矿在建筑材料中的应用现状及发展前景［J］．中国非金属矿工业导刊，2005（1）：13-16.

[36] 郭江源．除尘器的除尘性能分析［J］．电力科技与环保，2019，35（6）：6-9.

[37] 邵龙义，王文华，幸娇萍，等．大气颗粒物理化特征和影响效应的研究进展及展望［J］．地球科学-中国地质大学学报，2018，43（5）：1691-1708.

[38] 庞叶青．大同矿区矿井通风排放粉尘的实验研究［J］．中国煤炭，2015（7）：128-131.

[39] 岳媛．大型金属矿山环境污染及防治研究［J］．华东科技（综合），2019（7）：1-2.

[40] 胡耀胜．对选矿厂生产性粉尘的治理措施［J］．北方环境，2009，22（3）：104-105.

[41] 宋爱萍．多管陶瓷除尘器除尘效率影响因素浅析［J］．绿色科技，2016（20）：55-56.

[42] 王明，姜雪峰．二氧化硫的循环与再利用［J］．科学通报，2018，63（26）：41-50.

[43] 赵晓亮，吕美婷，李俊华，等．阜新市大气源颗粒物粒度特征分析［J］．地球与环境，2019（3）：283-290.

[44] 杨希．工业除尘器应如何选择［J］．资源节约与环保，2015（1）：119-126.

[45] 刘清林，曹罡．除尘器的选择与应用［J］．林业机械与木工设备，1998（1）：27，32.

[46] 帕 CH，桂誉漓．固定尾矿库扬尘表面的经验［J］．国外金属矿山，1998（6）：61-63.

[47] 柳新林．关于选矿厂清洁生产方案的研究［J］．资源节约与环保，2015（1）：7.

[48] 龙云凤，周永章，付善明，等．广东矿山资源特征及矿山环境问题分析［J］．中山大学研究生学刊（自然科学·医学版），2005（3）：60-66.

[49] 李伟，耿瑞光，金大桥．锅炉硫氧化物生成机理及控制技术研究［J］．黑龙江工程学院学报（自然科学版），2019，33（6）：6-9，19.

[50] 管宗甫，陈益民，郭随华，等．磷矿石、磷渣、磷尾矿在烧成高强度水泥熟料中的作用［J］．硅酸盐通报，2005（3）：81-84.

[51] 胡天喜，文书明．硫铁矿选矿现状与发展［J］．化工矿物与加工，2007（8）：1-4.

[52] 郭建文，王建华，杨国华．我国铁尾矿资源现状及综合利用［J］．现代矿业，2009（10）：23-25.

[53] 刘世伟．我国铁尾矿资源综合利用的现状及发展前景［J］．金属矿山，1989（8）：35-36，59.

[54] 丁其光，杨强．我国尾矿利用的某些成果及方向［J］．矿产综合利用，1994（6）：28-34.

[55] 车丽萍，余永富．我国稀土矿选矿生产现状及选矿技术发展［J］．稀土，2006，27（1）：95-102.

[56] 王儒，张锦瑞，代淑娟．我国有色金属尾矿的利用现状与发展方向［J］．现代矿业，2010（6）：6-9.

[57] 朱刚雄，王海．钨尾矿在水泥胶砂中的应用［J］．矿产保护与利用，2017（5）：82-86.

[58] 徐建平．物理选矿法的延伸与扩展［J］．选煤技术，1999（4）：42-43.

[59] 王永龙，李宁钧．浅谈选矿和环境保护的关系［J］．大众科技，2014（9）：89-90.

[60] 段希祥，曹亦俊．浅议我国矿产资源的开发利用［J］．科学，2004，56（2）：35-37.

[61] 尤六亿，杜建法．强化脱水作业管理　减少选厂环境污染［J］．梅山科技，1995（3）：15-19.

[62] 生物纳膜抑尘技术在南山矿选矿厂的应用［J］．现代矿业，2014，28（3）：180-188.

[63] 黄德坤，路文金，王世杰．国产 CM-1 型高效助滤剂研制成功［J］．中国矿山工程，1988（8）：65-66.

[64] 孙伟，孙晨．国内选矿厂尘源分析和除尘设备概述［J］．中国矿山工程，2015，44（6）：60-65.

[65] 黄宝光．丙村铅锌矿堆存筑坝及废水处理［J］．环境工程，1988，6（4）：47-50.
[66] 郭胜祥，黄家新．废水深度处理技术在某铜矿山中的应用［J］．铜业工程，2017（4）：44-45，56.
[67] 陈洪砚，陈翰，徐连华，等．高盐选矿药剂生产废水处理工程实例［J］．中国给水排水，2017（16）：120-123.
[68] 敖顺福，江锐，刘志成，等．会泽铅锌矿选矿废水处理技术进展［J］．矿产保护与利用，2017（5）：67-71，76.
[69] 房启家，钟鸣，韩西鹏，等．金岭铁矿选矿厂废水处理与综合利用［J］．有色金属：选矿部分，2013（1）：52-55.
[70] 温永富．3#絮凝剂在潘洛铁矿污水处理中的应用［J］．金属矿山，2004（3）：76-77.
[71] 杨杏彩．包头市白云区污水处理及回用工程设计［J］．工业用水与废水，2011，42（4）：89-90.
[72] 王自超，刘兴宇，宋永胜．臭氧生物活性炭工艺处理某多金属硫化矿浮选废水的小试研究［J］．环境工程学报，2013，7（5）：1723-1728.
[73] 佚名．大余钨矿选矿厂污染环境危害居民健康［J］．中国环境管理，1988（4）：39.
[74] 谢恩成．多金属选矿废水深度处理与回用试验研究［J］．世界有色金属，2018，516（24）：177-178.
[75] 戴晶平．凡口选矿回水中铅锌硫化矿浮选基础研究与工业实践［D］．长沙：中南大学，2008.
[76] 伍吉晖，黎友梅，区进明．浮选—沉淀法净化长坡选矿厂废水的研究［J］．有色金属，1981（3）：46-53.
[77] 高峰．甘肃某铅锌矿浮选废水处理与回用新工艺［D］．昆明：昆明理工大学，2009.
[78] 李阔，王升雨．工业废水在选矿生产中的综合利用与生产实践［J］．黄金，2016（9）：61-64.
[79] 许孙曲．国内外选矿厂废水处理现状［J］．有色矿冶，1988（3）：52-56，33.
[80] 宋强，谢贤，杨子轩，等．国内外选矿废水处理及回收利用研究进展［J］．价值工程，2017（2）：90-93.
[81] 陈琼林．海钢的废水污染与治理［J］．海南矿冶，1995（4）：31-32.
[82] 杨世亮，张径桥，王越．高寒高纬度地区尾矿膏体生产排放实践［J］．矿冶，2018，27（3）：45-48.
[83] 王新春．工业企业协同处置城市废物的国际经验［J］．中国水泥，2011，6（6）：20.
[84] 赵满云．固废堆积体高边坡稳定性研究［D］．西安：西京学院，2020.
[85] 吴天一．选矿厂尾矿库环境保护问题的思考［J］．环境保护与循环经济，2013，33（4）：60-61.
[86] 董知晓．国外钼选矿厂的环境保护［J］．钼业经济技术，1990（2）：66.
[87] 张洪涛．利用污泥干化十焚烧炉技术处理化工废物［J］．城市建设理论研究，2011（26）：12-20.
[88] 韩国栋，韩小英．马道沟选矿厂尾矿处理系统改造［J］．现代矿业，2014（10）：202-210.
[89] 张欢燕．美国城市固体废物回收利用研究［J］．环境科学与管理，2017（5）：43-50.
[90] 王强．美国明尼苏达州固体废物管理经验［J］．世界环境，2016（3）：74-75.
[91] 谭小远．铅锌选矿厂尾矿综合利用途径的研究［J］．世界有色金属，2018（9）：64，66.
[92] 焦艳．浅谈城市废物处理存在的问题及措施［J］．区域治理，2019（2）：35.
[93] 于超，沙兴民．浅谈尾矿的处理及应用［J］．砖瓦世界，2015（10）：5，25.
[94] 王秋眠．浅谈选矿厂尾矿环境的保护问题［J］．建筑工程技术与设计，2017（23）：4969.
[95] 张昭昱，文一，刘伟江，等．四川省某铅锌矿尾矿库周边环境重金属污染特征［J］．环境污染与防治，2016（6）：105-110.
[96] 张蕴，朱琳．9S 管理在手术室物品管理中的应用效果［J］．中医药管理杂志，2020，309（2）：164-165.
[97] 邳静雷．NFC 吉尔吉斯黄金项目跨文化风险管理分析［J］．中国有色金属，2012（1）：16.

[98] 韦玉兴. 安全生产标准化成为华锡集团车河选矿厂亮丽名片 [J]. 安全生产与监督, 2014 (3): 11.

[99] 崔兴国. 从几起事故案例谈标准化作业 [J]. 工业安全与环保, 1987 (3): 49-50.

[100] 董云发. 发挥工会在班组安全管理中的作用 [J]. 现代班组, 2013 (12): 26.

[101] 邓辉武. 工程施工现场5S管理策略研究 [J]. 城市建设理论研究, 2019 (7): 59-64.

[102] 郭新. 浅谈选矿厂的安全生产管理 [C] // 安全责任 重在落实——第四届吉林安全生产论坛论文集, 2011.

[103] 宋绍华. 浅谈定置管理在铜选矿厂的运用 [J]. 有色金属: 选矿部分, 2018 (1): 32-36.

[104] 李平惠. 浅谈"5S"管理 [J]. 科学大众 (科学教育), 2020 (3): 42-46.

[105] 赵秀玲, 段士有. 群体伤害救治体会 [J]. 基层医学论坛, 2003 (2): 179.

[106] 温荣广, 丛云娥, 李学单. 石化企业实施5S管理的探索与思考 [J]. 魅力中国, 2013 (29): 35-38.